高等学校计算机类创新与应用型规划教材

Java EE基础教程

冯志林 编著

清华大学出版社
北京

内容简介

本书介绍 Java EE 中流行的三个主流轻量级框架(Struts＋Spring＋Hibernate，SSH)的集成开发，并通过实践操作，帮助学生理解 Java EE 软件架构和设计思想，掌握各框架的基本用法。

全书共 7 章，第 1 章介绍 Java EE 基础，第 2 章介绍 SSH 框架基础，第 3 章介绍 SSH 框架高级应用，第 4 章介绍 Struts2 应用案例，第 5 章介绍 Hibernate 应用案例，第 6 章和第 7 章介绍 SSH 整合应用案例的后台制作和前台制作。

本书适合作为高等院校计算机、软件工程及相关专业的本科教材和参考书，也适合 Java 软件开发人员使用。

图书在版编目(CIP)数据

Java EE 基础教程/冯志林编著. —北京：清华大学出版社，2019
(高等学校计算机类创新与应用型规划教材)
ISBN 978-7-302-53357-3

Ⅰ. ①J…　Ⅱ. ①冯…　Ⅲ. ①JAVA 语言－程序设计－高等学校－教材　Ⅳ. ①TP312.8

中国版本图书馆 CIP 数据核字(2019)第 168260 号

责任编辑：张　玥　薛　阳
封面设计：常雪影
责任校对：时翠兰
责任印制：李红英

出版发行：清华大学出版社
网　　址：http://www.tup.com.cn，http://www.wqbook.com
地　　址：北京清华大学学研大厦 A 座　　**邮　　编**：100084
社 总 机：010-62770175　　**邮　　购**：010-62786544
投稿与读者服务：010-62776969，c-service@tup.tsinghua.edu.cn
质量反馈：010-62772015，zhiliang@tup.tsinghua.edu.cn
课件下载：http://www.tup.com.cn，010-62795954
印 装 者：三河市宏图印务有限公司
经　　销：全国新华书店
开　　本：185mm×260mm　　**印　　张**：24.75　　**字　　数**：548 千字
版　　次：2019 年 9 月第 1 版　　**印　　次**：2019 年 9 月第 1 次印刷
定　　价：59.50 元

产品编号：073041-01

编审委员会

序言

电子信息技术和计算机软件等技术的快速发展，深刻地影响着人们的生产、生活、学习和思想观念。当前，以工业 4.0、两化深度融合、智能制造和“互联网+”为代表的新一代产业和技术革命，把信息时代的发展推进到一个对于国家经济和社会发展影响更为深远的新阶段。

在新的产业和技术革命的背景下，社会对于高校人才的培养模式、教学改革以及高校的转型发展都提出了新的要求。2015 年，浙江省启动应用型高校示范学校建设。通过面向应用型高校的转型建设增强学生的就业创业和实践能力，提高学校服务区域经济社会发展和创新驱动发展的能力。通过坚持“面向需求、产教融合、开放办学、共同发展”的高校发展理念，围绕一流的应用型大学建设和一流的应用型人才培养目标，我们做了一系列的探索和实践，取得了明显实效。

作为应用型高校转型建设的重要举措之一和应用型人才培养的主要载体，本套规划教材着眼于应用型、工程型人才的培养和实践能力的提高，是在应用型高校建设中一系列人才培养工作的探索和实践的总结和提炼。在学校和学院领导的直接指导和关怀下，编委会依据社会对于电子信息和计算机学科人才素质和能力的需求，充分汲取国内外相关教材的优势和特点，组织具有丰富教学与实践经验的双师型高校教师成立编委会，编写了这套教材。

本套系列教材具有以下几个特点：

(1) 教材具有创新性。本系列教材内容体现了基本技术和近年来新技术的结合，注重技术方法、仿真例子和实际应用案例的结合。

(2) 教材注重应用性。避免复杂的理论推导，通俗易懂，便于学习、参考和应用。注重理论和实践的结合，加强应用型知识的讲解。

(3) 教材具有示范性。教材中体现的应用型教学理念、知识体系和实施方案,在电子信息类和计算机类人才的培养以及应用型高校相关专业人才的培养中具有广泛的辐射性和示范性。

(4) 教材具有多样性。本系列教材既包括基本理论和技术方法的课程,也包括相应的实验和技能课程,以及大型综合实践性学科竞赛方面的课程。注重课程之间的交叉和衔接,从不同角度培养学生的应用和实践能力。

(5) 本套教材的编著者具有丰富的教学和实践经验。他们大多是从事一线教学和指导的、具有丰富经验的双师型高校教师。他们多年的教学心得为本教材的高质量出版提供了有力保障。

本套系列教材的出版得到了浙江省教育厅相关部门、浙江工业大学教务处和之江学院领导以及清华大学出版社的大力支持和广大骨干教师的积极参与,得到了学校教学改革和重点教材建设项目的资助,在此一并表示衷心的感谢。

希望本套教材的出版能够在转变教学思想,推动教学改革,更新知识体系,增强学生实践能力,培养应用型人才等方面发挥重要作用,并且为应用型高校的转型建设提供课程支撑。由于电子信息技术和计算机技术的发展日新月异,以及各方面条件的限制,本套教材难免存在不足之处,敬请专家和广大师生批评指正。

高等学校计算机类创新与应用型规划教材编审委员会

2016 年 10 月

前言

Java EE是一套使用Java语言进行企业级Web应用开发的工业标准，该平台提供一个基于组件架构的方法来加快设计、开发、装配及部署企业应用程序。本书从Java EE开发的基础技术入手，以实际工程项目为主线，重点讲解了Java EE在项目开发中的应用。

全书共7章，第1章介绍Java EE基础，第2章介绍SSH框架基础，第3章介绍SSH框架高级应用，第4章介绍Struts2应用案例，第5章介绍Hibernate应用案例，第6章和第7章介绍SSH整合应用案例的后台制作和前台制作。

本书提供一定量的案例，注重实践能力的培养。使用本教材，可以提高学生的Java EE工程能力和软件开发能力。本书既可以作为计算机、软件工程等专业各层次学生教材，还可以作为Java EE应用开发者的参考用书。

本书具有以下特点：

(1) 注重理论和实践的结合，提高学生在Java EE程序设计过程中分析问题和解决问题的实践动手能力，启发学生的创新意识。

(2) 每个知识点都包括基础案例，使得学生易于接受和掌握相关知识内容。综合案例以开发过程为主线，将知识点有机地串联在一起，便于学生掌握与理解。

(3) 教材提供配套的课件、章节案例和综合案例的源码。

本书由冯志林编著。在编写过程中，参阅了相关国内外教材，对这些作者的贡献表示由衷的感谢。本书在出版过程中，得到了清华大学出版社的大力支持，在此表示诚挚的感谢。本书出版得到浙江工业大学重点教材建设项目资助。

前言

由于作者水平有限，书中难免有不妥和疏漏之处，恳请各位专家、同仁和读者不吝赐教和批评指正，并与笔者讨论，作者邮箱zjhzjacky@126.com。

编　者

2019 年 3 月

目 录

目 录

目 录

目录

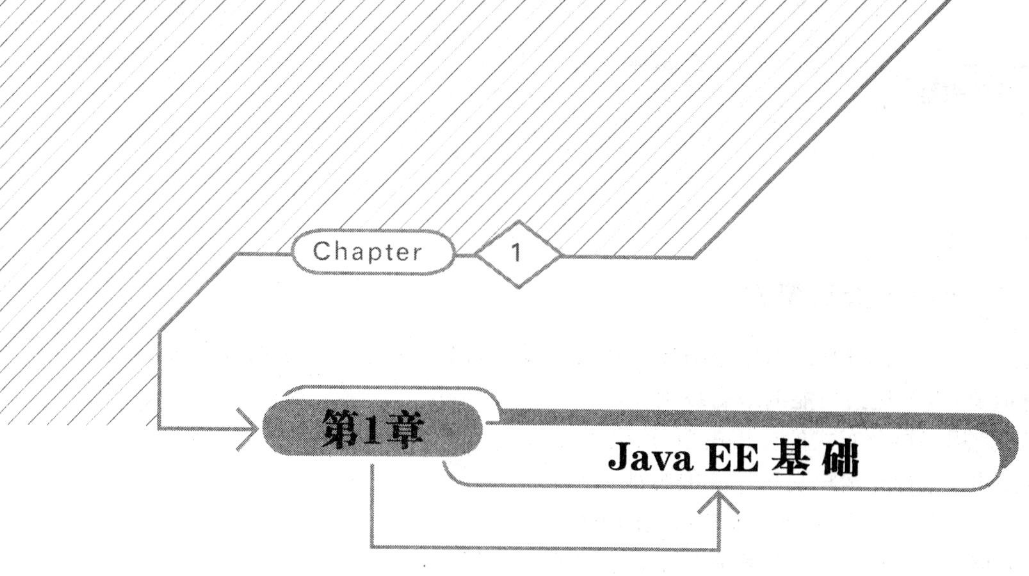

1.1 Java EE 简介

Java EE 是基于 Java 的解决方案，它作为 Java 平台的企业版，也是一套技术架构。Java EE 的核心是一组技术规范与指南，它可以帮助开发人员开发具有高可移植性、高安全性和高可复用的企业级应用。Java EE 是一套不同于传统应用开发的技术架构，包含许多组件，可以简化和规范应用系统的开发与部署。Java EE 具有优秀的体系结构，确保开发人员能更多地将注意力集中于企业应用的架构设计和业务逻辑上。

Java 技术系列包含 3 个版本。

(1) Java SE：Java Standard Edition，即 Java 技术标准版，主要以控制台程序、Java 小程序和其他一些典型的桌面应用为目标。

(2) Java EE：Java Enterprise Edition，即 Java 技术企业版，以服务器端程序和企业级应用的开发为目标。

(3) Java ME：Java Micro Edition，即 Java 技术微型版，为小型设备、互联移动设备、嵌入式设备程序开发而设计。

Java 技术最初是在浏览器和客户端机器中被使用的。当时，很多人质疑它是否适合做服务器端的开发。随着 Java EE 技术的出台，Java 被公认为开发企业级的服务器端解决方案的首选平台之一。

Java EE 提供了一组用于开发和运行服务器端应用程序的编程接口，是一套面向企业应用的体系结构和应用解决方案，具有可靠性高、可用性强、可扩展性好以及易维护等特点。在 Java EE 中，与业务逻辑无关的工作可以交给中间件(Middleware)供应商去完成，开发人员可以集中精力在如何创建业务逻辑上，相应地缩短了开发时间，提高了整体部署的伸缩性。

1.1.1 Java EE 分层架构

分层模式是常见的架构模式,用于描述一种架构设计过程:从最低级别的抽象开始,逐步向上进行抽象,直至达到功能的最高级别。

Java EE 使用多层分布式的应用模型,该模型可通过 4 层来实现。

(1) 客户层:运行在客户端机器上的组件。

(2) Web 层:运行在 Java EE 服务器上的组件。

(3) 业务层:运行在 Java EE 服务器上的业务逻辑层组件。

(4) 企业信息系统层:运行在企业服务器上的软件系统。

目前,Java Web 开发主要有以下三种开发方式。

(1) 传统 Java 平台方式。

核心技术包括:JSP、Servlet、JDBC 和 JavaBean 等。

(2) 轻量级 Java EE。

采用开源框架,如 Struts2、Hibernate、Spring 等,或者是它们相互整合的方式来架构系统,开发出的应用通常运行在开源 Web 服务器(如 Tomcat)上。

(3) 经典企业级 Java EE。

采用企业级 EJB+JPA 架构为核心,系统需要运行于专业的 Java EE 服务器(如 WebLogic、WebSphere 等)之上,主要用于开发商用的大型企业项目。

本书介绍第二种 Java EE 开发方式,即轻量级 Java EE 开发,它是以 JDK 为底层运行环境(JRE)、Tomcat 为 Web 服务器、SQL Server 和 MySQL 为后台数据库的 Java EE 开发平台,使用 MyEclipse 作为可视化集成开发环境(IDE)。

1.1.2 开发框架

框架可分为重量级框架和轻量级框架。一般称 EJB、JPA 和 JSF 等框架为重量级框架,因其软件架构较复杂,启动加载时间较长,系统相对昂贵,需启动应用服务器加载 EJB 组件。而轻量级框架则不需要昂贵的设备和软件费用,且系统搭建容易,服务器启动快捷,适合于中小型企业或项目。

目前,使用轻量级框架开发项目非常普遍,常用的轻量级框架包括 Struts2、Hibernate、Spring 等。轻量级框架设计的目的是使程序开发效率高、工作效果好,以适应各类复杂的应用系统开发。轻量级框架可以帮助开发人员完成开发中的一些基础性工作,使他们可以集中精力完成应用系统的业务逻辑设计。开发人员可以根据自己对各种框架的熟悉程度,在满足系统功能和性能要求的前提下,自由地选择不同框架的混合搭配使用。

采用轻量级框架的好处主要有:

(1) 缩短开发周期,减少重复开发工作量,降低开发成本。

(2) 程序设计更规范,程序运行更稳定。

(3) 更能适应需求变化，减小运行维护费用。

1.1.3 SSH 轻量级开发框架

SSH (Struts2＋Spring＋Hibernate)集成框架是目前较流行的一种 Java Web 应用程序开源框架。SSH 框架系统分为 4 层：表示层、业务逻辑层、数据持久层和域模块层，以帮助开发人员在短期内搭建结构清晰、可复用性好、维护方便的 Web 服务端应用程序。

在 SSH 集成开发框架中，三个框架各自的作用是：

(1) 使用 Struts 作为系统的整体基础架构，负责 MVC 的分离，控制业务跳转。

(2) 利用 Hibernate 框架对持久层提供支持。

(3) 利用 Spring 框架做管理，管理 Struts 和 Hibernate。

1. Struts 框架

Web 应用开发经历了 3 个阶段，静态模式、Model Ⅰ模式和 Model Ⅱ模式。早期 Web 应用开发是静态模式，即工程全部由静态 HTML 页面构成，无法实现动态页面效果。而后出现了 Model Ⅰ模式，在该模式中整个 Web 应用几乎全部都是由 JSP 页面组成。在 Model Ⅰ模式中，控制逻辑和显示逻辑混合在一起，导致代码的重用性非常低，而且不利于工程维护与扩展。

Mode Ⅲ模式在 Mode Ⅱ 的基础上分离了控制，通过两部分实现应用，即 JSP 与 Servlet。JSP 负责页面显示，Servlet 负责控制分发、业务逻辑以及数据访问。Model Ⅱ模式将 JSP 中的逻辑操作部分分离出来，这样做不仅减轻了 JSP 的职责，而且更有利于分工开发，耦合性降低。

Model Ⅱ模式是一种 MVC 框架，MVC 即 Model(模型)、View(视图)、Controller(控制器)。视图层负责页面的显示工作，控制层负责处理及跳转工作，模型层负责数据的存取。Struts2 是目前 Java Web 应用中 MVC 框架中不争的王者，该框架具有组件的模块化、灵活性和重用性的优点，同时也简化了基于 MVC 的 Web 应用程序的开发。

2. Hibernate 框架

传统 Java 应用都是采用 JDBC 来访问数据库，它是一种基于 SQL 的操作方式，但对目前的 Java EE 信息化系统而言，通常采用面向对象分析和面向对象设计的过程。系统从需求分析到系统设计都是按面向对象方式进行，但是到详细的数据访问设计阶段，又回到了传统的 JDBC 访问数据库的老路上来。

Hibernate 的问世解决了这个问题。Hibernate 是一个面向 Java 环境的对象/关系映射工具，它用来把对象模型表示的对象映射到基于 SQL 的关系数据模型中去，这样就不用再为怎样用面向对象的方法进行数据的持久化而大伤脑筋了。

Hibernate 是连接 Java 应用程序和关系数据库的中间件，它封装了 JDBC，封装了所有数据访问细节，实现了 Java 对象的持久化，使业务逻辑层专注于业务逻辑。Hibernate 通过对象关系映射(Object Relational Mapping，ORM)解决了面向对象与关系数据库之间存在的互不匹配的现象。

3. Spring 框架

Spring 框架是为了降低企业应用开发的复杂性而创建的一个全方位的应用程序框架，它使用基本的 JavaBean 就能完成重量级开发框架中通过 EJB 来完成的事情。与 EJB 相比，Spring 是一个轻量级容器。

Spring 框架的主要特点有：

(1) 实现 IoC(Inversion of Control,控制反转)容器,是一种非侵入性的框架。

(2) 提供 AOP(Aspect-Oriented Programming,面向切面编程)概念的实现方式。

(3) 提供对持久层和事务的支持,提供 Spring MVC 框架的实现,并对一些常用的企业服务 API 提供一致的模型封装。

(4) 依赖注入,即提供低耦合依赖关系支持。

在 Spring 框架中,完全解耦了类和类之间的依赖关系,所有类之间的依赖关系可以通过配置文件的方式解决。例如,一个类(如类 A)要依赖另一个类(如类 B),只需要在类 A 的定义中添加一个接口,然后轻松地通过 Spring 框架的配置文件把类 B 的实例对象注入类 A 的调用接口中。至于如何实现这个接口,与类 A 没有关系,完全由类 B 负责实现,这样就全解耦了类 A 和类 B 之间的依赖关系。

1.2 JSP 技术

1.2.1 JSP 概述

JSP(Java Server Pages)是由 Sun 公司倡导建立的一种新动态网页技术标准。JSP 采用 Java 作为脚本语言,在传统的网页 HTML 文件(*.htm, *.html)中加入 Java 程序片段(Script)和 JSP 标签,构成了 JSP 网页(*.jsp)。JSP 采用内容和外观分离的机制,可以方便地划分页面制作中不同性质的任务。

JSP 设计的目的在于简化表示层的展示。JSP 技术最初是由 Servlet 技术发展来的,但不需要手工编译,而是由 Web 容器(如 Tomcat 服务器)自动编译。虽然从代码编写来看,JSP 页面更像普通 Web 页面而不像 Servlet,但实际上,JSP 最终会被转换成标准的 Servlet,该转换过程一般出现在第一次页面请求时。因此,JSP 没有增加任何本质上不能用 Servlet 实现的功能。

JSP 的优点在于：Web 网页开发人员不一定都是熟悉 Java 语言的程序员,利用 JSP 技术能够将许多功能代码块封装起来,成为一个自定义的标签(Tag),并组合构成标签库(Tag Library)。因此,Web 页面开发人员无须再写复杂的 Java 语法,可以运用标签快速开发出动态内容网页。

JSP 页面最终以 Servlet 方式在容器中运行(以 Hello.jsp 为例),执行过程如下：Web 容器首先将 Hello.jsp 文件翻译成 Servlet 类的源文件(Hello_jsp.java),然后将其编译成 Servlet 类 class (Hello_jsp.class)。最后,Web 容器以和手工编写 Servlet 同样的方式(例如手工编写 Servlet 类 Hello_jsp.java)装载和运行 Servlet。

注意：JSP 页面只需在第一次执行时编译，后面再次运行时将不再被编译。

JSP 生命周期管理包括如下步骤：

(1) Web 容器实例化 Servlet。

(2) 运行 jspInit()方法。

(3) JSP 对象成为一个 Servlet，准备接收客户请求。

(4) Web 容器创建一个新的线程来处理客户请求，运行 Servlet 的_jspService()方法。

(5) 以传统 Servlet 处理方式来处理 JSP 页面的调用。

在 MyEclipse 中新建 Java Web 工程 JSPTest，然后在 WebRoot 目录下新建一个 JSP 文件(counter.jsp)及一个类文件(Counter.java)：

counter.jsp 源码如下所示：

```
<%@page pageEncoding="utf-8"%>
<html>
<body>
页面计数器 1:(每次页面刷新，始终显示 1)
    <% int count1=0;%>
    <% ++count1; out.println(count1); %>
    <br>
页面计数器 2:(每次页面刷新，将保留上一次的值，然后加 1 显示)
<% out.print(zjc.Counter.getCount()); %>
</body>
</html>
```

其中，<% %>所围住的是 JSP 代码。

Counter.java 源码如下所示：

```
package zjc;
public class Counter {
    private static int count2;
    public static int getCount() {
        ++count2;
        return count2;
    }
}
```

运行后，页面显示内容如图 1.1 所示。

多次刷新后(如两次)，页面显示内容如图 1.2 所示。

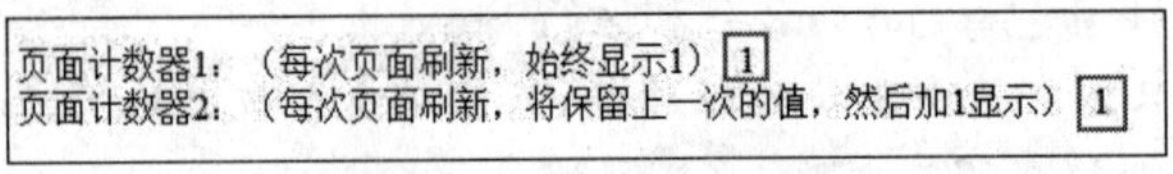

页面计数器1：（每次页面刷新，始终显示1） 1
页面计数器2：（每次页面刷新，将保留上一次的值，然后加1显示） 1

图 1.1 首次运行页面结果

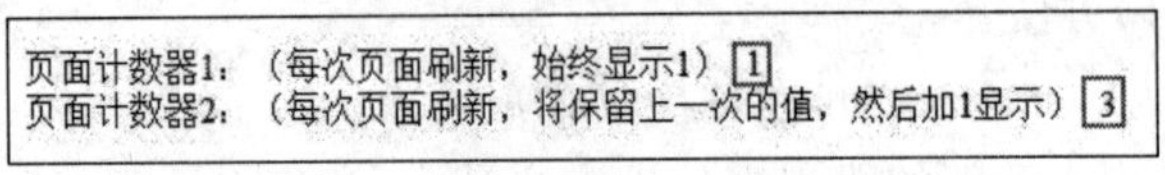

页面计数器1：（每次页面刷新，始终显示1） 1
页面计数器2：（每次页面刷新，将保留上一次的值，然后加1显示） 3

图 1.2 多次运行页面结果

可以看到，计数器 1 的值每次刷新后始终不变，而计数器 2 的值每次刷新后将加 1 显示。

Web 容器将 counter.jsp 文件翻译成 Servlet 类的部分源文件（Counter_jsp.java）如下所示：

```
public class Counter_jsp extends HttpServlet {
    protected void _jspService(HttpServletRequest request, HttpServletResponse
        response) throws ServletException, IOException {
        //count1 变量在_jspService 方法内定义,每次调用该方法时,count1 变量将清零
        int count1=0;
        PrintWriter pw=response.getWriter();
        response.setContentType("text/html");
        pw.write("<html><body>");
        pw.write("页面计数器 1: (每次页面刷新,始终显示 1)");
        pw.write(++count1);
        pw.write("</body></html>");
    }
}
```

1.2.2 JSP 页面结构

JSP 页面结构包括下面 8 个构成要素：

- 静态内容：即 HTML 代码
- JSP 脚本
- JSP 声明
- JSP 表达式
- JSP 注释
- JSP 指令
- JSP 动作
- 内置对象

1. JSP 脚本

脚本是 Java 程序的一段代码，格式是：<%Java 代码%>。只要符合 Java 语法的语句都可写在脚本中，脚本中的代码最终将被放到 Servlet 的_jspService 方法中，在有 HTTP 请求时执行。所有在脚本中声明的变量都是局部变量，将在_jspService 方法中被定义，也只能在该方法中使用。

2. JSP 声明

用于声明生成的 Servlet 类的成员，即成员变量和方法，格式是：<%!Java 代码%>。

注意：<%!和 %>间的部分将被添加到 Servlet 的_jspService 方法之外。

下面的例子将展示采用脚本和声明定义的变量，在 Servlet 类中定义的位置：

```
<html>
<body>
<%!int count3=0;%>
页面计数器 3:(每次页面刷新,将保留上一次的值,然后加 1 显示)
    <%  ++count3; out.println(count3); %>
</body>
</html>
```

多次刷新后（如两次），页面显示内容如图 1.3 所示。

页面计数器3：（每次页面刷新，将保留上一次的值，然后加1显示） 3

图 1.3　多次运行页面结果

可以看到，计数器 3 的值和计数器 2 的值一样，每次刷新后将加 1 显示。

这是由于 count3 变量在_jspService 方法外面定义，每次调用该方法时，count3 变量将保留原值，而 count1 变量在_jspService 方法内定义，每次调用该方法时，count1 变量将清零。由此可见，JSP 声明者定义的变量具有静态变量 count2 的效果。

```
public class Counter_jsp extends HttpServlet {
    //count3 变量在_jspService 方法外面定义,每次调用该方法时,count 变量将保留原值
    int count3=0;
    protected void _jspService(HttpServletRequest request, HttpServletResponse
          response) throws ServletException, IOException {
        PrintWriter pw=response.getWriter();
        response.setContentType("text/html");
        pw.write("<html><body>");
        pw.write("页面计数器 3:(每次页面刷新,将保留上一次的值,然后加 1 显示)");
```

```
        pw.write(++count3);
        pw.write("</body></html>");
    }
}
```

不论是采用脚本定义还是声明定义的变量，都隶属于下面 4 种 JSP 定义的作用域：

(1) Page：在引用对象的 JSP 页面中提供对象。

(2) Request：提供在所有请求页面中可用的对象。

(3) Session：提供在会话中 JSP 页面上可用的所有对象。

(4) Application：提供对象以访问给定应用程序中的所有网页。例如，用户访问一个网站，并通过访问其他链接打开网站中的其他页面。网站中的所有网页形成一个应用程序作用域。

3. JSP 表达式

用于向页面输出表达式结果，格式是：＜％＝… ％＞。表达式在运行时转换成 out. print()的参数，不能将返回值为 void 的方法作为表达式。

例如：＜％＝count1 ％＞就等价于＜％ out. println(count1)；％＞。

4. JSP 注释

用于对代码进行注释，有 3 种格式：

(1) ＜!--客户端注释，客户端可以看到--＞。

(2) ＜％--服务器端注释，客户端不能查看到--％＞。

(3) ＜!-- ＜％＝注释中嵌入表达式，实现动态注释％＞ --＞。

5. JSP 指令

JSP 指令用来给 JSP 容器一个解释说明，格式是：＜％@ … ％＞。

共有下面三种 JSP 指令。

1) page 指令

page 指令指明与页面相关的属性，JSP 2.0 为 page 定义了 13 种属性，常用的 3 种属性如下。

(1) import 属性：定义将在生成的 Servlet 类中添加的 Java import 语句。

例如，＜％@page import＝"zjc. ＊"％＞将导入一个 zjc 包，导入多个包时将用“，”分隔，＜％@ page import＝"zjc. ＊，java. util. ＊"％＞。默认情况下自动加入：java. lang，javax. Servlet，javax. Servlet. http，javax. Servlet. jsp。

(2) contentType 属性：定义 JSP 响应的 MIME 类型。

(3) pageEncoding 属性：定义 JSP 页面的字符编码。默认值为 ISO-8859-1，其他支持中文的值有 GB2312、gbk 和 UTF-8 等。

2) include 指令

include 指令包含另外一个文件，在当前页面被解析时需加入其中，以增强代码复用性。

include 指令用于通知容器，将指定位置上的资源内容包含进来。被包含的文件内容可以被 JSP 解析，这种解析发生在 JSP 文件编译期间。利用 include 命令，可以把一个页面分成不同的部分，最后再合成一个完整的文件，从而实现页面的模块化。例如：＜％@include file="head.jsp" ％＞。

3）taglib 指令

taglib 指令定义 JSP 可以使用的标签库。

声明此 JSP 文件使用了自定义的标签，同时引用标签库，也指定了这些标签的前缀。可以使用 taglib 来包含 Struts、JSF 等标签库，以及用户自定义标签库。例如：＜％@taglib uri="/struts-tags" prefix="s"％＞用于使用 Struts 基本标签库。

6. JSP 动作

动作指令与编译指令不同，编译指令是通知 Servlet 引擎的处理消息，而动作指令只是运行时的动作。编译指令在将 JSP 编译成 Servlet 时起作用，而处理指令通常可替换成 JSP 脚本，它只是 JSP 脚本的标准化写法。

(1) JSP：forward：执行页面转向，将请求的处理转发到下一个页面。

(2) JSP：param：用于传递参数，必须与其他支持参数的标签一起使用。

(3) JSP：include：用于动态引入一个 JSP 页面。

(4) JSP：plugin：用于下载 JavaBean 或者 Applet 到客户端执行。

(5) JSP：useBean：创建一个 JavaBean 实例。

(6) JSP：setProperty：设置 JavaBean 实例的属性值。

(7) JSP：getProperty：获取 JavaBean 实例的属性值。

1.2.3　JSP 内置对象

内置对象指在 JSP 页面中内置的、不需要定义就可以在网页中直接使用的对象。JSP 程序员一般情况下使用这些内置对象的频率比较高。内置对象的特点包括：

(1) 内置对象是自动载入的，因此它不需要直接实例化。

(2) 内置对象是通过 Web 容器来实现和管理的。

(3) 在所有的 JSP 页面中，直接调用内置对象都是合法的。

JSP 规范中定义了 9 种内置对象，主要使用下面 5 种。

(1) out 对象：负责管理对客户端的输出。

(2) request 对象：负责得到客户端的请求信息。

(3) response 对象：负责向客户端发出响应。

(4) session 对象：负责保存同一客户端一次会话过程中的一些信息。

(5) application 对象：负责保存整个应用环境的信息。

内置对象的作用范围包括下面 5 种。

(1) out：page。

(2) request：request。

(3) response：page。

(4) session：session。

(5) application：application。

下面对常用的几个内置对象进行介绍。

1. out 对象

out 对象是 javax. Servlet. jsp. JspWriter 类的实例，主要用于向客户端输出数据。该对象的常用方法如表 1.1 所示。

表 1.1 out 对象的常用方法

方法名	作 用
print()	输出各种类型数据
newLine()	输出一个换行符
close()	关闭输出流，从而可以强制中止当前页面的剩余部分向浏览器输出

2. request 对象

request 对象是 javax. Servlet. http. HttpServletRequest 类的实例，主要用于封装用户提交的信息。通过调用该对象相应的方法可以获取封装的信息，即使用该对象可以获取用户提交的信息。该对象的常用方法如表 1.2 所示。

表 1.2 request 对象的常用方法

返回值	方 法 名	作 用
String	getParameter(String name)	返回 name 指定参数的参数值；当传递给此函数的参数名没有实际参数与之对应时，则返回 null
String[]	getParameterValues(String name)	以字符串数组的形式返回指定参数所有值
String[]	getParameterNames()	返回客户端传送给服务器端的所有的参数名，结果集是一个枚举类的实例
String	getProtocol()	返回请求用的协议类型及版本号
String	getRemoteAddr()	返回发送此请求的客户端 IP 地址
String	getRemoteHost()	返回发送此请求的客户端主机名
String	getServerName()	返回接受请求的服务器主机名
int	getServerPort()	返回服务器接受此请求所用的端口号

例题 1 请实现一个简单的用户登录程序，要求用户输入用户名和密码，如果输入的用户名为 admin，密码也为 admin，则输出 OK，否则输出 ERROR。

该程序的输入是用户名和密码，输出为两个字符串，因此需要两个页面实现。页面 1(login. jsp)提供一个输入用户名和密码的表单。页面 2(validate. jsp)接收页面 1(login. jsp)

提交的用户名和密码，并对用户输入的用户名和密码进行验证，如果满足条件输出 OK，否则输出 ERROR。

login. jsp 页面内容如下所示：

```
<form action="validate.jsp" method="post">
    用户名：<input type="text" name="userName" value=""/><br>
    密码：<input type="password" name="userPass" value=""/><br>
    <input type="submit" value="登录">
</form>
```

validate. jsp 页面内容如下所示：

```
<%
    String name=request.getParameter("userName");
    String pass=request.getParameter("userPass");
    out.println(name);
    out.println("<br>");
    if ("admin".equals(name) && "admin".equals(pass)){
        out.println("OK");
    }else{
        out.println("ERROR");
    }
%>
```

3. response 对象

response 对象是 javax. Servlet. http. HttpServletResponse 类的实例，主要用于向客户端发送数据。该对象的常用方法如表 1.3 所示。

表 1.3 response 对象的常用方法

方　法	作　用
addCookie(Cookie cook)	添加一个 Cookie，以保存客户端的用户信息
sendError(int)	向客户端发送错误的信息，例如 404、500
sendRedirect(String url)	把响应发送到另一个 url(常用)
setContentType(String contentType)	设置响应的 MIME 类型(常用)

4. session 对象

session 对象是 javax. Servlet. http. HttpSession 类的实例，用于保存每个用户的信息，以便跟踪每个客户的操作状态。从一个客户打开浏览器并连接到服务器开始，到客户关闭浏览器离开这个服务器结束，被称为一个会话。

当一个客户首次访问服务器上的一个 JSP 页面时，JSP 引擎产生一个 session 对象，同时分配一个 String 类型的 Id 号，JSP 引擎同时将这个 Id 号发送到客户端，存放在 Cookie 中，这样 session 对象和客户之间就建立了一一对应的关系。

该对象的常用方法如表 1.4 所示。

表 1.4　session 对象的常用方法

方　法	作　用
getId()	返回 sessionId
get/set/removeAttribute	获取/设置/删除属性
get/setMaxInactiveInterval()	获取/设置两次请求间隔多长时间此 session 被取消。如果为负值则永远不会超时
invalidate	销毁 session 对象

例题 2　实现 request 对象和 session 对象实例演示。要求 main. jsp 只有在经过登录以后才能访问。

打开 validate. jsp，添加 session. setAttribute("login", "true")，然后打开 main. jsp，在<body></body>的最开始位置输入以下代码：

```
<%
    String logined=(String)session.getAttribute("login");
    if (!"true".equals(logined)){
        response.sendRedirect("login.jsp");
    }
%>
```

其中，response. sendRedirect("login. jsp")；是通过 response 对象将下一个页面重定向到登录页面 login. jsp，即强制跳转到 login. jsp，从而满足 main. jsp 只有在经过登录以后才能访问。

5. application 对象

application 对象是 javax. servlet. ServletContext 类的实例，是一个共享的内置对象，在服务器开启之后建立，服务器关闭之后 application 对象就会销毁，也就是说，它是为所有访问该服务器的用户共享的。当用户在所访问的网站的各个页面之间浏览时，这个 application 对象都是同一个，直到服务器关闭。它允许 JSP 页面的 Servlet 与包括在同一应用程序中的任何 Web 组件共享信息。该类的常用方法为 set/get/removeAttribute，即设置/读取/删除一个属性。

例题 3　请利用 application 实现网站计数器功能。

新建 Java Web 工程 test，在 WebRoot 目录下新建 count. jsp，用于对指定页面进行计数,输入参数为 pageName,指定要计数的页面名称。

count.jsp 页面内容如下所示:

```
<%
    String pageName=request.getParameter("pageName");
    Integer count=(Integer)application.getAttribute(pageName);
    if (count==null){
        count=new Integer(0);
    }
    count=new Integer(count.intValue()+1);
    application.setAttribute(pageName,count);
    out.println("page count: "+count);
%>
```

新建网页 testCount.jsp,该页面包含 count.jsp,实现由 count.jsp 对 testCount.jsp 的计数。

testCount.jsp 页面内容如下所示:

```
<jsp:include page="count.jsp">
    <jsp:param name="pageName" value="testCount"/>
</jsp:include>
```

运行结果如图 1.4 所示。

http://127.0.0.1:8080/test/testCount.jsp

page count: 6

图 1.4 运行结果

1.3 Servlet 技术

1.3.1 Servlet 简介

Servlet 是指服务器小程序,是用 Java 编写的服务器端程序,由客户端请求,服务器调用和执行的。Servlet 作为 Java 语言的 Web 编程技术,先于 Java EE 平台出现,JSP 也是在 Servlet 基础上发展而来。

Servlet 是一个 Java 类,运行在 Web 服务器或应用服务器上。它是来自 HTTP 客户端的请求与 HTTP 服务器上的数据库或应用程序之间的中间层。利用 Servlet,可以交互式地浏览和修改数据,收集来自网页表单的用户输入,呈现来自数据库的记录,还可以生成动态

Web 内容。

Servlet 属于 JSP 的底层,学习它有助于了解底层细节。Servlet 是一个 Java 类,适合纯编程,如果是纯编程,比将 Java 代码混合在 HTML 中的 JSP 要好得多。此外,Struts 框架的思路和 Servlet 的设计思路基本一致,学好 Servlet 有助于对 Struts 框架的理解和掌握。

Servlet 的工作过程如下:

(1) 读取客户端发送的 HTML 表单,客户端包括浏览器、移动端等。

(2) 读取客户端发送的 HTTP 请求数据。

(3) 处理数据并生成结果,这个过程可能需要访问数据库。

(4) 发送显式的数据到客户端,数据包括文本文件(如 HTML、JSP、XML、JSON 等)二进制文件(如 GIF 图像)、Excel 表格等。

(5) 发送隐式的 HTTP 响应到客户端,如设置 cookies 和缓存参数等。

(6) 调用 destroy 方法退出。当服务器关闭或者 Servlet 空闲时间超过一定限度时执行。

1.3.2 Servlet 的生命周期

Servlet 的生命周期可被定义为从创建直到销毁的整个过程,如图 1.5 所示。

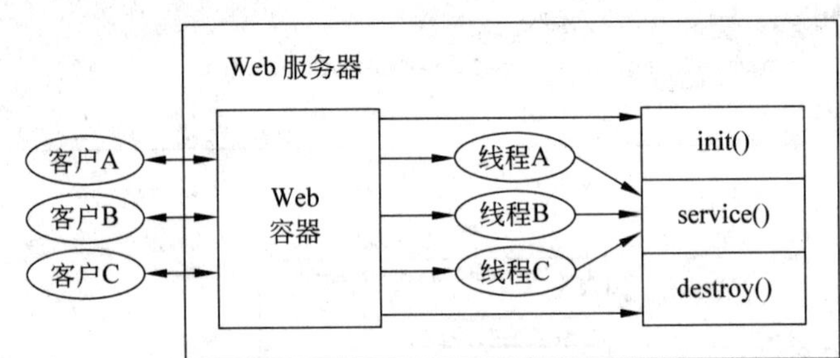

图 1.5 Servlet 生命周期

当来自客户端的请求映射到 Servlet 时,Web 容器(如 Tomcat 服务器)执行以下步骤:

(1) 加载 Servlet 类。创建该类的实例,每一个用户请求都会产生一个新的线程。

(2) 调用 init 方法进行初始化。

(3) 调用 service 方法来处理客户端的请求。

(4) 调用 destroy 方法终止。

(5) 由 JVM 的垃圾回收器进行垃圾回收。

Servlet 类有三个方法,分别如下。

(1) init()方法:可选,用于初始化。init()方法加载默认数据或者连接数据库,以用于 Servlet 的整个生命周期。init()方法只在第一次创建 Servlet 时被调用,在后续用户请求时不再调用。

(2) service()方法:用于处理请求。service()方法是执行实际任务的主要方法。Web

容器调用 service()方法来处理来自客户端的请求,并把格式化的响应写回给客户端。service()方法将检查 HTTP 请求类型(如 GET、POST 等),并分别调用 doGet、doPost 等方法进行处理。

(3) destroy()方法:可选,用于清除并释放在 init 方法中所分配的资源。destroy()方法只在 Servlet 生命周期结束时被调用一次。当服务器被关闭,或者 Servlet 空闲超过一定时间后,调用 destroy()方法退出。可以在 destroy()方法中关闭数据库连接、停止后台线程。

1.3.3 Servlet 实现相关的类和接口

Servlet 主要包括下面 3 个接口和类:Servlet 接口、GenericServlet 类和 HttpServlet 类。

1. Servlet 接口

Servlet 接口声明代码如下:

```
public interface Servlet
```

Servlet 接口是 servlet 必须直接或间接实现的接口,它包含的方法如下。

(1) init(ServletConfig config):用于初始化 servlet。

(2) getServletInfo():获取 servlet 的信息。

(3) getServletConfig():获取 servlet 配置相关信息。

(4) service(ServletRequest request,ServletResponse response):运行应用程序逻辑的入口点,它传入两个由 Web 服务器提供的上下文环境参数,ServletRequest 表示客户端请求的信息,ServletResponse 表示对客户端的响应。

(5) destroy():销毁 Servlet。

2. GenericServlet 类

GenericServlet 类接口声明代码如下:

```
public abstract class GenericServlet;
```

该接口提供了对 Servlet 接口的基本实现,它是一个抽象类,其 service 方法是一个抽象方法,其派生类必须直接或间接地实现该方法。

3. HttpServlet 类

HttpServlet 类接口声明代码如下:

```
public abstract class HttpServlet extends GenericServlet implements Serializable
```

该类是专门针对使用 HTTP 的 Web 服务器的 Servlet 类,该类提供 HTTP 的功能。HttpServlet 类提供了响应对应 HTTP 标准请求的 doGet()、doPost()等方法。

注意：

(1) 自定义 Servlet 类该选择哪个接口和类？

所有自定义 Servlet 类都必须实现 javax. servlet. Servlet 接口，但是通常都会从 javax. servlet. GenericServlet 或 javax. servlet. http. HttpServlet 择一来实现。

如果写的 Servlet 代码和 HTTP 无关，那么必须继承 GenericServlet 类；若有关，就必须继承 HttpServlet 类。

(2) 如何利用 HttpServlet 类创建 Servlet?

创建一个实现 javax. Servlet. http. HttpServlet 接口的 Servlet 类过程如下：首先，重载 init()方法和 destroy() 方法以分别实现初始化和析构。然后重载 doGet()或者 doPost()方法，以实现对 HTTP 请求的动态响应。doGet()、doPost()方法是由 service()方法调用的。

1.3.4 Request 和 Response 接口

HttpServlet 类的 doGet()和 doPost()方法都包含两个参数：HttpServletRequest 和 HttpServletResponse。

1. HttpServletRequest 接口

HttpServletRequest 接口提供访问客户端请求信息的方法，如表单数据、HTTP 请求头等。该接口代表了 HTTP 请求，继承了 ServletRequest。

注意：JSP 中的内置对象 request 是一个 HttpServletRequest 实例。

HttpServletRequest 接口的常用方法如表 1.5 所示。

表 1.5 HttpServletRequest 接口的常用方法

功能分类	函 数 名	描 述
输入数据	getContentLength() getContentType() getInputStream() getParameterMap() getParameter() getParameterNames() getParameterValues()	得到输入请求参数相关的信息
国际化	getCharacterEncoding() getLocale() getLocales() setCharacterEncoding()	得到国际化参数和编码格式

2. HttpServletResponse 接口

HttpServletResponse 提供了用于指定 HTTP 应答状态、应答头的方法，还提供了用于向客户端发送数据的 PrintWriter 对象。该对象的 println 方法可用于生成发送给客户端的页面。

注意：JSP 中的内置对象 Response 是一个 HttpServletResponse 实例。

HttpServletResponse 接口的常用方法如表 1.6 所示。

表 1.6 HttpServletResponse 接口的常用方法

功能分类	函 数 名	描 述
输出数据	setContentLength() setContentType() getOutputStream() getWriter()	获得输出流对象
响应 URL	encodeRedirectURL() encodeURL() sendRedirect()	网址编码和重定向

1.3.5 Servlet 综合案例

1. 案例一

(1) 新建 Web Project。

设置工程名为"ServletExample"，选择 Java EE version 为 Java EE 5，如图 1.6 所示。

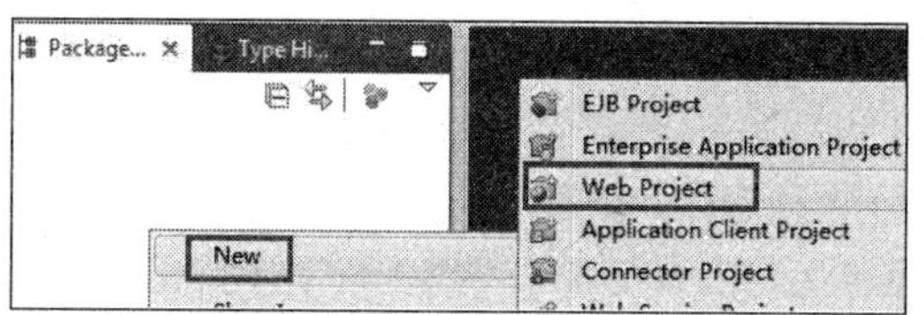

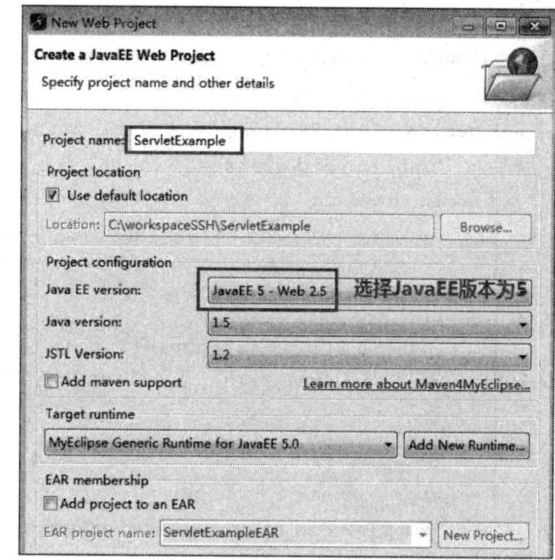

图 1.6 新建工程

(2) 在 src 处新建 class 文件。

新建 Class，设置包名为"zjc"，类名为"HelloWorldServlet"，类的实现接口为 javax.servlet.Servlet，如图 1.7 所示。

HelloWorldServlet.java 类源码如下所示：

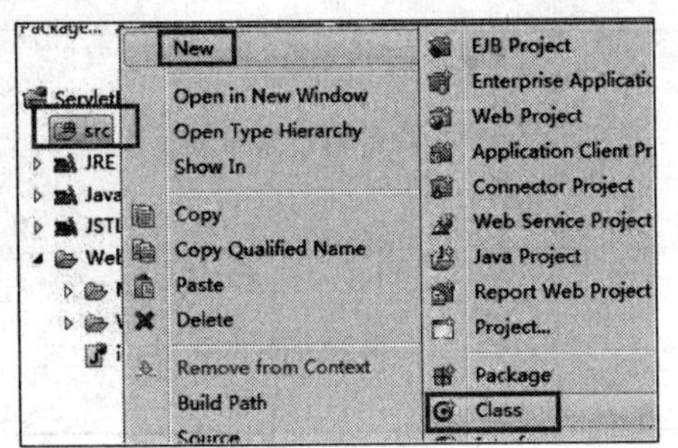

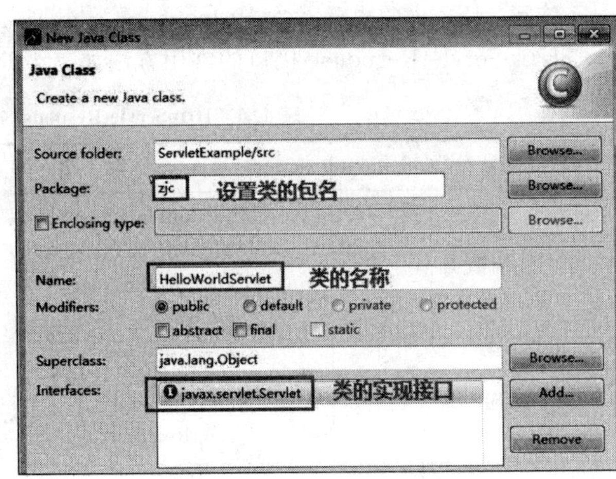

图 1.7 新建 Servlet 类

```
package zjc;
import java.io.IOException;
import javax.servlet.Servlet;
import javax.servlet.ServletConfig;
import javax.servlet.ServletException;
import javax.servlet.ServletRequest;
import javax.servlet.ServletResponse;
public class HelloWorldServlet implements Servlet {
    public void destroy() {
    }
    publicServletConfiggetServletConfig() {
        return null;
    }
    public String getServletInfo() {
        return null;
    }
    public void init(ServletConfig arg0) throws ServletException {
    }
    public void service(ServletRequest arg0, ServletResponse arg1)
            throwsServletException, IOException {
    }
}
```

(3) 重载 service 方法。

重载 service 方法,能够在网页上打印输出字符串“HelloWorld”,代码如下所示:

```
public void service(ServletRequest arg0, ServletResponse arg1)
        throwsServletException, IOException {
    PrintWriter pw=arg1.getWriter();
    pw.println("HelloWorld");
}
```

(4) 新增 Servlet 的配置。

打开 WebRoot→WEB-INF 下的 web.xml 文件，在 Servlets 选项中单击 Add new servlet，如图 1.8 所示。

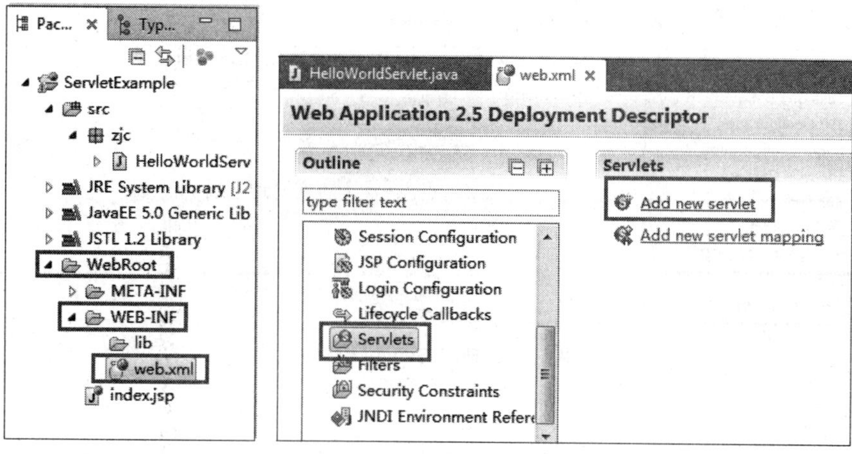

图 1.8 新增 Servlet 的配置

输入 Servlet name 为 MyServlet，单击按钮，输入类名称的前几个字母，选择该 Servlet 的类名 HelloWorldServlet(包名为 zjc)，如图 1.9 所示。

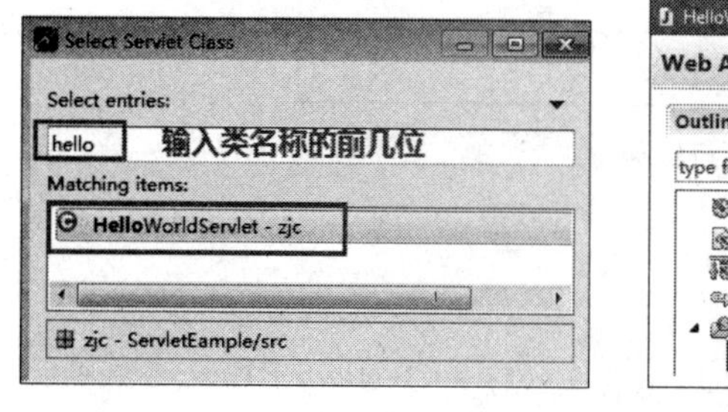

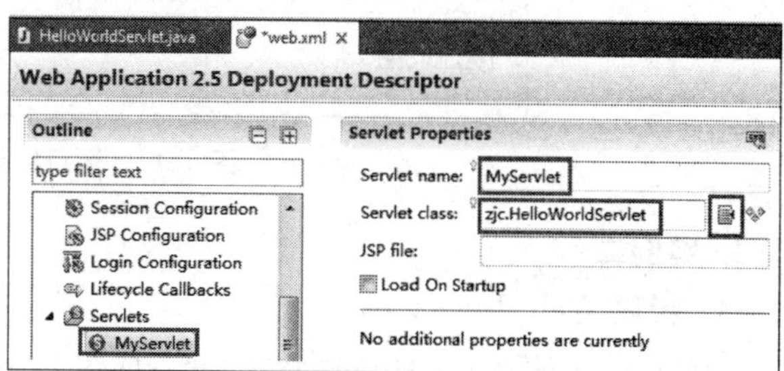

图 1.9 设置 Servlet 的 name 和 class 属性

(5) 新增 Servlet mapping。

重新单击 Servlets 项，然后选择 Add new servlet mapping，输入 Servlet name 为 MyServlet，以及执行该映射所对应的网址：/helloWorld，如图 1.10 所示。

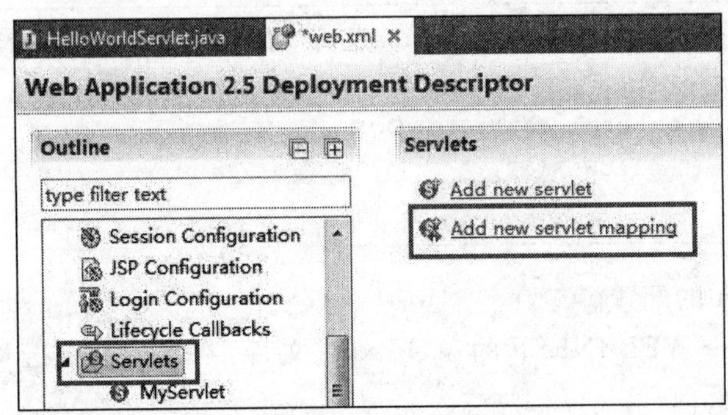

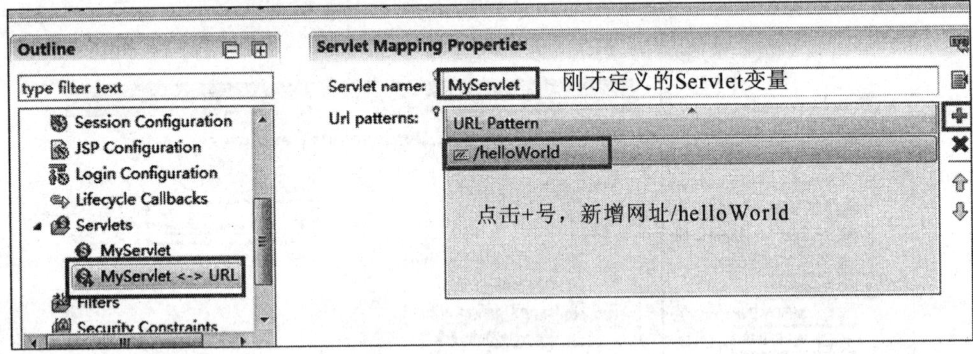

图 1.10　新增 Servlet mapping

(6) 运行 Web 工程。

右键单击工程项目，选择 Run As→MyEclipse Server Application，在网址栏中输入"http://127.0.0.1:8080/ServletExample/helloWorld"，结果如图 1.11 所示。

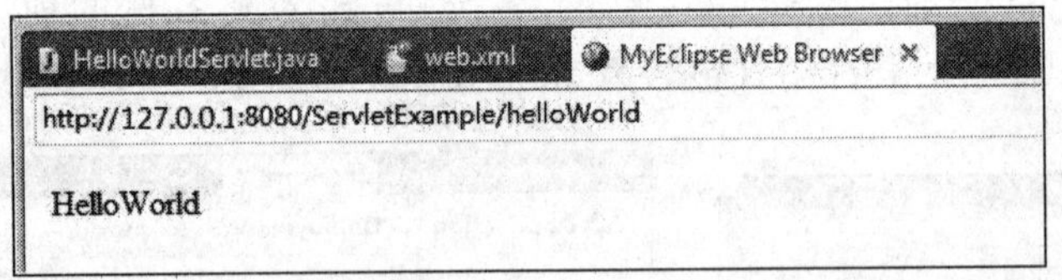

图 1.11　运行结果

2. 案例二

(1) 新建 Web Project。

设置工程名为"ServletInputExample"，选择 Java EE version 为 Java EE 5。

(2) 新增 input.html 网页。

在 Dreamweaver 中新增 input.html 网页，设置表单的动作(action)属性为 myservlet，方法(method)属性为 POST，输入控件的名称(name)属性为 inputAAA，如图 1.12 所示。

input.html 代码如下所示：

图 1.12 新增 input.html 网页

```
<html>
<head>
    <meta http-equiv="Content-Type" content="text/html;charset=utf-8">
</head>
<body>
    <br>
    <form method="POST" action="myservlet">
        请输入你想显示的内容：<input name="inputAAA" type="text"><br>
        <input type="submit" name="Submit" value="提交">
        <input type="reset" name="Submit2" value="重置">
    </form>
</body>
</html>
```

(3) 新增 Servlet 类。

新建 Class，设置包名为“zjc”，类名为“InputServlet”，父类为 HttpServlet，如图 1.13 所示。

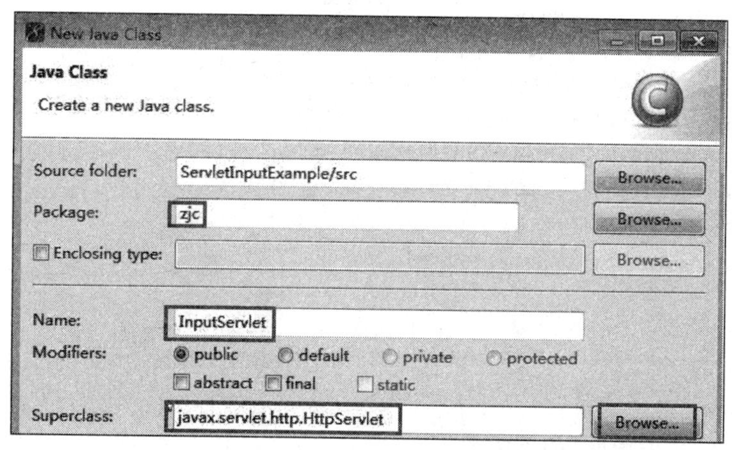

图 1.13 新增 Servlet 类

(4) 重载 doGet 方法和 doPost 方法。

选择 Source 菜单，然后单击 Override/Implement Methods，勾选 doGet 方法和 doPost

方法，如图 1.14 所示。

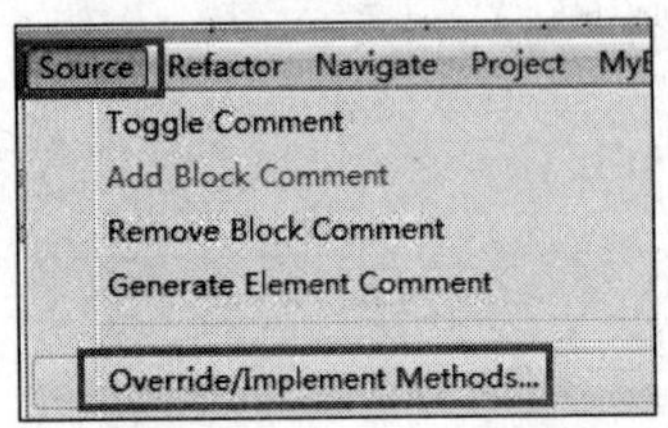

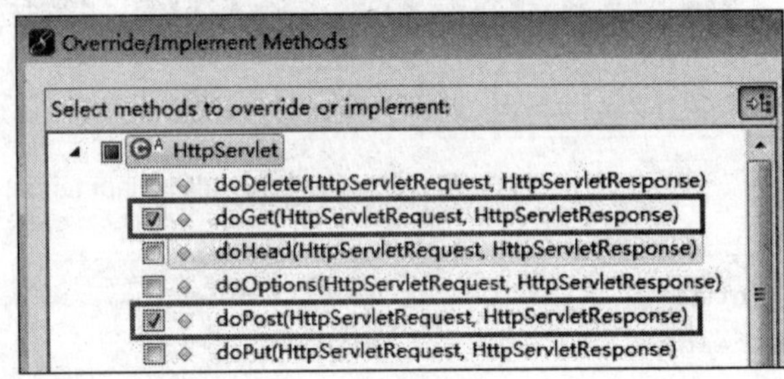

图 1.14　重载 doGet 方法和 doPost 方法

重载 InputServlet 类的 doPost 方法，如下所示：

```
package zjc;
import java.io.IOException;
import java.io.PrintWriter;
import javax.servlet.ServletException;
import javax.servlet.http.HttpServlet;
import javax.servlet.http.HttpServletRequest;
import javax.servlet.http.HttpServletResponse;
public class InputServlet extends HttpServlet {
    protected void doPost(HttpServletRequestreq, HttpServletResponseresp)
            throwsServletException, IOException {
        resp.setCharacterEncoding("gb2312");
        req.setCharacterEncoding("gb2312");
        String input=req.getParameter("inputAAA");
        PrintWriter pw=resp.getWriter();
        pw.println("<html><head><title>");
        pw.println("显示输入内容");
        pw.println("</title></head><body>");
        pw.println(input);
        pw.println("</body></html>");
    }
}
```

（5）修改 web.xml 文件。

新增 myservlet 的说明，如下所示：

```
<?xml version="1.0" encoding="UTF-8"?>
<web-app
```

```
    xmlns:xsi="http://www.w3.org/2001/XMLSchema-instance"
    xmlns="http://java.sun.com/xml/ns/Java EE"
    xsi:schemaLocation="http://java.sun.com/xml/ns/Java EE
    http://java.sun.com/xml/ns/Java EE/web-app_2_5.xsd" id="WebApp_ID"
    version="2.5">
    <display-name>ServletInputExample</display-name>
    <servlet>
        <servlet-name>inputServlet</servlet-name>
        <servlet-class>zjc.InputServlet</servlet-class>
    </servlet>
    <servlet-mapping>
        <servlet-name>inputServlet</servlet-name>
        <url-pattern>/myservlet</url-pattern>
    </servlet-mapping>
</web-app>
```

(6) 运行工程。

右键单击项目，选择 Run As→MyEclipse Server Application，在网址栏中输入"http://127.0.0.1:8080/ServletInputExample/input.html"。当在 input.html 的输入框中输入内容后，可以在/myservlet 页面中显示填入的内容，如图 1.15 所示。

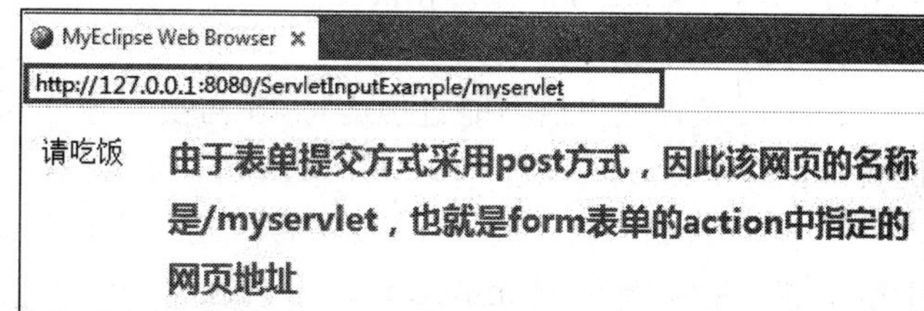

图 1.15　运行结果

该程序完整的执行过程描述如下。

(1) 单击 input.html 中表单的"提交"按钮。

Tomcat 将自动执行 action 中指定的 URL 网页地址(即/myservlet)。注意：action 中不能加/。

(2) Tomcat 执行到/myservlet。

查找 web.xml 中的<servlet-mapping>项，发现存在 url-pattern 为/myservlet 的这一项，然后从该<servlet-mapping>项的 servlet-name 中知道将执行 inputservlet。

(3) 在<servlet>项中查找。

发现存在 servlet-name 为 inputservlet 的这一项，然后从该<servlet>项的 servlet-class 中知道将执行的 servlet 类为 zjc.InputServlet。

(4) 执行 zjc. InputServlet 类的 doPost 方法。

由于 input. html 中表单 form 的 method 属性为 POST,因此将执行 doPost 方法。

案例二在实现中包含 5 个要点：Servlet 的执行过程,InputServlet 类接口,Servlet 的管理,Servlet 的配置管理和表单提交的管理。

(1) Servlet 的执行过程。

首先根据在地址栏中输入的路径信息找到<servlet-mapping>中<url-pattern>对应的<servlet-name>,再对应找到<servlet>中该<servlet-name>对应的<servlet-class>类,从而实例化该 servlet 并执行。

在本例中的<url-pattern>为/myservlet(此路径为相对路径),所以在地址栏中输入全路径 http://127.0.0.1:8080/ServletExample/myservlet 后将找对应的 inputServlet 这个 Servlet,再对应找到 inputServlet 对应的<servlet-class>类 zjc. InputServlet 类,实例化该 servlet 并执行。

(2) InputServlet 类接口。

这个 InputServlet 类继承了 HttpServlet 接口。HttpServlet 是一个实现了 Servlet 接口的类,所以这个 Servlet 就间接地实现了 Servlet 的接口,从而可以使用接口提供的服务。

这个程序中的 doGet()方法就是具体的功能处理方法,这个方法可以对浏览器以 GET 方法发起的请求进行处理,在这里这个方法的功能就是输出一个 HTML 页面。

本例中并没有出现具体的 init()方法和 destroy()方法,而是由 Servlet 容器以默认的方式对这个 Servlet 进行初始化和销毁动作。

(3) Servlet 的管理。

Servlet 编译完以后不能直接运行,还需要存放在指定位置,并在 web. xml 文件中进行配置。在这里以 Tomcat 为 Servlet 应用服务器为例进行介绍。

① Servlet 的存放。将 Servlet 编译成功后生成的. class 文件放在 Tomcat 安装目录的指定位置,在本例中将 InputServlet. class 文件放在 Tomcat 安装目录下的 webapps/ServletExample/WEB-INF/classes 目录下。

② Servlet 的配置。配置文件是 webapps/ServletExample/WEB-INF 目录下的 web. xml 文件,注意：该文件不需要手工创建,当运行 Web 工程时,MyEclipse 会自动将工程的本地文件 web. xml 上传到 Tomcat 的 webapps 的 SimpleServlet 目录中。

(4) Servlet 的配置管理。

在 web. xml 配置文件中<servlet>和<servlet-mapping>标识用于对 Servlet 进行配置,这个配置信息可以分为两个部分,第一部分是配置 Servlet 的名称和对应的类,第二部分是配置 Servlet 的访问路径。

① <servlet>是对每个 Servlet 进行说明和定义。

② <servlet-name>是 Servlet 的名称,这个名字可以任意命名,但是要和<servlet-mapping>节点中的<servlet-name>保持一致。

③ <servlet-class>是 Servlet 对应类的路径,在这里要注意,如果有 Servlet 带有包名,

一定要把包路径写完整，否则 Servlet 容器就无法找到对应的 Servlet 类。

④ <init-param>用于对 Servlet 初始化参数进行设置(没有可省略)。

例如，可以在这里指定两个参数：参数 user 的值为 zjc，参数 address 的值为 http://www.sohu.com。这样以后要修改用户名和地址时就不需要修改 Servlet 代码，只需修改配置文件。对这些初始化参数的访问可以在 init()方法体中的 getInitParameter()方法进行获取。

⑤ <servlet-mapping>是对 Servlet 的访问路径进行映射。

⑥ <servlet-name>是这个 Servlet 的名称，要和<servlet>节点中的<servlet-name>保持一致。

⑦ <url-pattern>定义了 Servlet 的访问映射路径，这个路径就是在地址栏中输入的路径。

注意：<servlet>和<servlet-mapping>必须是成对出现的，Servlet 容器中有 *N* 个 servlet 类就需要配置 *N* 次。

(5) 表单提交的管理。

由于表单提交方式采用 POST 方式，因此该网页的名称是/myservlet，也就是 form 表单的 action 中指定的网页地址 http://127.0.0.1:8080/ServletInputExample/myservlet。

注意：/myservlet 后面的.action 可以省略，http://127.0.0.1:8080/ServletInputExample/myservlet.action 和 http://127.0.0.1:8080/ServletInputExample/myservlet 的效果是一样的。

3. 案例三

请在表单中输入姓名、学号，选课，提交后由 Servlet 处理。

该案例涉及两个技术要点：处理客户端输入和读取表单数据。

技术要点 1：处理客户端输入。

很多情况下，用户需要向服务器提交一些信息。在 Web 程序设计中，客户端以表单方式向服务器提交数据是最常用的方法。

表单数据提交有两种方法：GET 方法和 POST 方法。

GET 方法把当前请求中的参数加到页面 URL 中，页面和已编码的信息中间用“?”字符分隔，产生一个字符串，出现在浏览器的地址栏中。如果要向服务器传递的是密码或其他敏感信息，切勿使用 GET 方法。GET 方法形成的 URL 字符串中最多只能有 1024 个字符。Servlet 使用 doGet()方法处理这种类型的请求。

POST 方法打包信息的方式与 GET 方法基本相同，但是 POST 方法把用户输入的信息作为一个单独的消息，以标准输出的形式传到服务器，而不是把当前请求中的参数加到页面 URL 中。Servlet 使用 doPost()方法处理这种类型的请求。

技术要点 2：Servlet 中如何读取表单数据。

Servlet 中读取表单数据有下面三种方法。

(1) getParameter()：可以调用 request.getParameter()方法来获取表单参数的值。

(2) getParameterValues():如果表单中使用了多选框、复选框等控件,则参数可能会返回多个值。此时,应该用 request. getParameterValues()方法来得到一个字符串数组。

(3) getParameterNames():调用该方法可以得到当前请求中的所有参数的完整列表。

下面给出具体的实现过程。

(1) 新建 Web 工程。

工程名为 testServlet,然后新建网页 SelectLesson. html。

SelectLesson. html 代码如下所示:

```
<html>
<head>
    <meta http-equiv="Content-Type" content="text/html;charset=utf-8">
</head>
<body>
    <form action="selectLesson"method="POST">
    姓名:<input type="text" name="name" /><br />
    学号:<input type="text" name="number" /><br />
        <input type="checkbox" name="lessons" value="数学" />数学
        <input type="checkbox" name="lessons" value="物理" />物理
        <input type="checkbox" name="lessons" value="化学" />化学<br />
        <input type="submit" value="提交" />
    </form>
</body>
</html>
```

注意:

① form 标记的 action 属性规定当提交表单时,向何处发送表单数据。属性值可以是 HTML 页面,JSP 或者 Servlet 等。

② 上面代码中的表单里拥有两个输入控件、三个复选框以及一个提交按钮,当提交表单时,表单数据会提交到 Web 工程的 URL 路径 selectLesson 上。

③ action 路径是相对路径,大小写要严格匹配,且不能人为增加/,即"/selectLesson"是错误的。

④ 两个输入控件的名字分别是"name"和"number",可分别用 request. getParameter()方法来获取用户输入值。三个复选框的名字相同,即表单参数"lessons"包含多个值,需要用 request. getParameterValues()方法来得到一个字符串数组。

⑤ 三个复选框的 name 都是 lessons,表明该 lessons 变量是一个数组变量。

(2) 修改 web. xml。

把 welcome-file 标记对中的值改为 SelectLesson. html,使 SelectLesson. html 成为工程项目的默认首页。

```
<welcome-file>SelectLesson.html</welcome-file>
```

(3) 选择菜单 File→New→Servlet。

设置 Servlet 的名称为 SelectLessonServlet，父类为 HttpServlet，Servlet 名为 SelectLesson，映射网址为/selectLesson，类名为 zjc.SelectLessonServlet，如图 1.16 所示。

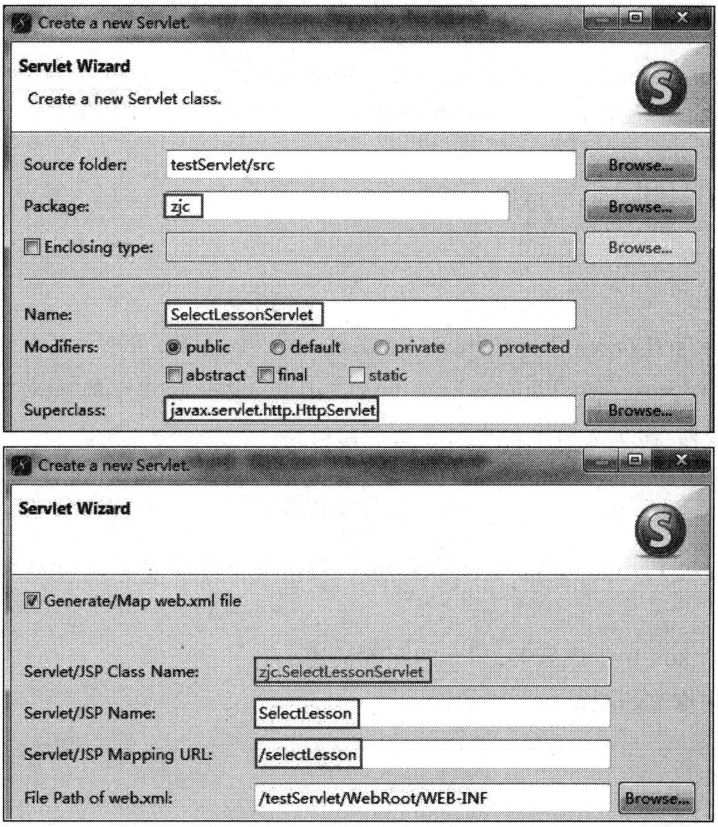

图 1.16 新建 Servlet 类

该 Servlet 的 doPost 代码如下所示：

```
public void doPost(HttpServletRequest request, HttpServletResponse response)
            throws ServletException, IOException {
    response.setContentType("text/html;charset=utf-8");
    //支持 utf-8 中文编码
    request.setCharacterEncoding("utf-8");
    PrintWriter out=response.getWriter();
```

```
    out.println("<HTML>");
    out.println("<BODY>");
    out.println("姓名:"+request.getParameter("name")+"<br/>");
    out.println("学号:"+request.getParameter("number")+"<br/>");
    out.println("您选择的课程有：<br/>");
    String[] paramLessons=request.getParameterValues("lessons");
    for(int i=0;i<paramLessons.length;i++)
        out.println(paramLessons[i]+"<br/>");
    out.println("</BODY></HTML>");
    out.flush();
    out.close();
}
```

注意：

① response.setContentType("text/html;charset=utf-8")用于确保参数信息以汉字编码方式提取，而 request.setCharacterEncoding("utf-8")这一行用于确保汉字信息以正确编码方式显示。否则，输出页面中的中文将显示乱码。

② request.getParameter("name")和 request.getParameter("number")用于提取姓名和学号。

③ request.getParameterValues("lessons")则以一个字符串数组的形式得到学生选择的课程。

(4) 在 web.xml 中生成新 Servlet 的配置描述。

web.xml 中修改的配置如下所示：

```
<servlet>
    <servlet-name>SelectLesson</servlet-name>
    <servlet-class>zjc.SelectLessonServlet</servlet-class>
</servlet>
<servlet-mapping>
    <servlet-name>SelectLesson</servlet-name>
    <url-pattern>/selectLesson</url-pattern>
</servlet-mapping>
```

(5) 运行结果。

打开浏览器，在地址栏中输入“http://127.0.0.1:8080/testServlet”，可以看到选课页面，输入姓名、学号信息并选课（选择“数学”和“化学”）。单击“提交”按钮后，将执行 selectLesson 操作，如图 1.17 所示。

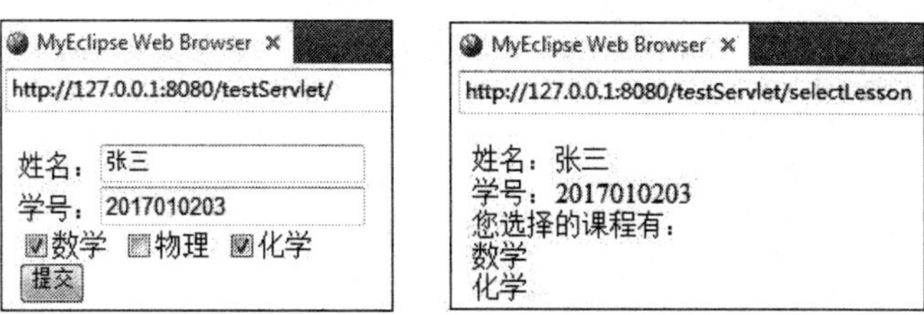

图 1.17　运行结果

如果不选择任何课程，单击“提交”按钮后，则页面将报错。

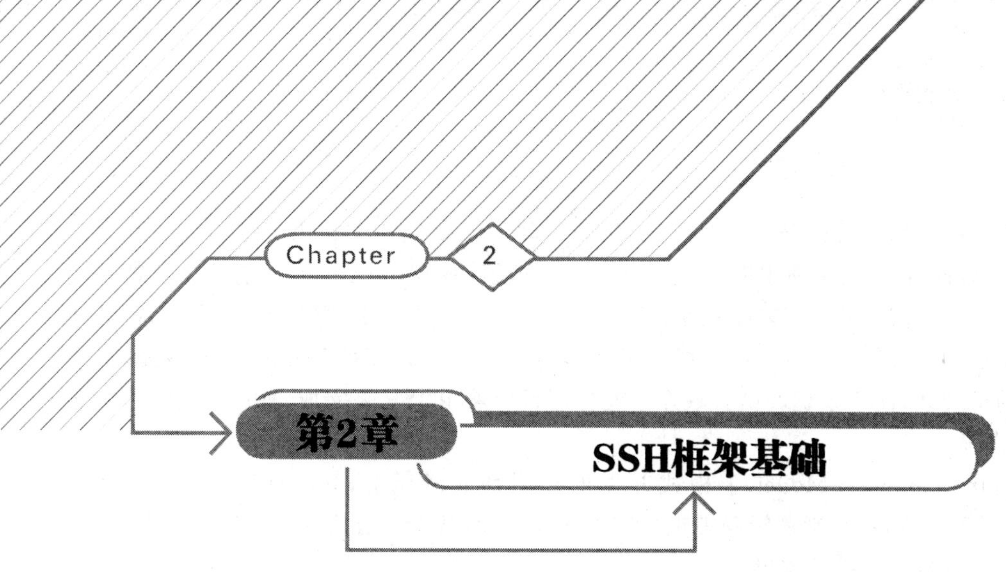

2.1　Struts 框架

2.1.1　MVC 模式

MVC 设计模式是在 20 世纪 80 年代发明的一种软件设计模式，至今已被广泛使用，后来被推荐为 Sun 公司 Java EE 平台的设计模式。MVC 把应用程序分成 3 个模块：模型(Model，M)、视图(View，V)和控制器(Controller，C)，它们(三者联合即 MVC)分别有不同的任务。

MVC 将应用中的各组件按功能进行分类，不同的组件使用不同的技术，相同的组件被严格限制在其所在层内。在 MVC 模式中，各层之间能够以松耦合的方式组织在一起，从而提供良好的封装。MVC 减弱了业务逻辑接口和数据接口之间的耦合，并且让视图层更富于变化。

Java Web 应用开发也伴随着 MVC 设计模式，经历了 Model Ⅰ和 Model Ⅱ两个时代。

1. Model Ⅰ模式

Model Ⅰ模式的实现比较简单，适用于快速开发小规模项目。Model Ⅰ模式有两种开发形式：一种是纯 JSP 方式开发，另一种是使用 JSP＋JavaBean 开发应用程序。

1) 纯 JSP 方式开发

纯 JSP 方式是在 JSP 文件中直接嵌入 Java 代码，即小脚本方式，所有的逻辑控制和业务处理都以小脚本的方式实现。

优点是简单方便，适合开发小型的 Web 应用程序。缺点是 JSP 页面中多种语言代码混合，增加了开发难度，不易于系统后期维护和扩展，系统出现运行异常时，不易于代码调试。

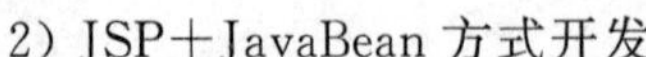

2) JSP+JavaBean 方式开发

JSP+JavaBean 方式对纯 JSP 方式进行了一些改进,使用 JavaBean 封装业务处理及数据库操作,JSP 调用 JavaBean 实现内容显示。这种方式的优点是页面代码相对简洁,业务处理和数据库操作封装到 JavaBean 中,提高了代码的重用性。通过对 JavaBean 的修改,也提高了系统的扩展性,便于系统调试。缺点是业务逻辑依然由 JSP 来完成,JSP 页面依然需要嵌入 Java 代码。

从工程化的角度看,Model Ⅰ模式开发的局限性非常明显,JSP 页面身兼 View 和 Controller 两种角色,将控制逻辑和表现逻辑混杂在一起,从而导致代码的重用性非常低,增加了应用的扩展性和维护的难度。

2. Model Ⅱ模式

在 Model Ⅱ模式中,JSP 页面嵌入了流程控制代码和业务逻辑代码,将这部分代码提取出来,放入单独的 Servlet 和 JavaBean 类中,也就是使用 JSP+Servlet+JavaBean 共同开发,如图 2.1 所示。

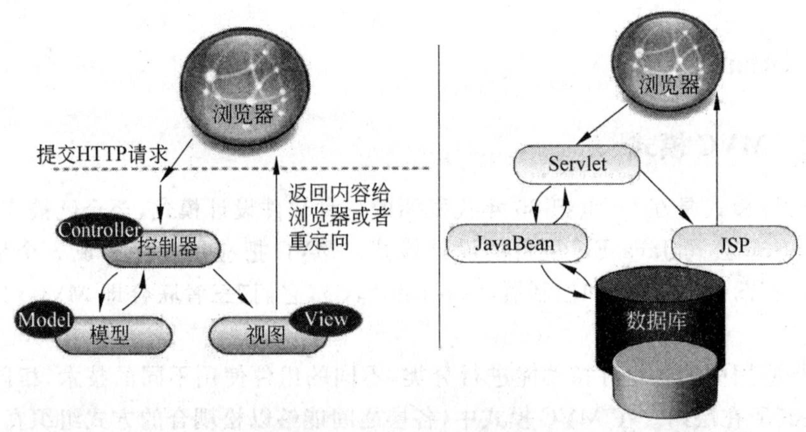

图 2.1 MVC 设计模式

图 2.1 中的 MVC(Model-View-Controller,模型-视图-控制器)设计模式,即将数据显示(JSP)、模型访问(JavaBean)和流程控制(Servlet)处理相分离,使之相互独立。

Model Ⅱ是典型的基于 MVC 架构的设计模式,Servlet 作为前端控制器,负责接收客户端发送的请求,在 Servlet 中只包含控制逻辑和简单的前端处理;然后,调用后端 JavaBean 来完成实际的逻辑处理;最后,转发到相应的 JSP 页面处理显示逻辑。

可以看到,MVC 更符合软件工程化管理的精神,即不同的层各司其职,每一层的组件具有相同的特征,有利于通过工程化和工具化生成和管理程序代码。

Web 应用被分隔为三层,降低了各层之间的耦合,提供了应用的可扩展性。

1) 模型层

模型返回的数据与显示逻辑分离。模型数据可以应用任何的显示技术,例如,使用 JSP 页面、Velocity 模板或者直接产生 Excel 文档等。

2）视图层

多个视图可以对应一个模型。按 MVC 设计模式，一个模型对应多个视图，可以减少代码的复制及代码的维护量，一旦模型发生改变，也易于维护。

3）控制层

由于它把不同的模型和不同的视图组合在一起，完成不同的请求，因此，控制层负责对用户请求和响应。

2.1.2 Struts2 概述

Struts2 是建立在 JSP 和 Servlet 之上的一个 Web 应用开发框架，是 Apache 基金会 Jakarta 项目的一部分。Struts2 是 MVC 的一种新实现，继承了 MVC 的各项特性，并根据 Java EE 的特点，做了相应的变化与扩展。值得注意的是，Struts2 和 Struts1 存在很大区别，Struts1 已经淘汰不用。

传统的 Java Web 开发采用 JSP＋Servlet＋JavaBean 的方式来实现 MVC，但它有一个缺陷：正如第 1 章中讲到的，在编写 Web 应用程序时，必须继承 HttpServlet 类、覆盖 doGet() 和 doPost()方法，严格遵守 Servlet 代码规范编写程序。

如果在 Web 应用中使用 Struts2，开发人员则可以把精力集中在真正的业务逻辑上，而不再分心于如何分派请求，从而可以大大提高 Web 应用的开发速度。Struts2 是一个基于 MVC 设计模式的，可高效构建 Web 应用程序的开源框架，充分体现了 MVC 设计模式的“分类显示逻辑和业务逻辑”能力。

用 Struts2 实现的 MVC 系统与传统的用 Servlet 编写的 MVC 系统相比，两者在结构上的区别如图 2.2 所示。

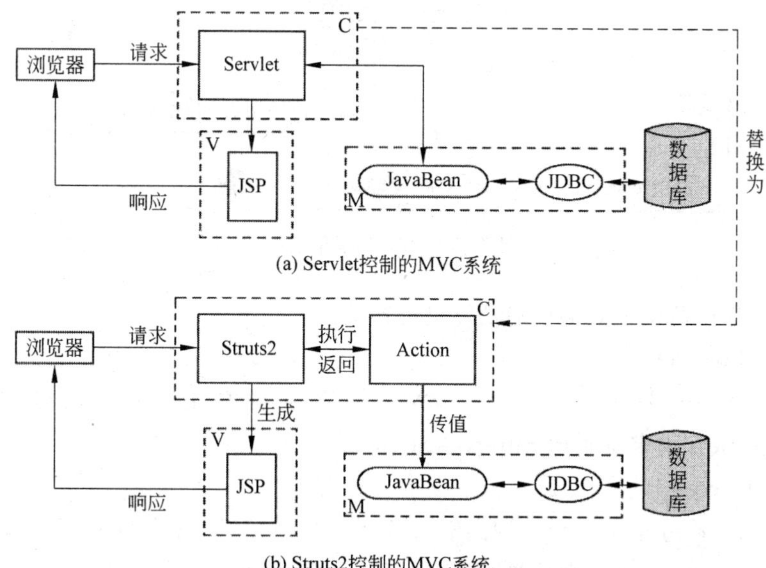

图 2.2 Servlet 实现的 MVC 系统与 Struts2 实现的 MVC 系统

特别地，Servlet 和 Action 的生命周期有很大区别。

(1) Servlet：默认在第一次访问的时候创建，只创建一次，是一个单例对象。

(2) Action：同样是访问的时候创建对象，每次访问 Action 的时候都会创建新的 Action 对象，且创建多次，是一个多实例对象。如果要强制成为单例对象，则必须将 Action 对象的 class 属性值设为 Spring 中指定的 bean 对象名。

2.1.3 Struts2 工作流程

Struts2 框架按照模块来划分，可以分为 Servlet 过滤器(Servlet Filters)、Struts 核心模块(Struts Core)、拦截器(Interceptors)和用户实现(User Created)部分，如图 2.3 所示。

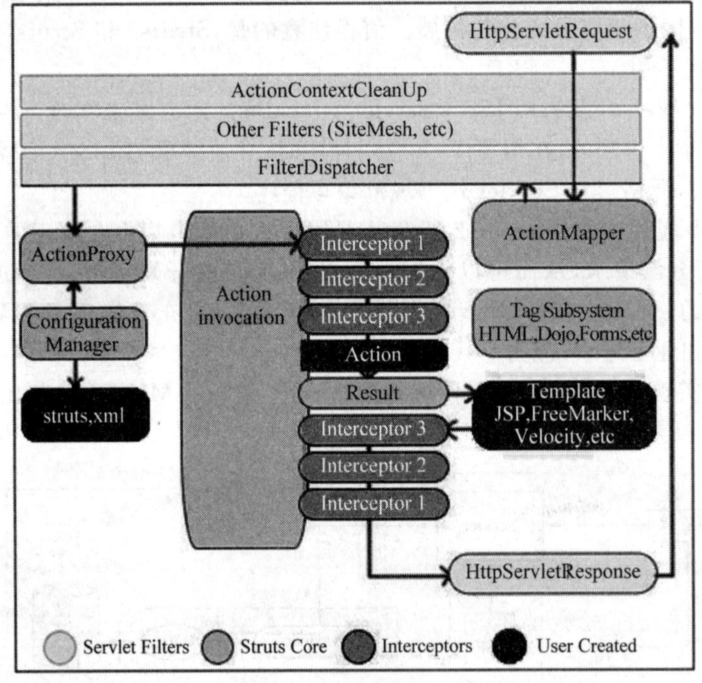

图 2.3 Struts2 框架模块

Struts2 框架中两个核心部件的功能描述如下。

1. FilterDispatcher

FilterDispatcher 是 Struts2 实现 MVC 控制层的核心，用户从客户端提交的 HttpServletRequest 请求将到达 FilterDispatcher。

2. ActionProxy

ActionProxy 通过 struts.xml 询问框架的配置文件，找到需要调用的 Action 类。但在调用之前，Action Invocation 会根据配置，加载 Action 相关的所有 Interceptor(拦截器)。

Struts2 框架的应用着重在控制上，简单的流程是：页面→控制器→页面。最重要的是控制器的取数据与处理后传数据的问题，如图 2.4 所示。

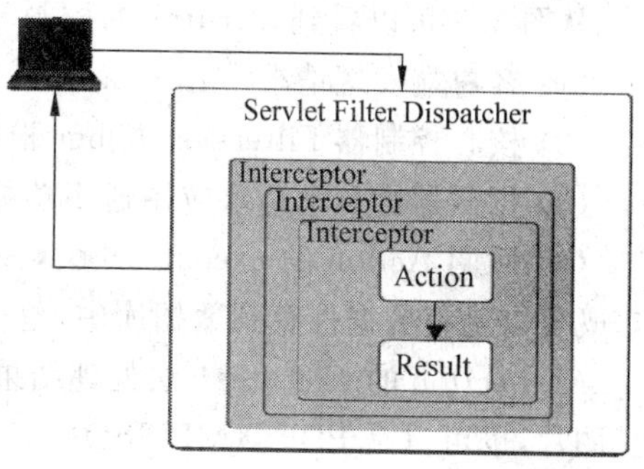

图 2.4 Struts2 框架的控制流程

图 2.4 中，FilterDispatcher、Interceptor 和 Action 的功能描述如下。

(1) FilterDispatcher(核心控制器)：它是 Struts2 框架的基础，包含框架内部的控制流程和处理机制。FilterDispatcher 是由 Web 应用负责加载的，Struts2 的核心控制器被设计成 Filter，而不是一个 Servlet，负责拦截所有的用户请求。如果用户请求以.action 结尾，则该请求被转入 Struts2 框架处理。通过读取配置文件 struts.xml 来确定交给哪个 action 继续处理。FilterDispatcher 需在 web.xml 文件中配置。

(2) Interceptor(拦截器)：它是 Struts2 框架核心，通过拦截器，可以实现 AOP(Aspect-Oriented Programming，面向切面编程)。使用拦截器可以动态拦截 Action 调用的对象，简化 Web 开发中的某些应用。例如，权限拦截器可以简化 Web 应用中的权限检查。

(3) Action(业务控制器)：它是由开发者自己编写实现的。Action 类可以是一个简单的 Java 类，与 Servlet API 完全分离。Action 类一般都有一个 execute()方法，该方法返回一个字符串，这个字符串是一个逻辑视图名，通过配置后对应一个视图。用户在开发 Action 和业务逻辑组件的同时，还需要编写相关的配置文件，供核心控制器使用。

下面的时序图可以清楚地反映 Struts2 的控制流程，如图 2.5 所示。

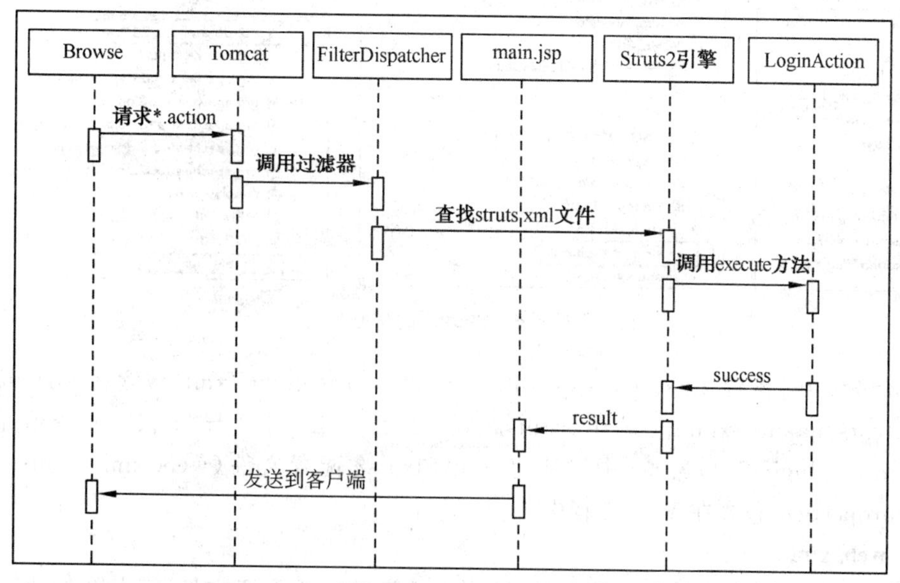

图 2.5 Struts2 时序图

从图 2.5 可以看到，Struts2 的控制流程包括如下 5 个部分：

(1) 客户端发送请求，如/ * . action。

(2) 核心控制器 FilterDispatcher 根据请求决定调用合适的 Action。

(3) 拦截器链自动请求应用通用功能，如验证、工作流或文件上传等功能。

(4) 回调 Action 的 execute 方法，该方法先获得用户请求参数，然后执行某种业务操作，既可以是将数据保存到数据库中，也可以从数据库中检索信息。

(5) Action 的 execute 方法处理结果信息将被输出到浏览器中，可以是 HTML、JSP 页面、图片，也可以是 PDF、XML、JSON、Excel 等其他文档。

2.1.4 Struts2 配置文件

Struts2 框架的配置文件主要包括 5 个文件：web. xml、struts. xml、struts-default. xml、struts. properties 和 struts-plugin. xml。Struts2 的核心包文件如图 2.6 所示。

commons-fileupload-1.3.1
commons-io-2.4
commons-lang-2.3
commons-logging-1.1.1
freemarker-2.3.15
javassist-3.9.0
ognl-2.7.3
struts2-core-2.1.8
struts2-dojo-plugin-2.1.8
struts2-json-plugin-2.1.8
struts2-spring-plugin-2.1.8

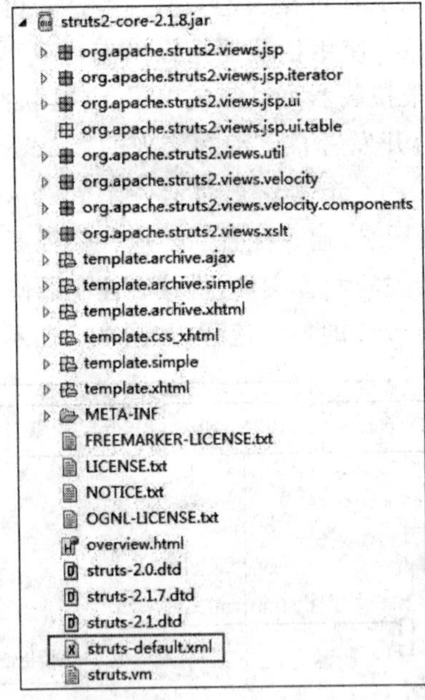

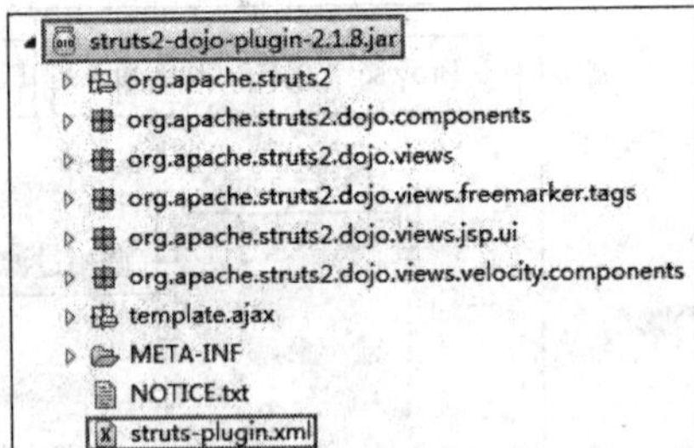

图 2.6 Struts2 的核心包

两个 Struts2 配置文件(struts-default. xml 和 struts-plugin. xml)包含在 Struts2 的 jar 包中，struts-default. xml 包含在 struts2-core-2. 1. 8. jar 中，struts-plugin. xml 包含在 struts2-dojo-plugin-2. 1. 8. jar 中。其他三个 Struts2 配置文件(web. xml、struts. xml 和 struts. properties)包含在 Web 工程中。

1. web. xml

web. xml 是 Web 应用中加载有关 Servlet 信息的重要配置文件，起着初始化 Servlet、Filter 等组件的作用。

通常，所有的 MVC 框架都需要 Web 应用加载一个核心控制器。对于 Struts2 框架，需要加载 FilterDispatcher。Web 应用负责加载 FilterDispatcher，FilterDispatcher 将加载 Struts2 框架。为了让 Web 应用加载 FilterDispatcher，需要在 web. xml 文件中配置 FilterDispatcher。

```
<!--配置 Struts2 框架的核心 Filter -->
<filter>
    <!--配置 Struts2 核心 Filter 的名字 -->
    <filter-name>struts2</filter-name>
    <!--配置 Struts2 核心 Filter 的实现类 -->
    <filter-class>org.apache.struts2.dispatcher.FilterDispatcher </filter-
    class>
</filter>
<!--配置 Struts2 核心 Filter 的映射-->
<filter-mapping>
    <!--配置 Struts2 的核心 FilterDispatcher 拦截所有用户请求 -->
    <filter-name>struts2</filter-name>
    <url-pattern>/ * </url-pattern>
</filter-mapping>
```

其中，<filter>用来指定要加载 Struts2 框架的核心控制器 FilterDispatcher。<filter-mapping>用来指定让 Struts2 框架处理用户的哪些请求，<url-pattern>的值为/ * 时表示用户的所有请求都使用此框架来处理。<filter>与<filter-mapping>都有一个子元素<filter-name>，它们的值必须相同。

注意：FilterDispatcher 是 Struts2.0 到 2.1.2 版本的核心过滤器。自 Struts2.1.3 开始就用 StrutsPrepareAndExecuteFilter 类替代了 FilterDispatcher 类。如果工程中 Struts 是 2.1.3 之前的版本，就用 org. apache. struts2. dispatcher 包中的 FilterDispatcher 类，否则用 org. apache. struts2. dispatcher. ng. filter 包中的 StrutsPrepareAndExecuteFilter 类。

2. struts. xml

struts. xml 文件是 Struts2 框架的核心配置文件，主要负责管理 Web 应用中的 action 映射，以及该 action 包含的 result 定义和拦截器的配置、bean 的配置、常量的配置、包的配置等。Struts2 框架允许使用<include>在 struts. xml 中包含其他配置文件。

```
<struts>
<!--Struts2 的 action 都必须配置在 package 里 -->
<package name="default" extends="struts-default">
    <interceptors>
        <interceptor-stack name="mystack">          //定义拦截器栈 mystack
```

```
            <interceptor-ref name="ic1"/>         //定义拦截器 ic1
            <interceptor-ref name="ic2"/>         //定义拦截器 ic2
        </interceptor-stack>
    </interceptors>
    <!--定义一个 HelloWorld,实现类为 sdfi.HelloWorld -->
    <action name="HelloWorld" class="zjc.HelloWorld">
        <!--配置 action 返回 success 时转入/Hello.jsp 页面 -->
        <result name="SUCCESS">/Hello.jsp</result>
    </action>
</package>
</struts>
```

1）package 元素

通过包(package)的配置，可以实现对某包中的所有 action 统一管理，如权限的限制等。package 元素的主要属性如下。

(1) name：该属性必须指定，表示包的名称，由于 struts. xml 中可以定义不同的<package>，而且它们之间还可以互相引用，所以必须指定名称。

(2) extends：该属性是可选的，表示当前定义的包继承其他的包。如果继承了其他包，就可以继承其他包中的 action、拦截器等。

注意：由于包信息的获取是按照配置文件中的先后顺序进行的，所以父包必须在子包之前被定义。

通常应用程序会继承一个名为“struts-default”的内置包，它配置了 Struts2 所有的内置结果类型，该文件包含在 struts2-core-2. 1. 8. jar 中。

(3) namespace：该属性是可选的，用来指定一个命名空间，定义命名空间非常简单，只要指定 namespace＝"/ * "即可，其中，* 是自定的，如果直接指定“/”，表示设置命名空间为根命名空间。如果不指定任何 namespace，则使用默认的命名空间，默认的命名空间为""。

当指定了命名空间后，相应的请求也要改变，例如：

```
<action name="login" class="org.action.LoginAction" namespace="/user">
    …
</action>
```

此时，请求就不能是“login”，而必须改为“user/login”。当 Struts2 接收到请求后，会将请求信息解析为 namespace 名和 action 名两部分，然后根据 namespace 名在 struts. xml 中查找指定命名空间的包，并且在该包中寻找与 action 名相同的配置，如果没有找到，就到默认的命名空间中寻找与 action 名称相同的配置，如果再没找到，就给出错误信息。

(4) abstract：该属性是可选的，如果定义该包是一个抽象包，则该包不能包含<action>配置信息，但可以被继承。

例如，在 Struts2 核心包 struts2-core-2.1.8.jar 中可找到 struts-default.xml 文件。struts-default.xml 中定义的 struts-default 就是 abstract 抽象的：

```
<package name="struts-default"abstract="true">
  <result-types>
    <result-type name="chain" class="com.opensymphony.xwork2.
                    ActionChainResult"/>
    <result-type name="dispatcher" class="org.apache.struts2.dispatcher.
                    ServletDispatcherResult" default="true"/>
    <result-type name="freemarker" class="org.apache.struts2.views.freemarker.
                    FreemarkerResult"/>
    <result-type name="httpheader" class="org.apache.struts2.dispatcher.
                    HttpHeaderResult"/>
    <result-type name="redirect" class="org.apache.struts2.dispatcher.
                    ServletRedirectResult"/>
    <result-type name="redirectAction" class="org.apache.struts2.dispatcher.
                    ServletActionRedirectResult"/>
    <result-type name="stream" class="org.apache.struts2.dispatcher.
                    StreamResult"/>
    <result-type name="velocity" class="org.apache.struts2.dispatcher.
                    VelocityResult"/>
    <result-type name="xslt" class="org.apache.struts2.views.xslt.XSLTResult"/>
    <result-type name="plainText" class="org.apache.struts2.dispatcher.
                    PlainTextResult"/>
  </result-types>
    …
</package>
```

注意：在 struts-default 中定义了许多常用的结果类型 result-type。

2）action 元素

在 struts.xml 文件中，通过<action>元素对 Action 进行配置。Action 是业务逻辑控制器，负责接收客户端请求，处理客户端请求，并把处理结果返回给客户端。

action 元素的主要属性如下。

（1）name：该属性是必选属性，用于指定客户端发送请求的地址映射名称。用户可以通过这个 name 的值发送请求，然后交给对应的 class 类来处理。

（2）class：该属性是可选属性，用于指定 Action 实现类的完整类名。具体处理请求的类，是一个包含包名+类名的 Action 类。

客户端每次请求 action 时，Struts2 框架都会创建新的 Action 对象，因此 Action 对象是一个多实例对象。特别注意：如果需要客户端每次请求的 Action 对象是同一个对象，即 Action 对象强制成为单例对象，则必须将 Action 对象的 class 属性值设为 Spring 中指定的 bean 对象名。

(3) method：该属性是可选属性，用于指定调用 action 中的方法名。如果不指定 method 属性，则默认提交给 execute()方法处理请求。通常，需要为每个 action 指定一个方法，并通过 method 元素来进行配置，这样就可以调用 Action 类中的该方法。

3) result 元素

result 元素的作用是调度视图以决定采用哪种形式呈现给客户端，也就是用来设定 Action 处理结束后，系统下一步将要做什么。

result 元素的主要属性如下。

(1) name：用于指定 action 的返回名称。

(2) type：用于指定返回的视图技术，如 JSP、FreeMaker 等。

result 元素中常用 type 类型共有 4 种。

① dispatcher(转发)：内部请求转发，默认的结果类型，类似于 forward。Struts2 在后台使用 RequestDispatcher()转发请求。

② chain(链式)：用于把几个相关的 action 连接起来，共同完成一个功能。需要注意，只能转发到一个 action，而不能是页面。例如：

```
<action name="step1" class="org.action.step1action">
        <result name="success" type="chain">step2.action</result>
</action>
<action name="step2" class="org.action.step2action">
        <result name="success">finish.jsp</result>
</action>
```

③ redirect(重定向到网页)：用于重定向到其他网页，在后台使用的 sendRedirect()将请求重定向至指定的 URL。如果要传值，可以采用 GET 方式传参，例如：

```
<result name="toWelcome" type="redirect">
        /welcome.jsp?account=$ {account}
</result>
```

其中，$ {account}是一个 EL 表达式，表示请求传入的参数值。

④ redirectAction(重定向到 action)：用于重定向到其他 action。当请求处理完成后，如果需要重定向到一个 action，那么可以使用 redirectAction 类型。redirectAction 有两个参数：actionName(指定需要重定向的 action)和 namespace(指定 action 所在的命名空间，如果没有指定该参数，框架会从默认的 namespace 中去寻找)。

```
<action name="login" class="org.action.UserAction" method="login">
    <result name="success" type="redirectAction">work</result>
    <result name="success" type="redirectAction">
        <param name="actionName">rest</param>
        <!--指定重定向的 action 所在的 namespace -->
        <param name="namespace">/user</param>
    </result>
    <result name="error" type="redirect">error.jsp</result>
    <result name="input" type="dispatcher">login.jsp</result>
</action>
<action name="work" class="org.action.UserAction" method="work">
    …
</action>
<action name="rest" class="org.action.UserAction" method="rest" namespace=
"/user">
…
</action>
```

chain 和 redirectAction 的异同点包括：chain 是链式的，是从一个 action 跳转到另外一个 action，但是 chain 的下一个 action 可以获得前一个 action 的请求参数的值。redirectAction 是请求一个新的 action，不会获取上一个 action 的参数值。

而 redirectAction 和 redirect 的异同点如下：两者请求路径不同，redirect 带 action 后缀，redirectAction 不带后缀。例如：

```
<result type="redirect">/a.action?uid=1</result>
<result type="redirectAction">/a?uid=1</result>
```

4）bean 元素

在 struts. xml 中配置 bean，把核心组件的一个实例注入框架。常用属性如下。

(1) class：必需的，用来指定此配置的 bean 对应的实现类。

(2) name：可选的，用来指定 bean 实例的名字。

(3) type：可选的，用来指定 bean 实例实现的 Struts2 的规范。

例如，查看 struts-default. xml，可以发现已经定义如下一些 bean。

```
<struts>
    <beanname="xwork"class="com.opensymphony.xwork2.ObjectFactory"/>
    <bean name="struts" class="org.apache.struts2.impl.StrutsObjectFactory"
        type="com.opensymphony.xwork2.ObjectFactory" />
    <bean name="xwork"class="com.opensymphony.xwork2.DefaultActionProxyFactory"
```

```
        type="com.opensymphony.xwork2.ActionProxyFactory"/>
    <bean name="struts" class="org.apache.struts2.impl.StrutsActionProxyFactory"
        type="com.opensymphony.xwork2.ActionProxyFactory"/>
    ...
</struts>
```

3. struts-default. xml

struts-default. xml 文件是 Struts2 框架的基础配置文件，为框架提供默认配置，它定义 Struts2 一些核心的 bean、result type 和拦截器等。在 Struts2 核心包 struts2-core-2. 1. 8. jar 中可找到 struts-default. xml 文件。

4. struts. properties

struts. properties 文件也是 Struts2 框架核心配置文件之一，用于配置 Struts2 的全局属性。它是一个标准的 properties 文件，该文件包含系列的 key-value 对象，每个 key 就是一个 Struts2 属性，该 key 对应的 value 就是一个 Struts2 属性值。例如：

```
//指定当 Struts2 和 Spring 框架集成时,Struts2 中的对象都由 Spring 来生成
struts.objectFactory=spring
```

5. struts-plugin. xml

该文件定义了插件组件的包空间、拦截器和其他配置常量等。插件文件以 jar 压缩包的形式放置在 Struts2 框架包的 lib 文件夹下，文件名中都包含-plugin，这些插件包解压后，都会有一个配置文件 struts-plugin. xml。

例如，struts2-dojo-plugin-2. 1. 8. jar 解压后的 struts-plugin. xml：

```
<struts>
    <bean name="sx" class="org.apache.struts2.dojo.views.DojoTagLibrary"
        type="org.apache.struts2.views.TagLibrary" />
</struts>
```

2.2 Hibernate 框架

2.2.1 Hibernate 概述

传统的 Java 应用都是采用 JDBC 来访问数据库，它是一种基于 SQL 的操作方式，但对于信息化工程系统而言，通常采用面向对象分析和面向对象设计的过程。系统从需求分析到系统设计都是按面向对象方式进行，但是到数据访问和编码阶段，又重新回到了传统 JDBC 数据库访问，即非面向对象的数据访问方式。

Hibernate 是一个基于 JDBC 的持久化开源框架，是一个优秀的 ORM 实现，它对 JDBC 访问数据库的代码做了封装，大大简化了数据访问层烦琐的重复性代码。

1. 应用程序的数据状态

应用程序中的数据存在两种状态：瞬时态(Transient)和持久状态(Persistent)。程序运行时，有些数据保存在内存中，当程序退出后，数据就不存在了，这些数据称为瞬时的。有些数据，在程序退出后，还以文件的形式保存在硬盘中，这些数据的状态就是持久的。数据存在数据库中，也是持久的。持久化就是把保存在内存中的数据从瞬时态转换成持久状态。为了解决瞬时态到持久状态的转换，可以采用以下两种解决方法。

(1) 使用 JDBC 转换。

传统的数据持久化编程，需要使用 JDBC 以及大量的 SQL 语句，例如 Connection、Statement、ResultSet 等。由于 JDBC API 与大量 SQL 语句混合在一起，使得开发效率降低。为了解决这类问题，出现了 DAO(Database Access Object，数据库操作对象)模式，它是 JDBC 下的常用编程模式。

在 DAO 模式中，JavaBean 对象和数据表、JavaBean 对象的各个属性与数据表的列，都存在着某种固定的映射关系，但这些关系都需要程序员人工管理。

(2) 使用 ORM 框架来解决，主流框架是 Hibernate、iBatis 和 MyBatis 等。

为了能够让程序自动维护 JavaBean 对象和数据表之间的关联关系，并将程序员从烦琐的 SQL 语句中解脱出来，ORM 框架思想应运而生。在使用 ORM 框架的时候，需要关注对象关系映射的问题，对象关系映射是随着面向对象软件开发而产生的。

2. ORM 技术

ORM 的全称是 Object Relational Mapping，即对象关系映射，是为了解决程序与关系数据库交互数据问题，而提出来的解决方案。一般地，对象和关系数据是业务实现的两种表现形式，业务实体在内存中表现为“对象”，在数据库中表现为“关系数据”(即表中的行记录)。ORM 通过建立程序描述对象和关系数据库表之间的映射，将 Java 中的对象存储到数据库表中。

本质上，ORM 就是将关系数据库中表的数据映射成为对象，并以对象的形式展现，这样开发人员就可以把对数据库的操作转换为对这些对象的操作。采用 ORM 可以方便开发人员，以面向对象的思想来实现对数据库的操作。

Hibernate 是最成功的 ORM 框架之一，它操作简单，功能强大，对市面上所有的数据库都有较好的支持。Hibernate 框架是由 Enterra CRM 团队创建，该框架不同于 Struts2 这种 MVC 框架，它是建立在 ORM 平台上的开放性对象模型架构。

Hibernate 对 JDBC 进行了非常轻量级的对象封装，它将 POJO 与数据库表建立映射关系。Hibernate 可以自动生成 SQL 语句，自动执行，使得 Java 程序员可以随心所欲地使用对象编程思维来操作数据库。

2.2.2 Hibernate 体系结构

Hibernate 通过持久化对象（Persistent Object，PO）这个媒介来对数据库进行操作，底层数据库对于应用程序来说是透明的。具体地，Hibernate 把 PO 映射到数据库中的数据表，然后通过操作 PO，对数据库中的表进行各种操作。PO 包括两个内容：POJO（Plain Ordinary Java Object，普通 Java 对象）和映射文件（hbm. xml）。

Hibernate 体系结构如图 2.7 所示，主要包括如下 4 个内容。

1. 主配置文件

Hibernate 的主配置文件是 hibernate. cfg. xml，该文件中可以配置数据库连接参数、Hibernate 框架参数，以及映射关系文件。

2. 实体类 POJO

实体类是与数据库表对应的 Java 类型，它用于封装数据库表记录的对象类型。POJO 是一个普通 Java 对象，即不包含业务逻辑代码。

3. 映射关系文件

映射关系文件指定了实体类和数据表的对应关系，以及类中属性和表中字段之间的对应关系。Hibernate 中使用 XML 文件来描述映射关系，文件通常命名为“实体类. hbm. xml”，并放于实体类相同的路径下。

4. 底层 API

Hibernate 提供了一系列的底层 API，基于 ORM 思想对数据库进行访问。这些 API 主要通过对底层映射关系文件的解析，并根据解析出来的内容，动态生成 SQL 语句，最后自动将属性和字段映射。

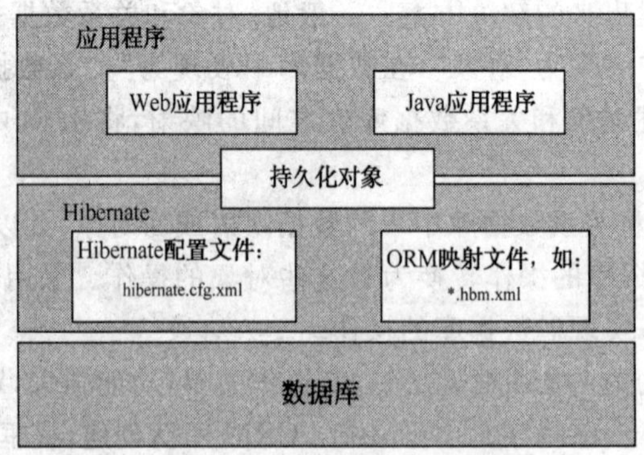

图 2.7 Hibernate 体系结构

对象-关系映射，其实从字面上就可以理解其含义，就是把对象与关系映射起来。对象指的是程序中的类对象，而关系指的是关系数据库的表。类对象和关系数据（即数据库表的行记录）是业务实体的两种表现形式。业务实体在内存中表现为类对象，在数据库中表现为关系数据。两者存在一定的对应关系：

(1)“表”对应“类”。

(2)“字段”对应“属性”。

(3)“记录”对应“对象”。当查询一条记录时,生成一个类对象。

(4)“多条记录”对应“对象集合”。当查询多条记录时,生成一个类对象的集合。

例如,在数据库中有一个用户表 user,该表中有 ID、USERNAME 和 PASSWORD 三个字段,这样一个表就可以在程序中映射成类 User. java。User 类中定义三个属性(id、username 和 password),对应 user 表中三个字段(ID、USERNAME 和 PASSWORD)。对象-关系的映射如图 2.8 所示。

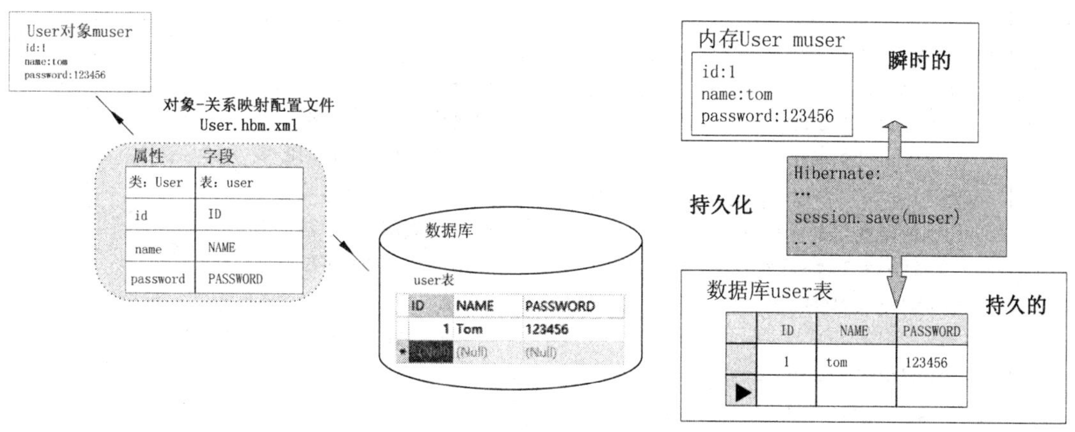

图 2.8 对象(User 类)-关系(user 表)的映射

在 Hibernate 中,一个 POJO 对象,一般表示数据库表中的一行记录,程序员对表记录的操作可以简化成对这个 POJO 对象的操作,操作之后数据库中的记录相应变化。Hibernate 框架提供能够对这些对象进行操作的函数,从而实现对象-关系映射机制。

Hibernate 首先根据对象-关系映射配置文件 User. hbm. xml 读取 User 类中各个属性和 user 表中各个列的映射,然后将其读入之后组织为 muser 对象,所有的工作只需要由 Hibernate 框架在底层进行。

2.2.3 Hibernate 配置文件

Hibernate 配置文件主要包括 3 类: POJO 类及其映射配置文件,hibernate. cfg. xml 文件和 HibernateSessionFactory 类。

1. POJO 类及其映射配置文件

在 SQL Server 中新增 xsxkFZL 数据库,然后新增一张课程表(KCB 表),表的 5 个字段包括课程号、课程名、开课学期、学时和学分,如图 2.9 所示。

列名	数据类型	允许 Null 值
KCH	varchar(50)	☐
KCM	varchar(50)	☑
KXXQ	smallint	☑
XS	int	☑
XF	int	☑

SKY-20160614REH.xsxkFZL - dbo.KCB

图 2.9 KCB 表

1）生成 POJO 类

Kcb.java 类代码如下：

```
package org.model;
public class Kcb implements java.io.Serializable {
    private String kch;                    //对应表中 KCH 字段
    private String kcm;                    //对应表中 KCM 字段
    private Short kxxq;                    //对应表中 KXXQ 字段
    private Integer xs;                    //对应表中 XS 字段
    private Integer xf;                    //对应表中 XF 字段
    public Kcb() {
    }
    public String getKch() {
        return kch;
    }
    public void setKch(String kch) {
        this.kch=kch;
    }
    public String getKcm() {
        return kcm;
    }
    public void setKcm(String kcm) {
        this.kcm=kcm;
    }
    public Short getKxxq() {
        return kxxq;
    }
    public void setKxxq(Short kxxq) {
        this.kxxq=kxxq;
    }
    public Integer getXs() {
        return xs;
    }
```

```
    public void setXs(Integer xs) {
        this.xs=xs;
    }
    public Integer getXf() {
        return xf;
    }
    public void setXf(Integer xf) {
        this.xf=xf;
    }
}
```

可以发现,该类中的属性和表中的字段是一一对应的。那么通过什么方法把它们一一映射起来呢?

2）生成 POJO 类的映射文件

POJO 类中的属性和表中的字段通过 *. hbm. xml 映射文件来一一对应,Kcb. hbm. xml 代码如下:

```
<?xml version="1.0" encoding="utf-8"?>
<hibernate-mapping>
<!--name 指定 POJO 类,table 指定对应数据库的表,catalog 指定数据库名 -->
    <class name="org.model.Kcb" table="KCB"catalog="xscj">
        <!--name 指定主键,type 主键类型 -->
        <id name="kch" type="java.lang.String">
            <column name="KCH" length="3" />
                <!--主键生成策略为手工指派 -->
            <generator class="assigned" />
          </id>
        <property name="kcm" type="java.lang.String">
            <column name="KCM" length="12" />
        </property>
        <property name="kxxq" type="java.lang.Short">
            <column name="KXXQ" />
        </property>
        <property name="xs" type="java.lang.Integer">
            <column name="XS" />
        </property>
        <property name="xf" type="java.lang. Integer">
            <column name="XF" />
        </property>
    </class>
</hibernate-mapping>
```

该配置文件大致分为以下 3 个部分。

(1) 类、表映射配置。

用于描述哪个类和哪个表进行映射，例如：

```
<class name="org.model.Kcb" table="KCB">
```

其中，类 class 的 name 属性指定 POJO 类名为 org. model. Kcb，table 属性指定 Kcb 类对应的数据库表名为 KCB。

(2) id 映射配置(主键)。

用于描述数据库表中主键字段对应的 id 映射描述，例如：

```
<id name="kch" type="java.lang.String">
    <column name="KCH" length="3" />
    <generator class="assigned" />
</id>
```

其中，KCH 是数据库表中的主键字段，kch 是 Kcb 类的 id 属性，type＝"java. lang. String"指定 kch 属性的数据类型。

生成方式 generator 有下面 3 种常用值。

① native：由数据库负责主键 id 的赋值，最常见的是 int 型，且为自增型的主键。

② identity：与 native 相似，采用数据库提供的主键生成机制，如 SQL Server、MySQL 中的自增主键生成机制。

③ assigned：应用程序自身对 id 赋值，即需要在程序中手工赋值。

(3) 属性、字段映射配置。

用于描述数据库表中各个字段和映射类中各个属性之间的关联关系，例如：

```
<property name="kcm" type="java.lang.String">
    <column name="KCM" length="12" />
</property>
```

其中，name＝"kcm"是 Kcb 类中的属性名，此属性将被映像到指定的库表字段 KCM。type＝"java. lang. String"指定 kcm 属性的数据类型。column name＝"KCM"指定 Kcb 类的 kcm 属性映射 KCB 表中的 KCM 字段。

2. hibernate. cfg. xml 文件

hibernate. cfg. xml 文件是 Hibernate 重要的配置文件，主要是配置 SessionFactory 类。

```
<hibernate-configuration>
    <session-factory>
```

```
        <property name="connection.url">jdbc:mysql://localhost:3306/
        xsxkFZL</property>
        <property name="dialect">org.hibernate.dialect.MySQLDialect
        </property>
        <property name="myeclipse.connection.profile">com.mysql.jdbc.
        Driver</property>
        <property name="connection.username">root</property>
        <property name="connection.password">root</property>
        <property name="connection.driver_class">com.mysql.jdbc.Driver
        </property>
        <mapping resource="org/model/Kcb.hbm.xml" />
    </session-factory>
</hibernate-configuration>
```

session-factory 节中指明了一些必要的数据库连接属性，通过这些属性，Hibernate 可以连接上数据库。SessionFactory 类的常用属性如表 2.1 所示。

表 2.1 SessionFactory 类的常用属性

属性名	用途	取值
hibernate. dialect	数据库方言，一个 Hibernate Dialect 类名允许 Hibernate 针对特定的关系数据库生成优化的 SQL	org. hibernate. dialect. MySQLDialect org. hibernate. dialect. SQLServerDialect 等
hibernate. show_sql	输出所有 SQL 语句到控制台	true & false
hibernate. format_sql	在 log 和 console 中输出更漂亮的 SQL	true & false
hibernate. connection. driver_class	指定数据库使用的驱动程序类	com. mysql. jdbc. Driver com. microsoft. sqlserver. jdbc. SQLServerDriver 等
hibernate. connection. username	指定数据库使用的用户名	
hibernate. connection. password	指定数据库使用的密码	
mapping resource	注册映射文件	*. hbm. xml 的文件路径

mapping resource 属性用于注册映射文件，每次反向工程一个表后，MyEclipse 将自动插入一条映射文件的 hbm. xml 文件路径(用/表示目录，例如 org/model/)。Tomcat 每次启动 Web 工程时，将首先读取 hibernate. cfg. xml 文件，然后根据 mapping resource 属性依次读取所有的映射文件，实现所有对象-关系映射的操作。

注意：如果 MyEclipse 没有自动插入 mapping resource 属性，需要手工加入，否则运行时将报错误。

3. HibernateSessionFactory 类

HibernateSessionFactory 类是自定义的 SessionFactory，名字可以根据自己的喜好来决定，这里用的是 HibernateSessionFactory。在 Hibernate 中，Session 负责完成对象持久化操作。该文件负责创建和关闭 Session 对象。Session 对象的创建大致需要以下 3 个步骤。

（1）初始化 Hibernate 配置管理类 Configuration。

（2）通过 Configuration 类实例创建 Session 的工厂类 SessionFactory。

（3）通过 SessionFactory 得到 Session 实例（事务）。

示例代码内容如下：

```
HibernateSessionFactorysessionFactory=configuration.buildSessionFactory();
Session session=(sessionFactory !=null) ? sessionFactory.openSession(): null;
Transaction ts=session.beginTransaction();
```

SessionFactory 类非常消耗内存，它缓存了生成的 SQL 语句和 Hibernate 在运行时使用的映射元数据。也就是说，中间数据全部使用 SessionFactory 管理。因此，该对象的使用，有时关系到系统的性能。

注意：人工管理 SessionFactory 非常麻烦，为了更方便地使用 Hibernate，可以让数据访问类继承 HibernateDaoSupport 类。HibernateDaoSupport 类可以简化 Hibernate 的数据库编程，不再需要人工调用 closeSession 方法来关闭 Session。本书后面将大量使用 HibernateDaoSupport 类，不再使用 SessionFactory 类。

2.2.4 Hibernate 核心接口

Hibernate 核心接口一共有 5 个，分别为：Configuration、SessionFactory、Session、Transaction 和 Query，如图 2.10 所示。通过这些接口，可以对持久化对象进行存取、事务控制。

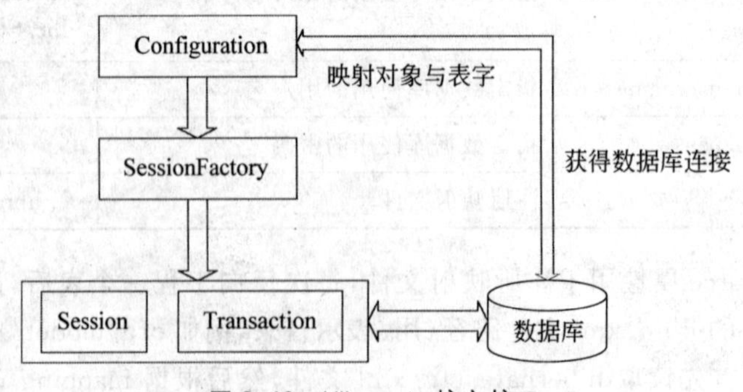

图 2.10 Hibernate 核心接口

1. Configuration 接口

Configuration 负责管理 Hibernate 的配置信息。Hibernate 运行时需要一些底层实现的基本信息，这些信息包括：数据库 URL、数据库用户名、数据库用户密码、数据库 JDBC 驱动类、数据库 dialect。

使用 Hibernate 必须首先提供这些基础信息以完成初始化工作，为后续操作做好准备。这些属性在 Hibernate 配置文件 hibernate. cfg. xml 中加以设定，代码如下：

```
Configuration cfg=new Configuration().configure();
```

此时，Hibernate 会自动在根目录（即 classes）下搜索 hibernate. cfg. xml 文件，并将其读取到内存中作为后续操作的基础配置。

2. SessionFactory 接口

SessionFactory 负责创建 Session 实例，由 Configuration 实例构建 SessionFactory，代码如下：

```
Configuration cfg=new Configuration().configure();
SessionFactory sessionFactory=cfg.buildSessionFactory();
```

3. Session 接口

Session 是 Hibernate 持久化操作的基础，提供了众多持久化方法，如 save、update、delete、query 等。通过这些方法，透明地完成对象的增、删、改、查等操作。

Session 实例由 SessionFactory 构建，代码如下：

```
SessionFactory sessionFactory=cfg.buldSessionFactory();
Session session=sessionFactory.openSession();
```

4. Transaction 接口

Transaction 是 Hibernate 中进行事务操作的接口，Transaction 接口是对实际事务实现的一个抽象。事务对象通过 Session 创建，代码如下：

```
Transaction ts=session.beginTransaction();
```

5. Query 接口

Query 接口是 Hibernate 的查询接口，用于向数据库中查询对象，在它里面包装了一种 HQL（Hibernate Query Language），采用了新的面向对象的查询方式，是 Hibernate 官方推荐使用的标准数据库查询语言。Query 查询语句形如：

```
Query query=session.createQuery("from org.model.Kcb where kch=1");
```

注意：HQL 语句 from 后面的内容是 POJO 类名（org. model. Kcb），而不是表名（KCB）。如果写成 kcb 或者 KCB 等，都要报错。

也可以直接把包名省略，写成：

```
Query query=session.createQuery("from Kcb where kch=1");
```

上面的语句中查询条件 kch 的值"1"是直接给出的，如果没有给出，而是设为参数就要用 Query 接口中的方法来完成。例如：

```
Query query=session.createQuery("from org.model.Kcb where kch=?");
```

并在后面设置其值：

```
query.setInt(0, "要设置的值");
```

上面的方法是通过"?"来设置参数的，还可以用":"后跟变量的方法来设置参数，如上例可以改为：

```
Query query=session.createQuery("from org.model.Kcb where id=:kchValue");
query.setInt("kchValue","要设置的 id 值");
```

由于上例中的 id 为 int 类型，所以设置的时候用 setInt(…)，如果是 String 类型就要用 setString(…)。还有一种通用的设置方法，就是 setParameter()方法，不管是什么类型的参数都可以应用。其使用方法是相同的，例如：query. setParameter(0, "要设置的值")；。

Query 还有一个 list()方法，用于取得一个 List 集合的示例，此示例中包含的集合可能是一个 Object，也可能是 Object 集合。例如：

```
Query query=session.createQuery("from org.model.Kcb where kch=1");
List list=query.list();
```

注意：在上例中，由于 kch 号是主键，实际只能查出一条记录，因此 List 集合中只有一个 Object 对象。

2.2.5 HQL 查询

1. 基本查询

基本查询是 HQL 中最简单的一种查询方式。下面以课程信息为例说明其几种查询情况。

1）查询所有课程信息

```
Session session=HibernateSessionFactory.getSession();
Transaction ts=session.beginTransaction();
Query query=session.createQuery("from Kcb");
List list=query.list();
ts.commit();
HibernateSessionFactory.closeSession();
```

2）查询某门课程信息

```
Session session=HibernateSessionFactory.getSession();
Transaction ts=session.beginTransaction();
//查询一门学时最长的课程
Query query=session.createQuery("from Kcb order by xs desc");
//设置最大检索数目为 1
query.setMaxResults(1);
//装载单个对象
Kcb kc=(Kcb)query.uniqueResult();
ts.commit();
HibernateSessionFactory.closeSession();
```

3）查询满足条件的课程信息

```
Session session=HibernateSessionFactory.getSession();
Transaction ts=session.beginTransaction();
//查询课程号为 1 的课程信息
Query query=session.createQuery("from Kcb where kch=1");
List list=query.list();
ts.commit();
HibernateSessionFactory.closeSession();
```

2. 条件查询

查询的条件有 4 种情况。

1）按指定参数查询

```
Session session=HibernateSessionFactory.getSession();
Transaction ts=session.beginTransaction();
//查询课程名为"Java EE 应用开发"的课程信息
Query query=session.createQuery("from Kcb where kcm=?");
query.setParameter(0, "Java EE 应用开发");
List list=query.list();
ts.commit();
HibernateSessionFactory.closeSession();
```

2）使用范围运算查询

```
Session session=HibernateSessionFactory.getSession();
Transaction ts=session.beginTransaction();
//查询课程名为"Android 程序设计"或"iOS 程序设计",且学时为 40~60 的课程信息
Query query=session.createQuery("from Kcb where (xs between 40 and 64) and kcm
in('Android 程序设计','iOS 程序设计')");
List list=query.list();
ts.commit();
HibernateSessionFactory.closeSession();
```

注意：连续取值型用 between 和 and 关键字，离散取值型用 in 关键字。

3）使用比较运算符查询

```
Session session=HibernateSessionFactory.getSession();
Transaction ts=session.beginTransaction();
//查询学时大于 51 且课程名不为空的课程信息
Query query=session.createQuery("from Kcb where xs>51 and kcm is not null");
List list=query.list();
ts.commit();
HibernateSessionFactory.closeSession();
```

4）使用字符串匹配运算查询

```
Session session=HibernateSessionFactory.getSession();
Transaction ts=session.beginTransaction();
//查询课程号中包含"001"字符串且课程名后面两个字为"设计"的所有课程信息
Query query=session.createQuery("from Kcb where kch like '%001%' and kcm like
'%设计'");
List list=query.list();
ts.commit();
HibernateSessionFactory.closeSession();
```

3. 分页查询

为了满足分页查询的需要，Hibernate 的 Query 实例提供了以下两个有用的方法。

1）setFirstResult 方法

setFirstResult(int firstResult)方法用于指定从哪一个对象开始查询(序号从 0 开始)，默认为第 1 个对象，也就是序号 0。

2）setMaxResults 方法

setMaxResults(int maxResult)方法用于指定一次最多查询出的对象的数目，默认为所

有对象。

下面给出的分页查询函数 pagingShow，形参为要显示的页号 pageNow，代码如下：

```
Session session=HibernateSessionFactory.getSession();
Transaction ts=session.beginTransaction();
Query query=session.createQuery("from Kcb");
//每页显示的条数
int pageSize=5;
//想要显示第几页,开始时 pageNow=1
void pagingShow(int pageNow){
    //指定从哪一个对象开始查询
    query.setFirstResult((pageNow-1) * pageSize);
    //指定最大的对象数目
    query.setMaxResults(pageSize);
    List list=query.list();
    //进行 list 对象的操作展示
    ts.commit();
}
HibernateSessionFactory.closeSession();
```

2.3　Spring 框架

2.3.1　Spring 概述

Spring 是一个开源框架，它由 Rod Johnson 创建，较为完美地降低了企业级开发的复杂度，降低了基于 Java 企业级应用的开发成本。Spring 框架包含两个核心技术：轻量级的控制反转（IoC）技术和面向切面编程（AOP）技术。利用 IoC 技术可以实现 Java EE 平台所倡导的由容器实现对象的生命周期管理，利用 AOP 技术可以实现 Java EE 平台中所倡导的分离应用系统中业务逻辑组件和通用的技术服务组件。

Spring 框架为应用系统的开发者提供的是"对象管理"技术，也就是为开发者解决包括对象的生命周期、对象之间的依赖关系建立、对象的缓存实现等方面问题的管理技术。"对象管理"是每个面向对象编程的程序员都要面临的问题，将程序员从烦琐、单调和重复的编程工作中解脱出来，正是 Spring 框架的价值所在。

1. Spring 的特征

1）轻量

完整的 Spring 框架可以在一个只有几 MB 的 JAR 文件里发布，并且 Spring 所需的处理开销也是微不足道的。因此，Spring 在大小与开销两方面都是轻量级的。此外，由于 Spring 是非侵入式的，因此使用 Spring，自创建的类完全不用继承和实现 Spring 的类和接口。

2）IoC

Spring 通过控制反转技术促进了低耦合。当程序中应用了 IoC，一个对象依赖的其他对象会通过被动的方式传递进来，而不是这个对象自己创建或者查找依赖对象。不是我们自己控制对象从容器中查找依赖，而是容器在对象初始化时不等对象请求就主动将依赖传递给它，这就是依赖注入。在 Spring 中，对象不用自己动手管理和创建，完全由容器管理，程序员只管调用就行。

3）AOP

Spring 提供了面向切面的编程支持，AOP 将与程序业务无关的内容分离提取，应用对象只实现它们应该做的，即完成业务逻辑。AOP 将与业务无关的逻辑“横切”进真正的逻辑中，例如日志或事务支持。

4）容器

Spring 包含并管理应用对象的配置和生命周期，因此是一个对象容器。程序员可以配置每个 bean 如何被创建，如创建一个唯一的实例或者每次需要时都生成一个新的实例。

5）框架

Spring 可以将简单的组件配置、组合成为复杂的应用。在 Spring 中，应用对象被声明式地组合，典型的是在一个 XML 文件里。Spring 也提供了很多基础功能（事务管理、持久化框架集成等），而用户就有更多的时间和精力去开发应用逻辑。Spring 不排斥各种优秀的开源框架，相反，Spring 可以降低各种框架的使用难度，提供了对各种优秀框架（如 Struts，Hibernate）等的直接支持。

2. Spring 的组织结构

Spring 采用分层架构，整个框架由 7 个定义良好的模块（组件）构成，它们都统一构建于核心容器之上，分层架构允许用户选择使用任意一个模块，如图 2.11 所示。

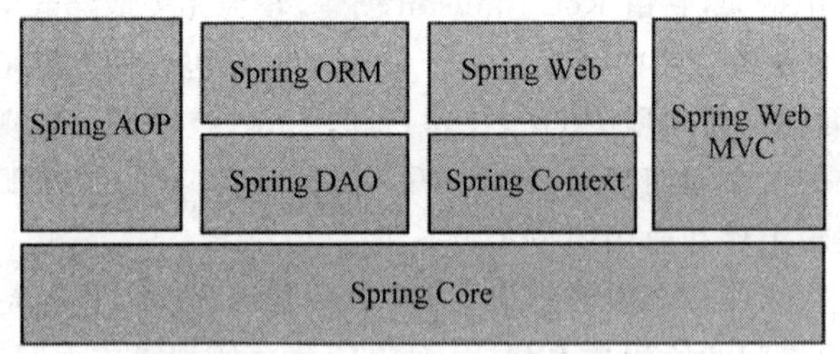

图 2.11　Spring 的组织结构

1）Spring Core 核心模块

Spring Core 模块是 Spring 的核心容器，它实现了 IoC 模式，提供了 Spring 框架的基础功能。

2）Spring Context 模块

Spring Context 模块提供对象工程（Bean Factory）功能，并且添加了事件处理、国际化以及数据校验等功能。

3）Spring AOP 模块

Spring AOP 模块提供用标准 Java 语言编写的 AOP 框架，它是基于 AOP 联盟的 API 开发的。

4）Spring DAO 模块

Spring DAO 模块提供了 JDBC 的抽象层，并且提供对声明式事务和编程式事务的支持。

5）Spring ORM 映射模块

Spring ORM 模块提供了对现有 ORM 框架的支持。

6）Spring Web 模块

Spring Web 模块建立在 Spring Context 基础之上，它提供了 Servlet 监听器的 Context 和 Web 应用的上下文，对现有的 Web 框架（如 JSF、Tapestry、Struts 等）提供了集成。

7）Spring MVC 模块

Spring Web MVC 模块建立在 Spring 核心功能之上，这使它能拥有 Spring 框架的所有特性，能够适应多种多视图、模板技术、国际化和验证服务，实现控制逻辑和业务逻辑的分离。

2.3.2 IoC 技术

IoC（Inversion of Control，控制反转）是指应用程序中对象的创建、销毁等不再由程序本身编码实现，而是由外部的 Spring 容器在程序运行时根据需要"注入"到程序中。利用 IoC，对象的生命周期不再由程序本身决定，而是由容器来控制，所以称为控制反转。Spring 框架是一个轻量级框架，通过 IoC 容器统一管理各组件之间的依赖关系来降低组件之间耦合的紧密程度。

IoC 是 Spring 框架的核心内容，可以使用多种方式实现 IoC，既可以使用 XML 配置，也可以使用注解。此外，新版本的 Spring 也可以零配置实现 IoC。Spring 容器在初始化时，先读取配置文件，根据配置文件创建与组织对象存入容器中，使用程序时再从 IoC 容器中取出需要的对象。本书采用 XML 配置方式实现 IoC，可以比注解或者零配置方式更清楚地了解 IoC 的运行机制。

IoC 的装载机制如下。

（1）加载类需要实现的接口。

Spring 通过 ApplicationContext 接口来实现对容器的加载。

（2）ApplicationContext 的实现类。

实现类主要包括两种，第一种是 ClassPathXmlApplicationContext 类，该类从 classpath 下加载配置文件；第二种是 FileSystemXmlApplicationContext，该类从文件系统中加载配置文件。

（3）加载容器。

针对两种不同的 ApplicationContext 的实现类，有下面两种加载容器的方法，将配置文件 ApplicationContext.xml 中定义的 Bean 加载到容器中。代码如下：

```
ApplicationContext ctx=new ClassPathXmlApplicationContext
                    ("ApplicationContext.xml");
ApplicationContext ctx=new FileSystemXmlApplicationContext
                    ("c:\\applicationContext.xml");
```

(4) 获取实例。

从容器中获取 Animal 类的实例 animal1：

```
Animal animal=(Animal) ctx.getBean("animal1");
```

2.3.3 IoC 实例

1. IoC 实例 1

(1) 新建 Java 工程。

设置工程名 IoCTest。

(2) 创建接口 Cryable,代码如下。

```
package org;
public interface Cryable {
    void cry();
}
```

(3) 创建类 Animal,实现 Cryable 接口。

```
package org.imp;
import org.Cryable;
public class Animal implements Cryable {
    //类 Animal 有两个一般属性
    private String animalName;          //动物名称
    private String cryType;             //叫声类型
    public String getAnimalName() {
        return animalName;
    }
    public void setAnimalName(String animalName) {
        this.animalName=animalName;
    }
    public String getCryType() {
        return cryType;
```

```
    }
    public void setCryType(String cryType) {
        this.cryType=cryType;
    }
    //cry 接口的实现
    public void cry() {
        String cryMsg=animalName+" can "+cryType;
    System.out.println(cryMsg);
    }
}
```

(4) 添加 Spring 功能支持。

添加 Spring 功能支持,并新建配置文件,如图 2.12 所示。

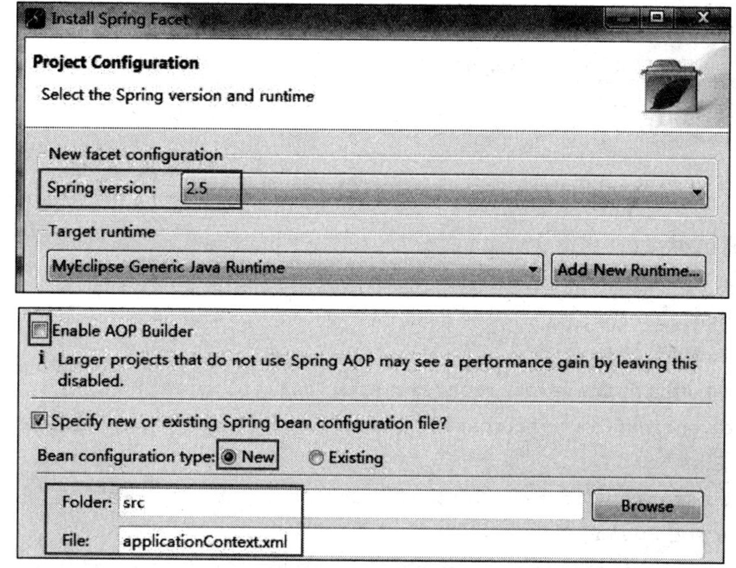

图 2.12 添加 Spring 功能支持

(5) 添加 bean 对象描述。

在 applicationContext.xml 中添加两个 bean 对象 animal1 和 animal2 的描述,代码如下:

```
<?xml version="1.0" encoding="UTF-8"?>
<beans xmlns=http://www.springframework.org/schema/beans
        xmlns:xsi=http://www.w3.org/2001/XMLSchema-instance
        xmlns:p="http://www.springframework.org/schema/p"
```

```
    xsi:schemaLocation="http://www.springframework.org/schema/beans
http://www.springframework.org/schema/beans/spring-beans-2.5.xsd">
    <bean id="animal1" class="org.imp.Animal">
        <property name="animalName">
            <value>Cow</value>
        </property>
        <property name="cryType">
            <value>moo</value>
        </property>
    </bean>
    <bean id="animal2" class="org.imp.Animal">
        <property name="animalName">
            <value>Cat</value>
        </property>
        <property name="cryType">
            <value>meow</value>
        </property>
    </bean>
</beans>
```

（6）创建测试类 Test。

```
package org.test;
import org.imp.Animal;
import org.springframework.context.ApplicationContext;
import org.springframework.context.support.ClassPathXmlApplicationContext;
public class Test {
    public static void main(String[] args) {
        //创建 Spring 容器
        ApplicationContext ctx=new ClassPathXmlApplicationContext
                                    ("applicationContext.xml");
        //从容器中获取 Animal 类的实例 animal1
        Animal animal=(Animal) ctx.getBean("animal1");
        //调用 cry 方法
        animal.cry();
        //从容器中获取 Animal 类的实例 animal2
        animal=(Animal) ctx.getBean("animal2");
        animal.cry();
    }
}
```

（7）运行程序。

运行程序可以看到正确的结果输出，如图 2.13 所示。

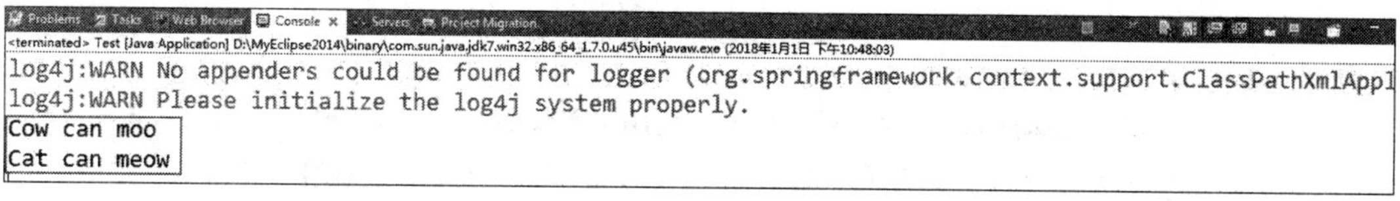

```
<terminated> Test [Java Application] D:\MyEclipse2014\binary\com.sun.java.jdk7.win32.x86_64_1.7.0.u45\bin\javaw.exe (2018年1月1日 下午10:48:03)
log4j:WARN No appenders could be found for logger (org.springframework.context.support.ClassPathXmlAppl
log4j:WARN Please initialize the log4j system properly.
Cow can moo
Cat can meow
```

图 2.13　运行结果

从结果可以看出，程序员可以根据 bean 的 id 值直接从 Spring 容器中获得对象。

2. IoC 实例 2

对实例 1 进行扩展，考虑 Animal 类，有时需要将 cryMsg 在屏幕中显示出来，有时又需要将它写入文件。

（1）新建 MsgShow 接口。

MsgShow 接口负责将信息输出到控制台或文件中，代码如下：

```
package org;
public interface MsgShow {
    void printCryMsg(String Message);
}
```

（2）新建 MsgShow 接口实现类。

MsgShow 接口的实现类为 ScreenPrinter，代码如下：

```
package org.imp;
import org.MsgShow;
public class ScreenPrinter implements MsgShow {
    public void printCryMsg(String CryMsg) {
        System.out.println("'"+CryMsg+"' shows on "+"Screen");
    }
}
```

（3）新建 MsgShow 接口实现类 FilePrinter。

```
package org.imp;
import org.MsgShow;
public class FilePrinter implements MsgShow {
    public void printCryMsg(String CryMsg) {
        System.out.println("'"+CryMsg+"' shows on "+"File");
    }
}
```

2.3.4 对象创建方式

软件系统中,对象创建方式分为三类:自己创建,工厂模式和外部注入。其中,外部注入就是 IoC 模式。

可以用三个形象的动词来分别表示这三个调用方法,即 new、get 和 set。new 表示对象由自己创建,get 表示从别人(即工厂)那里取得,set 表示由别人推送进来(注入)。其中,get 和 set 分别表示了主动去取和等待送来两种截然不同的方式。

1. new 方法

new 方法即由自己创建对象。

1) 修改 Animal 类

增加一个 MsgShow 类型的依赖对象 msgShow,由它决定信息如何输出,然后修改 cry 方法,代码如下:

```
public class Animal implements Cryable {
    ...
    //类 Animal 有 1 个引用属性
private MsgShow msgShow;    //显示类型
public MsgShow getMsgShow() {
        return msgShow;
    }
    public void setMsgShow(MsgShow msgShow) {
        this.msgShow=msgShow;
    }
    //cry 接口的实现
    public void cry() {
        String cryMsg=animalName+" can "+cryType;
        msgShow.printCryMsg(cryMsg);
    }
    ...
}
```

2) 创建测试类

在测试类中,创建屏幕输出类和文件输出类,代码如下:

```
package org.test;
import org.MsgShow;
import org.imp.Animal;
import org.imp.FilePrinter;
import org.imp.ScreenPrinter;
```

```
public class TestNew {
    public static void main(String[] args) {
        //创建屏幕输出类
        MsgShow msgShow=new ScreenPrinter();
        Animal animal=new Animal();           //创建 cat;
        animal.setAnimalName("cat");
        animal.setCryType("meow");
        animal.setMsgShow(msgShow);
        animal.cry();
        //创建文件输出类
        msgShow=new FilePrinter();
        animal=new Animal();                  //创建 cow;
        animal.setAnimalName("cow");
        animal.setCryType("moo");
        animal.setMsgShow(msgShow);
        animal.cry();
    }
}
```

3）运行结果。

运行工程，结果如图 2.14 所示。

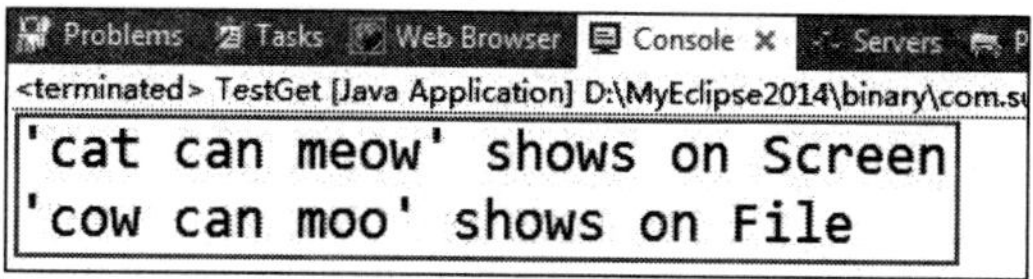

图 2.14　运行结果

注意：采用该方法存在一个缺点，即无法在运行时更换被调用者，除非修改源代码。

2. get 方法

get 方法即采用工厂模式，从工厂那里取得对象。

1）创建 PrinterFactory 工厂类

在工程类中新建两个静态方法，代码如下：

```
package org.imp;
public class PrinterFactory {
    //产生 ScreenPrinter
    public static ScreenPrinter getScreenPrinter() {
        ScreenPrinter printer=new ScreenPrinter();
        return printer;
```

```
    }
    //产生 FilePrinter
    public static FilePrinter getFilePrinter() {
        FilePrinter printer=new FilePrinter();
        return printer;
    }
}
```

2）创建测试类 TestGet

创建屏幕输出类和文件输出类，代码如下：

```
package org.test;
import org.MsgShow;
import org.imp.Animal;
import org.imp.PrinterFactory;
public class TestGet {
    public static void main(String[] args) {
        //屏幕输出类
        MsgShow printer=PrinterFactory.getScreenPrinter();
        Animal animal=new Animal();
        animal.setAnimalName("cat");
        animal.setCryType("meow");
        animal.setMsgShow(printer);
        animal.cry();
        //文件输出类
        printer=PrinterFactory.getFilePrinter();
        animal=new Animal();
        animal.setAnimalName("cow");
        animal.setCryType("moo");
        animal.setMsgShow(printer);
        animal.cry();
    }
}
```

3）运行结果

运行工程，结果如图 2.15 所示。

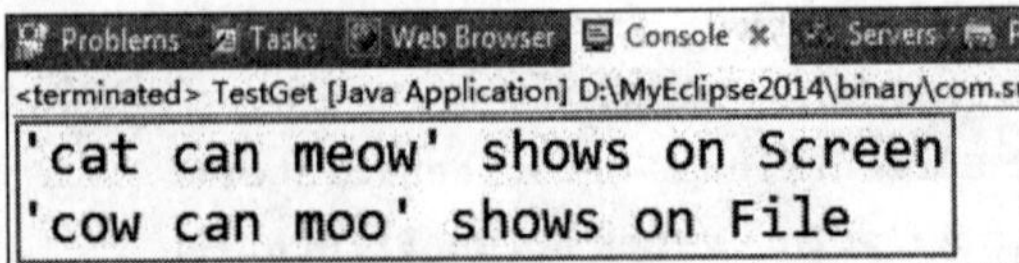

图 2.15　运行结果

注意：采用该方法时，Animal 类依赖的 MsgShow 对象由工厂统一创建，调用者无须关心对象的创建过程，只需从工厂中取得即可。

这种方法实现了一定程度的优化，使得代码的逻辑趋于统一。该方法的缺点是对象的创建和替换依然不够灵活，完全取决于工厂，并且多了一道中间工序。

3. set 方法

set 方法即采用外部注入，由别人注入进来。

Animal 类的对象共依赖三个属性，分别为 animalName、cryType 和 msgShow，它们的值通过相应的回调函数 setMsgShow()、setAnimalName()和 setCryType()由 IoC 容器注入对象中。

1）修改配置文件

修改配置文件 applicationContext. xml，修改 bean 对象的属性，代码如下：

```
<?xml version="1.0" encoding="UTF-8"?>
<beans xmlns="http://www.springframework.org/schema/beans"
    xmlns:xsi="http://www.w3.org/2001/XMLSchema-instance"
xmlns:p="http://www.springframework.org/schema/p"
    xsi:schemaLocation="http://www.springframework.org/schema/beans
http://www.springframework.org/schema/beans/spring-beans-2.5.xsd">
    <bean id="screenprinter" class="org.imp.ScreenPrinter"/>
    <bean id="fileprinter" class="org.imp.FilePrinter"/>
    <bean id="animal1" class="org.imp.Animal">
        <property name="animalName">
            <value>Cow</value>
        </property>
        <property name="cryType">
            <value>moo</value>
        </property>
        <property name="msgShow" ref="fileprinter"/>
    </bean>
    <bean id="animal2" class="org.imp.Animal">
        <property name="animalName">
            <value>Cat</value>
        </property>
        <property name="cryType">
            <value>meow</value>
        </property>
        <property name="msgShow" ref="screenprinter"/>
    </bean>
</beans>
```

其中,<property name="msgShow" ref="fileprinter"/>表示 animal1 的 msgShow 属性值为引用值,即对 fileprinter 这个 bean 的引用。<property name="msgShow" ref="screenprinter"/>表示 animal2 的 msgShow 属性值为引用值,即对 screenprinter 这个 bean 的引用。

2) 创建测试类 TestIoC

```
package org.test;
import org.imp.Animal;
import org.springframework.context.ApplicationContext;
import org.springframework.context.support.ClassPathXmlApplicationContext;
public class TestIoC {
    public static void main(String[] args) {
        //创建 Spring 容器
        ApplicationContext ctx=new ClassPathXmlApplicationContext
                                ("applicationContext.xml");
        //从容器中获取 Animal 类的实例 animal1
        Animal animal=(Animal) ctx.getBean("animal1");
        //调用 cry 方法
        animal.cry();
        //从容器中获取 Animal 类的实例 animal2
        animal=(Animal) ctx.getBean("animal2");
        //调用 cry 方法
        animal.cry();
    }
}
```

3) 运行结果

运行工程,结果如图 2.16 所示。

图 2.16 运行结果

注意:采用该方法时,TestIoC 类的 main 函数和 IoC 实例 1 中 Test 类的 main 函数完全相同。

我们并不需要修改 main 函数,只要修改配置文件 applicationContext.xml 中的 bean 对象列表,就可以实现 animal 对象依赖属性的引用,调用者无须关心 animal 对象的内部创建过程。

也就是说，采用 IoC 不需要重新修改并编译具体的 Java 代码就实现了对程序功能的动态修改，实现了热插拔，提高了灵活性。可见，这种方式可以完全抛开依赖的限制，由外部容器自由地注入，并提供需要的组件。调用者只需根据 bean 的 id 值获取对象即可。

2.3.5 依赖注入

依赖注入（Dependency Injection，DI）是 Martin Fowler 在他的经典文章 *Inversion of Control Containers and the Dependency Injection Pattern* 中为 IoC 另取的一个更形象的名字。IoC 和 DI 有什么关系呢？其实它们是同一个概念的不同角度的描述。

具体地，依赖注入是指组件之间依赖关系由容器在运行期决定，形象地说，即由容器动态地将某个依赖关系注入组件之中。依赖注入的目的并非为软件系统带来更多功能，而是为了提升组件重用的频率，并为系统搭建一个灵活、可扩展的平台。通过依赖注入机制，只需要通过简单的配置，而无需任何代码就可指定目标需要的资源，完成自身的业务逻辑，而不需要关心具体的资源来自何处，由谁实现。

依赖注入有两种方式，即 setter 方法注入和构造方法注入，这两者是应用 Spring 时较为常用的注入方式。

1. setter 方法注入

setter 方法注入在实际开发中使用最为广泛，其采用的依赖注入机制比较直观和自然。在上例中，Animal 类中的三个属性 animalName、cryType 和 msgShow，需要通过相应的 setter 方法 setMsgShow()、setAnimalName()和 setCryType()，将配置文件 applicationContext.xml 中指定的值（value 元素或 ref 元素）分别由 IoC 容器注入对象的三个属性中。

setter 方法注入是通过<property>元素实现属性对应 setter 方法注入。存在以下两种不同的属性注入方法。

1）一般属性

一般属性是通过 value 来指定注入值，如属性 animalName 和 cryType，代码如下：

```
<property name="animalName">
    <value>Cow</value>
</property>
<property name="cryType">
    <value>moo</value>
</property>
```

2）对象属性

对象属性是通过 ref 来指定注入值，如属性 msgShow，代码如下：

```
<property name="msgShow" ref="fileprinter"/>
```

其中，ref 中的值 fileprinter 必须在<bean>中定义过。

2. 构造方法注入

构造方法注入是通过类构造函数建立，容器通过调用类的构造方法，将其所需的参数值注入其中。

1）新建 AnimalAnother 类

增加 AnimalAnother 类的构造函数，代码如下：

```
package org.imp;
import org.Cryable;
import org.MsgShow;
public class AnimalAnother implements Cryable {
//类 Animal 有两个一般属性
    private String animalName;          //动物名称
    private String cryType;             //叫声类型
    //类 Animal 有一个引用属性
    private MsgShow msgShow;            //显示类型
    public AnimalAnother(String animalName, String cryType, MsgShow msgShow) {
        this.animalName=animalName;
        this.cryType=cryType;
        this.msgShow=msgShow;
    }
    public void cry() {
        String cryMsg=animalName+" can "+cryType;
        msgShow.printCryMsg(cryMsg);
    }
}
```

注意：在一个类中只能选择一种注入方式，即不能在 AnimalAnother 类中增加三个属性的 setter 函数，然后再增加一个构造函数，否则配置文件 applicationContext. xml 将报错。

2）修改 applicationContext. xml 内容

新增两个<bean>，设置<constructor-arg>元素，如图 2.17 所示。

修改后 applicationContext. xml 文件内容如下所示：

```
<bean id="animal3" class="org.imp.AnimalAnother">
    <constructor-arg index="0" type="java.lang.String" value="hen" />
    <constructor-arg index="1" type="java.lang.String" value="cackle"/>
    <constructor-arg index="2" type="org.MsgShow" ref="fileprinter"/>
</bean>
```

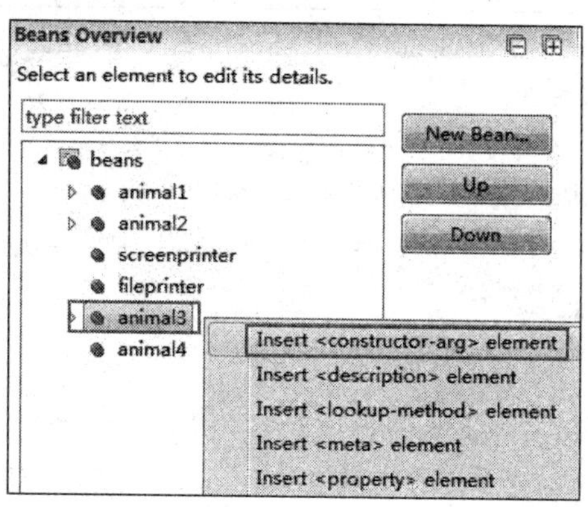

图 2.17　设置<constructor-arg>元素

```
<bean id="animal4" class="org.imp.AnimalAnother">
    <constructor-arg index="0" type="java.lang.String" value="snake" />
    <constructor-arg index="1" type="java.lang.String" value="hiss"/>
    <constructor-arg index="2" type="org.MsgShow" ref="screenprinter"/>
</bean>
```

注意：通过<constructor-arg>元素可以给构造函数注入属性值。

<constructor-arg>元素包括以下 4 个属性。

（1）index 属性：该属性对应于构造函数的第几个参数，属性值从 0 开始。

（2）type 属性：该属性是构造函数的参数类型。

（3）value 属性：如果参数是“一般”类型，则由 value 属性直接赋值。

（4）ref 属性：如果参数是“对象”类型，则由 ref 属性赋值，且 ref 中的值 fileprinter 或 screenprinter 必须在<bean>中定义过。

3）新增测试类 TestIoC1

在测试类中获取 bean 对象实例，代码如下：

```
package org.test;
import org.imp.AnimalAnother;
import org.springframework.context.ApplicationContext;
import org.springframework.context.support.ClassPathXmlApplicationContext;
public class TestIoC1 {
    public static void main(String[] args) {
        //创建 Spring 容器
        ApplicationContext ctx=new ClassPathXmlApplicationContext
                                ("applicationContext.xml");
        //从容器中获取 Animal 类的实例 animal3
```

```
        AnimalAnother animal=(AnimalAnother) ctx.getBean("animal3");
        //调用 cry 方法
        animal.cry();
        //从容器中获取 Animal 类的实例 animal4
        animal=(AnimalAnother) ctx.getBean("animal4");
        //调用 cry 方法
        animal.cry();
    }
}
```

4）运行结果

运行工程，结果如图 2.18 所示。

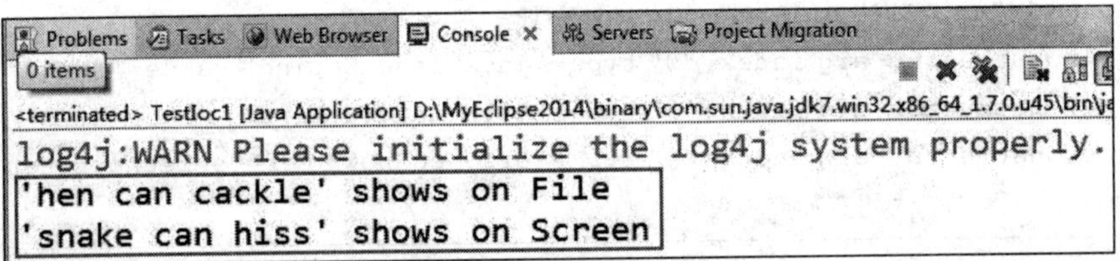

图 2.18 运行结果

注意：采用该方法时，TestIoC1 类的 main 函数和 TestIoC 类的 main 函数完全相同。但是两个类 Animal 和 AnimalAnother 的依赖注入方式不同，只需在 applicationContext.xml 设置不同的注入方式即可。

3. 两种依赖注入方式的对比

1）setter 注入

优点：这种注入方式与传统的 JavaBean 写法很相似，程序员更容易理解和接受，通过 setter 方式设定依赖关系显得更加直观和自然。

缺点：bean 对象的使用者需要正确维护待注入的依赖关系，如果不注入将导致报错。

2）构造注入

优点：构造注入可以在构造器中决定依赖关系的注入顺序，依赖关系只能在构造器中设定。对 bean 对象的调用者而言，bean 对象内部的依赖关系完全透明，更符合高内聚的原则。

缺点：对于复杂的依赖关系，如果采用构造注入，会导致构造器过于臃肿，难以阅读。

综上所述，构造方法注入和 setter 方法注入因为其侵入性较弱，且易于理解和使用，所以目前使用较多。

2.3.6 Spring 的配置文件

Spring 配置文件是用于指导 Spring 工厂进行 bean 生产、依赖关系注入(装配)及 bean 实例分发的说明书。Tomcat 在启动 Web 工程时,将立即读取 Spring 配置文件。Spring 配置文件是一个 XML 文档,applicationContext. xml 是 Spring 的默认配置文件,当容器启动时找不到指定的配置文档时,将会尝试加载这个默认的配置文件。applicationContext. xml 中常用的属性如表 2.2 所示。

表 2.2 Spring 的配置文件

属性或子标签	描 述	举 例
id	代表 JavaBean 的实例对象。在 bean 实例化之后可以通过 id 来引用 bean 的实例对象	<bean id="animal1" class="org. imp. Animal"/>
name	代表 JavaBean 的实例对象名。与 id 属性的意义相同。一般用 id 属性	<bean name="animal1" class="org. imp. Animal"/>
class	JavaBean 的类名(全路径),它是<bean>标签必须指定的属性	<bean id="animal1" class="org. imp. Animal"/>
scope	是否使用单例模式。 singleton:单例模式,无论调用 getBean()方法多少次,都返回同一个对象。默认模式。 prototype:每次调用 getBean()方法时,都会返回新的实例对象。 早期版本是 singleton 属性	<bean id="animal1" class="org. imp. Animal" scope="singleton" /> <bean id="animal2" class="org. imp. Animal" scope="prototype" /> 早期版本采用: <bean id="animal1" class="org. Animal" singleton="true"/> <bean id="anima2" class="org. Animal" singleton="false"/>
<property>	可通过<value/>节点指定属性值。BeanFactory 将自动根据 Java Bean 对应的属性类型加以匹配	<property name="animalName"> <value>Cow</value> </property>
<constructor-arg>	构造方法注入时确定构造参数。index 指定参数顺序,type 指定参数类型	<constructor-arg index="0" type="java. lang. String" value="hen" />

续表

<table>
<tr><th>属性或子标签</th><th>描　　述</th><th>举　　例</th></tr>
<tr><td><ref></td><td>指定了属性对 BeanFactory 中其他 bean 的引用关系</td><td><bean id="screenprinter" class="org. imp. ScreenPrinter"/>
<bean id="animal2" class="org. imp. Animal">
<property name="msgShow" ref="screenprinter"/>
</bean>
<bean id="animal4" class="org. imp. AnimalAnother">
<constructor-arg index="2" type="org. MsgShow" ref="screenprinter"/>
</bean></td></tr>
</table>

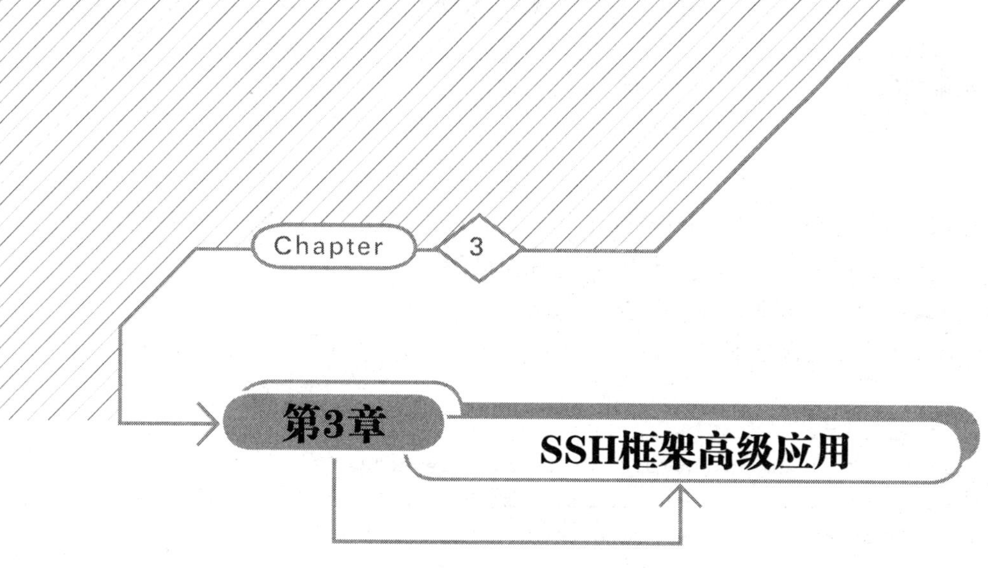

3.1 Struts2 高级应用——标签库

前面章节提到对于一个 MVC 框架而言，重点是实现两部分：业务逻辑控制器和视图页面。Struts2 作为一个优秀的 MVC 框架，也把重点放在了这两部分上。控制器主要由 Action 类来提供支持，而视图则是由大量的标签来提供支持。

标签是 Struts2 的一个特色，它提供了多个标签库，每个标签库又包含很多标签。这些标签可以使网页的开发更加简便，或者能在 JSP 中尽可能减少 Java 代码。

Struts2 标签库是一个比较完善，而且功能强大的标签库，它将所有标签都统一到一个标签库中，从而简化了标签的使用，它还提供主题和模板的支持，极大地简化了视图页面代码的编写，同时它还提供对 AJAX 的支持，大大地丰富了视图的表现效果。

3.1.1 Struts2 标签库

Struts2 标签库使用 OGNL 表达式作为基础，可以通过简单的表达式来访问 Java 对象中的属性，因此对于集合、对象的访问功能非常强大。Struts2 标签库不仅提供了表现层数据处理，而且提供了基本的流程控制功能，以及国际化、AJAX 支持等功能。

Struts2 标签库不依赖于任何表现层技术，大部分的标签可以在各种表现层技术中使用，例如，JSP 页面、Velocity、FreeMarker 等模板技术中。

常用的 Struts2 标签库包括两种：基本标签库和 dojo 扩展标签库。

1. 基本标签库

基本标签库的描述文件 struts-tags. tld 在 struts2-core-2. 1. 8. jar 压缩文件的 MET-INF 目录下，Struts2 的基本标签的定义都在这个文件中。基本标签库可以在 JSP 中使用，只需通过@taglib 编译指令<%@ taglib prefix="s" uri="/struts-tags" %>，就可以导入标签库，并在 JSP 中使用 struts-tags. tld 中声明的所有标签。

1) struts-tags. tld 头部声明

struts-tags. tld 头部包含显示名称 display-name、缩写名称 short-name 和地址 uri 等信息，代码如下：

```
<?xml version="1.0" encoding="UTF-8" standalone="no"?>
<taglib xmlns="http://java.sun.com/xml/ns/j2ee" xmlns:xsi="http://www.w3.
org/2001/XMLSch ema-instance" version="2.0" xsi:schemaLocation="http://
java.sun.com/xml/ns/j2ee http://java. sun.com/xml/ns/j2ee/web-jsptaglibrary
_2_0.xsd">
  <description>
    <![CDATA["To make it easier to access dynamic data; the Apache Struts
framework includes a library of custom tags. The tags interact with the
framework's validation and internationalization features; to ensure that
input is correct and output is localized. The Struts Tags can be used with JSP
FreeMarker or Velocity."]]></description>
  <display-name>"Struts Tags"</display-name>
  <tlib-version>2.2.3</tlib-version>
  <short-name>s</short-name>
  <uri>/struts-tags</uri>
```

2) struts-tags. tld 核心标签

(1) textfield 标签：包含 label、name、value 和 readonly 等常用属性，代码如下：

```
<tag>
    <description><![CDATA[Render an HTML input field of type text]]>
    </description>
    <name>textfield </name>
    <tag-class>org.apache.struts2.views.jsp.ui.TextFieldTag</tag-class>
    <body-content>JSP</body-content>
    <attribute>
      <description><![CDATA[Label expression used for rendering a label]]>
      </description>
      <name>label</name>
      <required>false</required>
      <rtexprvalue>false</rtexprvalue>
    </attribute>
    <attribute>
      <description><![CDATA[The name to set for element]]></description>
      <name>name</name>
```

```
        <required>false</required>
        <rtexprvalue>false</rtexprvalue>
    </attribute>
    <attribute>
        <description><![CDATA[Preset the value of input element.]]>
        </description>
        <name>value</name>
        <required>false</required>
        <rtexprvalue>false</rtexprvalue>
      </attribute>
    <attribute>
        <description><![CDATA [Whether the input is readonly]]></description>
        <name>readonly</name>
        <required>false</required>
        <rtexprvalue>false</rtexprvalue>
      </attribute>
      <!--省略其他的属性-->
      <dynamic-attributes>true</dynamic-attributes>
    </tag>
```

(2) combobox 标签：除了包含 label、name 等常用属性，还包含特有的列表项属性 list、listKey 和 listValue 等，代码如下：

```
<tag>
    <description><![CDATA[Widget that fills a text box from a select]]>
    </description>
    <name>combobox</name>
    <tag-class>org.apache.struts2.views.jsp.ui.ComboBoxTag</tag-class>
    <body-content>JSP</body-content>
    <attribute>
      <description><![CDATA[Iteratable source to populate from. If this is
      missing, the select widget is simply not displayed.]]></description>
      <name>list</name>
      <required>true</required>
      <rtexprvalue>false</rtexprvalue>
    </attribute>
    <attribute>
      <description><![CDATA[Set the key used to retrive the option key.]]>
      </description>
      <name>listKey</name>
```

```
    <required>false</required>
    <rtexprvalue>false</rtexprvalue>
  </attribute>
  <attribute>
    <description><![CDATA [Set the value used to retrive the option value.]]>
    </description>
    <name>listValue</name>
    <required>false</required>
    <rtexprvalue>false</rtexprvalue>
</attribute>
```

(3) if、else 和 elseif 标签：这些都是逻辑判断标签，其中，if 和 elseif 都有 test 属性，进行条件判断：

```
<tag>
    <description><![CDATA[If tag]]></description>
    <name>if</name>
    <tag-class>org.apache.struts2.views.jsp.IfTag</tag-class>
    <body-content>JSP</body-content>
    <attribute>
      <description><![CDATA[Expression to determine if body of tag is to be
                displayed]]></description>
      <name>test</name>
      <required>true</required>
      <rtexprvalue>false</rtexprvalue>
    </attribute>
    <dynamic-attributes>false</dynamic-attributes>
  </tag>
<tag>
    <description><![CDATA[Else tag]]></description>
    <name>else</name>
    <tag-class>org.apache.struts2.views.jsp.ElseTag</tag-class>
    <body-content>JSP</body-content>
    <dynamic-attributes>false</dynamic-attributes>
  </tag>
  <tag>
    <description><![CDATA[Elseif tag]]></description>
    <name>elseif</name>
    <tag-class>org.apache.struts2.views.jsp.ElseIfTag</tag-class>
    <body-content>JSP</body-content>
```

```
  <attribute>
    <description><![CDATA[Expression to determine if body of tag is to be
             displayed]]></description>
    <name>test</name>
    <required>true</required>
    <rtexprvalue>false</rtexprvalue>
  </attribute>
  <dynamic-attributes>false</dynamic-attributes>
</tag>
```

2. dojo 扩展标签库

dojo 扩展标签库的描述文件 struts-dojo-tags. tld 在 struts2-dojo-plugin-2. 1. 8 压缩文件的 MET-INF 目录下，Struts2 的所有 dojo 扩展标签库的定义都在这个文件中。扩展标签库可以在 JSP 中使用，只需通过@taglib 编译指令<%@ taglib prefix="sx" uri="/struts-dojo-tags" %>，就可以导入标签库，并在 JSP 中使用 struts-dojo-tags. tld 中声明的所有标签。

1）struts-dojo-tags. tld 头部声明

struts-dojo-tags. tld 头部包含显示名称 display-name、缩写名称 short-name 和地址 uri 等信息，代码如下：

```
<?xml version="1.0" encoding="UTF-8" standalone="no"?>
<taglib xmlns="http://java.sun.com/xml/ns/j2ee" xmlns:xsi="http://www.w3.
org/2001/XMLSche ma-instance" version="2.0" xsi:schemaLocation="http://java.
sun.com/xml/ns/j2ee http://java.sun.com/xml/ns/j2ee/web-jsptaglibrary_2_0.
xsd">
  <description><![CDATA["Struts AJAX tags based on Dojo."]]></description>
  <display-name>"Struts Dojo Tags"</display-name>
  <tlib-version>2.2.3</tlib-version>
  <short-name>sx</short-name>
  <uri>/struts-dojo-tags</uri>
```

2）struts-dojo-tags. tld 核心标签

（1）datetimepicker 标签：日历控件标签，包含 displayFormat、label、name、type 和 value 等常用属性，代码如下：

```
<tag>
    <description><![CDATA[Render datetimepicker]]></description>
    <name>datetimepicker</name>
    <tag-class>org.apache.struts2.dojo.views.jsp.ui.DateTimePickerTag
    </tag-class>
```

```
<body-content>JSP</body-content>
 <attribute>
  <description><![CDATA[A pattern used for the visual display of the
  formatted date, e.g. dd/MM/yyyy]]></description>
  <name>displayFormat</name>
  <required>false</required>
  <rtexprvalue>false</rtexprvalue>
</attribute>
 <attribute>
  <description><![CDATA[Label expression used for rendering an element
  specific label]]></description>
  <name>label</name>
  <required>false</required>
  <rtexprvalue>false</rtexprvalue>
</attribute>
 <attribute>
  <description><![CDATA[The name to set for element]]></description>
  <name>name</name>
  <required>false</required>
  <rtexprvalue>false</rtexprvalue>
</attribute>
 <attribute>
  <description><![CDATA[Defines the type of the picker on the dropdown.
  Possible values are 'date' for a DateTimePicker, and 'time' for a
  timePicker]]></description>
  <name>type</name>
  <required>false</required>
  <rtexprvalue>false</rtexprvalue>
</attribute>
<attribute>
  <description><![CDATA[Preset the value of input element]]>
  </description>
  <name>value</name>
  <required>false</required>
  <rtexprvalue>false</rtexprvalue>
</attribute>
```

(2) 其他 dojo 扩展标签：包括 textarea、tabbedpanel、tree、treenode 等复杂的 UI 标签，读者可以详细查看 struts-dojo-tags. tld。

3.1.2 OGNL

1. OGNL 概述

OGNL(Object Graph Navigation Language,对象图导航语言)是一个开源的表达式引擎。通过使用 OGNL 的表达式语法可以存取 Java 对象树的任意属性,以及调用 Java 对象树的方法等。

注意:Struts2 框架默认支持 OGNL,Struts2 的核心库包必须包含 ognl.jar 包。

下面通过一个实例来理解 OGNL,分别创建三个实体类:设备类、制造厂商类和董事长类(包括 getter 和 setter 方法),代码如下:

```
//设备类
public class Device {
    private String name;                //设备名称
    private Manufacturer manufacturer;//设备的制造厂商,即依赖(或称引用)的外部类
    public String getName() {    return name;    }
    public void setName(String name) {    this.name=name;    }
    public Manufacturer getManufacturer() {    return manufacturer;    }
    public void setManufacturer(Manufacturer manufacturer) {
        this.manufacturer=manufacturer;
    }
}
//制造厂商类
public class Manufacturer {
    private String name;           //制造厂商名称
    private Director director;     //制造厂商的董事长,即依赖(或称引用)的外部类
    public String getName() {    return name;    }
    public void setName(String name) {    this.name=name;    }
    public Director getDirector() {    return director;    }
    public void setDirector(Director director) {    this.director=director;
    }
}
//董事长类
public class Director {
    private String name;           //董事长名称
    public String getName() {    return name;    }
    public void setName(String name) {    this.name=name;    }
}
```

为了获取设备对象 device 的董事长名称,可以使用三个 Java 类的 getter 函数,即:

```
String directorName=device.getManufacturer().getDirector().getName();
```

除了用这种 Java 类的 getter 方式获取，我们还根据上面三个实体对象之间的引用关系，形成一个这样的依赖结构：

```
device
   |--name
   |--manufacture
          |--name
          |--director
                 |--name
```

通过依赖关系结构图，device 对象可以导航到 manufacture 对象，继而通过 manufacture 对象导航到 director 对象，这就是 OGNL 的内涵，即对象图就是指对象的依赖关系图，导航就是指根据依赖关系的一个对象定位过程。

下面将介绍 OGNL 是如何使用表达式语言来完成导航操作的，即通过 OGNL 方式获取设备对象的董事长姓名，代码如下：

```
String directorName = (String) Ognl. getValue ( "manufacture. director. name",
context, root);
```

Ognl 类的 getValue 函数有三个参数：表达式、上下文环境和 root 对象。

1）第一个参数是表达式

表达式是一个带有语法含义的字符串，这个字符串规定了操作的类型和操作的内容。所有 OGNL 操作都是针对表达式解析后进行的，表明 OGNL 操作要“做什么”。

OGNL 支持大量的表达式语法，不仅支持这种“链式”对象访问路径，还支持在表达式中进行简单的计算。

2）第二个参数是上下文环境

OGNL 的上下文环境就是 OgnlContext，它是一个 Map 结构的类，上下文环境规定了 OGNL 的操作“在哪里进行”。这样除了 root 对象，还可以从上下文环境中获取各类对象。

3）第三个参数是 root 对象

root 对象也就是操作对象。表达式规定了“做什么”，而 root 对象则规定了“对谁操作”。设置了 root 对象，OGNL 可以对 root 对象进行取值或写值等操作。

注意：Ognl 类的导入包为 ognl. Ognl，OgnlContext 类的导入包为 ognl. OgnlContext，Ognl 类和 OgnlContext 类都包含在 ognl-2.7.3.jar 中。

Ognl 类和 OgnlContext 类的方法列表如图 3.1 所示。

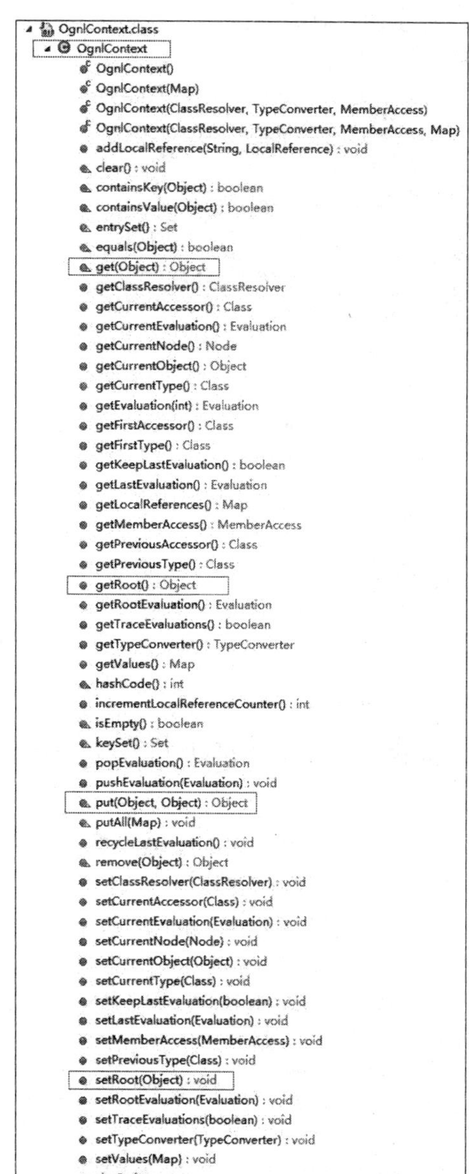

图 3.1　Ognl 类和 OgnlContext 类的方法列表

2. OGNL 的基本操作

1) root 栈变量和上下文环境变量的访问

采用 OgnlContext 类的 put()方法将变量放入上下文环境中，对上下文环境的变量访问需要加＃，而 root 栈中的变量可以直接通过变量名访问。

示例代码如下：

```
Device dev1=new Device();
dev1.setName("iphone");
Device dev2=new Device();
dev2.setName("ipad");
Device dev3=new Device();
dev3.setName("iwatch");
OgnlContext context=new OgnlContext();
context.put("dev1", dev1);
context.put("dev2", dev2);
Object ognl=Ognl.parseExpression("#dev1.name+','+#dev2.name+','+name");
String deviceName=(String) Ognl.getValue(ognl, context, dev3);
System.out.println(deviceName);
```

输出内容如下：

```
iphone,ipad,iwatch
```

该例子中，获取上下文环境中的 dev1 和 dev2 对象，需要在前面加上＃来访问，而访问 root 栈对象(dev3)，可以直接使用 name。

2) 方法调用

OGNL 的方法调用表达式和 Java 的方法调用非常相似，通过“对象.方法()”就可以完成调用，并且可以传递参数。

示例代码如下：

```
ognl=Ognl.parseExpression("#dev1.getName()+','+#dev2.getName()+','+
getName()");
deviceName=(String) Ognl.getValue(ognl, context, dev3);
System.out.println(deviceName);
```

下面的代码展示了 OGNL 的三种用法。

(1) 用法 1：OgnlContext 放入非 root 栈基本变量数据和 root 栈基本变量数据。

1.1 创建非 root 栈基本变量数据，并获取值。

1.2 创建 root 栈基本变量数据，并获取值。

(2) 用法 2：OgnlContext 放入非 root 栈对象和 root 栈对象，并采用 Java 类的 getter 函数获得对象属性。

2.1 创建非 root 对象，并采用 Java 类的 getter 函数获得对象属性。

2.2 创建 root 对象，并采用 Java 类的 getter 函数获得对象属性。

2.2.1　采用 Java 类的 getter 函数获得 root 栈中 deviceRoot1 对象 3 个 name 属性。

2.2.2　采用 Java 类的 getter 函数获得 root 栈中 deviceRoot2 对象 3 个 name 属性。

2.2.3　采用 Java 类的 getter 函数获得 root 栈中 devroot 对象 3 个 name 属性。

(3) 用法 3：使用 Ognl 表达式导航解析来获取非 root 对象和 root 对象的属性值。

3.1　采用 Ognl 表达式导航解析，获得非 root 对象 deviceApple 的 3 个 name 属性。

3.2　采用 Ognl 表达式导航解析，获得 root 栈中对象属性。

3.2.1　采用 Ognl 表达式导航解析，获得 root 栈中 deviceRoot1 对象的 3 个 name 属性。

3.2.2　采用 Ognl 的表达式导航解析，获得 root 栈中 deviceRoot2 对象的 3 个 name 属性。

3.2.3　采用 Ognl 的表达式导航解析，获得 root 对象的 3 个 name 属性。

示例代码如下：

```
package org.model;
import ognl.Ognl;
import ognl.OgnlContext;
import ognl.OgnlException;
public class Test {
    public static void main(String[] args) throws OgnlException {
        //创建一个 Ognl 上下文对象
        OgnlContext context=new OgnlContext();
/**
******* 1.OgnlContext 放入非 root 栈基本变量数据和 root 栈基本变量数据
*/
        System.out.println("1.1 创建非 root 栈基本变量数据,并获取值");
        String devName="智能手机";
        context.put("devName", devName);
        //获取数据(map)
        String value=(String) context.get("devName");
        System.out.println("非 root 栈基本变量数据 devName: "+value);
        System.out.println("1.2 创建 root 栈基本变量数据,并获取值");
        String devNameRoot1="智能手表";
        String devNameRoot2="智能手环";
        context.setRoot(devNameRoot1);
        context.setRoot(devNameRoot2);
        System.out.println("1.2.1 root 栈基本变量数据 devNameRoot1: "+
        devNameRoot1);
        System.out.println("1.2.2 root 栈基本变量数据 devNameRoot2: "+
        devNameRoot2);
```

```
        String valueRoot=(String) context.getRoot();
        //可以看到尽管向 root 栈放入了两个基本变量 devNameRoot1 和 devNameRoot2,但
        //context.getRoot()只能返回栈顶的 devNameRoot2
        System.out.println("1.2.3 root 栈数据: "+valueRoot);

/**
******** 2. OgnlContext 放入非 root 栈对象和 root 栈对象,并采用 Java 类的 getter 函
     数获得对象属性
 */
        Director director=new Director();
        director.setName("乔布斯");
        Manufacturer manufacturer=new Manufacturer();
        manufacturer.setName("苹果公司");
        manufacturer.setDirector(director);
        //创建非 root 对象
        Device device=new Device();
        device.setName("iphone 手机");
        device.setManufacturer(manufacturer);
        //放入非 root 数据
        context.put("deviceNotRoot", device);
        //获取数据(map)
        Device dev=(Device) context.get("deviceNotRoot");
        //采用 Java 类的 getter 函数获得 dev 对象的 3 个 name 属性:
        System.out.println("2.1 采用 Java 类的 getter 函数获得非 root 栈中的 dev 对
        象的 3 个 name 属性: ");
        System.out.println("dev.getName(): "+dev.getName());
        System.out.println("dev.getManufacturer().getName(): "+
                    dev.getManufacturer().getName());
        System.out.println("dev.getManufacturer().getDirector().getName(): "+
                    dev.getManufacturer().getDirector().getName());
        //创建 root 对象
        Device deviceRoot1=new Device();
        deviceRoot1.setName("iPad");
        deviceRoot1.setManufacturer(manufacturer);
        Device deviceRoot2=new Device();
        deviceRoot2.setName("iWatch");
        deviceRoot2.setManufacturer(manufacturer);
        System.out.println("2.2 采用 Java 类的 getter 函数获得 root 栈中对象的 3 个
        name 属性: ");
        System.out.println("2.2.1 采用 Java 类的 getter 函数获得 root 栈中的
        deviceRoot1 对象的 3 个 name 属性: ");
```

```
        System.out.println("deviceRoot1.getName(): "+deviceRoot1.getName());
        System.out.println("deviceRoot1.getManufacturer().getName(): "+
                    deviceRoot1.getManufacturer().getName());
        System.out.println("deviceRoot1.getManufacturer().getDirector().
        getName(): "+deviceRoot1.getManufacturer().getDirector().getName());
        System.out.println("2.2.2 采用 Java 类的 getter 函数获得 root 栈中的
        deviceRoot2 对象的 3 个 name 属性: ");
        System.out.println("deviceRoot2.getName(): "+deviceRoot2.getName());
        System.out.println("deviceRoot2.getManufacturer().getName(): "+
                    deviceRoot2.getManufacturer().getName());
        System.out.println("deviceRoot2.getManufacturer().getDirector().
        getName(): "+deviceRoot2.getManufacturer().getDirector().getName());
        //放入 root 数据
        context.setRoot(deviceRoot1);
        context.setRoot(deviceRoot2);
        //获取数据(map)
        Device devRoot=(Device) context.getRoot();
        /* 采用 Java 类的 getter 函数获得 root 栈中的 devroot 对象的 3 个 name 属性:
           可以看到,尽管向 root 栈放入了两个对象 deviceRoot1 和 deviceRoot2,但
           context.getRoot()只能返回栈顶的 deviceRoot2
        */
        System.out.println("2.2.3 采用 Java 类的 getter 函数获得 root 栈中的
        devroot 对象的 3 个 name 属性: ");
        System.out.println("devRoot.getName(): "+devRoot.getName());
        System.out.println("devRoot.getManufacturer().getName(): "+
                    devRoot.getManufacturer().getName());
        System.out.println("devRoot.getManufacturer().getDirector().getName(): "+
        devRoot.getManufacturer().getDirector().getName());
/**
******* 3. 使用 Ognl 的表达式导航解析来获取非 root 对象和 root 对象的属性值
*/
        System.out.println("3.1 采用 Ognl 的表达式导航解析,获得非 root 对象
        deviceApple 的 3 个 name 属性: ");
        //构建 Ognl 表达式
        Object ognl=Ognl.parseExpression("#deviceNotRoot.name");
        //利用 getValue,实现 Ognl 对非 root 对象的表达式导航解析
        String deviceName=(String) Ognl.getValue(ognl, context, context.
        getRoot());
        System.out.println("#deviceNotRoot.name: "+deviceName);
        ognl=Ognl.parseExpression("#deviceNotRoot.manufacturer.name");
```

```
String manufacturerName= (String) Ognl.getValue(ognl, context,
context.getRoot());          //解析表达式
System.out.println("#deviceNotRoot.manufacturer.name: "+
manufacturerName);
ognl=Ognl.parseExpression("#deviceNotRoot.manufacturer.director.
name");
String directorName= (String) Ognl.getValue(ognl, context, context.
getRoot());                  //解析表达式
System.out.println("#deviceNotRoot.manufacturer.director.name: "+
directorName);
System.out.println("3.2 采用 Ognl 的表达式导航解析,获得 root 栈中对象的
3个 name 属性: ");
System.out.println("3.2.1 采用 Ognl 的表达式导航解析,获得 root 栈中
deviceRoot1 对象的 3 个 name 属性: ");
Object ognlroot=Ognl.parseExpression("name");
String deviceNameRoot= (String) Ognl.getValue(ognlroot, context,
deviceRoot1);
System.out.println("root 对象 deviceRoot1 的 name: "+deviceNameRoot);
ognlroot=Ognl.parseExpression("manufacturer.name");
String manufacturerNameRoot= (String) Ognl.getValue(ognlroot,
context, deviceRoot1);
System.out.println("root 对象 deviceRoot1 的 manufacturer 的 name: "+
            manufacturerNameRoot);
ognlroot=Ognl.parseExpression("manufacturer.director.name");
String directorNameRoot= (String) Ognl.getValue(ognlroot, context,
deviceRoot1);
System.out.println("root 对象 deviceRoot1 的 manufacturer 的 director 的
            name: "+directorNameRoot);
System.out.println("3.2.2 采用 Ognl 的表达式导航解析,获得 root 栈中
deviceRoot2 对象的 3 个 name 属性: ");
ognlroot=Ognl.parseExpression("name");
deviceNameRoot= (String) Ognl.getValue(ognlroot, context, deviceRoot2);
System.out.println("root 对象 deviceRoot2 的 name: "+deviceNameRoot);
ognlroot=Ognl.parseExpression("manufacturer.name");
manufacturerNameRoot= (String) Ognl.getValue(ognlroot, context,
deviceRoot2);
System.out.println("root 对象 deviceRoot2 的 manufacturer 的 name: "+
            manufacturerNameRoot);
ognlroot=Ognl.parseExpression("manufacturer.director.name");
directorNameRoot= (String) Ognl.getValue(ognlroot, context,
deviceRoot2);
```

```
        System.out.println("root 对象 deviceRoot2 的 manufacturer 的 director
        的 name: "+directorNameRoot);
        System.out.println("3.2.3 采用 Ognl 的表达式导航解析,获得 root 对象的
        3 个 name 属性: ");
        devRoot=(Device) context.getRoot();
        ognlroot=Ognl.parseExpression("name");
        deviceNameRoot=(String) Ognl.getValue(ognlroot, context, devRoot);
        System.out.println("root 对象的 name: "+deviceNameRoot);
        ognlroot=Ognl.parseExpression("manufacturer.name");
        manufacturerNameRoot=(String) Ognl.getValue(ognlroot, context,
        devRoot);
        System.out.println("root 对象的 manufacturer 的 name: "+
        manufacturerNameRoot);
        ognlroot=Ognl.parseExpression("manufacturer.director.name");
        directorNameRoot=(String) Ognl.getValue(ognlroot, context, devRoot);
        System.out.println("root 对象的 manufacturer 的 director 的 name: "+
                        directorNameRoot);
    }
}
```

运行工程,结果显示如下:

```
1.1 创建非 root 栈基本变量数据,并获取值
非 root 栈基本变量数据 devName: 智能手机
1.2 创建 root 栈基本变量数据,并获取值
1.2.1 root 栈基本变量数据 devNameRoot1: 智能手表
1.2.2 root 栈基本变量数据 devNameRoot2: 智能手环
1.2.3 root 栈数据: 智能手环
2.1 采用 Java 类的 getter 函数获得非 root 栈中的 dev 对象的 3 个 name 属性:
dev.getName(): iphone 手机
dev.getManufacturer().getName(): 苹果公司
dev.getManufacturer().getDirector().getName(): 乔布斯
2.2 采用 Java 类的 getter 函数获得 root 栈中对象的 3 个 name 属性:
2.2.1 采用 Java 类的 getter 函数获得 root 栈中的 deviceRoot1 对象的 3 个 name 属性:
deviceRoot1.getName(): iPad
deviceRoot1.getManufacturer().getName(): 苹果公司
deviceRoot1.getManufacturer().getDirector().getName(): 乔布斯
2.2.2 采用 Java 类的 getter 函数获得 root 栈中的 deviceRoot2 对象的 3 个 name 属性:
deviceRoot2.getName(): iWatch
deviceRoot2.getManufacturer().getName(): 苹果公司
deviceRoot2.getManufacturer().getDirector().getName(): 乔布斯
2.2.3 采用 Java 类的 getter 函数获得 root 栈中的 devroot 对象的 3 个 name 属性:
devRoot.getName(): iWatch
```

```
devRoot.getManufacturer().getName(): 苹果公司
devRoot.getManufacturer().getDirector().getName(): 乔布斯
3.1 采用 Ognl 的表达式导航解析,获得非 root 对象 deviceApple 的 3 个 name 属性:
# deviceNotRoot.name: iphone 手机
# deviceNotRoot.manufacturer.name: 苹果公司
# deviceNotRoot.manufacturer.director.name: 乔布斯
3.2 采用 Ognl 的表达式导航解析,获得 root 栈中对象的 3 个 name 属性:
3.2.1 采用 Ognl 的表达式导航解析,获得 root 栈中 deviceRoot1 对象的 3 个 name 属性:
root 对象 deviceRoot1 的 name: iPad
root 对象 deviceRoot1 的 manufacturer 的 name: 苹果公司
root 对象 deviceRoot1 的 manufacturer 的 director 的 name: 乔布斯
3.2.2 采用 Ognl 的表达式导航解析,获得 root 栈中 deviceRoot2 对象的 3 个 name 属性:
root 对象 deviceRoot2 的 name: iWatch
root 对象 deviceRoot2 的 manufacturer 的 name: 苹果公司
root 对象 deviceRoot2 的 manufacturer 的 director 的 name: 乔布斯
3.2.3 采用 Ognl 的表达式导航解析,获得 root 对象的 3 个 name 属性:
root 对象的 name: iWatch
root 对象的 manufacturer 的 name: 苹果公司
root 对象的 manufacturer 的 director 的 name: 乔布斯
```

注意:该工程运行需要 ognl-2.7.3.jar 和 javassist-3.9.0.jar 这两个 jar 包的引用。

3.1.3 Struts2 的 OGNL 表达式

在 Struts2 框架中,值栈就是 OGNL 的 root 对象,OGNL Context 是 ActionContext,如图 3.2 所示。

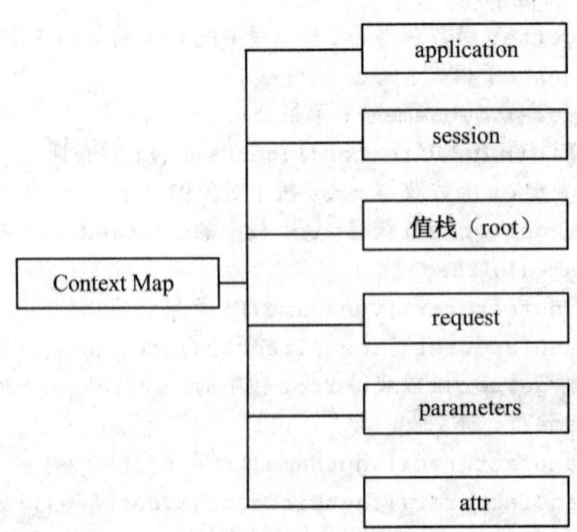

图 3.2 Struts2 的 OGNL Context 结构示意图

1. 值栈

Struts2 的 Action 类通过其成员属性可以获得所有相关的参数值，如网页请求参数、action 配置参数、向其他 Action 传递属性值(通过 chain 结果)等。

要获得这些参数值，只需在 Action 类中声明与参数同名的属性，在 Struts2 中调用 Action 类的 Action 方法之前，就会给相应的 Action 属性赋值，如果想实现这个功能，就需要使用 Struts2 的值栈对象。

Struts2 的值栈对 OGNL 做了怎样的扩展呢？它不仅封装了 OGNL 的所有功能，并且主要对 OGNL 的 root 对象进行了扩展。值栈封装了一个 CompoundRoot 类型的对象作为 root 属性，CompoundRoot 是一个继承 ArrayList 的栈存储结构。而所有被压入栈中的对象，都会被视为 OGNL 的 root 对象。

注意：在使用 OGNL 计算表达式时，首先会将栈顶元素作为 root 对象，进行表达式匹配，匹配不成功则会依次向下匹配，最后返回第一个成功匹配的表达式计算结果。因此，Struts2 通过值栈实现了多 root 对象的 OGNL 操作。

1）值栈的工作原理

值栈对象贯穿整个 Action 的生命周期(每个 Action 类的对象实例会拥有一个值栈对象)。当 Struts2 接收到一个.action 的请求后，会先建立 Action 类的对象实例，但并不会调用 Action 方法，而是先将 Action 类的相应属性放到值栈对象中。

处理完上述工作后，Struts2 中 Action 类的调用方法次序如下：

(1) 首先调用拦截器链中的拦截器。

(2) 接着调用 Action 类所有属性的 Setter 方法，将值栈对象顶层节点中的属性值赋给 Action 类中相应的属性。

(3) 最后调用 Action 类的 Action 方法。

上述调用方法的次序安排，可以给程序员带来极大的灵活性。也就是说，在 Struts2 调用拦截器的过程中，可以改变值栈对象中属性的值，当改变某个属性之后，Action 类的相应属性值就会变成在拦截器中最后改变该属性的这个值。

2）值栈的生命周期

值栈贯穿整个 Action 的生命周期，当 Struts2 接受一个请求时，会迅速创建 ActionContext、Action 和值栈，然后把 Action 存放进值栈中，所以 Action 的实例变量可以被 OGNL 表达式访问。请求来的时候，Action 和值栈的生命周期开始，请求结束时，Action 和值栈的生命周期结束。

2. 上下文环境

Struts2 构造了一个请求(Action)的上下文环境，称为 ActionContext。ActionContext 封装一个处理 Web 请求的环境，在这个环境中对请求数据存储传输则是交给了值栈。值栈是对 OGNL 的扩展，Struts2 正是通过值栈来使用 OGNL 进行赋值和取值操作的。

1）上下文环境的工作原理

当你提交一个请求(Action)，会为这个请求创建一个和 Web 容器交互的

ActionContext，与此同时会创建值栈，并置于 ActionContext 之中。当实例化 Action 之后，就会将这个 Action 对象压入值栈中。

注意：Action 是多例的，和 Servlet 不一样，Servlet 是单例的。每个 Action 都有一个对应的值栈，值栈存放的数据类型是该 Action 的实例以及该 Action 的属性。

在请求过程中，Struts2 则是通过 Parameters Interceptor 拦截器将提交的参数值封装入对应的 Action 属性中。因此 Action 对象可以作为 OGNL 的 root 对象，对于 Action 中的属性、方法都可以使用 OGNL 来获取。

2）Struts2 的命名对象

Struts2 提供了一些命名对象，这些对象没有保存在值栈中，而是保存在 ActionContext 中，因此访问时需使用＃符号，这些命名对象都是 Map 类型。

Struts2 提供的常用命名对象如下。

（1）application 对象：该对象用来访问 ServletContext。当在 JSP 页面中使用 ＃application.userName 或者 ＃application［"userName"］，则相当于调用 Servlet 的 getAttribute("userName")。

（2）session 对象：该对象用来访问 HttpSession。当在 JSP 页面中使用＃session.userName 或者＃session［"userName"］，则相当于调用 session.getAttribute("userName")。

（3）request 对象：该对象用来访问 HttpServletRequest 属性的 Map。当在 JSP 页面中使用＃request.userName 或者＃request［"userName"］，则相当于调用 request.getAttribute("userName")。

例如，在某一个 Action 类中给 request 对象添加一个键，键名为 name，键值为 getName()，代码如下：

```
Map request=(Map)ActionContext.getContext().get("request");
request.put("name", getName());
```

在该 Action 类的 result 返回 JSP 页面（例如 success.jsp）中可以访问 request 对象，并获得 request 中键名 name 的键值，代码如下：

```
<s:property value="# request.name"/>
```

其中，＃request.name 相当于在 JSP 中调用了：

```
<%=request.getAttribute("name");%>
```

（4）parameters 对象：该对象用于访问请求参数。例如 ＃parameters［'id'］或 ＃parameters.id，相当于调用了 HttpServletRequest 对象的 getParameter()方法。

注意：parameters 本质上是一个使用 HttpServletRequest 对象中的请求参数构造的

Map 对象，一旦对象被创建（在调用 Action 实例之前就已经创建好了），它和 HttpServletRequest 对象就没有任何关系了。

3. OGNL 中三种特殊符号标记

1) #符号

主要有以下三种用途：

(1) 访问 OGNL 上下文和 Action 上下文。

由于 Struts2 中值栈被视为根对象，所以访问其他非根对象时，需要加#前缀。#相当于 ActionContext. getContext ( )。例如 # session. username，相当于 ActionContext. getContext(). getSession(). getAttribute("username")。

(2) 用来投影集合。

投影实际就是过滤，把符合条件的过滤出来，例如：

① 投影(过滤)：

```
<s:property value="users.{?#this.age==1}[0]"/>
```

用于遍历 users 集合，然后取出集合里面 age==1 的第一个元素。

② 投影(过滤)：

```
<s:property value="users.{^#this.age>1}.{age}"/>
```

^表示开头的，用于取出开头 age>1 的那个 user 的 age。

③ 投影(过滤)：

```
<s:property value="users.{$#this.age>1}.{age}"/>
```

$ 表示结尾的，用于取出结尾 age>1 的那个 user 的 age。

(3) 构造 Map。

构造一个 Map 对象，示例代码如下：

```
#{'Ios':'Xcode', 'Android':'Android Studio', 'JavaEE':'MyEclipse'}
```

2) %符号

指定 struts2 标签中的属性值要作为 OGNL 表达式进行解析，以避免某些标签属性值将 OGNL 表达式作为字符串输出，示例代码如下：

```
<s:textfield value="%{#request.name}"/}
```

3) $符号

$符号主要有两种用途：

(1) 在国际化资源文件中，引用 OGNL 表达式，例如，年龄必须在${min}和${max}之间。

(2) 在 Struts2 框架的配置文件中引用 OGNL 表达式，例如，两个 Action 之间跳转的时候传递参数。

在 struts.xml 配置文件中如果需要引用 OGNL 表达式，需要使用${}包围，代码如下：

```
<action name="AddFile" class="addFile">
    <interceptor-ref name="fileUploadStack" />
    <result type="redirect">ListFiles.action?fileId=$ {fileId}</result>
</action>
```

4. Struts2 中 OGNL 的操作实例

使用 OGNL 表达式可以将 Java 端的数据属性和基于文本的视图层中的字符串绑定起来，这通常出现在表单输入字段的 name 属性或者 Struts2 标签的各种属性中。

下面演示 Struts2 如何通过值栈操作数据。

(1) 首先实现一个简单的 UserAction，其中只有一个 name 属性：

```
public class UserAction extends ActionSupport{
    private String name;
    public String execute(){
        System.out.println(this.name);
        return "success";
    }
    public String getName() {
        return name;
    }
    public void setName(String name) {
        this.name=name;
    }
}
```

(2) 在网址 URL 中通过 GET 方式请求服务器，并将参数传递给 action：http://localhost:8080/Struts2OgnlTest/user.action?name=boya。

(3) 请求传递的参数值，会自动封装入 name 属性中，在 execute 方法中可以直接获得这个属性值。

(4) 请求返回 JSP 页面，使用 Struts2 的 taglib 获取 name。

Struts2 的标签库都是使用 OGNL 表达式来访问 ActionContext 中的对象数据的。

Struts2 基本标签 property 的代码如下：

```
<s:property value=" name">
```

OGNL 表达式是 value 属性双引号之间的片段，这个标签从某个 Java 对象的一个属性值中取值，之后将写入到 HTML 中代替这个标签。

3.1.4　Struts2 标签库

Struts2 框架的标签库主要分为用户界面标签（UI 标签）和非用户界面标签两大类，如图 3.3 所示。

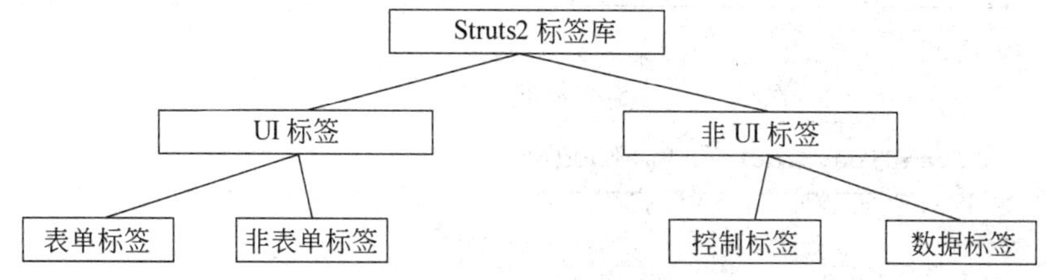

图 3.3　Struts2 框架的标签库

用户界面标签即 UI 标签，是主要用来生成 HTML 元素的标签，包括表单标签和非表单标签。表单标签主要用于生成 HTML 页面的 form 元素以及普通表单元素的标签。非表单标签主要用于生成页面上的 tree、tab 页等。

非用户界面标签即非 UI 标签，主要用于数据访问、逻辑控制等，包括控制标签和数据标签。控制标签主要包含用于实现分支、循环等流程控制的标签。数据标签主要包含用于访问值栈中的值，完成国际化等功能的标签。

Struts2 标签的属性很多，但是图 3.3 中所有标签都具有通用属性，如表 3.1 所示。

表 3.1　Struts2 标签的通用属性

属性名称	描　　述
name	指定该表单元素的名称，该属性必须与 Action 类中定义的属性相对应
value	指定该表单元素的值
required	指定该表单元素的必填属性
title	指定该表单元素的标题
label	指定表单元素的 label 属性
disabled	指定该表单元素的 disabled 属性
cssClass	指定该表单元素的 class 属性
cssStyle	指定该表单元素的 style 属性，使用 CSS 样式

1. 表单标签

表单标签主要包括：表单标签(form)、文本标签(textfield)、密码标签(password)、复选框标签(checkbox)、复选框列表标签(checkboxlist)、选择标签(select)、单选框按钮标签(radio)、多行文本标签(textarea)、组合框标签(combobox)、级联下拉选择框标签(doubleselect)、日历标签(datetimepicker)、自动提示填充组合框标签(autocompleter)、提交按钮标签(submit)等。

大部分的表单标签和 HTML 表单元素是一一对应的关系。

示例代码：

```
<s:form action="login.action" method="post"/>
```

对应着：

```
<form action="login.action" method="post"/>
```

示例代码：

```
<s:password name="password" label="密码"/>
```

对应着：

```
密码：<input type="password" name="pwd">
```

如果在 Web 工程中有一个 POJO 类，类名为 User，且该类中有两个属性：一个是 username，另一个是 password，并分别生成它们的 getter 和 setter 方法，则在 JSP 页面的表单中可以这样为表单元素命名：

```
<s:textfield name="myuser.username" label="用户名" />
    <s:password name="myuser.password" label="密码"/>
```

注意：在 Action 类的定义中，不需要定义两个一般类型(如 String)属性 username 和 password，只需要定义一个对象属性 User myuser。当提交表单时，Struts2 将自动调用 setUsername()和 setPassword()方法给 myuser 对象的 username 和 password 赋值。通过定义 Action 类的对象属性，可以减少 Action 类中一般类型属性的个数。

1) <s:form>标签

form 标签用于定义一个表单，主要包括以下属性，如表 3.2 所示。

2) <s:textfield>标签

textfield 标签用于定义文本框，如姓名等，主要包括以下属性，如表 3.3 所示。

表 3.2　＜s:form＞标签的属性

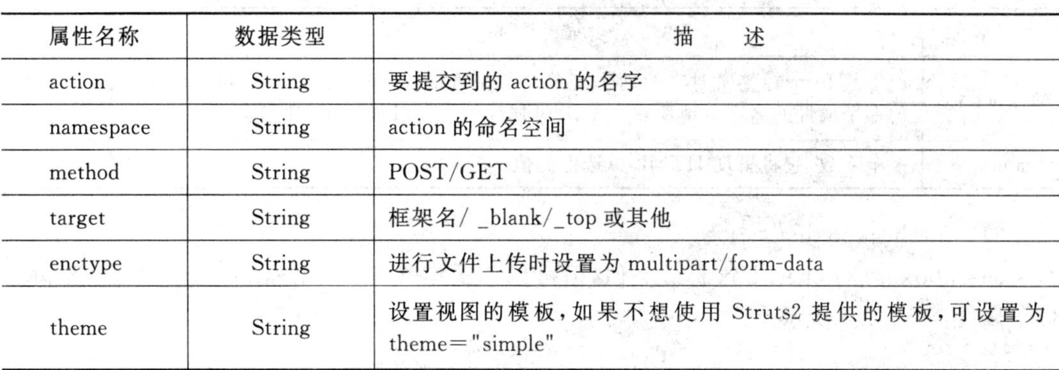

属性名称	数据类型	描　　述
action	String	要提交到的 action 的名字
namespace	String	action 的命名空间
method	String	POST/GET
target	String	框架名/ _blank/_top 或其他
enctype	String	进行文件上传时设置为 multipart/form-data
theme	String	设置视图的模板，如果不想使用 Struts2 提供的模板，可设置为 theme="simple"

表 3.3　＜s:textfield＞标签的属性

属性名称	数据类型	描　　述
maxlength	String	字段可输入的最大长度值
readonly	Boolean	当该属性为 true 时，不能输入
size	String	字段的尺寸

3）＜s:password＞标签

password 标签用于定义密码输入框，默认输入内容是不显示的，主要包括以下属性，如表 3.4 所示。

表 3.4　＜s:password＞标签的属性

属性名称	数据类型	描　　述
showPasssword	Boolean	默认是不显示输入内容的
maxlength	String	字段可输入的最大长度值
readonly	Boolean	当该属性为 true 时，不能输入
size	String	字段的尺寸

4）＜s:checkbox＞标签

checkbox 标签用于定义复选框，可以把它映射为 Boolean 类型的表单属性，主要包括以下属性，如表 3.5 所示。

表 3.5　＜s:checkbox＞标签的属性

属性名称	描　　述	可取值
indexed	表明是否要为那些被赋值给 name 属性的值建立索引	true 或 false
name	表明由 property 属性指定的属性保存在哪一个作用域变量里。如果 name 属性不存在，则使用其 form 标签的 name 属性值	字符串

续表

属性名称	描　述	可取值
property	给出其 form 标签所对应的动作表单里与呈现的 HTML 输入字段相关联的那个属性的名字。请注意,property 属性的值可以被 value 属性重写	字符串
value	一个常数,它将呈现 HTML 单选框的值	字符串

5）<s:checkboxlist>标签

checkboxlist 与 checkbox 标签类似,但可以一次定义多个 checkbox 复选框,主要包括以下属性,如表 3.6 所示。

表 3.6　<s:checkboxlist>标签的属性

属性名称	数据类型	描　述
list	Collection、Map	要迭代的集合,使用集合中的元素来设置各个选项,如果 list 的属性为 Map,则 Map 的 key 成为选项的 value,Map 的 value 会成为选项的内容
listKey	String	用于指定集合元素中的某个属性作为复选框的 value 。如果集合是 Map,则可以使用 key-value 分别对应 Map 的 key-value 作为复选框的 value
listValue	String	用于指定集合元素中的某个属性作为复选框的标签。如果集合是 Map,则可以使用 key-value 分别对应 Map 的 key-value 作为复选框的标签

下面的示例代码中,第一个 list 是集合变量,第二个 list 是 Map 变量:

```
<s:checkboxlist label="请选择你喜欢的水果" list="{'apple', 'orange', 'pear',
'banana'}" name="fruit"></s:checkboxlist>
<s:checkboxlist label="请选择你喜欢的水果" list="#{1:'apple',2:'orange', 3:
'pear',4:'banana'}" name="fruit"></s:checkboxlist>
```

6）<s:select>标签

select 标签用来产生下拉式列表,通过指定 list 属性,系统将会使用 list 属性指定的集合来生成下拉列表框的内容,主要包括以下属性,如表 3.7 所示。

表 3.7　<s:select>标签的属性

属性名称	数据类型	描　述
list	Collection、Map	要迭代的集合,使用集合中的元素来设置各个选项 option,如果 list 的属性为 Map,则 Map 的 key 成为选项 option 的 value,Map 的 value 成为选项 option 显示值
listKey	String	用于指定集合元素中的某个属性作为复选框的 value 。如果集合是 Map,则可以使用 key-value 分别对应 Map 的 key-value 作为列表框的 value

续表

属性名称	数据类型	描　　述
listValue	String	用于指定集合元素中的某个属性作为复选框的标签。如果集合是Map,则可以使用key-value分别对应Map的key-value作为列表框的标签
multiple	Boolean	是否多选
size	Integer	显示的选项个数

下面的示例代码中,第一个list是集合变量,第二个list是Map变量:

```
<s:select label="请选择喜欢的水果" list="{'apple','orange','pear','banana'}">
</s:select>
<s:select label="请选择喜欢的水果" list="#{1:'apple',2:'orange',3:'pear',4:
'banana'}" listKey="key" listValue="value"></s:select>
```

7) <s:radio>标签

radio标签用于表示一个单选框,主要包括以下属性,如表3.8所示。

表3.8　<s:radio>标签的属性

属性名称	数据类型	描　　述
list	Collection、Map	要迭代的集合,使用集合中的元素来设置各个选项,如果list的属性为Map,则Map的key成为选项的value,Map的value会成为选项的内容
listKey	String	用于指定集合元素中的某个属性作为单选框的value。如果集合是Map,则可以使用key-value分别对应Map的key-value作为单选框的value
listValue	String	用于指定集合元素中的某个属性作为单选框的标签。如果集合是Map,则可以使用key-value分别对应Map的key-value作为单选框的标签

下面的示例代码中,第一个list是集合变量,第二个list是Map变量:

```
<s:radio label="性别" list="{'男','女'}" name="sex"/>
<s:radio label="性别" list="#{1:'男',0:'女'}" name="sex"/>
```

8) <s:textarea>标签

textarea标签输出一个多行文本框的表单元素,用来接收用户输入的多行文本数据,主要包括以下属性,如表3.9所示。

表 3.9 <s:textarea>标签的属性

属性名称	数据类型	描述
cols	Integer	列数
rows	Integer	行数
wrap	Boolean	指定多行文本输入控件是否应该换行

9) <s:combobox>标签

combobox 标签生成一个组合框，即单行文本框和下拉列表框的组合，但两个表单元素只对应一个请求参数，只有单行文本框里的值才包含请求参数，而下拉列表框则只是用于辅助输入，并没有 name，也不会产生请求参数。使用该标签，需要指定一个 list 属性，该 list 属性指定的集合将用于生成列表项，如表 3.10 所示。

表 3.10 <s:combobox>标签的属性

属性名称	数据类型	描述
list	Collection、Map	用指定的集合内容生成下拉列表项
readonly	Boolean	当该属性为 true 时，不能输入

示例代码如下：

```
<s:combobox label="请选择你喜欢的水果" list="{'apple','orange','pear',
'banana'}" name="fruit"></s:combobox>
```

10) <s:doubleselect>标签

doubleselect 标签提供两个有级联关系的下拉框。用户选中第一个下拉框中的某选项，则第二个下拉框中的选项根据第一个下拉框被选中的某选项内容来决定它自己的下拉框选项内容，产生联动效果，如表 3.11 所示。

表 3.11 <s:doubleselect>标签的属性

属性名称	数据类型	描述
name	String	一级下拉菜单的名称
list	Collection map	一级下拉菜单中的下拉列表
listKey	String	一级下拉菜单的属性值
listValue	String	一级下拉菜单的可见属性
doubleValue	Object *	第二个下拉框的表单元素的值
doubleList	Collection	二级下拉菜单中的下拉列表

续表

属性名称	数据类型	描　　述
doubleListKey	String	二级下拉菜单中的属性值
doubleListValue	String	二级下拉菜单中的可见属性
doubleName	String	二级下拉菜单的名称

下面给出一个综合案例，案例要求如下：list 是 action 返回的一个 List<DataObject>，listKey 和 listValue 用来显示第一级下拉框，doubleList 往往是一个 Map<Integer，List<DataObject>>，其中，Map 中的 Key 值是第一级下拉框的 listKey。

(1) 新建 Web 工程 StrutsTagTest。

添加 Struts2 功能支持，然后新建两个 POJO 类。

DeviceClass.java 代码如下：

```
package org.model;
public class DeviceClass {
    private int devClassId;
    private String devClassName;
    public int getDevClassId() {
        return devClassId;
    }
    public void setDevClassId(int devClassId) {
        this.devClassId=devClassId;
    }
    public String getDevClassName() {
        return devClassName;
    }
    public void setDevClassName(String devClassName) {
        this.devClassName=devClassName;
    }
}
```

Device.java 代码如下：

```
package org.model;
public class Device {
    private int devId;
    private String devName;
    private int devClassId;
```

```
    public int getDevId() {
        return devId;
    }
    public void setDevId(int devId) {
        this.devId=devId;
    }
    public String getDevName() {
        return devName;
    }
    public void setDevName(String devName) {
        this.devName=devName;
    }
    public int getDevClassId() {
        return devClassId;
    }
    public void setDevClassId(int devClassId) {
        this.devClassId=devClassId;
    }
}
```

(2) 新建 StrutsTagAction 类。

StrutsTagAction 类代码如下：

```
package org.action;
import java.util.ArrayList;
import java.util.HashMap;
import java.util.List;
import java.util.Map;
import org.model.Device;
import org.model.DeviceClass;
import com.opensymphony.xwork2.ActionSupport;
public class StrutsTagAction extends ActionSupport {
    private Map<Integer, List<Device>>devMap;
    private List<DeviceClass>devClassList;
    public Map<Integer, List<Device>>getDevMap() {
        return devMap;
    }
    public void setDevMap(Map<Integer, List<Device>>devMap) {
        this.devMap=devMap;
    }
```

```
public List<DeviceClass>getDevClassList() {
    return devClassList;
}
public void setDevClassList(List<DeviceClass>devClassList) {
    this.devClassList=devClassList;
}
//为 devMap 和 devClassList 准备内存数据
public void makeData(){
    devClassList=new ArrayList<DeviceClass>();
    DeviceClass devClass=new DeviceClass();
    devClass.setDevClassId(1);
    devClass.setDevClassName("办公设备");
    devClassList.add(devClass);
    devClass=new DeviceClass();
    devClass.setDevClassId(2);
    devClass.setDevClassName("生活设备");
    devClassList.add(devClass);
    devMap=new HashMap<Integer, List<Device>>();
    List<Device>devClassList=new ArrayList<Device>();
    Device dev=new Device();
    dev.setDevClassId(1);
    dev.setDevId(1);
    dev.setDevName("打印机");
    devClassList.add(dev);
    dev=new Device();
    dev.setDevClassId(1);
    dev.setDevId(2);
    dev.setDevName("扫描仪");
    devClassList.add(dev);
    devMap.put(1, devClassList);
    devClassList=new ArrayList<Device>();
    dev=new Device();
    dev.setDevClassId(2);
    dev.setDevId(3);
    dev.setDevName("吹风机");
    devClassList.add(dev);
    dev=new Device();
    dev.setDevClassId(2);
    dev.setDevId(4);
    dev.setDevName("微波炉");
```

```
        devClassList.add(dev);
        devMap.put(2, devClassList);
    }
    public String doubleselectTagActionMethod (){
        makeData();
        return "success";
    }
}
```

(3) 新建 doubleselectTag. jsp。

doubleselectTag. jsp 代码如下：

```
<%@page language="java" import="java.util.*" pageEncoding="utf-8"%>
<%@taglib uri="/struts-tags" prefix="s"%>
<html>
<head></head>
<body>
<s:form action="doubleselectTagAction">
   <s:doubleselect
     name="devClassId" list="devClassList" listKey="devClassId"
     listValue="devClassName"
     doubleName="devId" doubleList="devMap.get(top.devClassId)"
     doubleListKey="devId" doubleListValue="devName" />
</s:form>
<s:debug/>
</body>
</html>
```

注意：如果要想产生联动效果，必须将<s:doubleselect>标签放到<s:form>标签中，且指定 action 属性为 struts. xml 中的 doubleselectTagAction。

s:doubleselect 控件包含以下 8 个数据属性。

① name：第一个下拉列表的名称，name＝"devClassId"指明了第一个下拉列表名称 devClassId，该名字要在 devMap. get(top. devClassId)中引用到。

② list：指定用于输出第一个下拉列表框中选项的集合。list＝"devClassList"是将 StrutsTagAction 类中的 devClassList 作为第一个下拉列表选项。

③ listKey：指定集合元素中的某个属性作为第一个下拉列表框的 value。listKey＝"devClassId"是将 devClassId 作为第一个下拉列表的值，在提交该表单时，参数名就是 devClassId，值为 listKey 的值，如“devClassId＝1”。

④ listValue：指定集合元素中的某个属性作为第一个下拉框的显示值。listValue＝"devClassName"用设备分类名称作为下拉列表显示出来的值。

⑤ doubleName：第二个下拉列表的名称。

⑥ doubleList：指定用于输出第二个下拉列表框中选项的集合。doubleList＝"devMap. get (top. devClassId)"是将 devMap 的值(即设备)作为第二个下拉列表选项。

⑦ doubleListKey：指定集合元素中的某个属性作为第二个下拉列表框的 value。doubleListKey＝"devId"是将设备编号 devId 作为第二个下拉列表的值。

⑧ doubleListValue：指定集合元素中的某个属性作为第二个下拉框的标签。doubleListValue＝"devName"用设备名称作为下拉列表显示出来的值。

特别地，在 devMap. get(top. devClassId)中，top 代表 list 即 devClassList 当前选中的对象，所以 top. devClassId 对应的就是当前选中的对象 Item 的 ID，devMap. get(top. devClassId)即根据当前选中的对象 Item 中的 ID 来取出第二级下拉框的数据集合。

(4) 设置 struts. xml 文件。

struts. xml 文件代码如下：

```
<?xml version="1.0" encoding="UTF-8" ?>
<struts>
<package name="default" extends="struts-default">
    <action name="doubleselectTagAction" class="org.action.StrutsTagAction"
            method="doubleselectTagActionMethod">
        <result name="success">/doubleselectTag.jsp</result>
    </action>
</package>
</struts>
```

(5) 运行工程。

执行 http://127. 0. 0. 1:8080/StrutsTagTest/doubleselectTagAction 将显示结果，如图 3.4 所示。

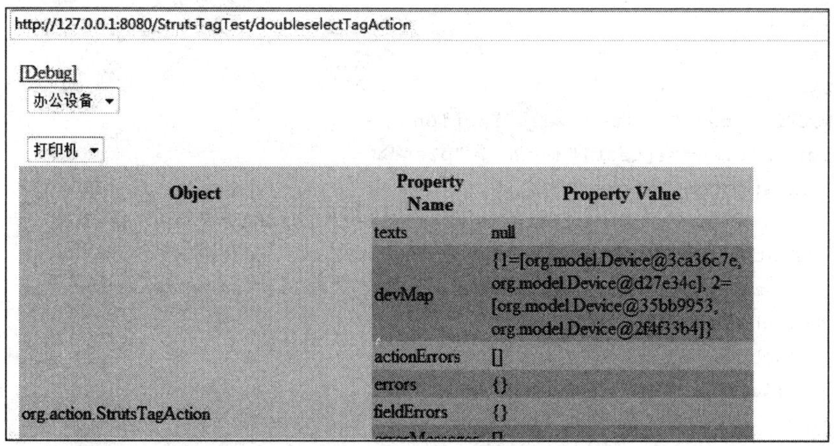

图 3.4　运行结果

11）<sx:datetimepicker>标签

datetimepicker 标签是 Struts2 的 dojo ajax 扩展标签，将呈现一个文本框和追加后面的日历图标，单击日历图标会显示日期时间选择器组件，该标签属性如表 3.12 所示。

表 3.12　<sx:datetimepicker>标签的属性

属性名称	数据类型	描　述
displayFormat	String	日期/时间的格式设置属性

示例代码如下：

```
<%@ taglib prefix="sx" uri="/struts-dojo-tags"%>
<sx:head parseContent="true"/>
<sx:datetimepicker label="出生日期" name="birthday" displayFormat="yyyy-
MM-dd"/>
```

12）<sx:autocompleter>标签

sx:autocompleter 是一个自动提示填充组合框，在用户输入文本框时会自动提示下拉的提示菜单。

下面对工程 StrutsTagTest 进行改造。

(1) 新增 autocompleterTag.jsp 和 result.jsp。

autocompleterTag.jsp 代码如下：

```
<%@ page language="java" import="java.util.*" pageEncoding="utf-8"%>
<%@taglib uri="/struts-dojo-tags" prefix="sx"%>
<%@taglib uri="/struts-tags" prefix="s"%>
<html>
<head>
<sx:head/>
</head>
<body>
<s:url id="test" value="resultAction" />
<s:form action="%{test}" method="post">
    <sx:autocompleter
      name="devClassId" list="devClassList" listKey="devClassId"
      listValue="devClassName"
      label="请选择设备列表"  autoComplete="false" showDownArrow="true"/>
    <s:submit value="提交"/>
    <s:debug/>
    </s:form>
</body>
</html>
```

为了将选择的结果显示到 result.jsp 中，需要新增表单 s:form，且指定 action 属性为 struts.xml 中的 resultAction。

sx:autocompleter 包括下面 6 个关键属性。

① name：自动输入补全列表控件的名称，name = "devClassId" 指明了控件名称 devClassId，该名字要在 StrutsTagAction 类中新增，且生成 getter 和 setter 函数，这样才能被放入值栈，并被 result.jsp 访问。

② list：指定用于输出下拉列表框中选项的集合。list = "devClassList" 是将 StrutsTagAction 类中的 devClassList 作为下拉列表选项。

③ listKey：指定集合元素中的某个属性作为下拉列表框的 value。listKey="devClassId" 是将 devClassId 作为下拉列表的值，在提交该表单时，参数名就是 devClassId，值为 listKey 的值，如“devClassId=1”

④ listValue：指定集合元素中的某个属性作为下拉框的显示值。listValue="devClassName" 用设备分类名称作为下拉列表显示出来的值。

⑤ autoComplete：是否启用自动完成功能。自动完成允许浏览器对字段的输入，是基于之前输入过的值。

⑥ showDownArrow：是否显示下拉箭头。

result.jsp 代码如下：

```
<%@ page language="java" import="java.util.* " pageEncoding="utf-8"%>
<%@taglib uri="/struts-tags" prefix="s"%>
<html>
<head></head>
<body>
<s:property value="devClassId"/>
</body>
</html>
```

注意：s:property 标签将显示值栈中变量 devClassId 的值。

(2) 修改 StrutsTagAction 类。

新增值栈变量 devClassId，并生成 getter 和 setter 函数。新增 autocompleterTagActionMethod 和 resultActionMethod 方法，供 struts.xml 中的两个 action 调用，代码如下：

```
private String devClassId;
public String getDevClassId() {
    return devClassId;
}
public void setDevClassId(String devClassId) {
    this.devClassId=devClassId;
```

```
}
public String autocompleterTagActionMethod(){
    makeData();
    return "success";
}
public String resultActionMethod(){
    return "success";
}
```

(3) 修改 struts.xml。

新增两个 action(autocompleterTagAction 和 resultAction),示例代码如下:

```
<action name="autocompleterTagAction" class="org.action.StrutsTagAction"
        method="autocompleterTagActionMethod">
    <result name="success">/autocompleterTag.jsp</result>
</action>
<action name = "resultAction" class = "org.action.StrutsTagAction" method =
"resultActionMethod">
    <result name="success">/result.jsp</result>
</action>
```

(4) 运行工程。

运行结果如图 3.5 和图 3.6 所示。

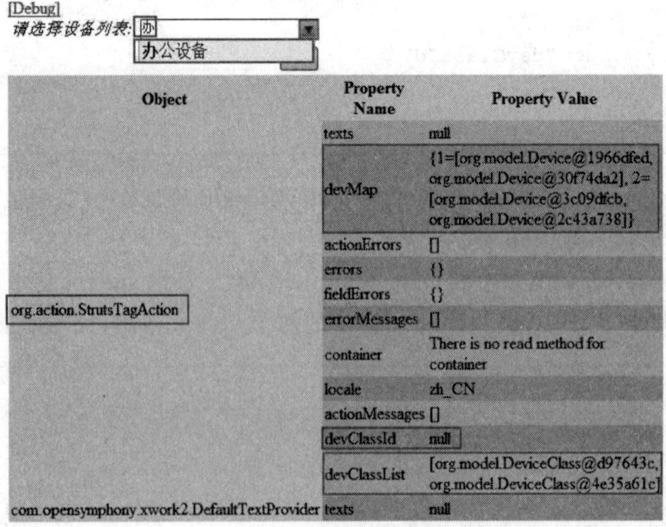

图 3.5 选择设备列表

图 3.6　运行结果

可以看到：在 sx:autocompleter 标签中输入部分文字，下拉列表框将提示匹配的字符串。此外，通过 s:debug 标签可以在页面中查看值栈中的变量，如 devMap、devClassList 和 devClassId 的值。

13）<s:submit>标签

s:submit 是一个表单提交按钮，value 值是按钮的标题，示例代码如下：

```
<s:submit id="submit" value="提交" />
```

2. 非表单标签

非表单标签主要用于在页面中生成一些非表单的可视化元素，如表 3.13 所示。

表 3.13　非表单标签

标签名称	描　　述	标签名称	描　　述
<s:a>	生成超链接	<s:tree>	生成一个树状结构
<s:div>	生成一个 div 片段	<s:treenode>	生成树状结构的节点
<s:tablePanel>	生成 HTML 页面的 Tab 页		

示例代码如下：

```
<%@ page language="java" import="java.util.*" pageEncoding="utf-8"%>
<%@taglib prefix="s" uri="/struts-tags"%>
<%@taglib prefix="sx" uri="/struts-dojo-tags"%>
<html>
<head>
<sx:head />
</head>
<body>
    <s:a href="userAction.action?user.id=%{id}">编辑</s:a>
    <sx:tree id="a" label="浙江">
        <sx:treenode id="aa" label="杭州">
            <sx:treenode id="bbb1" label="西湖区" />
            <sx:treenode id="bbb2" label="拱墅区" />
        </sx:treenode>
        <sx:treenode id="bb" label="绍兴" />
```

```
        <sx:treenode id="cc" label="宁波" />
    </sx:tree>
    <sx:tabbedpanel id="tab1">
        <sx:div label="杭州">浙江大学</sx:div>
        <sx:div label="宁波">宁波大学</sx:div>
        <sx:div label="金华">浙江师范大学</sx:div>
    </sx:tabbedpanel>
</body>
</html>
```

运行后显示的页面效果如图 3.7 所示。

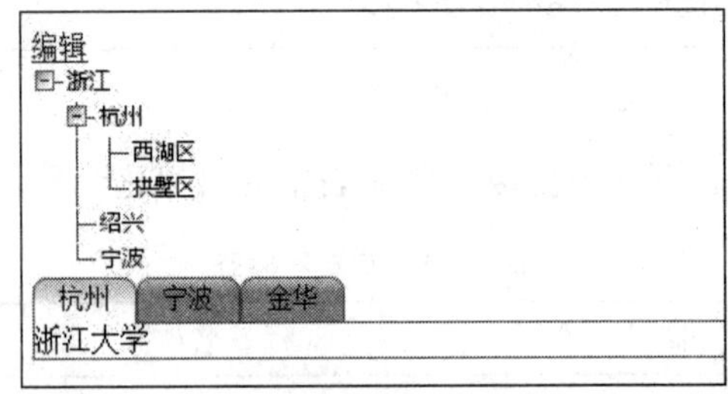

图 3.7　非表单标签运行界面

3. 数据标签

数据标签属于非 UI 标签，主要用于提供各种数据访问相关的功能，如表 3.14 所示。

表 3.14　数据标签

标签名称	描　　述
property	用于输出某个值
set	用于设置一个新变量
action	用于在 JSP 页面直接调用一个 Action
include	用于在 JSP 页面中包含其他的 JSP 或 Servlet 资源
url	用于生成一个 URL 地址
head	用于在 HTML 页面的 head 部分插入 JavaScript 代码
debug	用于显示调试结果中的“值栈”内容

1) <s:property>标签

property 标签的作用是输出指定值。property 标签输出 value 属性指定的值。如果没有指定的 value 属性，则默认输出值栈栈顶的值。该标签属性如表 3.15 所示。

表 3.15 <s:property>标签的属性

属性名称	描述
default	显示默认值
escape	指定是否 escape HTML 代码
value	指定需要输出的属性值，如果没有指定该属性，则输出默认值

在 JSP 页面中显示上下文环境中 request 中的 name 变量，代码如下所示。

```
<s:property value="#request.name"/>
```

2) <s:set>标签

set 标签用于将复杂格式的变量进行简化，该标签属性如表 3.16 所示。

表 3.16 <s:set>标签的属性

属性名称	描述
name	指定重新生成新变量的名字
value	原变量的名字

下面展示了 property 标签访问存储于 session 中的 user 对象的多个字段，代码如下：

```
<s:property value="#session['user'].username"/>
<s:property value="#session['user'].age"/>
<s:property value="#session['user'].address"/>
<s:set name="user" value="#session['user'] " />
<s:property value="#user.username"/>
<s:property value="#user.age" />
<s:property value="#user.address" />
```

此外，还可以新增栈变量，如 foobar 变量，代码如下所示。

```
<s:set name="foobar" value="#{'foo1':'bar1', 'foo2':'bar2'}" />
```

3) <s:param>标签

param 标签主要用于为其他标签提供参数，该标签属性如表 3.17 所示。

表 3.17 <s:param>标签的属性

属性名称	描述
name	指定需要设置参数的参数名
value	指定需要设置参数的参数值

例如，要为 name 为 fruit 的参数赋值，代码如下所示：

```
<s:param name="fruit">apple</s:param>
```

也可以写成：

```
<s:param name="fruit" value="apple" />
```

4）<s:action>标签

action 标签可以允许在 JSP 页面中直接调用 Action。该标签属性如表 3.18 所示。

表 3.18　<s:action>标签的属性

属性名称	描　述
name	指定该标签调用哪个 Action
namespace	指定该标签调用的 Action 所在的 namespace
executeResult	指定是否要将 Action 的处理结果页面包含到本页面。如果值为 true，就是包含，值为 false 就是不包含，默认为 false
ignoreContextParam	指定该页面中的请求参数是否需要

5）<s:include>标签

include 标签用于将一个 JSP 页面或一个 Servlet 包含到本页面中，该标签属性如表 3.19 所示。

表 3.19　<s:include>标签的属性

属性名称	描　述
value	指定需要被包含的 JSP 页面或 Servlet

示例代码如下：

```
<s:include value="JSP 或 Servlet 文件" />
```

6）<s:url>标签

url 标签生成一个 url 地址，可以通过 url 标签制定的<s:param>子元素向 url 地址发送请求参数，例如在 index.jsp 中输入如下代码：

```
<s:url id="url" action="login">
    <s:param name="id" value="123"/>
    <s:param name="password" value="456"/>
</s:url>
```

```
<!--使用上面定义的url-->
<s:a href="%{url}">测试连接</s:a>
```

运行工程后，执行 index.jsp，Tomcat 将替换上面的<s:url>等内容，并生成新的页面源码，结果如下：

```
<a href="/StrutsTagTest/login.action?id=123&password=456">测试连接</a>
```

7) <s:head>标签

head 标签主要用于在 HTML 页面的 head 部分插入 JavaScript 代码，例如，生成对 AJAX 框架 dojo 的配置文件的引用或代码。

在使用<sx:datetimepicker>标签时，必须要在 head 中加入该标签，主要原因是<sx:datetimepicker>标签中有一个日历小控件，其中包含 JavaScript 代码，所以要在 head 部分加入该标签。

8) <s:debug>标签

debug 标签用于显示调试结果中的"值栈"内容。Struts2 提供了一个非常好的调试方法，就是在页面上添加一个 debug 标签，它会自动帮我们将值栈信息显示在页面上。

4. 控制标签

控制标签主要用于完成流程控制，以及对值栈的控制，如表 3.20 所示。

表 3.20　控制标签

标签名称	描　　述
if	用于控制选择输出的标签
elseif	用于控制选择输出的标签，必须和 if 标签结合使用
else	用户控制选择输出的标签，必须和 if 标签结合使用
append	用于将多个集合拼接成一个新的集合
generator	用于将一个字符串按指定的分隔符分隔成多个字符串，临时生成的多个子字符串可以使用 iterator 标签来迭代输出
iterator	用于将集合迭代输出
merge	用于将多个集合拼接成一个新的集合，但与 append 的拼接方式不同
sort	用于对集合进行排序
subset	用于截取集合的部分元素，形成新的子集合

1) <s:if>/<s:elseif>/<s:else>标签

这 3 个标签可以组合使用，但只有 if 标签可以单独使用，而 elseif 和 else 标签必须与 if 标签结合使用。if 标签可以与多个 elseif 标签结合使用，但只能与一个 else 标签使用。这 3

个标签的属性如表 3.21 所示。

表 3.21 <s:if>/<s:elseif>/<s:else>标签的属性

属性名称	数据类型	描　述
test	boolean	决定标签里的内容是否显示的表达式
id	Object/String	用来标识元素的 id。在 UI 和表单中为 HTML 的 id 属性

例如,判断栈变量 devClassList 长度是否大于 0,设备分类号是否为 1,代码如下:

```
<s:if test="devClassList.size()>0">
    <s:iterator value="devClassList" id="devClass">
        <table border=1>
            <tr>
                <td>
                    <s:if test="#devClass.devClassId==1">办公设备</s:if>
                    <s:elseif test="#devClass.devClassId==2">生活设备 </s:elseif>
                    <s:else>其他设备</s:else>
                </td>
            </tr>
        </table>
    </s:iterator>
</s:if>
```

2) <s:iterator>标签

该标签主要用于对集合进行迭代,这里的集合包含 List、Set,也可以对 Map 类型的对象进行迭代输出。该标签属性如表 3.22 所示。

表 3.22 <s:iterator>标签的属性

属性名称	描　述
value	指定被迭代的集合,被迭代的集合通常都由 OGNL 表达式指定。如果没有指定该属性,则使用值栈栈顶的集合
id	指定集合元素的 id,类似于游标、循环变量
status	指定迭代时的 IteratorStatus 实例,通过该实例可判断当前迭代元素的属性。如果指定该属性,其实例包含如下几个方法: int getCount():返回当前迭代了几个元素。 int getIndex():返回当前被迭代元素的索引。 boolean isEven:返回当前被迭代元素的索引元素是否是偶数。 boolean isOdd:返回当前被迭代元素的索引元素是否是奇数。 boolean isFirst:返回当前被迭代元素是否是第一个元素。 boolean isLast:返回当前被迭代元素是否是最后一个元素

在处理集合类数据的时候，iterator 标签是强有力的工具，通过这个遍历器可以遍历 Java 中几乎所有的集合类型，包括 Collection、Map、Enumeration、Iterator 以及 Array。同时其 status 属性为构造美观的表格提供了帮助。

例如，打印列表 List，代码如下：

```
<table border="1"  width=200>
  <s:iterator value="{'苹果','香蕉','橘子','香梨'}" id="fruit" status="st">
     <tr <s:if test="#st.even">style="background-color:silver"</s:if>>
        <td><s:property value="fruit"/></td>
     </tr>
  </s:iterator>
</table>
```

例如，打印 Map 对象，代码如下：

```
<table border="1">
   <tr>
      <td>设备分类名</td>
      <td>设备编号</td>
      <td>设备名称</td>
   </tr>
   <s:iterator value="devMap" id="devList">
      <s:iterator value="#devList.value" id="dev">
         <tr>
            <td><s:if test="#dev.devClassId==1">办公设备</s:if>
               <s:else>生活设备</s:else>
            </td>
            <td><s:property value="#dev.devId" /></td>
            <td><s:property value="#dev.devName" /></td>
         </tr>
      </s:iterator>
   </s:iterator>
</table>
```

运行结果如图 3.8 所示。

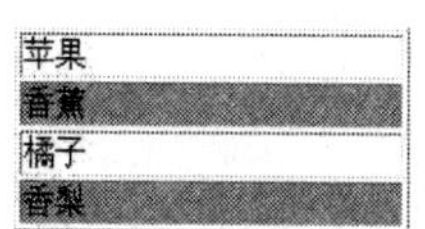

苹果
香蕉
橘子
香梨

设备分类名	设备编号	设备名称
办公设备	1	打印机
办公设备	2	扫描仪
生活设备	3	吹风机
生活设备	4	微波炉

图 3.8　运行结果

3) <s:append>标签

append 标签被用来将几个迭代器组合(以列表或映射创建)成一个单一的迭代器。该标签通常要和<s:param>标签配对使用。

示例代码如下:

```
<s:append id="newList">
    <s:param value="{'苹果','香蕉','橘子','香梨'}"/>
    <s:param value="{'车厘子','蛇果','莲雾'}"/>
</s:append>
append 方式: <br>
<table border="1" width="200">
    <s:iterator value="#newList" id="fruit" status="st">
        <tr <s:if test="#st.even">style="background-color:silver"</s:if>
            <td><s:property value="fruit"/></td>
        </tr>
    </s:iterator>
</table>
```

4) <s:merge>标签

merge 标签用来将几个迭代器合并(由列表或映射创建)成一个迭代器。假设有两个集合,第一个集合包含 3 个元素,第二个集合包含两个元素,分别用 append 标签和 merge 标签方式进行拼接,它们产生新集合的方式有所区别。

(1) 用 append 方式拼接,新集合元素顺序为:

```
第 1 个集合中的第 1 个元素
第 1 个集合中的第 2 个元素
第 1 个集合中的第 3 个元素
第 2 个集合中的第 1 个元素
```

(2) 用 merge 方式拼接,新集合元素顺序为:

```
第 1 个集合中的第 1 个元素
第 2 个集合中的第 1 个元素
第 1 个集合中的第 2 个元素
第 2 个集合中的第 2 个元素
第 1 个集合中的第 3 个元素
```

示例代码如下:

```
<s:merge id="newList">
    <s:param value="{'苹果','香蕉','橘子','香梨'}"/>
    <s:param value="{'车厘子','蛇果','莲雾'}"/>
</s:merge>
merge 方式: <br>
<table border="1" width="200">
    <s:iterator value="#newList" id="fruit" status="st">
        <tr <s:if test="#st.even">style="background-color:silver"</s:if>
            <td><s:property value="fruit"/></td>
        </tr>
    </s:iterator>
</table>
```

运行结果如图 3.9 所示。

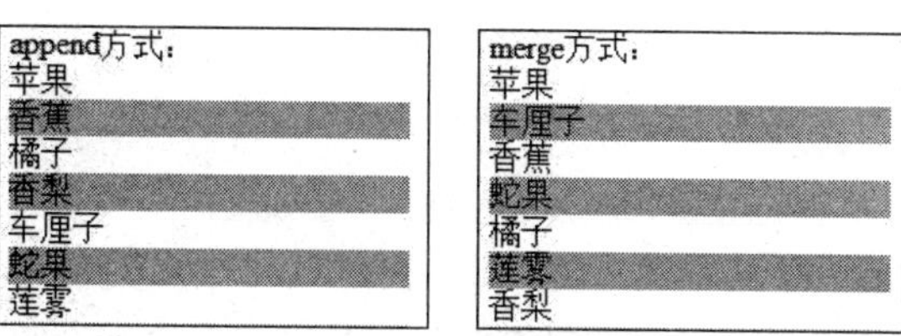

图 3.9　append 和 merge 两种标签实例运行界面

3.1.5　EL 表达式

EL(Expression Language)是为了使 JSP 写起来更加简单,它的出现让 Web 的显示层发生了巨大的变革。EL 是为了便于存取数据而定义的一种语言,在 JSP 2.0 之后成为一种标准。

1. EL 语法结构

EL 语法结构为 ${expression},它必须以"${"开始,以"}"结束。其中间的 expression 部分就是具体表达式的内容。EL 表达式可以作为元素属性的值,也可以在自定义或者标准动作元素的内容中使用,但是不可以在脚本元素中使用。EL 表达式可适用于所有的 HTML 和 JSP 标签。

用户可以访问值栈中对象的属性,代码如下:

```
${student.name}          //获得值栈中的 user 对象的 name 属性
```

2. []与.运算符

EL 提供(.)和([])两种运算符来存取数据,即使用点运算符(.)和方括号运算符([])。点运算符和方括号运算符可以实现某种程度的互换,如${student.name}等价于

${student["name"]}。

当要存取的属性名称中包含一些特殊字符，如.或?等并非字母或数字的符号时，就一定要使用[]。例如，${student.name}应当改为${student["name"]}。

如果要动态取值，就可以用[]来完成，而无法做到动态取值。例如，${session.student[data]}中 data 是一个变量。

3. 变量访问

EL 存取变量数据的方法很简单，例如${student.name}。它的意思是取出某一范围中名称为 username 的变量。

示例代码如下：

```
<%@page contentType="text/html; charset=UTF-8"%>
<html>
    <body>
        ${stuno+1} <br>
    </body>
</html>
```

这个示例将在 JSP 页面显示为“1”。EL 表达式必须以“${×××}”来表示，其中，“×××”部分就是具体表达式内容，“${}”将这个表达式内容包含在其中，作为 EL 表达式的定义。

3.2　Hibernate 高级应用——查询

3.2.1　Hibernate 查询概述

通常数据库中的各个表之间存在各种约束关系，约束是为了保持数据完整性，尽量减少数据冗余，而外键就是其中一种约束。例如有两张表：班级表 class(主键是 cid)和学生表 student(主键是 sid)。

如果现在有个操作是要删除班级，那么班级对应的学生也应该一起删除才是对的(如果删除某条班级记录，但是该班级对应的学生还留着，这就是数据冗余，这些学生数据就会变成无用的数据)。如果两个表没有约束，那么就有可能会出现删除了班级而没有删除学生的情况。

为此，需要在 student 表中设置一个外键(如 cid)来引用 class 表，此时数据库将增加一个约束(student.cid=class.cid)。一方面，当新增一条 student 表记录时，cid 值只能从 class 表中已有的 cid 中取值，从而确保新学生的班级是存在的；另一方面，当删除一个班级的时候，数据库将提示报错，必须首先删除班级里的所有学生之后，才可以删除班级，因为一旦删除了班级，那么原先这个班的学生就是无班级的，这也是不合乎业务逻辑的。

一般使用关系数据库，会存在三种关联关系，即一对多(多对一)，多对多，一对一。

1. 一对多关系

一对一关系是最普通的一种关系。在这种关系中，A 表中的一行可以匹配 B 表中的多行，但是 B 表中的一行只能匹配 A 表中的一行。例如，班级表 class 和学生表 student 之间具有一对多关系：一个班级有很多学生，但是每个学生只能属于一个班级。一对多关系通过在 student 表上建立外键实现。设置外键的表就是“多”方，例如，一(class)对多(student)的关系。

2. 多对多关系

多对多关系是一种复杂关系。在这种关系中，A 表中的一行可以匹配 B 表中的多行，反之亦然。要创建这种关系，需要定义第三个表，称为连接表，它的主键由 A 表和 B 表的外键组成。例如，学生表 student 和课程表 course 具有多对多关系，这是由于这些表都与连接表 stu_cour 具有一对多关系。stu_cour 表有双主键，即 sid 列(student 表的主键)和 cid 列(course 表的主键)的组合。

3. 一对一关系

一对一关系是较特殊的一种关系。在这种关系中，A 表中的一行最多只能匹配于 B 表中的一行，反之亦然。一对一其实是多对一的特殊情况，当多的一方变成唯一之后，就是一对一了。

传统使用 JDBC 模式实现多表数据查询时，需要采用面向字段的方式，编写复杂的 SQL 语句，并手动获取结果集。这些复杂的 SQL 语句降低了程序的可维护性，不仅使得程序员难以将注意力集中在业务逻辑上，影响工作进程，提升了项目的复杂度，还浪费了大量的时间。

Hibernate 框架的目标是帮助用户从数据持久化工作中解脱出来，使用户专注于更为困难的业务逻辑实现。对于一个复杂的系统而言，后台数据库中的多个表之间通过多个外键关联，表与表之间存在复杂的关联关系。如果把表抽象为实体类，表之间复杂的关联关系需要按照一定规则转换为实体类之间的引用关系。

Hibernate 框架采用面向对象检索策略，提供良好的查询方式，帮助程序员较好地解决 JDBC 中编写复杂 SQL 语句的问题。Hibernate 框架针对这几种关联关系都做了对应的配置和处理。Hibernate 框架通过配置表的持久化类之间的引用关系，完成表之间关联关系的设置，避免冗长的 SQL 代码。

3.2.2 一对多和多对一关系

Hibernate 中“一对多”和“多对一”操作很方便，如果系统采用 Hibernate 框架作为持久层，完全可以把对应的一对多和多对一逻辑关系放在 Hibernate 里面控制，从而减少数据库的负担，且业务逻辑处理的条理更清晰。

“一对多”和“多对一”关系如图 3.10 所示。

在 Hibernate 框架中对这种一对多、多对一关联关系的处理，需要在映射文件中使用

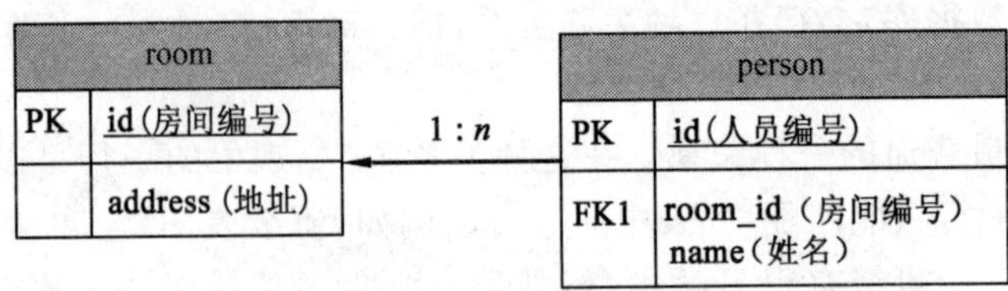

图 3.10　一对多关联关系

<set>、<one-to-many>、<many-to-one>等标签实现。

1. 关系实体中"一"的配置

首先，在主键表 room 的持久化类 Room 中定义关联外键表 person 的属性，即定义属性为 Set 类型的变量 persons(需要实例化，即有 new)及其 getter 和 setter 函数，代码如下所示：

```
private Set persons=new HashSet(0);
public Set getPersons() {
    return this.persons;
}
public void setPersons(Set persons) {
    this.persons=persons;
}
```

然后，在配置文件 Room.hmb.xml 中通过<set>元素来配置<one-to-many>，代码如下所示：

```
<set name="persons" cascade="all" lazy="false" inverse="true" lazy="false">
    <key>
        <column name="room_id" not-null="true"/>
    </key>
    <one-to-many class="org.model.Person"/>
</set>
```

<set>元素中的 3 个重要属性描述如下。

1) cascade 属性

cascade 属性用于设置主键表和外键表之间的级联程度，它有以下 5 种取值。

(1) all：所有情况下均进行连锁操作。

(2) save-update：表示只有 save、update、saveOrUpdate 操作时进行连锁操作。

(3) delete：表示只有 delete 操作进行连锁操作。

(4) all-delete-orphan：在删除当前持久化对象时，它相当于 delete；在保存或更新当前持久化对象时，它相当于 save-update。另外，它还可以删除与当前持久化对象断开关联关系的其他持久化对象。例如，主键表中删除一条记录(id＝1)，则外键表中将删除所有外键id＝1 的记录集。

(5) none：如果没有指定 cascade 属性，则表示主表操作不会级联到子表的操作。

2) lazy 属性

lazy 属性用于决定是否对外键表采用延迟加载策略。lazy 属性主要有两个值：true 和 false。

(1) true：默认取值，表示延迟加载，即只有在调用这个集合获取里面的元素对象时，才发出对外键表的查询语句，并将查询得到的记录集加载到集合属性中。

(2) false：取消延迟加载，采用勤快模式，即在加载主键表对象的同时，就发出第二条查询语句加载其关联集合的数据。

3) inverse 属性

inverse 属性用于决定关联关系的维护工作由谁来负责，默认为 false，表示由主控方负责，它有以下两种取值。

(1) true：表示由多端控制关联的关系。

(2) false：表示关系的两端都能控制。

inverse 决定是否把对对象中集合的改动反映到数据库中，所以 inverse 只对集合起作用，也就是只对 one-to-many 或 many-to-many 有效(因为只有这两种关联关系包含 Set 属性，而 one-to-one 和 many-to-one 只含有关系对方的一个引用)。

在＜one-to-many＞中，建议 inverse="true"，由 many 方来进行关联关系的维护(这样可以由“多”方自己单独保存，不需要“一”方来负责保存)。而在＜many-to-many＞中，可以只设置其中一方 inverse="false"，或双方都不设置(这样可以由两个“多”方自己单独保存，且只插入到连接表中一次，不重复插入)。

2. 关系实体中“多”的配置

首先，在外键表 person 的持久化类 Person 中定义关联主键表 room 的属性，即定义属性为 Room 类型的变量 room(不需要实例化，即没有 new)及其 getter 和 setter 函数，代码如下所示：

```
private Room room;
public Room getRoom() {
    return this.room;
}
public void setRoom(Room room) {
    this.room=room;
}
```

然后，在配置文件 Person. hmb. xml 中通过＜many-to-one＞元素来配置 room 属性，代码如下所示：

```
<many-to-one name="room" cascade="all" class="org.model.Room" fetch=
"select">
    <column name="room_id" not-null="true"/>
</many-to-one>
```

3.2.3 多对多关联关系

在 Hibernate 框架中对这种一对多、多对一关联关系的处理，需要在映射文件中使用<set>、<one-to-many>、<many-to-one>标签实现。

多对多关联关系如图 3.11 所示。

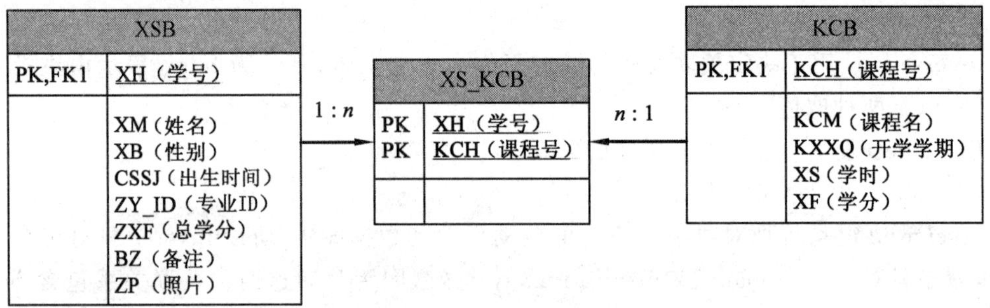

图 3.11 多对多关联

1. 对学生主键表的持久化类和映射文件修改

首先，在学生的持久化类 Student 中定义 Set 类型课程，代码如下所示：

```
private Set courses=new HashSet(0);
public Set getCourses() {
    return courses;
}
public void setCourses(Set courses) {
    this.courses=courses;
}
```

然后，在配置文件 Student. hmb. xml 中通过<set>元素来配置多对多关系<many-to-many>元素来描述 courses 属性，代码如下所示：

```
<set name="courses" table="stu_cour" cascade="all" lazy="true">
    <key column="sid"/>
    <many-to-many class="org.model.Course" column="cid"/>
</set>
```

<set>元素中的 3 个重要属性描述如下。

1）table 属性

当前 set 集合 courses 所对应的表结构，即连接表 stu_cour。由于该表 stu_cour 中 sid 和 cid 分别是 student 和 course 这两个表的外键，因此是双外键表。

2）<key>元素

主控方在外键表 stu_cour 中的外键列 sid（主控方是 student 表，主键是 sid）。

3）<many-to-many>元素

描述被控方的类名，以及被控方在外键表 stu_cour 中的外键列 cid（被控方是 course 表，主键是 cid）。

2. 对课程主键表的持久化类和映射文件修改

首先，在课程的持久化类 Course 中定义 Set 类型学生，代码如下所示：

```
private Set stus=new HashSet(0);
public Set getStus() {
    return stus;
}
public void setStus(Set stus) {
    this.stus=stus;
}
```

然后，在配置文件 Course. hmb. xml 中通过<set>元素来配置多对多关系<many-to-many>元素来描述 stus 属性，代码如下：

```
<set name="stus" table="stu_cour" cascade="all" lazy="true">
    <key column="cid"/>
    <many-to-many class="org.model.Student" column="sid"/>
</set>
```

<set>元素中的 3 个重要属性描述如下。

1）table 属性

当前 set 集合 stus 所对应的表结构，即连接表 stu_cour。由于该表 stu_cour 中 sid 和 cid 分别是 student 和 course 这两个表的外键，因此是双外键表。

2）<key>元素

主控方在外键表 stu_cour 中的外键列 cid（主控方是 course 表，主键是 cid）。

3）<many-to-many>元素

描述被控方的类名，以及被控方在外键表 stu_cour 中的外键列 cid（被控方是 student 表，主键是 sid）。

3.2.4　一对一关联关系

人和身份证之间就是一个典型的一对一关联关系。实现一对一关联关系映射的方式有两种，一种是基于外键，一种是基于主键。

1. 基于主键的一对一的关系映射

基于主键的一对一中，要求一张表(person)作为主键表，另一张表(idcard)作为特殊外键表(idcard 表中的 id 字段，既是 idcard 表的主键也是外键，即身份证号码就是 person 表中的 id 号)，实现一个身份证号码只能对应一个人。一对一的关系映射如图 3.12 所示。

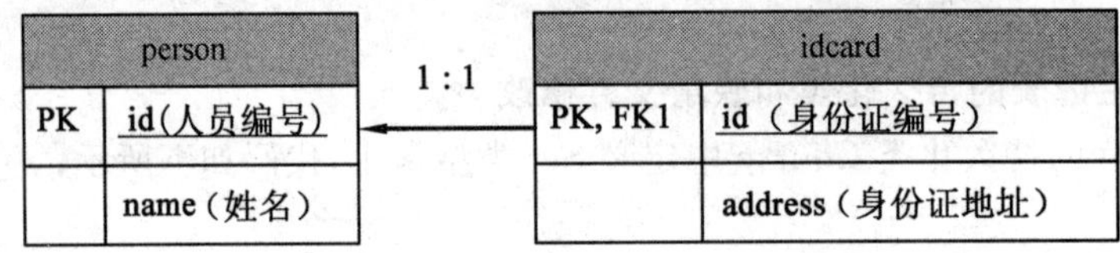

图 3.12　基于主键的一对一的关系映射

(1) 在人员的持久化类 Person 中定义身份证对象 Idcard。

Person.java 类代码如下：

```
private Idcard idcard;
public Idcard getIdcard() {
    return idcard;
}
public void setIdcard(Idcard idcard) {
    this.idcard=idcard;
}
```

(2) 修改配置文件 Person.hmb.xml。

增加<one-to-one>元素来描述 idcard 属性，代码如下：

```
<one-to-one name="idcard" class="org.model.Idcard" cascade="all"></one-to-one>
```

(3) 在身份证的持久化类 Card 中定义人员对象 Person。

Card.java 类代码如下：

```
private Person person;
public Person getPerson() {
    return person;
}
```

```
public void setPerson(Person person) {
    this.person=person;
}
```

(4) 修改配置文件 Idcard.hmb.xml。

增加<one-to-one>元素来描述 person 属性,代码如下:

```
<one-to-one name="person" class="org.model.Person" constrained="true">
</one-to-one>
```

<one-to-one>元素中的一个重要属性 constrained,用于表明该类对应的数据库表 idcard 和被关联的对象所对应的数据库表 person 之间,通过一个外键引用对主键进行约束。

该选项最关键的是影响 save 和 delete 的先后顺序。例如,增加的时候,如果 constainted=true,则会先增加关联表 person,然后增加本表 idcard。删除的时候反之。

(5) 修改配置文件 Idcard.hmb.xml。

修改<id>元素来设置主键,代码如下:

```
<!--基于主键关联时,主键生成策略是 foreign,表明根据关联类的主键来生成本表主键 -->
    <id name="id" column="id">
        <generator class="foreign">
            <!--指定引用关联实体的属性名 -->
            <param name="property">person</param>
        </generator>
    </id>
```

注意:<param>元素中的 person 指的是<one-to-one>元素描述的 person 属性。

2. 基于外键的一对一的关系映射

基于外键的一对一关系中,外键可以存放在任意一边,并在外键端增加<many-to-one>元素。可以设置双向一对一,也可以设置单向一对一。下面以双向一对一为例,如图 3.13 所示。

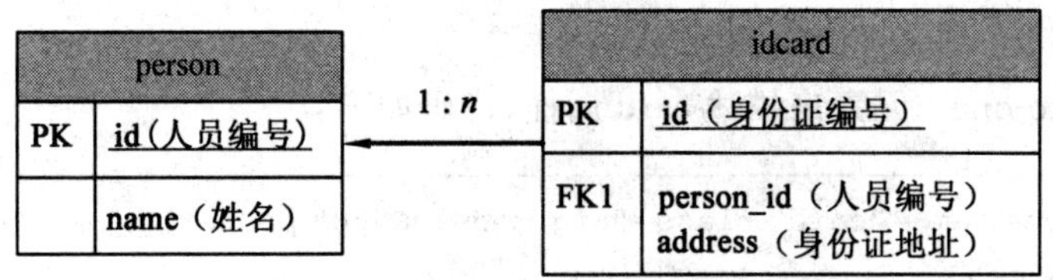

图 3.13　基于外键的一对一的关系映射

假设将一张表(person)作为主键表,另一张表(idcard)作为外键表,单独有一个字段

person_id 作为外键，即 person_id 的值要引用 person 表中的 id。“单向一对一”表示只有主键方可以知道外键方（即 Person 类中有 Card 属性，但 Card 类中没有 Person 属性），Person 类称为主控端，Card 称为被控端。

1）操作外键表

在身份证的持久化类 Card 中定义人员对象 Person，代码如下：

```
private Person person;
public Person getPerson() {
    return person;
}
public void setPerson(Person person) {
    this.person=person;
}
```

2）修改配置文件 Card. hbm. xml

增加<many-to-one>元素来描述 person 属性，代码如下：

```
<many-to-one name="person" class="org.model.Person">
    <column name="person_id" unique="true"></column>
</many-to-one>
```

3）操作主键表

在人员的持久化类 Person 中定义身份证对象 Card，代码如下：

```
private Card card;
public Card getCard() {
    return card;
}
public void setCard(Card card) {
    this.card=card;
}
```

4）修改配置文件 Person. hmb. xml

增加<one-to-one>元素来描述 card 属性，代码如下：

```
<one-to-one name="card" class="org.model.Card" property-ref="person">
</one-to-one>
```

<one-to-one>元素中有一个重要属性 property-ref，该属性表明对方映射（Card. hmb. xml）中外键列对应的属性名 person，也就是 Card 类下的 person 属性名。

3.2.5　数据检索策略

Hibernate 框架使用面向对象检索策略，将数据表字段映射到持久化类的属性后，进行检索。Hibernate 的数据检索策略包含立即检索、延迟检索、预先抓取检索和批量检索 4 种。

各种检索策略的设置在映射文件中配置完成，Hibernate 框架会根据用户的配置信息采用相关策略进行数据检索。

- 立即检索

立即检索的时候需要在配置文件中添加属性 lazy="false"。当 Hibernate 从数据库中取得字段值组装好一个对象后，会立即再组装此对象所关联的对象，如果这个对象还有关联对象(即外键表关联对象的数组)，再组装这个关联对象。

- 延迟检索

属性 lazy="true"，当组装完一个对象后，不立即组装和它关联的对象。

- 预先抓取检索

属性 fetch="join"。和立即检索相比，预先抓取检索可以减少 SQL 语句的条数。

- 批量检索

批量检索总是和立即检索或者延迟检索联系在一起的，分别为批量立即检索和批量延迟检索。

1. 立即检索

以班级表 class 和学生表 student 为例，班级和学生是一对多关系。立即检索的配置文件标识符为 lazy="false"。立即检索非常适合下面两种对象：一对一关联对象和多对一关联对象(外键表 Student 对象)。

由于这些被关联的对象是“一”这一端，适合立即检索。而一对多关联对象则不适合设为立即检索。当取得班级对象时，如果使用立即检索，就会把班级中所有学生对象组装起来，然后把他们放入一个 Set 集合中，这个 Set 集合被班级对象引用。

2. 延迟检索

采用延迟检索策略，就不会加载关联对象的内容。直到第一次调用关联对象时，才去加载关联对象。这种策略的优点在于，由程序决定加载哪些类和内容，而不必全部都加载，避免了内存的大量占用和数据库的频繁访问。

3. 预先抓取检索

预先抓取检索指的是 Hibernate 通过 select 语句使用 outer join (外连接，一般是左外连接 left outer join)来获得对象的关联实例或者关联集合，属性 fetch="join"。

注意：早期 Hibernate 2.x 版本中 outer-join="true"，Hibernate 3.x 版本中 fetch="join"。

在集合属性的映射元素上可以添加 fetch 属性，它有以下三个可选值。

1) select

select 作为默认值，它的策略是当需要使用所关联集合的数据时，另外单独发送一条

select 语句抓取当前对象的关联集合，即延迟加载。

2）join

在同一条 select 语句中使用连接来获得对方的关联集合。此时关联集合上的 lazy 会失效。

3）subselect

利用该策略，另外发送一条查询语句（或子查询语句）抓取在前面查询到的所有实体对象的关联集合。

当 fetch 为 join 时，执行左外连接，这个时候，班级 Class 所对应的 Student 值全部被加载到缓存中。当 fetch 为 select 时，from Class where cid in(1,2,3)，Hibernate 会把 Class 表的 cid 取出来，逐一地去取 Student 的值，效率比较低。这个时候 subselect 效率比较高，不管 in 里含有多少数据，在查询 Student 时，只会发出一条 SQL 语句。

4. 批量检索

批量检索总是和立即或延迟检索联系在一起，分为批量立即检索和批量延迟检索，主要是控制发送 SQL 语句的条数，减少资源的消耗。

在 Session 的缓存中存放的是相互关联的对象图，当 Hibernate 从数据库中加载对象时，有时需加载关联的对象，有时不需加载关联对象。例如，加载班级 Class 对象同时加载所有关联的学生对象，而暂时又用不到这些学生对象，会浪费大量的内存资源。如果加载班级 Class 对象时想获取所有学生的信息，就需要加载关联学生对象。

为了解决以上问题，Hibernate 提供了两种检索策略：延迟检索策略和迫切左外连接检索策略。延迟检索策略能避免多余加载应用程序不需要访问的关联对象。迫切左外连接检索策略则充分利用了 SQL 的外连接查询功能，能够减少 select 语句的数目。

Hibernate 中级别检索策略包括如下两种。

1）类级别检索策略

对班级 Class 对象是采用立即检索还是延迟检索？

2）关联级别检索策略

对与班级 Class 关联的 Student 对象，即 Student 的 stus 集合是采用立即检索、延迟检索或者是迫切左外连接检索？

表 3.23 列出了类级别和关联级别可选的检索策略，以及默认的检索策略。表 3.24 列出了这三种检索策略的运行机制。表 3.25 列出了映射文件中用于设定检索策略的几个属性。

表 3.23 类级别和关联级别可选的检索策略

检索策略的作用域	可选的检索策略	默认的检索策略
类级别（Class 对象自身的属性）	立即检索 延迟检索	立即检索

续表

检索策略的作用域	可选的检索策略	默认的检索策略
关联级别(Class 对象的外键关联属性 stus)	立即检索 延迟检索 迫切左外连接检索	延迟检索

从表 3.23 看出,在类级别,可选的检索策略包括立即检索和延迟检索。在关联级别中,可选的检索策略包括立即检索、延迟检索和迫切左外连接检索。

表 3.24 检索策略的运行机制

检索策略的类型	类 级 别	关 联 级 别
立即检索	立即加载检索方法指定的对象	立即加载与检索方法指定的对象关联的对象,可以设定批量检索数量
延迟检索	延迟加载检索方法指定的对象	延迟加载与检索方法指定的对象的关联对象,可以设定批量检索数量
迫切左外连接检索	不适用	通过左外连接检索与检索方法指定的对象关联的对象

从表 3.24 看出,Hibernate 允许在对象-关系映射文件中配置检索策略。

表 3.25 检索策略的属性

属 性	可选值	描 述
lazy	true 或 false	如果为 true,表示使用延迟检索策略。在<class>和<set>元素中包含此属性
fetch	select、join 或 subselect	如果为 join,表示使用迫切左外连接检索策略。在<many-to-one><one-to-one>元素中包含此属性
batch-size	正整数	设定批量检索的数量。如果设定此项,合理的取值为 3～10。仅适用于关联级别的立即检索和延迟检索。在<class>和<set>元素中包含此属性

3.3 Spring 高级应用——AOP

3.3.1 AOP 概述

AOP(Aspect Oriented Programming,面向切面编程)可以说是 OOP(Object Oriented Programming,面向对象编程)的补充和完善。OOP 引入封装、继承、多态等概念来建立一种对象层次结构,用于模拟公共行为的一个集合。不过 OOP 允许开发者定义纵向的关系,但并不适合定义横向的关系,例如日志功能。日志代码往往横向地散布在所有对象层次中,而

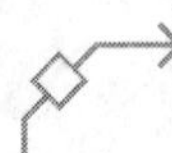

与它对应的对象的核心功能毫无关系。对于其他类型的代码,如安全性、异常处理和透明的持续性也都是如此。这种散布在各处的无关的代码被称为横切,在 OOP 设计中,它导致了大量代码的重复,而不利于各个模块的重用。

AOP 技术恰恰相反,它利用一种横切技术,剖开封装的对象内部,并将那些影响了多个类的公共行为封装到一个可重用模块,并将其命名为"Aspect",即切面。所谓"切面",简单地说就是那些与业务无关,却为业务模块所共同调用的逻辑或责任封装起来,便于减少系统的重复代码,降低模块之间的耦合度,并有利于未来的可操作性和可维护性。

使用"横切"技术,AOP 把软件系统分为两个部分:核心关注点和横切关注点。业务处理的主要流程是核心关注点,与之关系不大的部分是横切关注点。横切关注点的一个特点是,它们经常发生在核心关注点的多处,而各处基本相似,比如权限认证、日志、事物。AOP 的作用在于分离系统中的各种关注点,将核心关注点和横切关注点分离开来。

3.3.2 AOP 装载机制

可以通过配置文件或者编程的方式来使用 Spring AOP,配置可以通过 XML 文件来进行,大概有以下 4 种方式。

(1) 配置 ProxyFactoryBean。

在这种方式下,需显式地设置 advisors、advice、target 等内容。

(2) 配置 AutoProxyCreator。

在这种方式下,还是如以前一样使用定义的 bean,但是从容器中获得的其实已经是代理对象。

(3) 通过<aop:config>来配置。

(4) 通过<aop: aspectj-autoproxy>来配置。

在这种方式下,使用 AspectJ 的注解来标识通知及切入点。

本章采用第三种方式,即通过<aop:config>来配置。

3.3.3 AOP 工程实例

下面给出一个 AOP 工程的实例。

1. 新建 Java 工程

新建工程,并设置工程名为 AOPTest。

2. 创建接口 HelloAOP

HelloAOP 接口代码如下:

```
package org;
public interface HelloAOP {
    void printHelloAOP();
    void showHelloAOP();
}
```

3. 创建类 AOPOne

创建实现 HelloAOP 接口的实现类 AOPOne，代码如下：

```
package org.imp;
import org.HelloAOP;
public class AOPOne implements HelloAOP {
    public void printHelloAOP() {
        System.out.println("执行 AOPOne.printHelloAOP()");
    }
    public void showHelloAOP() {
        System.out.println("执行 AOPOne.showHelloAOP()");
    }
}
```

4. 创建类 AOPTwo

创建实现 HelloAOP 接口的实现类 AOPTwo，代码如下：

```
package org.imp;
import org.HelloAOP;
public class AOPTwo implements HelloAOP {
    public void printHelloAOP() {
        System.out.println("执行 AOPTwo.printHelloAOP()");
    }
    public void showHelloAOP() {
        System.out.println("执行 AOPTwo.showHelloAOP()");
    }
}
```

5. 新增一个横切关注点 Pointcut

Pointcut 关注点是一个打印时间类 TimePointcut，代码如下：

```
package org.imp;
import java.text.SimpleDateFormat;
import java.util.Date;
public class TimePointcut {
    public void printTime(){
        Date nowTime=new Date(System.currentTimeMillis());
        SimpleDateFormat sdFormatter=new SimpleDateFormat("yyyy-MM-dd HH:
        mm:ss");
        String retStrFormatNowDate=sdFormatter.format(nowTime);
```

```
        System.out.println("当前时间是: "+retStrFormatNowDate);
    }
}
```

6. 新增一个横切关注点 Pointcut

Pointcut 关注点是一个日志类 LogPointcut,代码如下:

```
package org.imp;
public class LogPointcut {
    public void LogBefore() {
        System.out.println("日志记录: 方法被调用前的状态");
    }
    public void LogAfter() {
        System.out.println("日志记录: 方法被调用后的状态");
    }
}
```

7. 添加 Spring 功能支持

要选中 Enable AOP Builder,并添加 Spring AOP 库包,如图 3.14 所示。

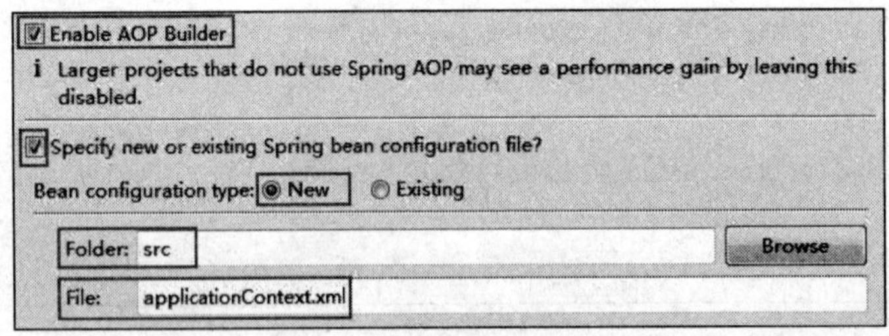

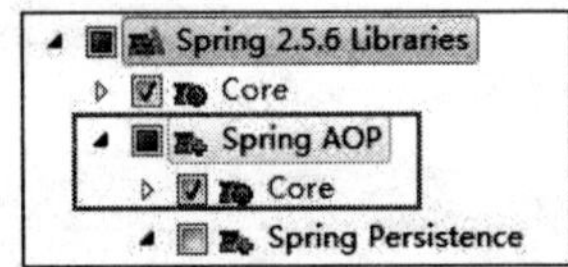

图 3.14　添加 Spring 功能支持

8. 修改 applicationContext.xml 文件

在 applicationContext.xml 中添加 4 个 bean 对象,代码如下:

```
<?xml version="1.0" encoding="UTF-8"?>
<beans xmlns="http://www.springframework.org/schema/beans"
    xmlns:xsi="http://www.w3.org/2001/XMLSchema-instance"
    xmlns:p="http://www.springframework.org/schema/p"
    xsi:schemaLocation="http://www.springframework.org/schema/beans
    http://www.springframework.org/schema/beans/spring-beans-2.5.xsd">
    <bean id="aopOne" class="org.imp.AOPOne" />
```

```
    <bean id="aopTwo" class="org.imp.AOPTwo" />
    <bean id="timePointcut" class="org.imp.TimePointcut" />
    <bean id="logPointcut" class="org.imp.LogPointcut" />
</beans>
```

9. 在 applicationContext.xml 中添加 AOP 对象描述

1）修改 beans 的名字空间

修改 beans 的名字空间 xmlns:aop 的值，代码如下：

```
<beans xmlns="http://www.springframework.org/schema/beans"
    xmlns:xsi="http://www.w3.org/2001/XMLSchema-instance"
    xmlns:aop="http://www.springframework.org/schema/aop"
    xsi:schemaLocation="http://www.springframework.org/schema/beans
    http://www.springframework.org/schema/beans/spring-beans-4.2.xsd
    http://www.springframework.org/schema/aop
    http://www.springframework.org/schema/aop/spring-aop-4.2.xsd">
```

注意：必须增加 xmlns:aop 以及 xsi:schemaLocation 中的 AOP 相关网址，否则将无法解析下面的<aop:config>等元素。

2）增加两个<aop:config>元素

(1）第一个<aop:config>元素，代码如下：

```
<aop:config proxy-target-class="true">
    <aop:aspect id="time" ref="timePointcut">
        <aop:pointcut id="printMethod" expression="execution(* org.imp.*
        .print*(..))" />
        <aop:before method="printTime" pointcut-ref="printMethod" />
        <aop:after method="printTime" pointcut-ref="printMethod" />
    </aop:aspect>
</aop:config>
```

<aop:config>元素的属性设置如下。

① 必须给<aop:config>增加 proxy-target-class="true"，即采用基于类的代理来动态创建 AOP 类，否则将报 Exception in thread "main" java.lang.ClassCastException: com.sun.proxy.$Proxy0 cannot be cast to org.imp.AOPOne 的错误，即无法动态生成 AOPOne 类的对象。

② <aop:aspect>用于定义横切逻辑，就是在横切关注点上做什么。

③ <aop:pointcut>用于指定哪些方法需要被执行 AOP，即由 expression 属性来描述。

④ execution 属性"execution(* org.imp. * .print * (..))"：第一个 * 表示任何返回

值类型，org. imp. * 表示 org. imp 包下的任何类，org. imp. *. print * 表示 org. imp 包下的任何类的以 print 开头的所有方法，(..)表示所有参数。

⑤ <aop:before>用于定义前横切点，即当执行 expression 描述的方法(org. imp 包下的任何类的以 print 开头的所有方法)之前，将首先执行 timePointcut 对象的 printTime 方法。

⑥ <aop:after>用于定义后横切点，即当执行 expression 描述的方法(org. imp 包下的任何类的以 print 开头的所有方法)之后，将接着执行 timePointcut 对象的 printTime 方法。

(2) 第二个<aop:config>元素，代码如下：

```
<aop:config proxy-target-class="true">
    <aop:aspect id="log" ref="logPointcut">
        <aop:pointcut id="showMethod" expression="execution(* org.imp.*.
        show*(..))" />
        <aop:before method="LogBefore" pointcut-ref="showMethod" />
        <aop:after method="LogAfter" pointcut-ref="showMethod" />
    </aop:aspect>
</aop:config>
```

<aop:config>元素的 6 个属性设置如下。

① <aop:aspect>用于定义横切逻辑 bean 对象 logPointcut，就是在横切关注点上做日志记录。

② <aop:pointcut>用于指定哪些方法需要被执行 AOP，即由 expression 属性来描述。execution 属性"execution(* org. imp. *. show *(..))"：第一个 * 表示任何返回值类型，org. imp. * 表示 org. imp 包下的任何类，org. imp. *. print * 表示 org. imp 包下的任何类的以 show 开头的所有方法，(..)表示所有参数。

③ <aop:before>用于定义前横切点，即当执行 expression 描述的方法(org. imp 包下的任何类的以 show 开头的所有方法)之前，将首先执行 logPointcut 对象的 LogBefore 方法。

④ <aop:after>用于定义后横切点，即当执行 expression 描述的方法(org. imp 包下的任何类的以 show 开头的所有方法)之后，将接着执行 logPointcut 对象的 LogAfter 方法。

最终的 applicationContext. xml 代码内容如下：

```
<?xml version="1.0" encoding="UTF-8"?>
<beans xmlns="http://www.springframework.org/schema/beans"
    xmlns:xsi="http://www.w3.org/2001/XMLSchema-instance"
    xmlns:aop="http://www.springframework.org/schema/aop"
    xsi:schemaLocation="http://www.springframework.org/schema/beans
```

```
        http://www.springframework.org/schema/beans/spring-beans-4.2.xsd
        http://www.springframework.org/schema/aop
        http://www.springframework.org/schema/aop/spring-aop-4.2.xsd">
    <bean id="aopOne" class="org.imp.AOPOne" />
    <bean id="aopTwo" class="org.imp.AOPTwo" />
    <bean id="timePointcut" class="org.imp.TimePointcut" />
    <bean id="logPointcut" class="org.imp.LogPointcut" />
    <aop:config proxy-target-class="true">
      <aop:aspect id="time" ref="timePointcut">
          <aop:pointcut id="printMethod"  expression="execution(* org.
          imp.*.print*(..))" />
          <aop:before method="printTime" pointcut-ref="printMethod" />
          <aop:after method="printTime" pointcut-ref="printMethod" />
      </aop:aspect>
    </aop:config>
    <aop:config proxy-target-class="true">
      <aop:aspect id="log" ref="logPointcut">
        <aop:pointcut id="showMethod" expression="execution(* org.imp.*.
        show*(..))" />
            <aop:before method="LogBefore" pointcut-ref="showMethod" />
            <aop:after method="LogAfter" pointcut-ref="showMethod" />
      </aop:aspect>
    </aop:config>
</beans>
```

10. 创建测试类 TestAOP

测试类 TestAOP 代码如下：

```
package test;
import org.imp.AOPOne;
import org.imp.AOPTwo;
import org.springframework.context.ApplicationContext;
import org.springframework.context.support.ClassPathXmlApplicationContext;
public class TestAOP {
    public static void main(String[] args) {
        ApplicationContext ctx=new ClassPathXmlApplicationContext
                                ("applicationContext.xml");
        AOPOne a1=(AOPOne)ctx.getBean("aopOne");
        AOPTwo a2=(AOPTwo)ctx.getBean("aopTwo");
        a1.printHelloAOP();
```

```
        System.out.println("--------------------");
        a1.showHelloAOP();
        System.out.println("--------------------");
        a2.printHelloAOP();
        System.out.println("--------------------");
        a2.showHelloAOP();
    }
}
```

11. 运行程序

运行工程,结果如图 3.15 所示。

图 3.15　运行结果

从图 3.15 结果可以看出,给 HelloAOP 接口的两个实现类(AOPOne 和 AOPTwo)的所有方法都分别加上了 AOP 代理: print 开头的方法设置的代理内容就是打印时间,show 开头的方法设置的代理内容就是日志显示。

总之,采用 AOP 技术,可以将两个与业务无关的“横切面”(打印时间和日志显示)组织起来,为业务模块(AOPOne 和 AOPTwo 中 print 和 show 开头的方法)提供共同非业务代码(即横切关注点)调用,便于减少系统的重复代码,降低模块之间的耦合度,有利于提高系统未来的可操作性和可维护性。

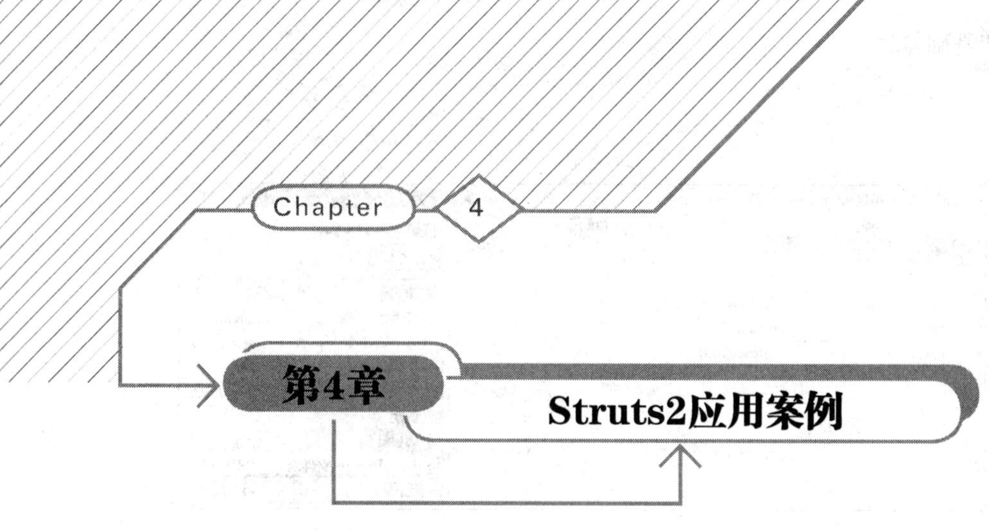

第4章 Struts2应用案例

4.1 工程框架搭建

1. 新建数据库和表

新建数据库 liuyanFZL，新建两张数据库表，每张表需要设置主键，且主键字段必须是“标识列”字段，即自增字段。

1) user 表

user 表如图 4.1 所示。

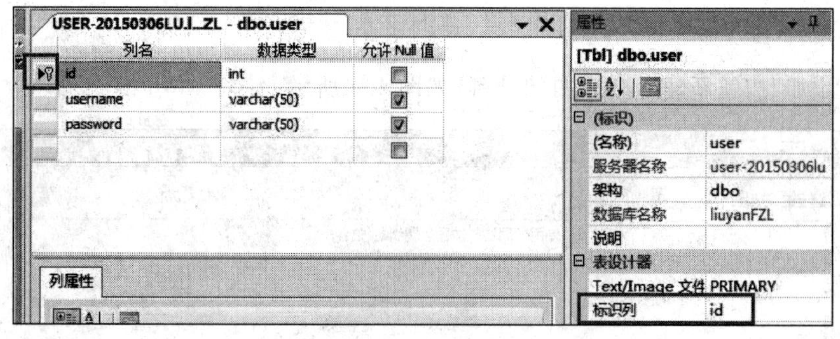

图 4.1 user 表

其中，id 是主键，且为标识列（即自增字段）。

2) liuyan 表

liuyan 表如图 4.2 所示。

其中，id 是主键，且为标识列（即自增字段）。

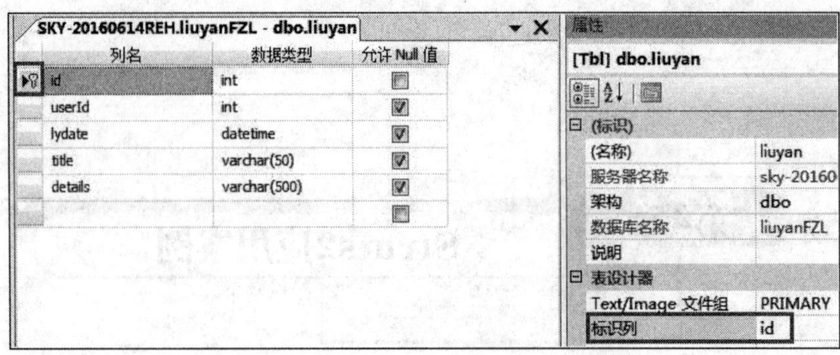

图 4.2　liuyan 表

3）新增一个外键

liuyan 表的 userId 字段是外键。在外键表 liuyan 上，右键单击"设计"，然后单击"关系"按钮，如图 4.3 所示。

图 4.3　单击"关系"按钮

单击"添加"按钮新建一个空白的外键，如图 4.4 所示。

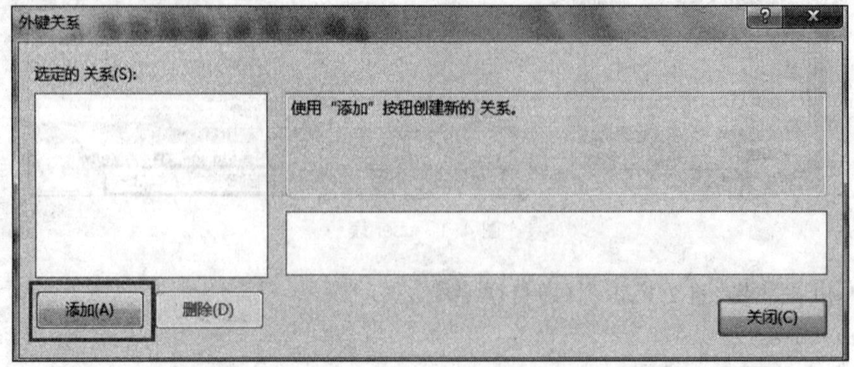

图 4.4　添加空白外键

单击“表和列规范”后的按钮，如图 4.5 所示。

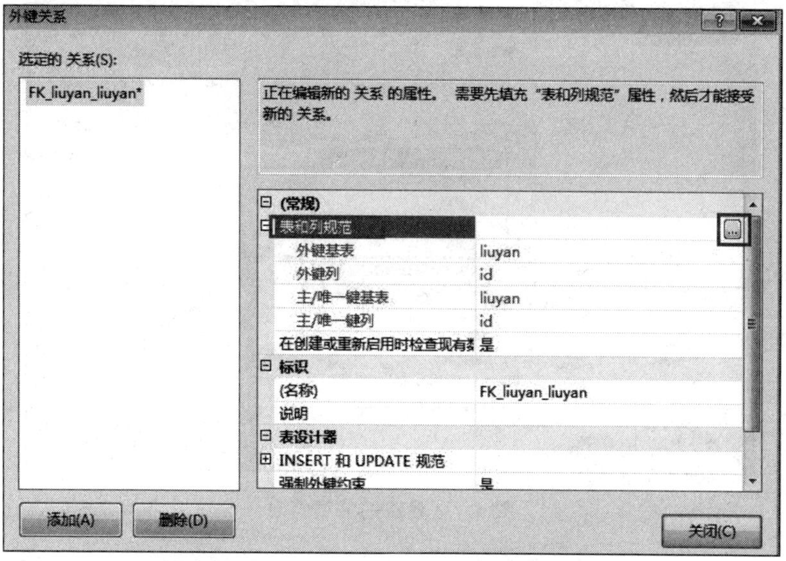

图 4.5　单击“表和列规范”后的按钮

设置外键的信息，如图 4.6 所示。

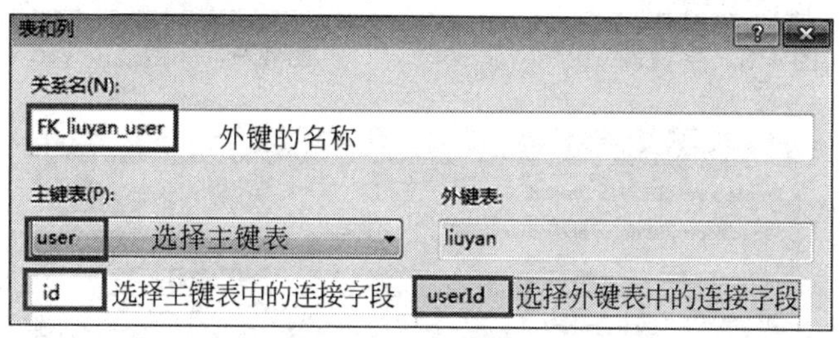

图 4.6　设置外键的信息

注意：user 表是主键表，id 字段是连接字段。liuyan 表是外键表，userId 字段是连接字段。

最终的外键信息如图 4.7 所示。

打开两张表的“键”属性，可以看到主键表 user 只有一个键（一个主键），外键表 liuyan 有两个键（一个主键，一个外键），如图 4.8 和图 4.9 所示。

2. 新建 Web 工程

新建 Web Project，设置工程名为 LiuyanFZL，并生成 Web 工程（Java EE version 要选择 JavaEE 5-Web 2.5），如图 4.10 所示。

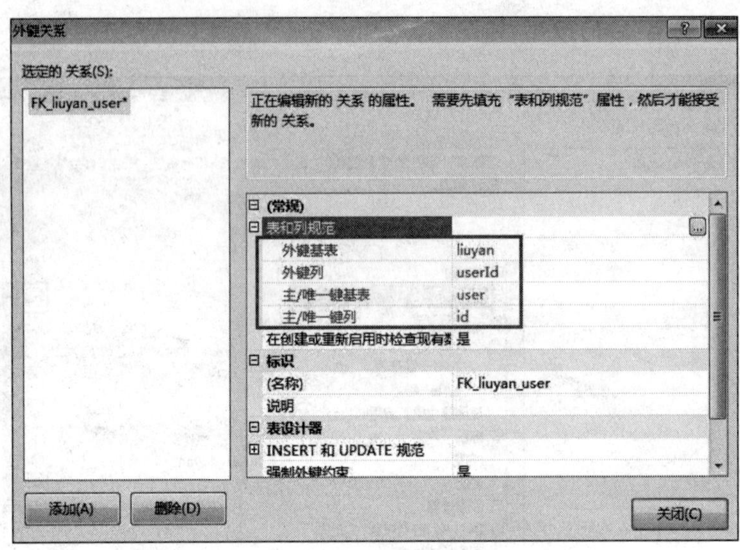

图 4.7 最终的外键信息

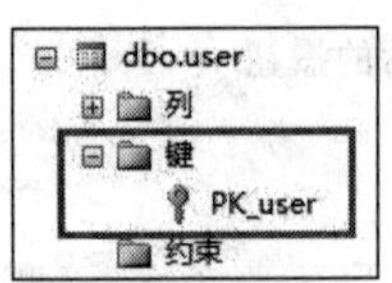

图 4.8 主键表 user

图 4.9 外键表 liuyan

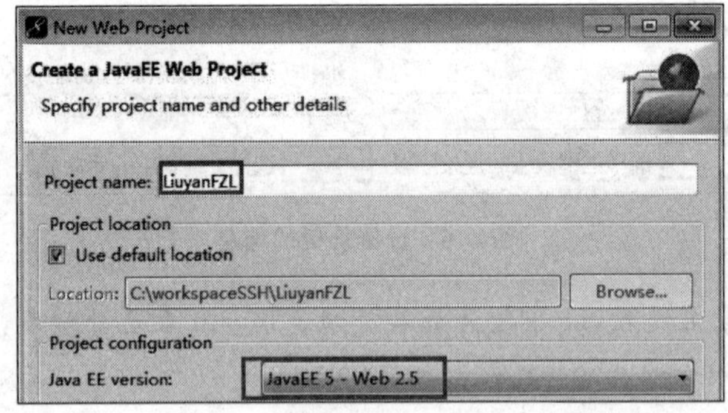

图 4.10 新建 Web Project

3. 复制 SSH 库包并添加引用

将 SSH 库包 ssh.rar 解压缩，将 lib 文件夹中所有的 jar 包粘贴到 WebRoot→WEB-INF→lib 目录下，如图 4.11 所示。

此时，MyEclipse 将自动生成 Web App Libraries 库包引用，如图 4.12 所示。

注意：只要在 Web App Libraries 中引用的 jar 包，都会被 MyEclipse 上传到 Tomcat 的部署工程中。

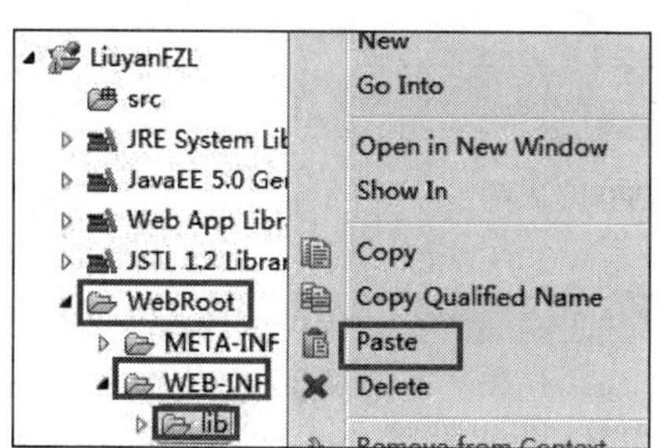

图 4.11　lib 文件夹中所有的 jar 包粘贴

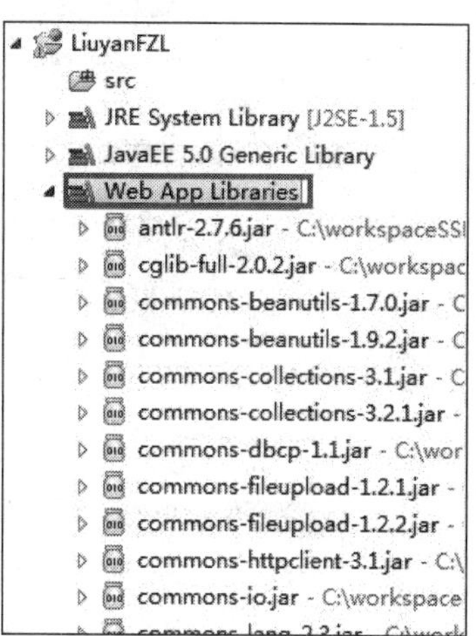

图 4.12　Web App Libraries 库包引用

4. 添加 Spring 支持

选中工程，然后单击菜单 MyEclipse→Project Facets[Capabilities]→Install Spring Facet，如图 4.13 所示。

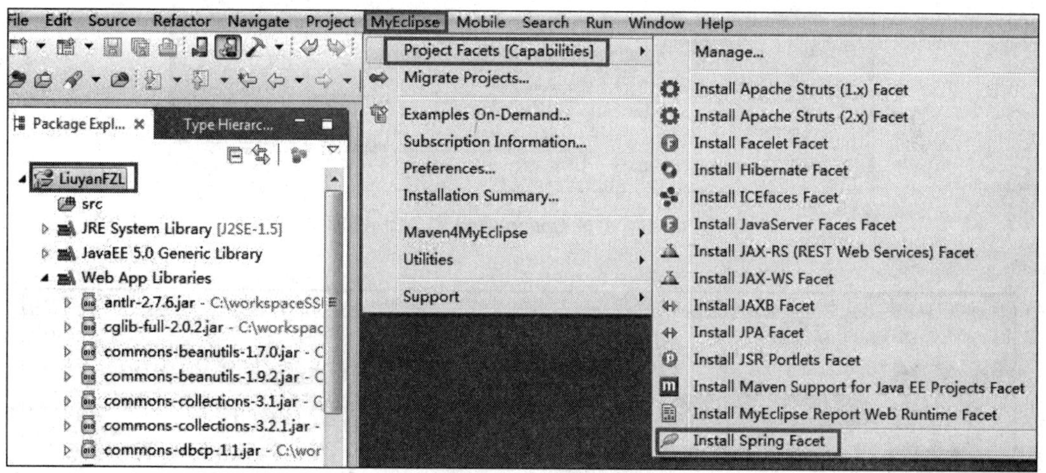

图 4.13　添加 Spring 支持

选择 Spring 的版本为 2.5，Type 为 Disable Library Configuration，即不使用 MyEclipse 2014 自带的 Spring 库包，并去掉 Spring-Web 和 AOP 选项，如图 4.14 和图 4.15 所示。

5. 添加 Struts 支持

选中工程，然后单击菜单 MyEclipse→Project Facets[Capabilities]→Install Apache Struts (2.x) Facet，如图 4.16 所示。

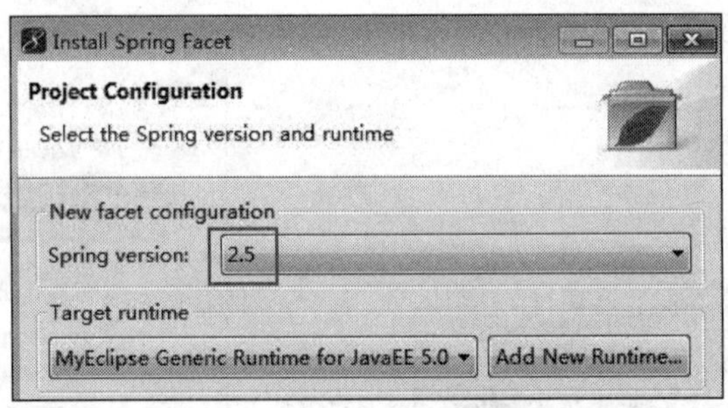

图 4.14　选择 Spring 的版本

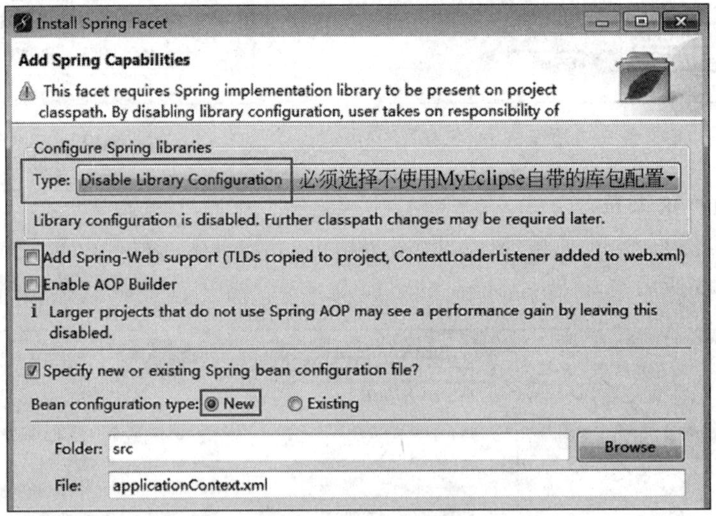

图 4.15　去掉 Spring-Web 和 AOP 选项

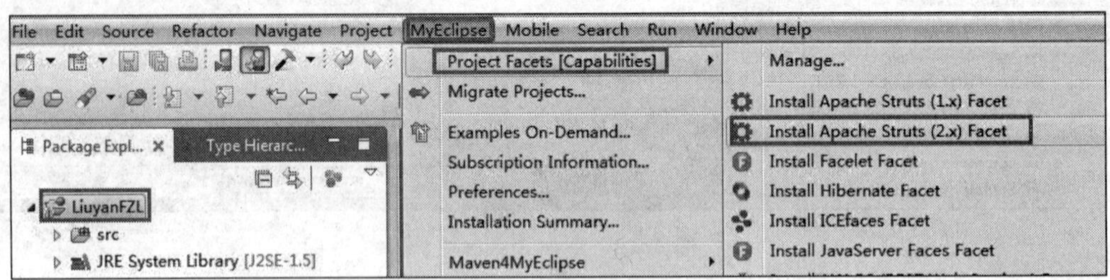

图 4.16　添加 Struts 支持

选择 2.1 版本，对所有的网页进行 Struts 过滤处理，如图 4.17 和图 4.18 所示。

不使用 MyEclipse 自带的 Struts 库包，如图 4.19 所示。

6. 将 Struts 作为 Spring 对象进行整合

采用 SSH 集成框架时，必须将 Struts 作为 Spring 的对象来管理，否则将报错，即无法

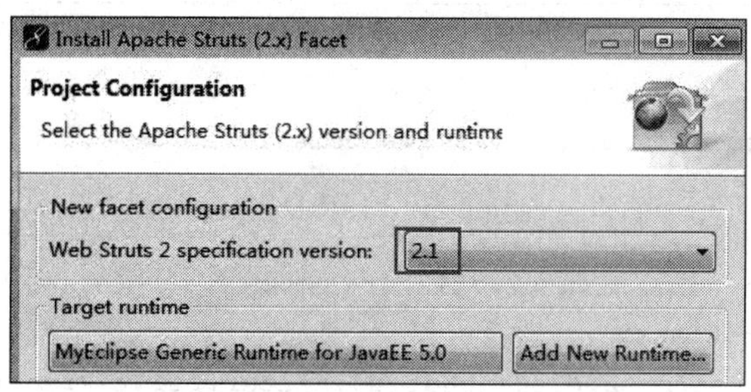

图 4.17 选择 2.1 版本

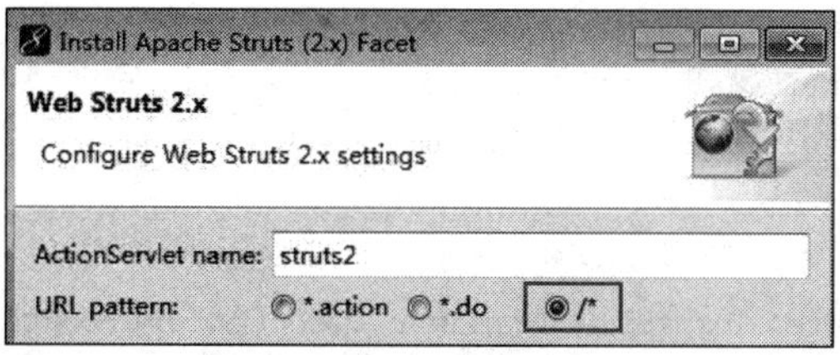

图 4.18 struts 过滤处理

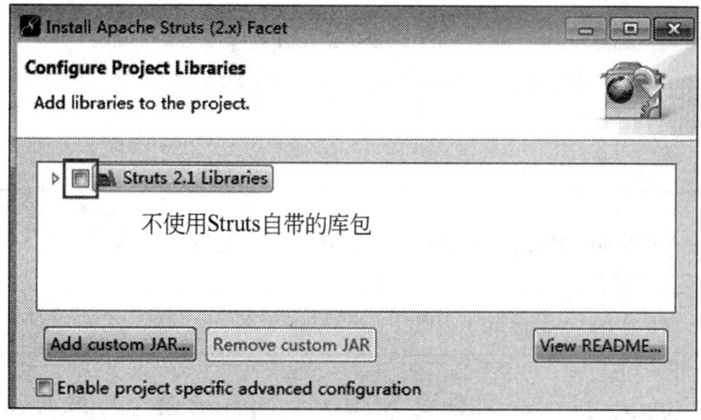

图 4.19 不使用自带的 Struts 库包

创建 Spring 的对象类工厂。修改 web. xml 文件，添加 listener，指定 listener-class 为 org. springframework. web. context. ContextLoaderListener。添加 context-param，设置参数名为 contextConfigLocation，参数值为/WEB-INF/classes/applicationContext. xml。

最终的 web. xml 代码如下所示：

```
<?xml version="1.0" encoding="UTF-8"?>
<web-app version="2.5" xmlns="http://java.sun.com/xml/ns/javaee"
    xmlns:xsi="http://www.w3.org/2001/XMLSchema-instance"
    xsi:schemaLocation="http://java.sun.com/xml/ns/javaee
```

```
    http://java.sun.com/xml/ns/javaee/web-app_2_5.xsd">
    <welcome-file-list>
        <welcome-file>index.jsp</welcome-file>
    </welcome-file-list>
    <filter>
        <filter-name>struts2</filter-name>
        <filter-class>
    org.apache.struts2.dispatcher.ng.filter.StrutsPrepareAndExecuteFilter
    </filter-class>
    </filter>
    <filter-mapping>
        <filter-name>struts2</filter-name>
        <url-pattern>/*</url-pattern>
    </filter-mapping>
    <listener>
    <listener-class>org.springframework.web.context.ContextLoaderListener
    </listener-class>
    </listener>
    <context-param>
        <param-name>contextConfigLocation</param-name>
    <param-value>/WEB-INF/classes/applicationContext.xml</param-value>
    </context-param>
</web-app>
```

在 src 文件夹下新建 struts.properties 文件，在该文件中，添加如下代码行：

```
struts.objectFactory=spring
```

注意：这个 struts.properties 文件是 Struts 和 Spring 两个框架的关联文件。

4.2 实体类创建

实体类创建将生成两个 POJO 对象，分别是 User 对象和 Liuyan 对象。

1. User 对象

User 类代码如下：

```
package org.model;
public class User {
    private int id;
```

```
    private String username;
    private String password;
    public int getId() {
        return id;
    }
    public void setId(int id) {
        this.id=id;
    }
    public String getUsername() {
        return username;
    }
    public void setUsername(String username) {
        this.username=username;
    }
    public String getPassword() {
        return password;
    }
    public void setPassword(String password) {
        this.password=password;
    }
}
```

注意：3 个属性(id、username、password)的名称要和数据库表 use 中的列名字段相同。

2. Liuyan 对象

Liuyan 类代码如下：

```
package org.model;
import java.sql.Date;
public class Liuyan {
    private int id;
    private int userId;
    private Date lydate;
    private String title;
    private String details;
    public int getId() {
        return id;
    }
    public void setId(int id) {
        this.id=id;
    }
```

```
    public int getUserId() {
        return userId;
    }
    public void setUserId(int userId) {
        this.userId=userId;
    }
    public Date getLydate() {
        return lydate;
    }
    public void setLydate(Date lydate) {
        this.lydate=lydate;
    }
    public String getTitle() {
        return title;
    }
    public void setTitle(String title) {
        this.title=title;
    }
    public String getDetails() {
        return details;
    }
    public void setDetails(String details) {
        this.details=details;
    }
}
```

注意：5 个属性(id、userId、lydate、title、details)的名称要和数据库表 liuyan 中的列名字段相同。

4.3 数据库访问类创建

1. 利用 DB Browser 访问数据库

新建 dblink，设置连接参数，如图 4.20 所示。

2. 新建数据库访问类

新建 DB 类，实现底层数据库访问操作，DB 类代码如下：

```
package org.util;
import java.sql.Connection;
import java.sql.DriverManager;
```

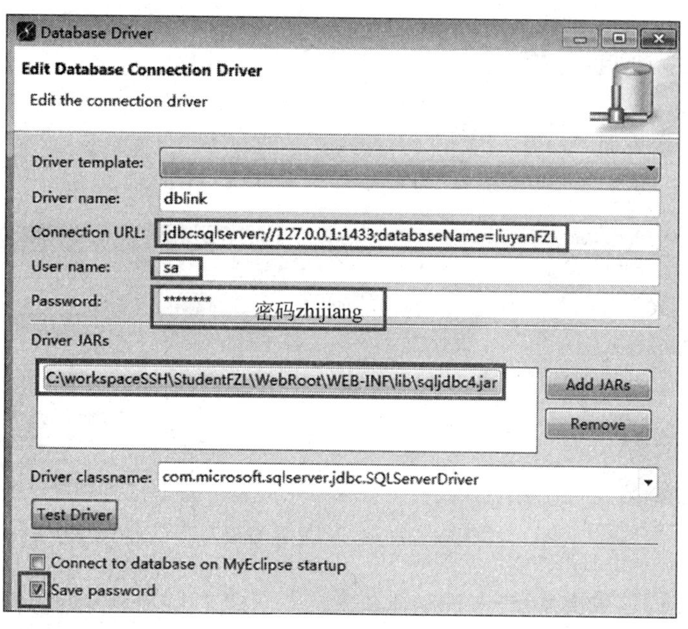

图 4.20 新建 dblink

```
import java.sql.PreparedStatement;
import java.sql.SQLException;
import java.sql.ResultSet;
public class DB {
    private Connection conn;                    //数据库连接对象
    private PreparedStatement ps;               //数据库执行语句对象
    private ResultSet rs;                       //数据库结果集对象
    public DB() {
        try {
            Class.forName("com.microsoft.sqlserver.jdbc.SQLServerDriver");
            conn=DriverManager.getConnection(
                "jdbc:sqlserver://127.0.0.1:1433;databaseName=liuyanFZL",
                "sa","zhijiang");
        } catch (ClassNotFoundException e) {
            e.printStackTrace();
        } catch (SQLException e) {
            e.printStackTrace();
        }
    }
    //需要添加 10 个方法,分别是用户表和留言表的插入和查询等函数
    //这里暂时不写,等后面用到的时候再自动补充!
}
```

4.4 前台页面制作

1. 新建框架集页面

在 Dreamweaver 的布局中，选择“左侧框架”，如图 4.21 所示。

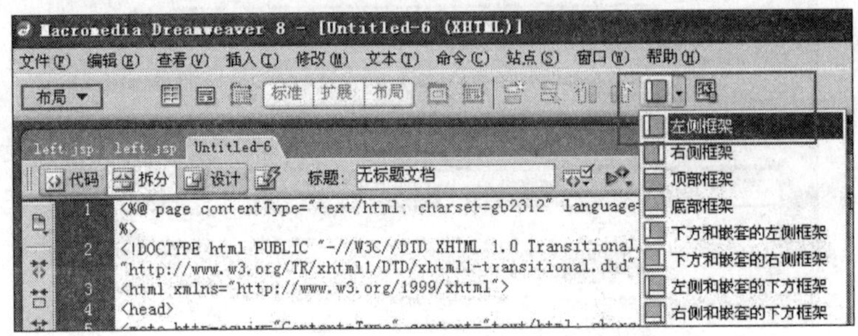

图 4.21　选择“左侧框架”

单击“确定”按钮，单击菜单“文件→保存全部”，如图 4.22 所示。

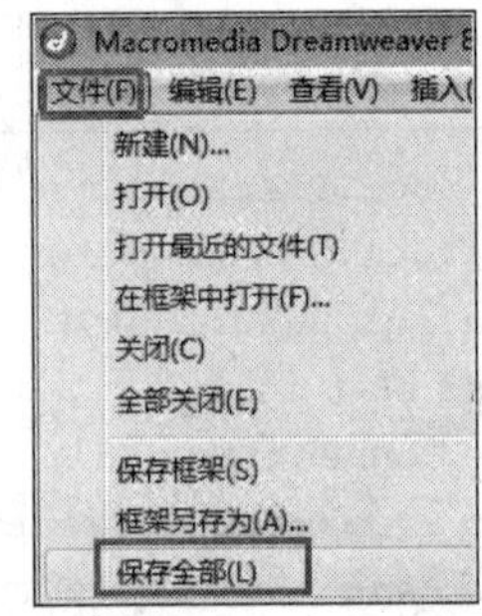

图 4.22　保存全部

首先，保存框架集文件 main.jsp，如图 4.23 所示。

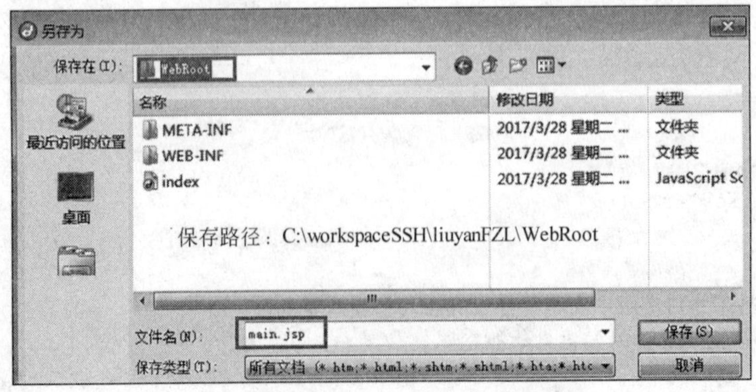

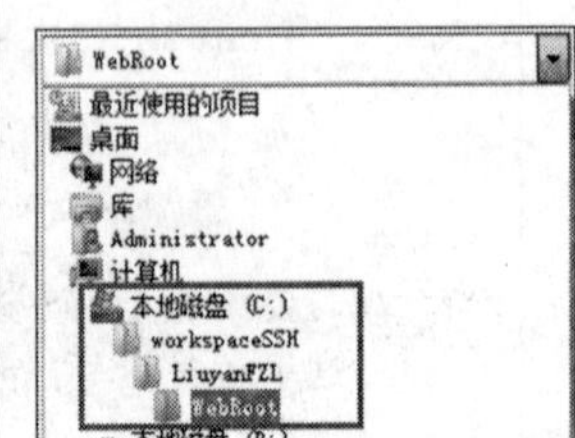

图 4.23　保存 main.jsp

然后，保存右侧框架页 right.jsp，如图 4.24 所示。

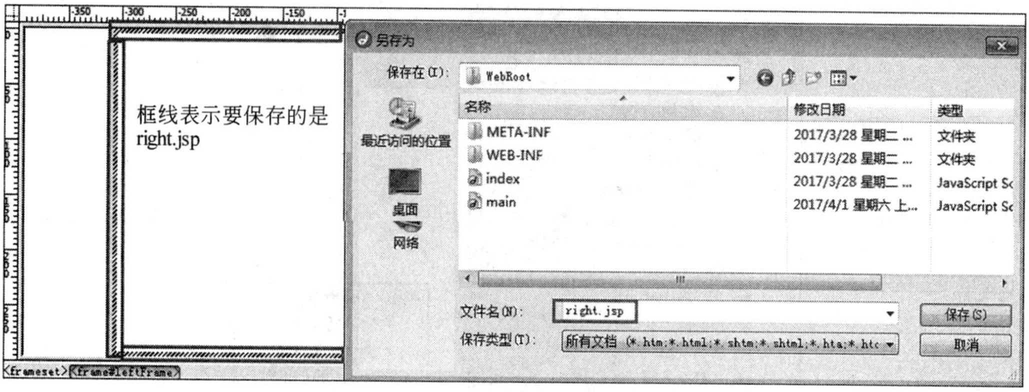

图 4.24 保存 right.jsp

最后，保存左侧框架页 left.jsp，如图 4.25 所示。

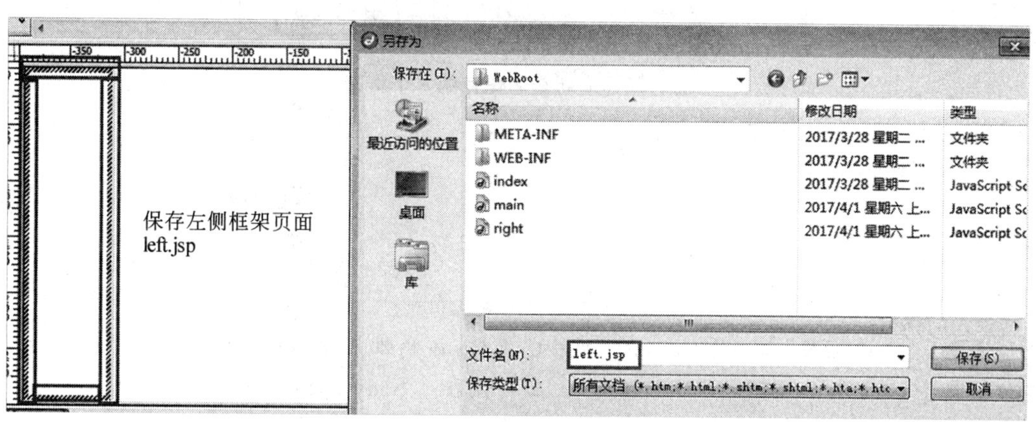

图 4.25 保存 left.jsp

在工程的 WebRoot 目录上，右键单击，选择 Refresh 命令，即可看到在 Dreamweaver 中保存的 3 个网页，如图 4.26 所示。

修改自动生成的 main.jsp，最终的代码内容如下：

```
<!DOCTYPE HTML PUBLIC "-//W3C//DTD HTML 4.01 Transitional//EN">
<html>
<head>
</head>
<frameset cols="20%,*">
    <frame src="left.jsp" />
    <frame src="right.jsp"name="right" />
```

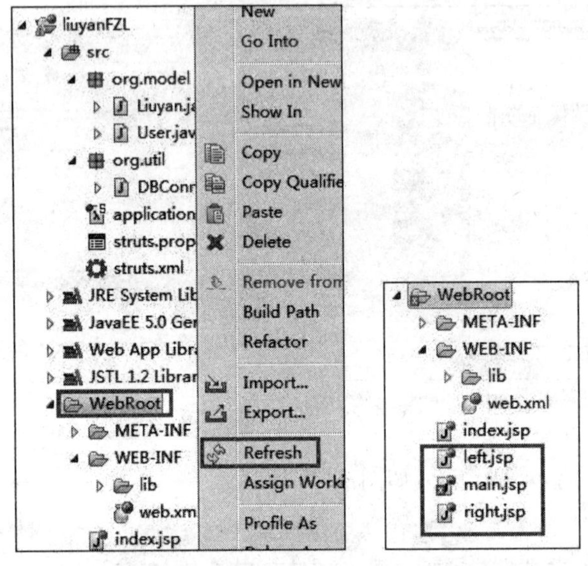

图 4.26　刷新查看保存的 3 个页面

```
</frameset>
<body>
</body>
</html>
```

注意："右边框架"有一个 name="right"属性，该属性用于 left.jsp 中弹出的网页显示在该框架中。<frameset></frameset>必须放在<body>的前面，不能放入<body></body>之间。

2. 修改 left.jsp 页面

利用 Dreamweaver 打开 left.jsp 的源码，在 Dreamweaver 中新建 5 行 1 列的表格，如图 4.27 所示。

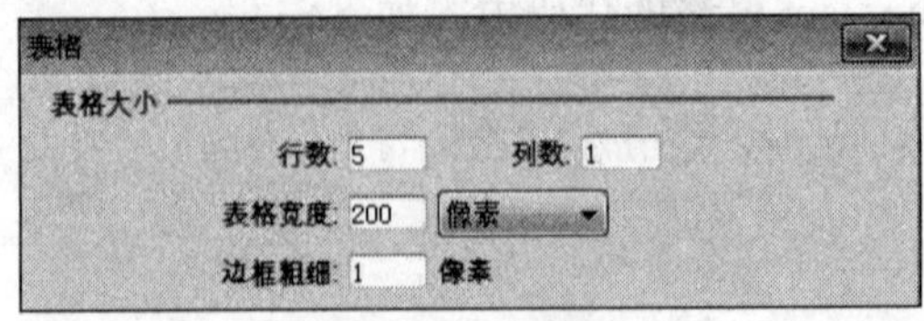

图 4.27　新建表格

在第一行中输入"新增用户"，然后选中所有文字，在链接属性中设置 addUserView.action 值，即超链接<a>的 href 值，如图 4.28 所示。

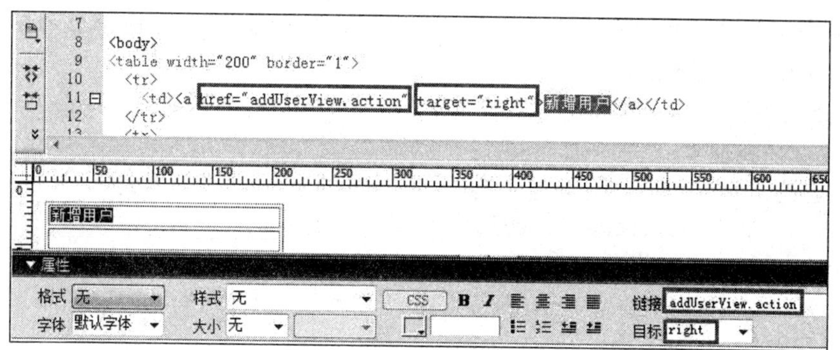

图 4.28 输入"新增用户"链接

完成剩余 4 个超链接，得到 left.jsp 最终代码如下：

```
<%@page language="java" import="java.util.*"pageEncoding="utf-8"%>
<!DOCTYPE HTML PUBLIC "-//W3C//DTD HTML 4.01 Transitional//EN">
<html>
<head>
</head>
<body>
    <table width="200" border="0">
        <tr>
            <td><a href="addUserView.action"target="right">新增用户</a>
            </td>
        </tr>
        <tr>
            <td><a href="listUser.action"target="right">查看所有用户</a>
            </td>
        </tr>
        <tr>
            <td><a href="addLiuyanView.action"target="right">新增留言</a>
            </td>
        </tr>
        <tr>
            <td><a href="listLiuyan.action"target="right">查看所有留言</a>
            </td>
        </tr>
        <tr>
            <td><a href="#"target="right">登录</a></td>
        </tr>
    </table>
</body>
</html>
```

注意：每个超链接都有一个 target＝"right"属性，该属性用于将弹出的网页显示在 main.jsp 中命名的 right 框架中。

3. 修改 right.jsp 页面

right.jsp 代码如下：

```
<!DOCTYPE HTML PUBLIC "-//W3C//DTD HTML 4.01 Transitional//EN">
<html>
    <head></head>
    <body></body>
</html>
```

4. 修改 web.xml 文件

设置欢迎页面，每当运行该工程时，将首先打开 main.jsp，而不再是默认的 index.jsp，代码如下：

```
<welcome-file-list>
    <welcome-file>main.jsp</welcome-file>
</welcome-file-list>
```

4.5 Action 配置及 Action 类制作

4.5.1 新增用户

1. 新建 UserAction 类

设置包名为 org.action，类名为 UserAction，父类为 ActionSupport。

生成 UserAction 类后，将新增一个 action 变量 addUser，这个 action 变量必须与后面的 addUser.jsp 页面中定义的网页变量 addUser 同名，否则 Struts 无法实现这两个变量的映射。然后新增 action 变量 addUser 的 getter 和 setter 函数，这两个函数是回调函数，即是由 Struts 框架自动调用的。

UserAction 类代码如下所示：

```
package org.action;
import org.model.User;
import com.opensymphony.xwork2.ActionSupport;
public class UserAction extends ActionSupport {
    /* 新增一个 action 变量 addUser，这个 action 变量必须与后面的 addUser.jsp 页面
       中定义的网页变量 addUser 同名，否则 Struts 无法实现这两个变量的映射 */
```

```
    private User addUser;            //用于新增用户
    public User getAddUser() {
        return addUser;
    }
    //形参 addUser 是网页变量,this.addUser 是 action 变量
    public void setAddUser(User addUser) {
        this.addUser=addUser;
    }
}
```

当单击 addUser.jsp 中的"新增"按钮时,Struts2 框架首先将 addUser.jsp 网页中输入框(addUser.username 和 addUser.password)中用户手工输入的字符串值赋值给网页变量 addUser 的 username 和 password 属性。然后,自动调用 setAddUser 方法,将网页变量 addUser 赋值给 UserAction 类中的 action 变量 addUser。这样,UserAction 类的其他方法(如下面的 addUser()方法)中,就可以直接访问 action 变量 addUser,从而间接地获得了所有输入框控件中用户手工输入的字符串值。

2. 添加 addUserView 节及 addUserView 方法

在 struts.xml 中新增一个 action(addUserView),然后在 UserAction 类中添加相应方法(addUserView),最后新建跳转页面 addUser.jsp。

由于 left.jsp 的第一个超链接<a href="addUserView.action" target="right">新增用户</a>中的 href 网址为 addUserView.action,所以要在 struts.xml 中新增 addUserView。

1) 添加 addUserView

在 struts.xml 中新增一个 action 节的说明 addUserView,代码如下:

```
<?xml version="1.0" encoding="UTF-8" ?>
<!DOCTYPE struts PUBLIC "-//Apache Software Foundation//DTD Struts Configuration
2.1//EN" "http://struts.apache.org/dtds/struts-2.1.dtd">
<struts>
    <package name="default" extends="struts-default">
    <action name="addUserView" class="org.action.UserAction" method=
    "addUserView">
        <result name="success">/addUser.jsp</result>
        <result name="error">/main.jsp</result>
    </action>
    </package>
</struts>
```

注意:设置 method 属性,用于执行 org.action.UserAction 类的 addUserView 方法,而

不再执行默认的 execute 方法。

2）添加 addUserView 方法

在 UserAction 类中，添加 addUserView 方法，代码如下：

```
public String addUserView(){
    return "success";
}
```

3）新建 addUser.jsp

在 WebRoot 目录下，新建网页 addUser.jsp，代码如下：

```
<%@ taglib uri="/struts-tags" prefix="s"%>
<%@ page language="java" import="java.util.* " pageEncoding="utf-8"%>
<!DOCTYPE HTML PUBLIC "-//W3C//DTD HTML 4.01 Transitional//EN">
<html>
    <head></head>
    <body>
        <s:form action="addUser.action" method="post" theme="simple">
            <table width="500" border="1">
                <tr>
                    <td>
                        用户名:
                    </td>
                    <td>
                        <s:textfield name="addUser.usernames"></s:textfield>
                         
                    </td>
                </tr>
                <tr>
                    <td>
                        密码:
                    </td>
                    <td>
                        <s:password name="addUser.password"></s:password>
                    </td>
                </tr>
                <tr>
                    <td> 
                        <s:submit value="新增"></s:submit>
                    </td>
```

```
                    <td> 
                        <s:reset value="重置"></s:reset>
                    </td>
                </tr>
            </table>
        </s:form>
    </body>
</html>
```

注意：此处故意将 username 写错成 usernames。

s:textfield 和 s:password 两个输入控件的 name 属性中，都属于网页变量 addUser，这个变量必须和 UserAction 类中定义的 action 变量（private User addUser;）同名。s:textfield 和 s:password 两个输入控件的 name 属性中，addUser 后面的属性（usernames 和 password）必须和 org.model.User 类中的属性相同，如图 4.29 所示。

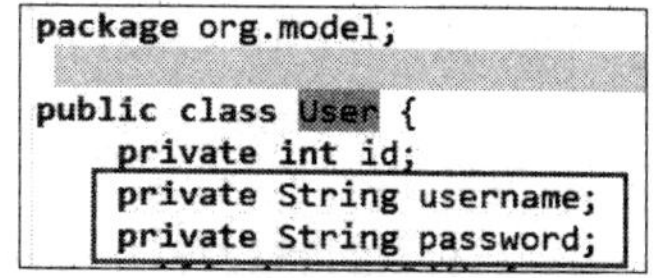

图 4.29　org.model.User 类中的属性

注意：此处，故意将用户名这个输入框的变量名写错成 addUser.usernames，正确的是 addUser.username。下面详细看下错误的产生过程。

运行工程，单击“新增用户”超链接，弹出 addUser.jsp 的内容，如图 4.30 所示。

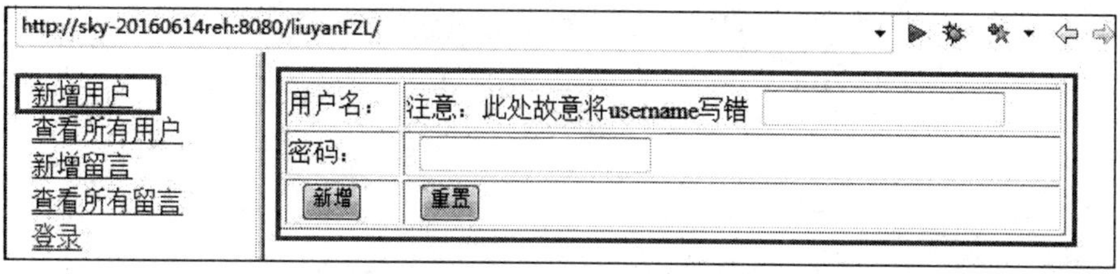

图 4.30　运行工程

这是因为，单击“新增用户”超链接 addUserView.action，根据 struts.xml 中的 addUserView 这个 action 的配置说明，代码如下：

```
<action name="addUserView" class="org.action.UserAction" method="addUserView">
    <result name="success">/addUser.jsp</result>
    <result name="error">/main.jsp</result>
</action>
```

将执行 org.action.UserAction 这个类的 addUserView 方法，该方法返回 success，即跳转到<result name="success">/addUser.jsp</result>中指定的 addUser.jsp 这个网页。

3. 添加 addUser 节及 addUser 方法

在 struts. xml 中新增一个 action(addUser),然后在 UserAction 类中添加相应方法(addUser),最后新建跳转页面 successAddUser. jsp。

1) 添加 addUser

在 struts. xml 中新增一个 action 节的说明 addUser,代码如下:

```
<action name="addUser" class="org.action.UserAction"method="addUser">
    <result name="success">/successAddUser.jsp</result>
    <result name="error">/main.jsp</result>
</action>
```

2) 添加 addUser 方法

在 UserAction 类中,添加 addUser 方法,代码如下:

```
public String addUser(){
    User newUser=new User();
    //利用 action 变量 addUser 的 getter 方法,获得网页中各个输入控件中用户输入
    //的字符串值,并将其赋值给 newUser 相应的属性
    newUser.setUsername(addUser.getUsername());
    newUser.setPassword(addUser.getPassword());
    DB db=new DB();
    boolean result=db.addUser(newUser);
    if(result){
        return "success";
    }else{
        return "error";
    }
}
```

利用自动代码补全功能,给 DB 类新增 addUser 方法,如图 4.31 所示。

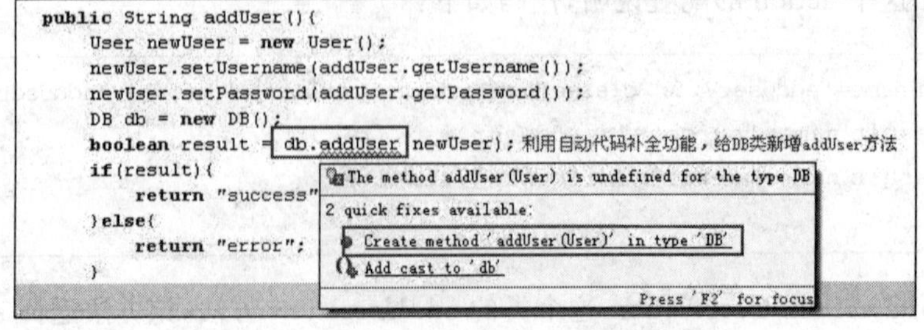

图 4.31 新增 DB 类的 addUser 方法

打开 DB Browser 中的 user 表，将两个字段写到 insert 语句中，如图 4.32 所示。

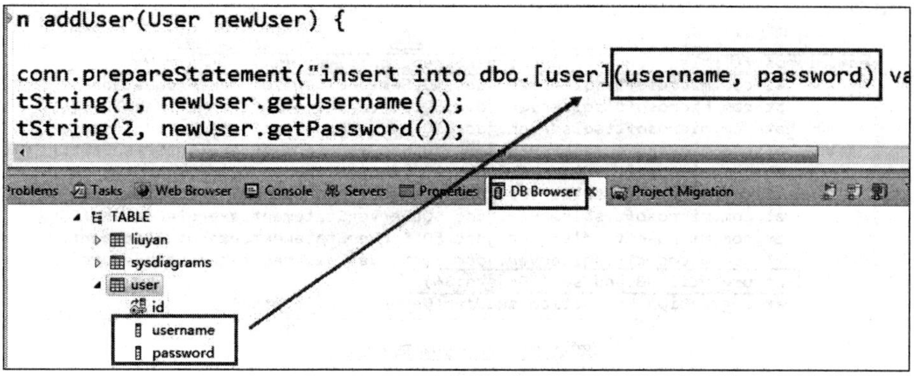

```
n addUser(User newUser) {

conn.prepareStatement("insert into dbo.[user](username, password) va
tString(1, newUser.getUsername());
tString(2, newUser.getPassword());
```

```
roblems  Tasks  Web Browser  Console  Servers  Properties  DB Browser  Project Migration
  TABLE
    liuyan
    sysdiagrams
    user
      id
      username
      password
```

图 4.32 将字段写入 insert 语句

最终的新增用户代码如下：

```java
//新增用户
public boolean addUser(User newUser) {
    try {
        ps=conn.prepareStatement("insert into dbo.user(username, password)
values(?, ?)");
        ps.setString(1, newUser.getUsername());
        ps.setString(2, newUser.getPassword());
        ps.executeUpdate();
        return true;
    } catch (SQLException e) {
        e.printStackTrace();
        return false;
    }
}
```

3）新建 successAddUser.jsp

在 WebRoot 目录下，新建网页 successAddUser.jsp，代码如下：

```jsp
<%@ page language="java" pageEncoding="UTF-8"%>
<html>
<head></head>
<body>
    恭喜你，添加用户操作成功！
</body>
</html>
```

运行工程，输入用户名和密码，单击“新增”按钮，不能正确插入数据，Console 窗口报错，如图 4.33 所示。

```
com.microsoft.sqlserver.jdbc.SQLServerException: 关键字 'user' 附近有语法错误。
	at com.microsoft.sqlserver.jdbc.SQLServerException.makeFromDatabaseEr
	at com.microsoft.sqlserver.jdbc.SQLServerStatement.getNextResult(SQLS
	at com.microsoft.sqlserver.jdbc.SQLServerPreparedStatement.doExecuteP
	at com.microsoft.sqlserver.jdbc.SQLServerPreparedStatement$PrepStmtEx
	at com.microsoft.sqlserver.jdbc.TDSCommand.execute(IOBuffer.java:4575
	at com.microsoft.sqlserver.jdbc.SQLServerConnection.executeCommand(SQ
	at com.microsoft.sqlserver.jdbc.SQLServerStatement.executeCommand(SQL
	at com.microsoft.sqlserver.jdbc.SQLServerStatement.executeStatement(S
	at com.microsoft.sqlserver.jdbc.SQLServerPreparedStatement.executeUpd
	at org.util.DB.addUser(DB.java:36)
	at org.action.UserAction.addUser(UserAction.java:32)
```

图 4.33　Console 后台报错

Console 提示(DB.java：36)表示程序员的代码 DB.java 的 36 行出错。这是由于 user 表是系统表，如果作为用户表，需要加中括号[]。修改 DB.java 第 36 行处的 insert 语句，将 dbo.user 改成 dbo.[user]，如图 4.34 所示。

```
try {
    ps = conn.prepareStatement("insert into dbo.[user] (username, passw
    ps.setString(1, newUser.getUsername());
    ps.setString(2, newUser.getPassword());
```

图 4.34　修改 DB.java 的 insert 语句

修改后，继续运行工程，没有报错，如图 4.35 所示。

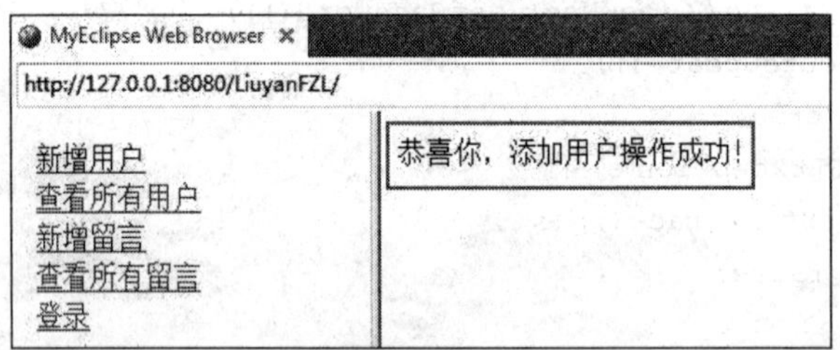

图 4.35　运行结果

查看 SQL Server 2008 后台数据库表 user 的内容，如图 4.36 所示。

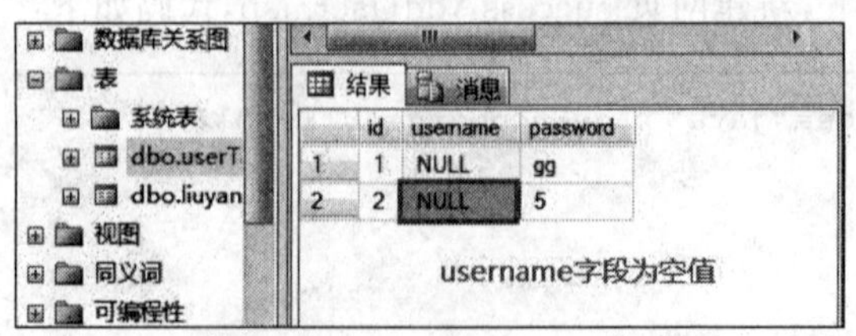

图 4.36　表 user 的结果错误

username 字段值为 NULL，这表明插入对象的 username 属性不正确。password 字段值不为 NULL，这表明插入对象的 password 属性正确。

4）启动调试模式

这时需要启动调试模式，去查找程序的 bug。

(1) 插入断点。

在 UserAction 类的 addUser 方法中，双击左边条，插入断点，如图 4.37 所示。

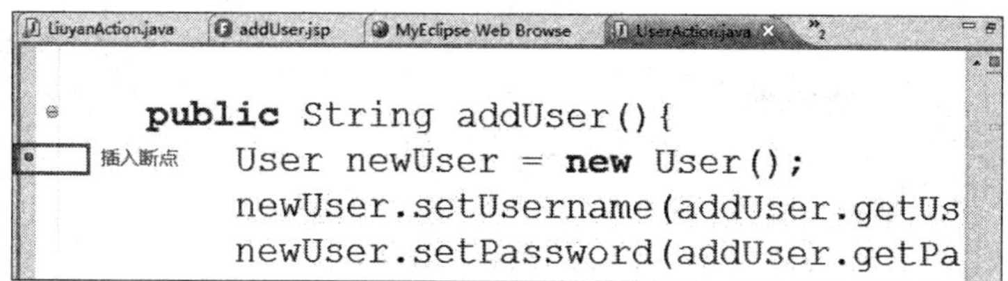

图 4.37　插入断点

(2) 启动调试。

在 MyEclipse 中以 Debug As 命令启动工程，如图 4.38 所示。

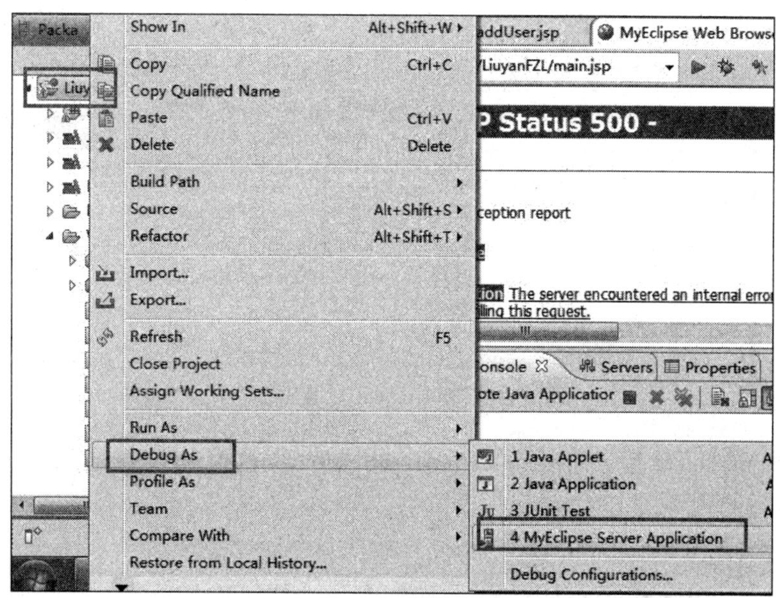

图 4.38　启动调试模式

(3) 运行工程。

输入用户名和密码，单击“新增”按钮，工程将在断点处暂停下来，进入调试透视图，如图 4.39 所示。

此时可以单击调试的执行模式处的各个不同功能的按钮，进行代码跟踪。

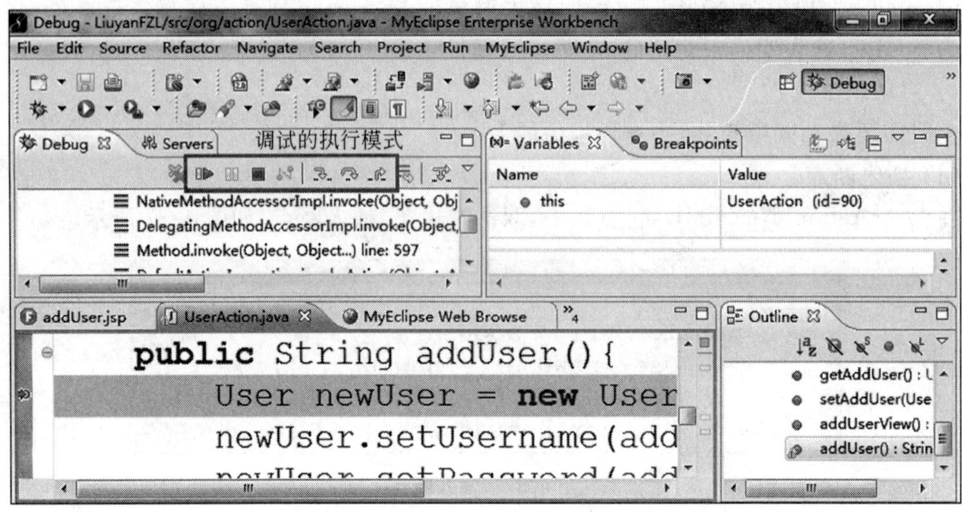

图 4.39　调试透视图

由于插入数据库的对象是 newUser,所以将光标停留在 newUser 变量上,查看该变量的值是否正确,如图 4.40 所示。

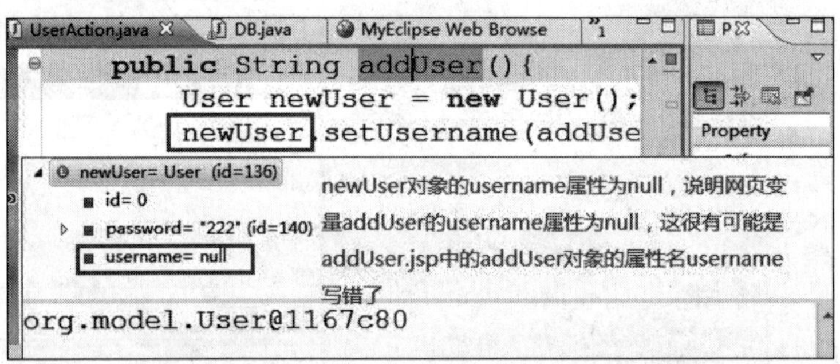

图 4.40　查看 newUser 变量的值

可以发现 newUser 的 username 属性为 null,进一步查看 addUser 的 username 属性也为 null,如图 4.41 所示。

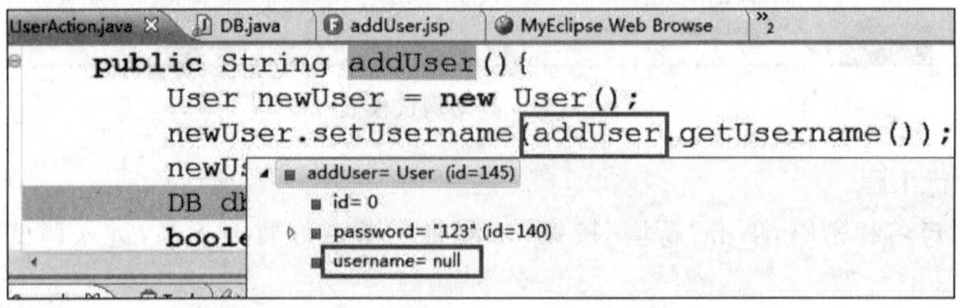

图 4.41　查看 addUser 的 username 属性

这表明网页对象 addUser 的属性出错，网页对象 addUser 是在 addUser. jsp 中的。

5）检查 addUser. jsp

查看 addUser. jsp，发现确实出错，代码如下：

```
<s:textfield name="addUser.usernames"></s:textfield>
```

将其修改为如下代码：

```
<s:textfield name="addUser.username"></s:textfield>
```

重新运行工程，输入用户名和密码，单击“新增”按钮，弹出成功界面，如图 4.42 所示。

再次观察 SQL Server 2008 后台数据库表 userTable 的内容也正确了，如图 4.43 所示。

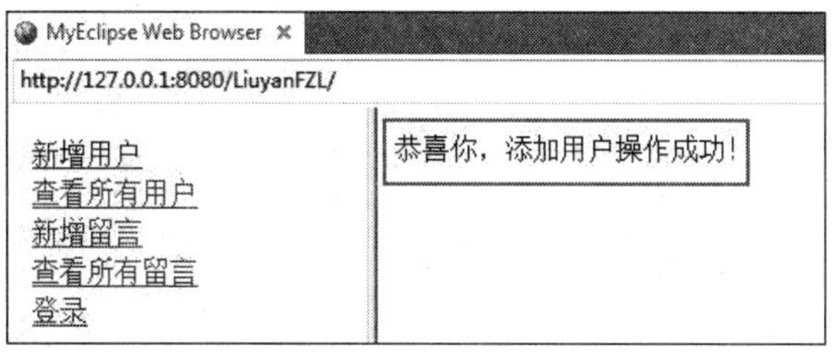

图 4.42　运行结果

图 4.43　表 userTable

4.5.2　新增留言

1. 新建 LiuyanAction 类

设置包名为 org. action，类名为 LiuyanAction，父类为 ActionSupport。

生成 LiuyanAction 类后，将新增一个 action 变量 addLiuyan，这个 action 变量必须与后面的 addLiuyan. jsp 页面中定义的网页变量 addLiuyan 同名，否则 Struts 无法实现这两个变量的映射。

必须生成 action 变量 addLiuyan 的 getter 和 setter 函数，这两个函数是回调函数，即是由 Struts 框架自动调用的。当单击 addLiuyan. jsp 中的“新增”按钮时，Struts 框架首先将 addLiuyan. jsp 网页中输入框（addLiuyan. id、addLiuyan. userId、addLiuyan. lydate、addLiuyan. title 和 addLiuyan. details）中用户手工输入的字符串值赋值给网页变量 addLiuyan 的 id、userId、lydate、title、details 属性。然后，自动调用 setAddLiuyan 方法，将网页变量 addLiuyan 赋值给 LiuyanAction 类中的 action 变量 addLiuyan。此后，LiuyanAction 类的其他方法（如下面的 addLiuyan 方法）中，就可以直接访问 action 变量 addLiuyan，从而间接地获得了所有输入框控件中用户手工输入的字符串值。

LiuyanAction 类代码如下所示：

```
package org.action;
import org.model.Liuyan;
import com.opensymphony.xwork2.ActionSupport;
public class LiuyanAction extends ActionSupport {
    //新增一个 action 变量,这个 action 变量必须与后面的 addLiuyan.jsp 页面中定义的
    //网页变量 addLiuyan 同名,否则 Struts 无法实现这两个变量的映射
    private Liuyan addLiuyan;           //用于新增留言
    public Liuyan getAddLiuyan() {
        return addLiuyan;
    }
    //形参 addLiuyan 是网页变量,this. addLiuyan 是 action 变量
    public void setAddLiuyan(Liuyan addLiuyan) {
        this.addLiuyan=addLiuyan;
    }
}
```

2. 添加 addLiuyanView 节及 addLiuyanView 方法

在 struts. xml 中添加显示新增留言视图的 action(addLiuyanView),然后在 LiuyanAction 类中添加相应方法(addLiuyanView),最后新建跳转页面。

1) 添加 addLiuyanView

在 struts. xml 中新增一个 action 节的说明 addLiuyanView,代码如下:

```
<action name="addLiuyanView" class="org.action.LiuyanAction"method=
"addLiuyanView">
    <result name="success">/addLiuyan.jsp</result>
</action>
```

2) 添加 addLiuyanView 方法

在 LiuyanAction 类中,添加 addLiuyanView 方法,代码如下:

```
public String addLiuyanView(){
    return "success";
}
```

3) 新建 addLiuyan. jsp

在 WebRoot 目录下,新建网页 addLiuyan. jsp,代码如下:

```
<%@taglib uri="/struts-tags" prefix="s"%>
<%@page language="java" import="java.util.*" pageEncoding="utf-8"%>
<!DOCTYPE HTML PUBLIC "-//W3C//DTD HTML 4.01 Transitional//EN">
```

```
<html>
    <head></head>
    <body>
        <s:form action="addLiuyan.action" method="post" theme="simple">
            <table width="500" border="1">
                <tr>
                    <td>
                        用户编号：
                    </td>
                    <td> 
                        <s:textfield name="addLiuyan.userId"></s:textfield>
                    </td>
                </tr>
                <tr>
                    <td>
                        留言标题：
                    </td>
                    <td> 
                        <s:textfield name="addLiuyan.title"></s:textfield>
                    </td>
                </tr>
                <tr>
                    <td>
                        留言内容：
                    </td>
                    <td> 
                        <s:textfield name="addLiuyan.details"></s:textfield>
                    </td>
                </tr>
                <tr>
                    <td>
                        留言时间：
                    </td>
                    <td> 
                        <s:textfield name="addLiuyan.lydate"></s:textfield>
                    </td>
                </tr>
                <tr>
                    <td> 
```

```
                <s:submit value="新增"></s:submit>
            </td>
            <td> 
                <s:reset value="重置"></s:reset>
            </td>
        </tr>
    </table>
  </s:form>
 </body>
</html>
```

4 个 s:textfield 输入控件的 name 属性中，都属于网页变量 addLiuyan，这个变量必须和 LiuyanAction 类中定义的 action 变量(private LiuyanaddLiuyan;)同名。4 个 s:textfield 输入控件的 name 属性中，addLiuyan 后面的属性(userId、lydate、title、details)必须和 org. model. Liuyan 类中的属性相同，如图 4.44 所示。

```
package org.model;
import java.sql.Date;

public class Liuyan {
    private int id;
    private int userId;
    private Date lydate;
    private String title;
    private String details;
```

图 4.44　org. model. Liuyan 类中的属性

运行工程，单击“新增留言”超链接，弹出 addLiuyan. jsp 的内容，如图 4.45 所示。

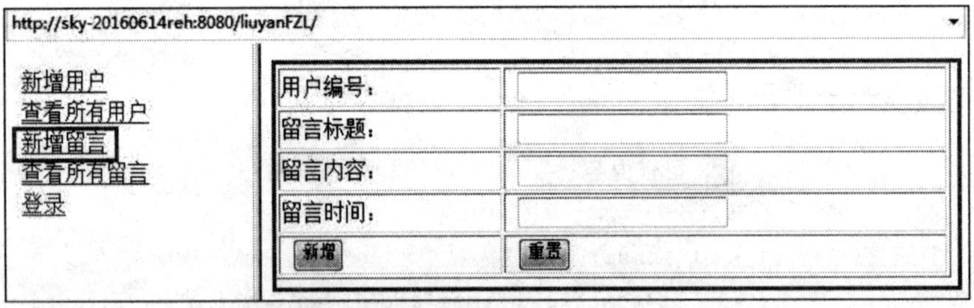

http://sky-20160614reh:8080/liuyanFZL/

新增用户 查看所有用户 新增留言 查看所有留言 登录	用户编号:	
	留言标题:	
	留言内容:	
	留言时间:	
	新增	重置

图 4.45　运行结果

3. 添加 addLiuyan 节及 addLiuyan 方法

在 struts. xml 中添加新增留言的 action(addLiuyan)，然后在 LiuyanAction 类中添加相应方法(addLiuyan)，最后新建跳转页面。

1）添加 addLiuyan

在 struts. xml 中新增一个 action 节的说明 addLiuyan，代码如下：

```
<action name="addLiuyan" class="org.action.LiuyanAction" method="addLiuyan">
    <result name="success">/successAddLiuyan.jsp</result>
    <result name="error">/main.jsp</result>
</action>
```

2）添加 addLiuyan 方法

在 LiuyanAction 类中，添加 addLiuyan 方法，代码如下：

```
public String addLiuyan(){
    Liuyan newLiuyan=new Liuyan();
    //利用 action 变量 addLiuyan 的 getter 方法,获得网页中各个输入控件中用户输入
    //的字符串值,并将其赋值给 newLiuyan 相应的属性
    newLiuyan.setUserId(addLiuyan.getUserId());
    newLiuyan.setTitle(addLiuyan.getTitle());
    newLiuyan.setLydate(addLiuyan.getLydate());
    newLiuyan.setDetails(addLiuyan.getDetails());
    DB db=new DB();
    boolean result=db.addLiuyan(newLiuyan);
    if(result){
        return "success";
    }else{
        return "error";
    }
}
```

利用自动代码补全功能，给 DB 类新增 addLiuyan 方法，如图 4.46 所示。

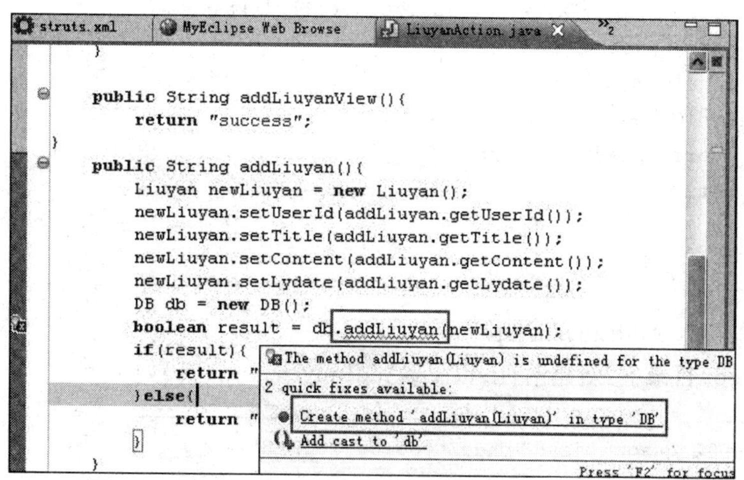

图 4.46　新增 DB 类的 addLiuyan 方法

打开 DB Browser 中的 liuyan 表，将 4 个字段写到 insert 语句中，如图 4.47 所示。

最终的新增留言代码如下：

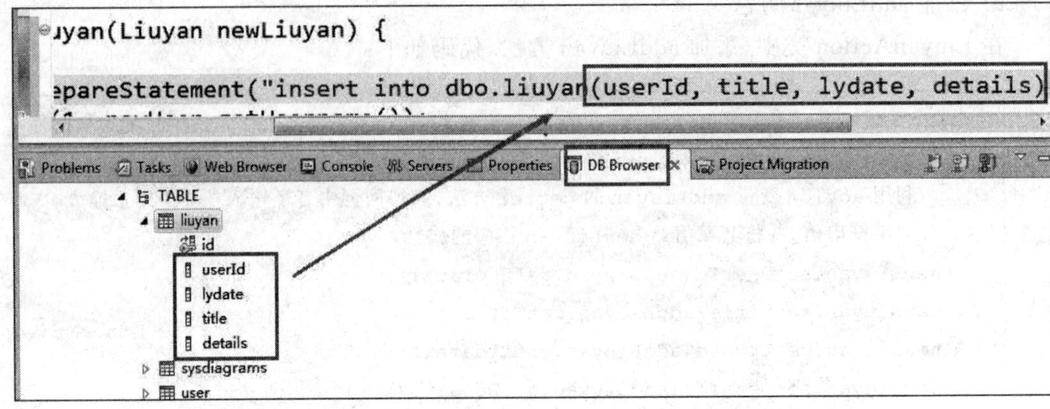

图 4.47　将 4 个字段写入 insert 语句

```
//新增留言
public boolean addLiuyan(Liuyan newLiuyan) {
    try {
        ps = conn.prepareStatement("insert into dbo.liuyan(userId, title,
        lydate, details) values(?, ?, ?, ?)");
        ps.setInt(1, newLiuyan.getUserId());
        ps.setString(2, newLiuyan.getTitle());
        ps.setDate(3, newLiuyan.getLydate());
        ps.setString(4, newLiuyan.getDetails());
        ps.executeUpdate();
        return true;
    } catch (SQLException e) {
        e.printStackTrace();
        return false;
    }
}
```

3) 新建 successAddLiuyan.jsp

在 WebRoot 目录下，新建网页 successAddLiuyan.jsp，代码如下：

```
<%@ page language="java" pageEncoding="UTF-8"%>
<html>
<head></head>
<body>恭喜你，添加留言操作成功！</body>
</html>
```

运行工程，如果留言日期没有输入日期格式，将报如下错误，如图 4.48 所示。

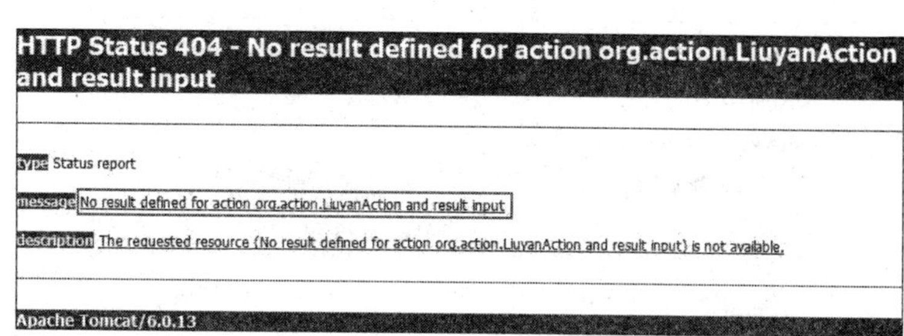

图 4.48　运行结果

这个错误(No result defined for action org. action. LiuyanAction and result input)是因为，对象赋值时的类型不匹配，执行 addLiuyan 方法后将出错，出错就要报没有 input 这个 result 的错误。

将留言日期输入“2017-01-23”这样的日期格式，就能正确新增留言。打开 DB Browser 中的 liuyan 表，右击选择 Edit Data，可以在 MyEclipse 中查看 liuyan 表所有的留言记录，如图 4.49 所示。

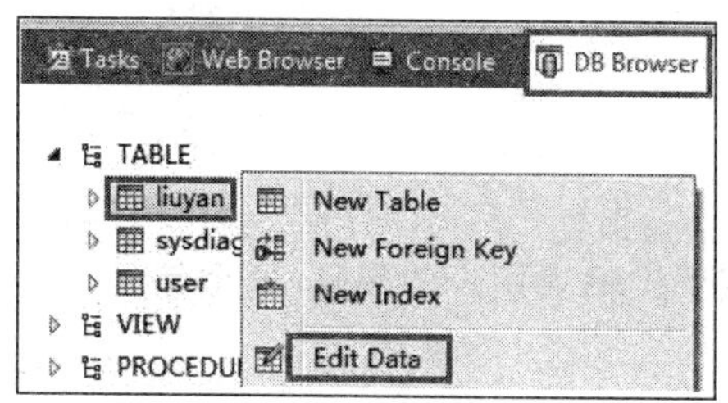

图 4.49　查看留言表的记录

为了避免用户错误输入，应该提供一个 input 类型的 result，告诉用户出错的原因，而不是显示图 4.48 这个错误提示。

首先，在 addLiuyan 这个 action 中，新增 input 类型的 result，当用户错误输入日期时，将显示 inputErrorHint. jsp 页面。

```
<action name="addLiuyan" class="org.action.LiuyanAction" method="addLiuyan">
    <result name="success">/successAddLiuyan.jsp</result>
    <result name="error">/main.jsp</result>
    <result name="input">/inputErrorHint.jsp</result>
</action>
```

然后，在 WebRoot 目录下，新建网页 inputErrorHint. jsp。在该网页中，显示提示信息，并增加一个“返回”超链接，代码如下：

```
<%@ page language="java" import="java.util.*" pageEncoding="utf-8"%>
<html>
<head></head>
<body>对不起,请确保输入的日期格式正确!
<a href="javascript:history.back(-1);">返回</a>
</body>
</html>
```

此时,当用户输入错误的日期时,单击“新增”按钮,效果如图 4.50 所示。

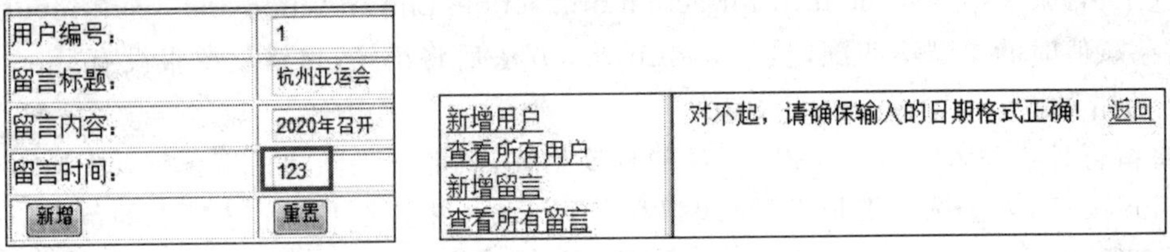

图 4.50　输入错误的日期,提示错误信息页面

最后,单击“返回”超链接可以回到原先错误日期输入的页面。

目前,该 Web 工程仍然存在两个缺陷:

(1) 留言日期应该是一个日历控件。

(2) 用户编号应该是用户名的下拉列表框,不应该手工输入用户的编号(这个编号是自增字段,数据库系统自身使用的)。

下面对这两个缺陷进行修改。

4) 修改留言日期为日历控件

在页面开始处加入 dojo 标签库引用地址,代码如下:

```
<%@tagliburi="/struts-dojo-tags" prefix="sx"%>
```

注意:如果采用拖放的方式增加日历控件,则不需要手工加这行,因为拖放控件的时候,将自动增加这行。

在<html>之前加入 sx:head 标记,代码如下:

```
<sx:head parseContent="true"/>
<html>
```

拖放一个 datetimepicker 控件到页面中,代码如下:

```
<sx:datetimepickername="addLiuyan.lydate"displayFormat="yyyy-MM-dd">
</sx:datetimepicker>
```

5）修改用户编号为用户名的下拉列表框

在 LiuyanAction.java 中新增主键表查询变量 listUser_PK，用于 User 表的查询，并将查询结果返回给 listUser_PK，代码如下：

```
/* 新增一个 action 变量，这个变量用于主键表 User 查询，在 addLiuyan.jsp 中有同名的网
页变量 listUser_PK，Struts 会自动执行变量映射，将 action 变量 listUser_PK 赋值给网页
变量 listUser_PK，从而在网页上迭代显示所有的用户 */
private List<User>listUser_PK;           //用于列表显示所有用户
public List<User>getListUser_PK() {
    return listUser_PK;
}
public void setListUser_PK(List<User>listUserPK) {
    listUser_PK=listUserPK;
}
```

在 LiuyanAction.java 中，修改 addLiuyanView 方法的内容。

将原始的 addLiuyanView 方法，代码如下：

```
public String addLiuyanView() throws Exception{
    return SUCCESS;
}
```

修改为新的 addLiuyanView 方法，代码如下：

```
public String addLiuyanView(){
    DB db=new DB();
    //查询所有用户
    listUser_PK=db.findAllUser();
    return "success";
}
```

利用自动代码补全功能，给 DB 类新增 addLiuyan 方法，如图 4.51 所示。

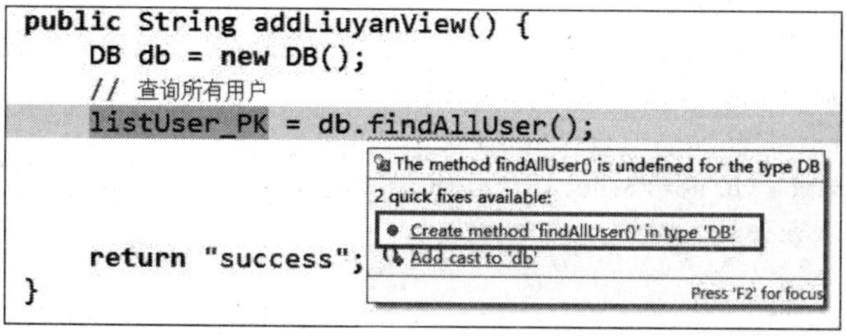

```
public String addLiuyanView() {
    DB db = new DB();
    // 查询所有用户
    listUser_PK = db.findAllUser();
```



```
    return "success";
}
```

图 4.51 新增 DB 类的 addLiuyan 方法

findAllUser 函数代码如下：

```
//返回所有用户
public ArrayList findAllUser(){
    ArrayList al=new ArrayList();
    try {
        ps=conn.prepareStatement("select * from dbo.[user]");
        rs=ps.executeQuery();
        while(rs.next()){
            User newuser=new User();
            newuser.setId(rs.getInt(1));
            newuser.setUsername(rs.getString(2));
            newuser.setPassword(rs.getString(3));
            al.add(newuser);
        }
        return al;
    } catch (SQLException e) {
        e.printStackTrace();
        return null;
    }
}
```

现在用户列表数据已经有了，需要将它里面的 username 值迭代显示出来。这就需要利用 Struts2 提供的网页迭代器<s:iterator>标签控件，这个控件可以在网页上做循环。

修改 addLiuyan.jsp 中的"用户编号"标题为"用户名称"，删除原有的<s:textfield>控件，增加 select 控件，并利用<s:iterator>控件从 listUser_PK 中遍历所有值，并循环构成 option 项列表。

将原有的 s:textfield，代码如下：

```
<s:textfield name="addLiuyan.userId"></s:textfield>
```

修改为 select，代码如下：

```
<select name="addLiuyan.userId" size="1">
    <s:iterator value="listUser_PK" id="uc">
        <option value="${uc.id}">${uc.username}</option>
    </s:iterator>
</select>
```

注意：uc 表示 user cursor，即用户游标，它是 listUser_PK 变量（List<User>）中的

User 对象。

为了在网页中使用 uc 对象,可以使用 EL 表达式 ${}来访问 uc 对象。这里将 uc 的 id 值作为 select 控件每一行的 value 值,将 uc 的 username 值作为 select 控件每一行的显示值。

再次运行程序后,将在下拉列表框中显示用户名列表,如图 4.52 所示。

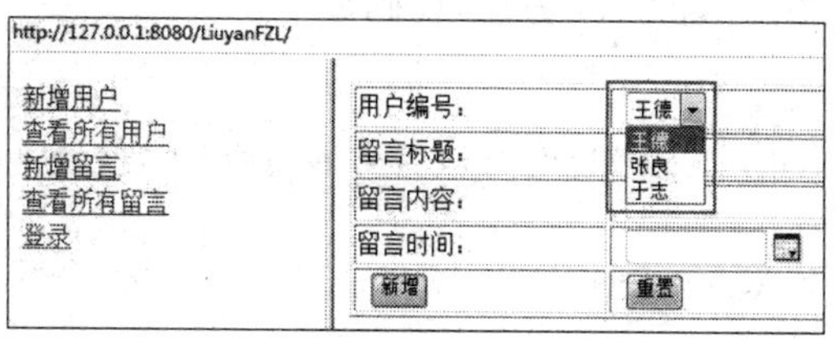

图 4.52 下拉列表框中显示用户名列表

4.5.3 查看所有用户

由于 left.jsp 的第二个超链接<a href="listUser.action" target="right">查看所有用户</a>中的 href 网址为 listUser.action,所以要在 struts.xml 中新增 listUser。

在 struts.xml 中添加用户列表的 action: listUser,然后在 UserAction 类中添加相应方法 listUser,最后新建跳转页面。

1. 添加 listUser

在 struts.xml 中新增一个 action 的说明 listUser,代码如下:

```
<action name="listUser" class="org.action.UserAction" method="listUser">
    <result name="success">/listUser.jsp</result>
</action>
```

注意:设置 method 属性,用于执行 org.action.UserAction 类的 listUser 方法,而不再执行默认的 execute 方法。

2. 新增 UserAction 类的 action 变量

在 UserAction 类中新增一个 listUser 数组变量,并生成 getter 和 setter 函数,代码如下:

```
/* 新增一个 action 变量 listUser,用于列表显示所有用户,在 listUser.jsp 中使用,迭代
    显示所有的用户 */
private List listUser;
public List getListUser() {
    return listUser;
}
```

```
public void setListUser(List listUser) {
    this.listUser=listUser;
}
```

3. 添加 listUser 方法

在 UserAction 类中添加 listUser 方法,代码如下:

```
public String listUser(){
//做数据库查询,将所有用户记录放置到 listUser 变量中,这个变量将在 listUser.jsp 中使用
    DB db=new DB();
    listUser=db.findAllUser();
    return "success";
}
```

4. 新建 listUser.jsp

在 WebRoot 目录下,新建网页 listUser.jsp。首先,在 Dreamweaver 中新建一个 2 行 5 列的表格,并填好表格标题和第一条样本数据,如图 4.53 所示。

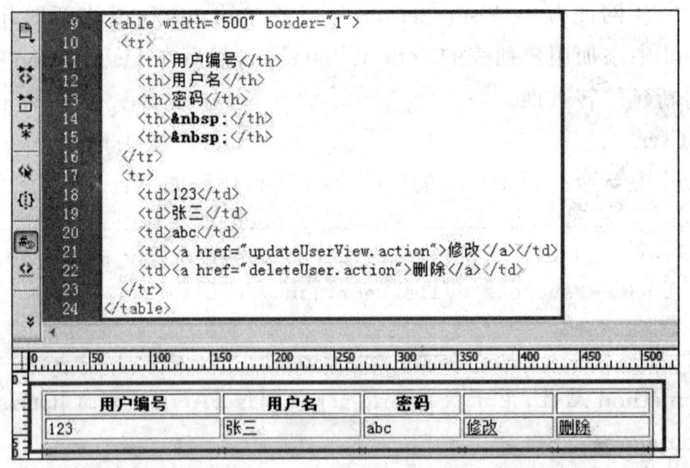

图 4.53 新建 listUser.jsp

然后,利用<s:iterator>控件迭代生成所有<tr></tr>对,代码如下:

```
<%@ taglib uri="/struts-tags" prefix="s"%>
<%@ page language="java" import="java.util.* " pageEncoding="utf-8"%>
<!DOCTYPE HTML PUBLIC "-//W3C//DTD HTML 4.01 Transitional//EN">
<html>
<head></head>
<body>
```

```
    <table width="500" border="1">
        <tr>
            <td>用户编号</td>
            <td>用户名</td>
            <td>密码</td>
            <td> </td>
            <td> </td>
        </tr>
        <s:iterator value="listUser" id="user">
            <tr>
                <td><s:property value="#user.id" /></td>
                <td><s:property value="#user.username" /></td>
                <td><s:property value="#user.password" /></td>
                <td><a href="updateUserView.action>">修改</a></td>
                <td><a href="deleteUser.action">删除</a></td>
            </tr>
        </s:iterator>
    </table>
</body>
</html>
```

注意：s:iterator 控件的 value 属性 listUser 是 UserAction 中定义的变量，user 是 s:iterator 中的游标，它是 listUser 变量(List＜User＞，列表数组对象)中的一个 User 对象。

为了在网页中使用 user 对象，可以使用＃来访问 user 对象。这里将 user 的 id 值作为每一行 tr 的第一个单元格 td 的值，将 user 的 username 值作为每一行 tr 的第二个单元格 td 的值，将 user 的 password 值作为每一行 tr 的第三个单元格 td 的值。每一行 tr 的第四个单元格 td 的值是修改超链接，超链接的 href 值为 updateUserView. action。每一行 tr 的第五个单元格 td 的值是删除超链接，超链接的 href 值为 deleteUser. action。

运行工程，单击"查看所有用户"，可以看到用户列表，如图 4.54 所示。

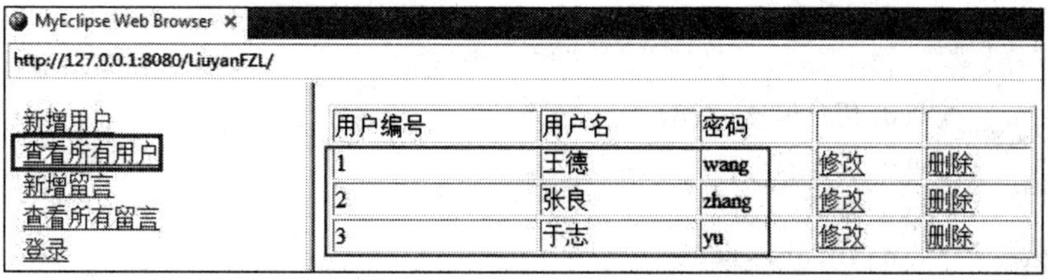

MyEclipse Web Browser

http://127.0.0.1:8080/LiuyanFZL/

新增用户
查看所有用户
新增留言
查看所有留言
登录

用户编号	用户名	密码		
1	王德	wang	修改	删除
2	张良	zhang	修改	删除
3	于志	yu	修改	删除

图 4.54 运行结果

由于"修改"和"删除"超链接中没有该行的 id 传入，所以无法执行指定行的相应操作。下面改正这两个超链接的内容。

首先，将＜a href＝"updateUserView. action＞"＞改成如下代码：

```
<a href="updateUserView.action?updateUserView.id=<s:property value="#user.
id"/>">
```

即新增?updateUserView. id＝＜s：property value＝"＃user. id"/＞，其中，＜s：property value＝"＃user. id"/＞就是第一列单元格所显示的用户 id 值。

然后，将＜a href＝"deleteUser. action＞"＞改成如下代码：

```
<a href="deleteUser.action?deleteUser.id=<s:property value="#user.id"/>">
```

即新增?deleteUser. id＝＜s：property value＝"＃user. id"/＞。

超链接中有如下两个修改的地方。

(1) 超链接中的"?"表示 GET 方式执行网页的提交操作，这种方式只能传入少量的变量，且变量的值都明文显示，因此不安全。而 POST 方式就不会这样，这种方式会把表单中的所有变量全部提交，而且是非明文提交。

(2) 超链接中的 updateUserView 和 deleteUser 这两个变量都是网页变量，这两个网页变量必须和下面定义在 UserAction 类中的两个 action 变量(private User updateUserView；和 private User deleteUser;)同名，从而可以实现变量映射，并在 UserAction 类的 updateUserView()方法中的 int id＝updateUserView. getId()使用，以及在 UserAction 类的 deleteUser()方法中的 int delUserID＝deleteUser. getId()使用。

最终的 listUser. jsp 页面，代码如下：

```
<%@ taglib uri="/struts-tags" prefix="s"%>
<%@ page language="java" import="java.util.*" pageEncoding="utf-8"%>
<!DOCTYPE HTML PUBLIC "-//W3C//DTD HTML 4.01 Transitional//EN">
<html>
<head></head>
<body>
    <table width="500" border="1">
        <tr>
            <td>用户编号</td>
            <td>用户名</td>
            <td>密码</td>
            <td> </td>
            <td> </td>
        </tr>
        <s:iterator value="listUser" id="user">
```

```
            <tr><td><s:property value="#user.id" /></td>
                <td><s:property value="#user.username" /></td>
                <td><s:property value="#user.password" /></td>
                <td><a href="updateUserView.action?updateUserView.id=
                <s:property value="#user.id"/>">修改</a></td>
                <td><a href="deleteUser.action?deleteUser.id=<s:property
                value="#user.id"/>">删除</a></td>
            </tr>
        </s:iterator>
    </table>
</body>
</html>
```

4.5.4　修改用户

1. 添加 updateUserView 节及 updateUserView 方法

在 struts. xml 中添加“显示修改用户视图”的 action：updateUserView，然后在 UserAction 类中添加相应方法 updateUserView，最后新建跳转页面。

1）新增 updateUserView

在 struts. xml 中新增一个 action 节的说明 updateUserView，代码如下：

```
<action name="updateUserView" class="org.action.UserAction" method=
"updateUserView">
    <result name="success">/updateUser.jsp</result>
</action>
```

2）新增 action 变量

在 UserAction 类中新增 updateUserView 这个 action 变量，并生成 Getter 和 Setter 函数，代码如下：

```
//用于显示修改用户的界面，在 updateUserView.jsp 中使用
private User updateUserView;
public User getUpdateUserView() {
    return updateUserView;
}
public void setUpdateUserView(User updateUserView) {
    this.updateUserView=updateUserView;
}
```

3）新增 updateUserView 方法

在 LiuyanAction 类中，添加 updateUserView 方法，代码如下：

```
public String updateUserView(){
    /* 利用超链接上的 updateUserView 变量的 id 值去查询数据库，把该 id 的用户查询出
       来。注意，此时 updateUserView 变量的 username 和 password 属性都为 null
       值 */
    int id=updateUserView.getId();
    DB db=new DB();
    /* 将查询出来的用户，重新赋值给 updateUserView，此时 updateUserView 变量中的
       username 和 password 属性都有值了 */
    updateUserView=db.findUser(id);
    return "success";
}
```

利用自动代码补全功能，给 DB 类新增 findUser 方法，如图 4.55 所示。

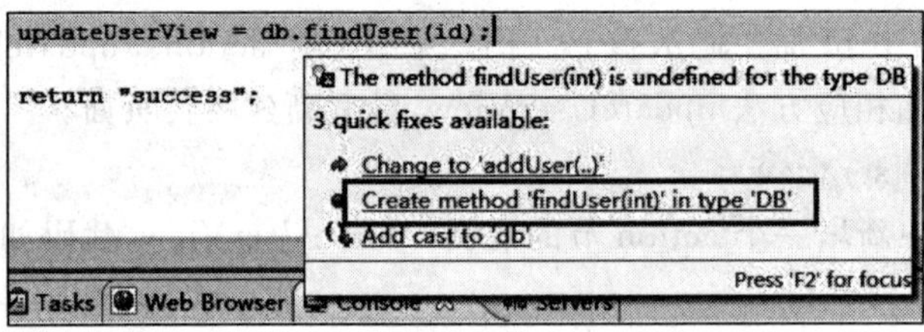

图 4.55　新增 DB 类的 findUser 方法

findUser 方法代码如下：

```
//根据用户编号查询用户记录
public User findUser(int id){
    try{
        ps=conn.prepareStatement("select * from dbo.[user] where id=?");
        ps.setInt(1, id);
        rs=ps.executeQuery();
        User newuser=new User();
        while(rs.next()){
            newuser.setId(rs.getInt(1));
            newuser.setUsername(rs.getString(2));
            newuser.setPassword(rs.getString(3));
            return newuser;
        }
        return null;
```

```
    } catch (SQLException e) {
        e.printStackTrace();
        return null;
    }
}
```

注意：通过调试器观察，当执行 updateUserView = db.findUser(id)；语句之前，updateUserView 变量只有 id 属性有值，其他属性为 null。当执行完该语句后，updateUserView 变量的其他两个属性也有值了。

4）新建 updateUser.jsp

首先，将 addUser.jsp 复制一份，并重命名为 updateUser.jsp。然后将表单的 action 改为 updateUser.action，并将用户姓名和密码这两个输入控件的 s:textfield 改为显示控件 s:property。最后，将"提交"按钮的 value 显示由"新增"改成"修改"。

updateUser.jsp 代码如下：

```
<%@ taglib uri="/struts-tags" prefix="s"%>
<%@ page language="java" import="java.util.*" pageEncoding="utf-8"%>
<!DOCTYPE HTML PUBLIC "-//W3C//DTD HTML 4.01 Transitional//EN">
<html>
<head></head>
<body>
    <s:form action="updateUser.action" method="post" theme="simple">
        <table width="400" border="1">
            <tr>
                <td>用户编号：</td>
                <td><s:property value="updateUserView.id" /></td>
            </tr>
            <tr>
                <td>用户姓名：</td>
                <td><s:property value="updateUserView.username" /></td>
            </tr>
            <tr>
                <td>密码：</td>
                <td><s:property value="updateUserView.password" /></td>
            </tr>
            <tr>
                <td>  <s:submit value="修改"></s:submit>
                </td>
                <td>  <s:reset value="重置"></s:reset>
```

```
            </td>
        </tr>
    </table>
</s:form>
</body>
</html>
```

注意：updateUserView 是 UserAction 中定义的变量，该变量在 updateUserView 方法中已经把 username 和 password 属性都赋好值了，所以可以通过显示控件 s:property 显示。

当单击第一行中的“修改”超链接后，将显示界面，如图 4.56 所示。

用户名:	王得
密码:	wang
修改	重置

图 4.56 单击“修改”超链接

可以发现，原有的用户姓名和密码值都已经可以正常显示。

5）修改用户名和密码为输入框

将原有 s:property，代码如下：

```
<tr>
<td>用户姓名：</td>
<td><s:property value="updateUserView.username"/></td>
</tr>
<tr>
<td>密码：</td>
<td><s:property value="updateUserView.password"/></td>
</tr>
```

改成 input，代码如下：

```
<tr>
    <td>用户名：</td>
    <td>
        <input name="updateUser.username" type="text" value=
            "<s:property value="updateUserView.username"/>">
    </td>
</tr>
<tr>
    <td>密码：</td>
```

```
    <td>
        <input name="updateUser.password" type="password" value=
            "<s:property value="updateUserView.password"/>">
    </td>
</tr>
```

6）新增 id 控件

页面只有两个输入框，即 updateUser 网页变量的 username 和 password 有值，但 id 没有值。但后面在做 update 语句时，需要有 id 作为 where 条件值，所以必须再添加一个 id 控件，可以只读(readonly)或者隐藏(hidden)，这样可以确保后续的 update 操作。id 控件代码如下：

```
<tr>
    <td>用户编号：</td>
    <td>
        <input name="updateUser.id" type="text" value=
            "<s:property value="updateUserView.id"/>"readonly>
    </td>
</tr>
```

id 控件显示界面如图 4.57 所示。

用户编号：	1
用户名：	王得
密码：	••••
修改	重置

图 4.57 updateUser.jsp

改成隐藏控件时，不需要显示用户编号了：

```
<tr>
    <input name="updateUser.id" type="hidden" value=
        "<s:property value="updateUserView.id"/>">
</tr>
```

id 控件变成隐藏控件后，显示界面如图 4.58 所示。

用户名：	王得
密码：	••••
修改	重置

图 4.58 改成隐藏控件

3 个 input 输入框的 updateUser 这个变量是网页变量，这个网页变量必须和下面定义在 UserAction 类中的 action 变量(private User updateUser;)同名，从而可以实现变量映射，并在 UserAction 类的 updateUser()方法中的 existUser. setId(updateUser. getId())使用。

每个 input 输入框的 updateUser 变量和用于显示初始值的 updateUserView 变量是两个不同的网页变量，updateUser 变量将用于下面的 updateUser()方法中的 updateUser. getId()，而 updateUserView 变量是“修改”超链接传入的网页变量。

最终的 updateUser. jsp 页面(采用只读方式)，代码如下：

```
<%@ taglib uri="/struts-tags" prefix="s"%>
<%@ page language="java" import="java.util.* " pageEncoding="utf-8"%>
<!DOCTYPE HTML PUBLIC "-//W3C//DTD HTML 4.01 Transitional//EN">
<html>
<head></head>
<body>
    <s:form action="updateUser.action" method="post" theme="simple">
        <table width="400" border="1">
            <tr>
                <td>用户编号: </td>
                <td><input name="updateUser.id" type="text"
                        value = "< s: property value = " updateUserView. id"/>"
                        readonly>
                </td>
            </tr>
            <tr>
                <td>用户名: </td>
                <td><input name="updateUser.username" type="text"
                    value="<s:property value=" updateUserView.username"/>">
                    </td>
            </tr>
            <tr>
                <td>密码: </td>
                <td><input name="updateUser.password" type="password"
                    value="<s:property value=" updateUserView.password"/>">
                    </td>
            </tr>
            <tr>
                <td>  <s:submit value="修改"></s:submit>
                </td>
```

```
                <td>  <s:reset value="重置"></s:reset>
                </td>
            </tr>
        </table>
    </s:form>
</body>
</html>
```

2. 添加 updateUser 节及 updateUser 方法

在 struts. xml 中添加真正“修改用户”的 action：updateUser，然后在 UserAction 类中添加相应方法 updateUser，最后新建跳转页面。

1）新增 updateUser

在 struts. xml 中新增一个 action 节的说明 updateUser，代码如下：

```
<action name="updateUser" class="org.action.UserAction" method="updateUser">
    <result name="success">/successUpdateUser.jsp</result>
</action>
```

2）新增 action 变量

在 UserAction 类中新增 updateUser 这个变量，并生成 Getter 和 Setter 函数，代码如下：

```
//用于传递已更新对象
private User updateUser;
public User getUpdateUser() {
    return updateUser;
}
public void setUpdateUser(User updateUser) {
    this.updateUser=updateUser;
}
```

3）新增 updateUser 方法

在 LiuyanAction 类中，添加 updateUser 方法，代码如下：

```
public String updateUser(){
    /* 从已更新对象 udpateUser 中读出所有属性值,包括已修改的和未修改的,全部读
       出来 */
    User existUser=new User();
    existUser.setId(updateUser.getId());
```

```
    existUser.setUsername(updateUser.getUsername());
    existUser.setPassword(updateUser.getPassword());
    DB db=new DB();
    boolean result=db.updateUser(existUser);
    if(result){
        return "success";
    }else{
        return "error";
    }
}
```

利用自动代码补全功能，给 DB 类新增 updateUser 方法，如图 4.59 所示。

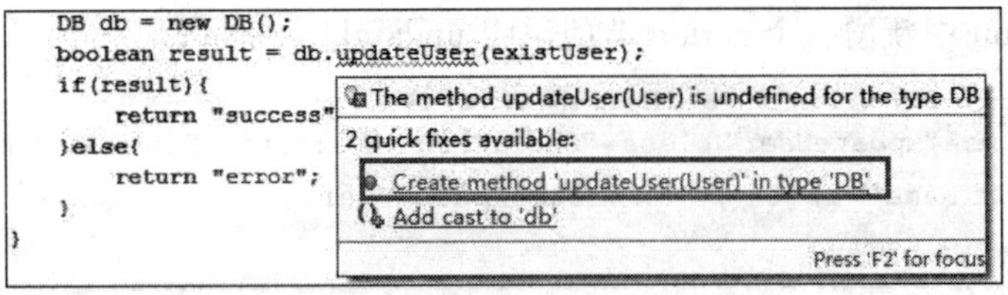

```
DB db = new DB();
boolean result = db.updateUser(existUser);
if(result){
    return "success"
}else{
    return "error";
}
}
```

The method updateUser(User) is undefined for the type DB
2 quick fixes available:
Create method 'updateUser(User)' in type 'DB'
Add cast to 'db'
Press 'F2' for focus

图 4.59　新增 DB 类的 updateUser 方法

updateUser 方法代码如下：

```
//修改用户
public boolean updateUser(User user){
    try {
        ps=conn.prepareStatement("update dbo.[user] set username=?, password
        =? where id=?");
        ps.setString(1, user.getUsername());
        ps.setString(2, user.getPassword());
        ps.setInt(3, user.getId());
        ps.executeUpdate();
        return true;
    } catch (SQLException e) {
        e.printStackTrace();
        return false;
    }
}
```

4）新建 successUpdateUser.jsp

successUpdateUser.jsp 代码如下：

```
<%@ page language="java" pageEncoding="UTF-8"%>
<html>
<head></head>
<body>
        恭喜你,修改用户操作成功!
</body>
</html>
```

4.5.5　删除用户

添加 deleteUser 节及 deleteUser 方法如下所示。

在 struts.xml 中添加删除用户的 action：deleteUser，然后在 UserAction 类中添加相应方法 deleteUser，最后新建跳转页面。

1）新增 deleteUser

在 struts.xml 中新增一个 action 节的说明 deleteUser，代码如下：

```
<action name="deleteUser" class="org.action.UserAction" method="deleteUser">
    <result name="success">/successDeleteUser.jsp</result>
</action>
```

2）新增 action 变量

在 UserAction 类中新增 deleteUser 这个变量，并生成 Getter 和 Setter 函数，代码如下：

```
//用于传递待删除对象
private User deleteUser;
public User getDeleteUser() {
    return deleteUser;
}
public void setDeleteUser(User deleteUser) {
    this.deleteUser=deleteUser;
}
```

3）新增 deleteUser 方法

在 UserAction 类中，添加 deleteUser 方法，代码如下：

```
public String deleteUser(){
    int delUserID=deleteUser.getId();
    DB db=new DB();
    User delUser=db.findUser(delUserID);
```

```
    boolean result=db.deleteUser(delUser);
    if(result){
        return "success";
    }else{
        return "error";
    }
}
```

利用自动代码补全功能,给 DB 类新增 deleteUser 方法,如图 4.60 所示。

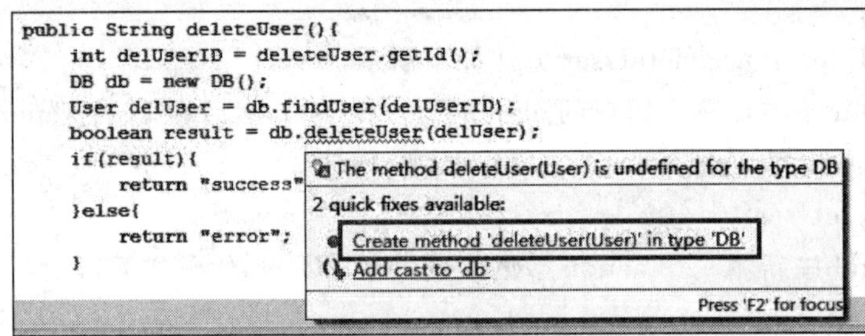

图 4.60　新增 DB 类的 deleteUser 方法

deleteUser 方法代码如下:

```
//删除用户
public boolean deleteUser(User user){
    try {
        ps=conn.prepareStatement("delete from dbo.[user] where id=?");
        ps.setInt(1, user.getId());
        ps.executeUpdate();
        return true;
    } catch (SQLException e) {
        e.printStackTrace();
        return false;
    }
}
```

4) 新建 successDeleteUser.jsp

successDeleteUser.jsp 代码如下:

```
<%@ page language="java" pageEncoding="UTF-8"%>
<html>
<head></head>
```

```
<body>
    恭喜你,删除用户操作成功!
</body>
</html>
```

5）修改删除的超链接

添加 deleteUser.action 这个超链接的 onClick 事件属性,将原有超链接,代码如下:

```
<a href="deleteUser.action?deleteUser.id=<s:property value="#user.id"/>">
删除</a>
```

修改为新的超链接,代码如下:

```
<a href="deleteUser.action?deleteUser.id=<s:property value="#user.id"/>"
    onClick=" if(confirm('确定删除该信息吗? '))
                return true;
            else
                return false;
            ">删除
</a>
```

即增加超链接的 onClick 属性,代码如下:

```
onClick=" if(confirm('确定删除该信息吗? '))
            return true;
        else
            return false; "
```

此时,当单击“删除”超链接后,将首先弹出如下对话框,如图 4.61 所示。

当用户单击“确定”按钮后,将执行 href 中的跳转地址 deleteUser.action。如果单击“取消”按钮,则直接关闭该对话框,并且不执行 href 中的跳转地址。

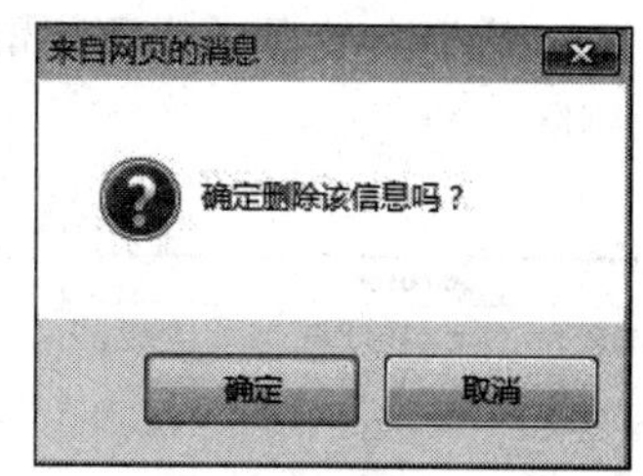

图 4.61 单击“删除”超链接

6）运行程序

当删除的用户没有发表留言时,当单击“确定”按钮后,可以删除该用户。但是如果删除的用户发表过留言,当单击“确定”按钮后,将不能删除该用户,系统报如下错误,如图 4.62 所示。

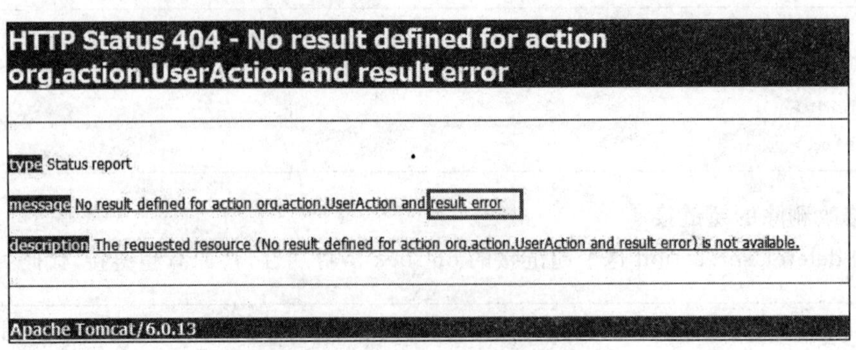

图 4.62　单击“确定”按钮出错

同时在 Console 中报如下错误，如图 4.63 所示。

```
com.microsoft.sqlserver.jdbc.SQLServerException: DELETE 语句与 REFERENCE 约束"FK_liuyan_users"冲突。该冲突发生于数据库"liuyanFZL"，表"dbo.liuyan", column 'userId'.
	at com.microsoft.sqlserver.jdbc.SQLServerException.makeFromDatabaseError(SQLServerException.java:197)
	at com.microsoft.sqlserver.jdbc.SQLServerStatement.getNextResult(SQLServerStatement.java:1493)
	at com.microsoft.sqlserver.jdbc.SQLServerPreparedStatement.doExecutePreparedStatement(SQLServerPreparedStatement.java:390)
	at com.microsoft.sqlserver.jdbc.SQLServerPreparedStatement$PrepStmtExecCmd.doExecute(SQLServerPreparedStatement.java:340)
	at com.microsoft.sqlserver.jdbc.TDSCommand.execute(IOBuffer.java:4575)
	at com.microsoft.sqlserver.jdbc.SQLServerConnection.executeCommand(SQLServerConnection.java:1400)
	at com.microsoft.sqlserver.jdbc.SQLServerStatement.executeCommand(SQLServerStatement.java:179)
	at com.microsoft.sqlserver.jdbc.SQLServerStatement.executeStatement(SQLServerStatement.java:154)
	at com.microsoft.sqlserver.jdbc.SQLServerPreparedStatement.executeUpdate(SQLServerPreparedStatement.java:308)
	at org.util.DB.deleteUser(DB.java:134)
	at org.action.UserAction.deleteUser(UserAction.java:132)
	at sun.reflect.NativeMethodAccessorImpl.invoke0(Native Method)
	at sun.reflect.NativeMethodAccessorImpl.invoke(NativeMethodAcc
	at sun.reflect.DelegatingMethodAccessorImpl.invoke(DelegatingM
	at java.lang.reflect.Method.invoke(Method.java:606)
```

图 4.63　Console 中错误

图 4.63 中 com.microsoft.sqlserver.jdbc.SQLServerException：DELETE 语句与 REFERENCE 约束 FK_liuyan_users 冲突。该冲突发生于数据库 liuyanFZL，表 dbo.liuyan，到 userId。

这是数据库的外键保护措施起效果了，即删除主键表中某行时（如删除 User 表中 id=1 的行），如果外键表中存在多条约束行（即 Liuyan 表中 userId=1 的所有行，即留言 id=3 和 4 的两行删除），则必须把外键表中所有的约束行删除后，才能删除主键表的行。

如图 4.64 和图 4.65 所示，当删除 id=10 的用户时，可以直接删除。当删除 id=1 和 id=10的用户时，必须首先删除留言表中的 id=3 和 id=4，以及 id=10 和 id=11 的记录后，才能删除。

dbo.user

id	username	password
1	王得	wang
9	张良	zhang
10	于倩	yu

图 4.64　user 表

dbo.liuyan

id	userId	lydate	title	details
3	1	2017-03-15 00:...	杭州地铁5号线	2019年开通
4	1	2017-04-10 00:...	杭州市区城中...	2020完成
10	9	2017-02-22 00:...	杭州亚运会	2020年召开
11	9	2017-08-09 00:...	太空快递	2017发射太空

图 4.65　liuyan 表

为了获得好的用户体验效果，不能直接将这个 404 的错误显示给用户。因此，需要增加 result 为 error 的处理。

7）新增 error 类型的 result

在 deleteUser 这个 action 中，新增 error 类型的 result，当用户错误删除记录时，将显示 deleteUserErrorHint. jsp 页面，代码如下：

```
<action name="deleteUser" class="org.action.UserAction" method="deleteUser">
    <result name="success">/successDeleteUser.jsp</result>
    <result name="error">/deleteUserErrorHint.jsp</result>
</action>
```

8）新增 deleteUserErrorHint. jsp

在该网页中，显示提示信息，并增加一个返回超链接，代码如下：

```
<%@ page language="java" import="java.util.*" pageEncoding="utf-8"%>
<html>
<head></head>
<body>对不起,请先删除该用户发表的所有留言后,再删除该用户!
    <a href="javascript:history.back(-1);">返回</a>
</body>
</html>
```

运行工程，当用户错误删除记录时，将显示如下页面，如图 4.66 和图 4.67 所示。

MyEclipse Web Browser

http://127.0.0.1:8080/LiuyanFZL/

新增用户
查看所有用户
新增留言
查看所有留言
登录

用户编号	用户名	密码		
1	王德	wang	修改	删除
2	张良	zhang	修改	删除
3	于志	yu	修改	删除

图 4.66　用户错误删除记录

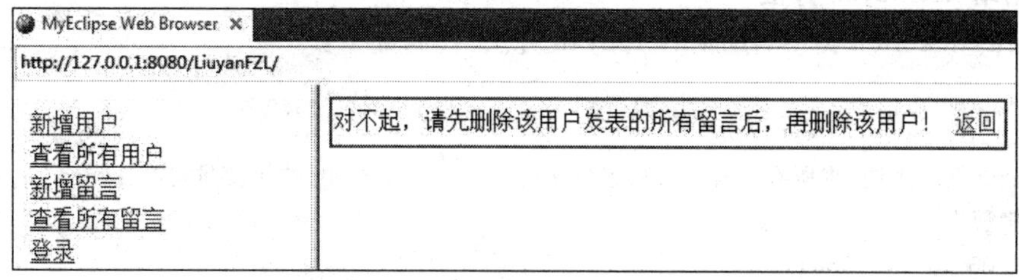

图 4.67　显示错误提示界面

单击“返回”超链接，可以回到原先的所有用户列表页面。

4.5.6 查看所有留言

由于 left.jsp 的第四个超链接<a href="listLiuyan.action" target="right">查看所有留言</a>中的 href 网址为 listLiuyan.action，所以要在 struts.xml 中新增 listLiuyan。

在 struts.xml 中添加用户列表的 action：listLiuyan，然后在 LiuyanAction 类中添加相应方法 listLiuyan，最后新建跳转页面。

1. 新增 listLiuyan

在 struts.xml 中新增一个 action 节的说明 listLiuyan，代码如下：

```
<action name="listLiuyan" class="org.action.LiuyanAction" method="listLiuyan">
    <result name="success">/listLiuyan.jsp</result>
</action>
```

注意：设置 method 属性，用于执行 org.action.LiuyanAction 类的 listLiuyan 方法，而不再执行默认的 execute 方法。

2. 新增 action 变量

在 LiuyanAction 类中新增一个 listLiuyan 数组变量，并生成 getter 和 setter 函数，代码如下：

```
/*用于列表显示所有留言,在 listLiuyan.jsp 中使用,迭代显示所有的留言*/
private List listLiuyan;
public List getListLiuyan() {
    return listLiuyan;
}
public void setListLiuyan(List listLiuyan) {
    this.listLiuyan=listLiuyan;
}
```

3. 新增 listLiuyan 方法

在 LiuyanAction 类中，添加 listLiuyan 方法，代码如下：

```
public String listLiuyan(){
//做数据库查询,将所有留言记录放置到 listLiuyan 变量中,这个变量将在 listLiuyan.jsp
//中使用
    DB db=new DB();
    listLiuyan=db.findAllLiuyan();
    return "success";
}
```

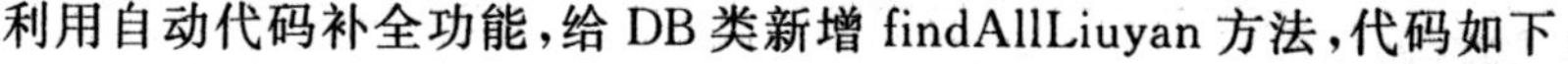

利用自动代码补全功能，给 DB 类新增 findAllLiuyan 方法，代码如下：

```
//返回所有留言
public ArrayList findAllLiuyan() {
    ArrayList al=new ArrayList();
    try {
        ps=conn.prepareStatement("select * from dbo.liuyan");
        rs=ps.executeQuery();
        while (rs.next()) {
            Liuyan newLiuyan=new Liuyan();
            newLiuyan.setId(rs.getInt(1));
            newLiuyan.setUserId(rs.getInt(2));
            newLiuyan.setLydate(rs.getDate(3));
            newLiuyan.setTitle(rs.getString(4));
            newLiuyan.setDetails(rs.getString(5));
            al.add(newLiuyan);
        }
    return al;
    } catch (SQLException e) {
        e.printStackTrace();
        return null;
    }
}
```

4. 新建 listLiuyan.jsp

listLiuyan.jsp 代码如下：

```
<%@ taglib uri="/struts-tags" prefix="s"%>
<%@ page language="java"import="java.util.* " pageEncoding="utf-8"%>
<!DOCTYPE HTML PUBLIC "-//W3C//DTD HTML 4.01 Transitional//EN">
<html>
<head></head>
<body>
    <table width="700" border="1">
        <tr>
            <td>留言编号</td>
            <td>留言用户姓名</td>
            <td>留言日期</td>
            <td>留言标题</td>
            <td>留言内容</td>
            <td> </td>
```

```
            <td> </td>
        </tr>
        <s:iterator value="listLiuyan" id="ly">
            <tr>
                <td><s:property value="#ly.id" /></td>
                <td><s:property value="#ly.userId" /></td>
                <td><s:property value="#ly.lydate" /></td>
                <td><s:property value="#ly.title" /></td>
                <td><s:property value="#ly.details" /></td>
                <td><a href="updateLiuyanView.action?updateLiuyanView.id=
                <s:property value="#ly.id"/>">修改</a></td>
                <td><a href="deleteLiuyan.action?deleteLiuyan.id=<s:
                property value="#ly.id"/>">删除</a></td>
            </tr>
        </s:iterator>
    </table>
</body>
</html>
```

注意：s:iterator 控件的 value 属性 listLiuyan 是 LiuyanAction 中定义的变量，利用<s:iterator>控件迭代生成所有<tr></tr>对。

运行工程，单击“查看所有留言”，可以看到留言列表，如图 4.68 所示。

http://127.0.0.1:8080/LiuyanFZL/

新增用户
查看所有用户
新增留言
查看所有留言
登录

留言编号	留言用户姓名	留言日期	留言标题	留言内容		
3	1	17-3-15	杭州地铁5号线	2019年开通	修改	删除
4	1	17-4-10	杭州市区城中村改造	2020完成	修改	删除
10	9	17-2-22	杭州亚运会	2020年召开	修改	删除
11	9	17-8-9	太空快递	2017发射太空快递车	修改	删除

图 4.68　运行结果

可以看到，留言用户姓名列中只是显示了用户编号，没有显示用户姓名，需要修改。

1）修改 Liuyan 类

增加 username 属性，以及对应该属性的 getter 和 setter 函数，代码如下：

```
public class Liuyan {
    ...
    private String username;
    public String getUsername() {
```

```
        return username;
    }
    public void setUsername(String username) {
        this.username=username;
    }
    ...
}
```

2）修改 DB 类的 findAllLiuyan 方法

findAllLiuyan 方法代码如下：

```
//返回所有留言
public ArrayList findAllLiuyan() {
    ArrayList al=new ArrayList();
    try {
        ps=conn.prepareStatement("select ly.id, ly.userId, ly.lydate, ly.
        title, ly.details, u.username from dbo.liuyan ly, dbo.[user] u where
        ly.userId=u.id");
        rs=ps.executeQuery();
        while (rs.next()) {
            Liuyan newLiuyan=new Liuyan();
            newLiuyan.setId(rs.getInt(1));
            newLiuyan.setUserId(rs.getInt(2));
            newLiuyan.setLydate(rs.getDate(3));
            newLiuyan.setTitle(rs.getString(4));
            newLiuyan.setDetails(rs.getString(5));
            newLiuyan.setUsername(rs.getString(6));
            al.add(newLiuyan);
        }
        return al;
    } catch (SQLException e) {
        e.printStackTrace();
        return null;
    }
}
```

3）修改 listLiuyan. jsp

将留言用户编号，代码如下：

```
<td><s:property value="#ly. userId" /></td>
```

修改为留言用户姓名，代码如下：

```
<td><s:property value="#ly.username" /></td>
```

重新运行程序，可以看到留言列表界面，如图 4.69 所示。

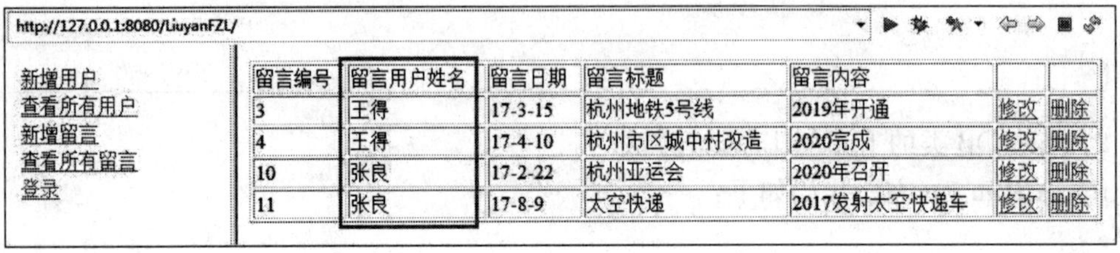

http://127.0.0.1:8080/LiuyanFZL/

新增用户
查看所有用户
新增留言
查看所有留言
登录

留言编号	留言用户姓名	留言日期	留言标题	留言内容		
3	王得	17-3-15	杭州地铁5号线	2019年开通	修改	删除
4	王得	17-4-10	杭州市区城中村改造	2020完成	修改	删除
10	张良	17-2-22	杭州亚运会	2020年召开	修改	删除
11	张良	17-8-9	太空快递	2017发射太空快递车	修改	删除

图 4.69　运行结果

注意：SQL 语句 select ly. id，ly. userId，ly. lydate，ly. title，ly. details，u. username from dbo. liuyan ly，dbo. [user] u where ly. userId＝u. id 中，如果少了 where ly. userId＝u. id 将会得到错误的重复记录值，因此必须采用连接带约束的查询。

这里指出一个容易出错的地方：不能采用 findUser 方法获得用户，因为在 findUser 方法中使用同一个 ResultSet 对象，即 user 表的记录集和 liuyan 表的记录集发生冲突。如果执行 findUser 方法，将会报错，具体出错情况请读者自己分析，代码如下：

```
User user=findUser(rs.getInt(2));
newLiuyan.setUsername(user.getUsername());
```

4.5.7　修改留言

1. 添加 updateLiuyanView 节及 updateLiuyanView 方法

在 struts. xml 中添加"显示修改留言视图"的 action：updateLiuyanView，然后在 LiuyanAction 类中添加相应方法 updateLiuyanView，最后新建跳转页面。

1）新增 updateLiuyanView

在 struts. xml 中新增一个 action 节的说明 updateLiuyanView，代码如下：

```
<action name="updateLiuyanView" class="org.action.LiuyanAction"
                method="updateLiuyanView">
    <result name="success">/updateLiuyan.jsp</result>
</action>
```

2）新增 action 变量

在 LiuyanAction 类中新增 updateLiuyanView 这个 action 变量，并生成 Getter 和 Setter

函数,代码如下:

```
//用于显示修改留言的界面,在 updateLiuyanView.jsp 中使用
private Liuyan updateLiuyanView;
public Liuyan getUpdateLiuyanView() {
    return updateLiuyanView;
}
public void setUpdateLiuyanView(Liuyan updateLiuyanView) {
    this.updateLiuyanView=updateLiuyanView;
}
```

3) 新增 updateLiuyanView 方法

在 LiuyanAction 类中,添加 updateLiuyanView 方法,代码如下:

```
public String updateLiuyanView(){
    /* 利用超链接上的 updateLiuyanView 变量的 id 值去查询数据库,把该 id 的留言查询
       出来,此时 updateLiuyanView 变量的 username 和 password 属性都为 null 值 */
    int id=updateLiuyanView.getId();
    DB db=new DB();
    /* 将查询出来的留言,重新赋值给 updateLiuyanView,此时 updateLiuyanView 变量
       中的 username 和 password 属性都有值了 */
    updateLiuyanView=db.findLiuyan(id);
    return "success";
}
```

利用自动代码补全功能,给 DB 类新增 findLiuyan 方法,代码如下:

```
//根据留言编号查询留言记录
public Liuyan findLiuyan(int id){
    try {
        ps= conn.prepareStatement ("select ly.id, ly.userId, ly.lydate, ly.
        title, ly.details, u.username from dbo.liuyan ly, dbo.[user] u where
        ly.userId=u.id and ly.id=?");
        ps.setInt(1, id);
        rs=ps.executeQuery();
        rs=ps.executeQuery();
        Liuyan ly=new Liuyan();
        while (rs.next()) {
            ly.setId(rs.getInt(1));
            ly.setUserId(rs.getInt(2));
```

```
            ly.setLydate(rs.getDate(3));
            ly.setTitle(rs.getString(4));
            ly.setDetails(rs.getString(5));
            ly.setUsername(rs.getString(6));
            break;
        }
        return ly;
    } catch (SQLException e) {
        e.printStackTrace();
        return null;
    }
}
```

注意：通过调试器观察，当执行 updateLiuyanView＝db. findLiuyan(id)；语句之前，updateLiuyanView 变量只有 id 属性有值，其他属性为 null。当执行完该语句后，updateLiuyanView 变量的其他 6 个属性也有值了。

4）新建 updateLiuyan. jsp

(1) 复制 addLiuyan. jsp，另存为 updateLiuyan. jsp。

(2) 利用＜s:property＞控件生成可显示原有属性值的页面。

updateLiuyan. jsp 代码如下：

```
<%@ taglib uri="/struts-tags" prefix="s"%>
<%@ tagliburi="/struts-dojo-tags" prefix="sx"%>
<%@ page language="java" import="java.util.* " pageEncoding="utf-8"%>
<!DOCTYPE HTML PUBLIC "-//W3C//DTD HTML 4.01 Transitional//EN">
<html>
<head>
<sx:head parseContent="true" />
</head>
<body>
    <s:form action="updateLiuyan.action" method="post" theme="simple">
        <table width="500" border="1">
            <tr>
                <td>留言编号：</td>
                <td>  <s:property value="updateLiuyanView.id" />
                </td>
            </tr>
            <tr>
                <td>用户名称：</td>
```

```
                <td>  <s:property value="updateLiuyanView.username" />
                </td>
            </tr>
            <tr>
                <td>留言标题: </td>
                <td>  <s:property value="updateLiuyanView.title" />
                </td>
            </tr>
            <tr>
                <td>留言内容: </td>
                <td>  <s:property value="updateLiuyanView.details" />
                </td>
            </tr>
            <tr>
                <td>留言时间: </td>
                <td>  <s:property value="updateLiuyanView.lydate" />
                </td>
            </tr>
            <tr>
                <td>  <s:submit value="修改"></s:submit>
                </td>
                <td>  <s:reset value="重置"></s:reset>
                </td>
            </tr>
        </table>
    </s:form>
</body>
</html>
```

当单击第一条留言中的“修改”超链接时，显示界面如图 4.70 所示。

留言编号:	3
用户名称:	王得
留言标题:	杭州地铁5号线
留言内容:	2019年开通
留言时间:	17-3-15
修改	重置

图 4.70 单击“修改”超链接

(3) 利用<input>控件生成可编辑的控件，默认值为<s:property>的值。

(4) 利用<sx:datetimepicker>控件生成可编辑的日历控件。

最终的 updateLiuyan.jsp 代码如下：

```
<%@ taglib uri="/struts-tags" prefix="s"%>
<%@ tagliburi="/struts-dojo-tags" prefix="sx"%>
<%@ page language="java" import="java.util.* " pageEncoding="utf-8"%>
<sx:head parseContent="true"/>
<!DOCTYPE HTML PUBLIC "-//W3C//DTD HTML 4.01 Transitional//EN">
<html>
    <head></head>
    <body>
        <s:form action="updateLiuyan.action" method="post" theme="simple">
            <table width="500" border="1">
            <tr>
                    <td>
                        留言编号：
                    </td>
                    <td> 
                        <input name="updateLiuyan.id" value="<s:property
                        value="updateLiuyanView.id"/>" readonly>
                    </td>
                </tr>
                <tr>
                    <td>
                        用户名称：
                    </td>
                    <td> 
                        <input name="updateLiuyan.username" value="<s:property
                        value="updateLiuyanView.username"/>" readonly>
                    </td>
                </tr>
                <tr>
                    <td>
                        留言标题：
                    </td>
                    <td> 
                        <input name="updateLiuyan.title" value="<s:property
                        value="updateLiuyanView.title"/>">
                    </td>
                </tr>
                <tr>
```

```
                    <td>
                        留言内容：
                    </td>
                    <td> 
                        <input name="updateLiuyan.details" value="<s:
                        property value="updateLiuyanView.details"/>">
                    </td>
                </tr>
                <tr>
                    <td>
                        留言时间：
                    </td>
                    <td> 
                    <sx:datetimepicker  name="updateLiuyan.lydate"
                    displayFormat="yyyy-MM-dd"/>
                    </td>
                </tr>
                <tr>
                    <td> 
                        <s:submit value="修改"></s:submit>
                    </td>
                    <td> 
                        <s:reset value="重置"></s:reset>
                    </td>
                </tr>
            </table>
        </s:form>
    </body>
</html>
```

注意：每个输入控件都有 name 属性，都是 updateUser 变量的属性（用于单击“修改”按钮后，执行 updateUser 这个 action 时要传过去的网页变量）。每个输入控件都有 value 属性，都是 updateUserView 变量的属性（用于单击“修改”超链接执行 updateUserView 这个 action 时要传进来的网页变量）。

2. 添加 updateLiuyan 节及 updateLiuyan 方法

在 struts. xml 中添加真正“修改留言”的 action：updateLiuyan，然后在 LiuyanAction 类中添加相应方法 updateLiuyan，最后新建跳转页面。

1）新增 updateLiuyan

在 struts. xml 中新增一个 action 节的说明 updateLiuyan，代码如下：

```
<action name="updateLiuyan" class="org.action.LiuyanAction" method=
"updateLiuyan">
    <result name="success">/successUpdateLiuyan.jsp</result>
</action>
```

2）新增 action 变量

在 LiuyanAction 类中新增 updateLiuyan 这个变量，并生成 Getter 和 Setter 函数，代码如下：

```
//用于传递已更新对象
private Liuyan updateLiuyan;
public Liuyan getUpdateLiuyan () {
    return updateLiuyan;
}
public void setUpdateLiuyan (Liuyan updateLiuyan) {
    this.updateLiuyan=updateLiuyan;
}
```

3）添加 updateLiuyan 方法

在 LiuyanAction 类中，添加 updateLiuyan 方法，代码如下：

```
public String updateLiuyan(){
    /* 从已更新对象 udpateLiuyan 中读出所有属性值，包括已修改的和未修改的，全部读
       出来 */
    Liuyan existLiuyan=new Liuyan();
    existLiuyan.setId(updateLiuyan.getId());
    existLiuyan.setTitle(updateLiuyan.getTitle());
    existLiuyan.setDetails(updateLiuyan.getDetails());
    existLiuyan.setLydate(updateLiuyan.getLydate());
    DB db=new DB();
    boolean result=db.updateLiuyan(existLiuyan);
    if(result){
        return "success";
    }else{
        return "error";
    }
}
```

利用自动代码补全功能，给 DB 类新增 updateLiuyan 方法，代码如下：

```
//修改留言
public boolean updateLiuyan(Liuyan Liuyan){
    try {
        ps=conn.prepareStatement("update dbo.Liuyan set title=?, details=?,
        lydate=? where id=?");
        ps.setString(1, Liuyan.getTitle());
        ps.setString(2, Liuyan.getDetails());
        ps.setDate(3, Liuyan.getLydate());
        ps.setInt(4, Liuyan.getId());
        ps.executeUpdate();
        return true;
    } catch (SQLException e) {
        e.printStackTrace();
        return false;
    }
}
```

4）新建 successUpdateLiuyan. jsp

successUpdateLiuyan. jsp 代码如下：

```
<%@page language="java" pageEncoding="UTF-8"%>
<html>
<head></head>
<body>
    恭喜你,修改留言操作成功!
</body>
</html>
```

4.5.8 删除留言

在 struts. xml 中添加删除留言的 action：deleteLiuyan，然后在 LiuyanAction 类中添加相应方法 deleteLiuyan，最后新建跳转页面。

1. 新增 deleteLiuyan

在 struts. xml 中新增一个 action 节的说明 deleteLiuyan，代码如下：

```
<action name="deleteLiuyan" class="org.action.LiuyanAction" method=
"deleteLiuyan">
    <result name="success">/successDeleteLiuyan.jsp</result>
</action>
```

2. 新增 action 变量

在 LiuyanAction 类中新增 deleteLiuyan 这个 action 变量，并生成 Getter 和 Setter 函数，代码如下：

```
//用于删除留言
private Liuyan deleteLiuyan;
public Liuyan getDeleteLiuyan() {
    return deleteLiuyan;
}
public void setDeleteLiuyan(Liuyan deleteLiuyan) {
    this.deleteLiuyan=deleteLiuyan;
}
```

3. 添加 deleteLiuyan 方法

在 LiuyanAction 类中添加 deleteLiuyan 方法，代码如下：

```
public String deleteLiuyan(){
    int delLiuyanID=deleteLiuyan.getId();
    DB db=new DB();
    Liuyan delLiuyan=db.findLiuyan(delLiuyanID);
    boolean result=db.deleteLiuyan(delLiuyan);
    if(result){
        return "success";
    }else{
        return "error";
    }
}
```

利用自动代码补全功能，给 DB 类新增 deleteLiuyan 方法，代码如下：

```
//删除留言
public boolean deleteLiuyan(Liuyan Liuyan){
    try {
        ps=conn.prepareStatement("delete from dbo.[Liuyan] where id=?");
        ps.setInt(1, Liuyan.getId());
        ps.executeUpdate();
        return true;
    } catch (SQLException e) {
        e.printStackTrace();
```

```
            return false;
        }
}
```

4. 新建 successDeleteLiuyan.jsp

successDeleteLiuyan.jsp 代码如下：

```
<%@ page language="java" pageEncoding="UTF-8"%>
<html>
<head></head>
<body>
    恭喜你,删除留言操作成功!
</body>
</html>
```

5. 修改删除超链接

修改"删除"超链接，添加 onClick 事件。

将原有超链接，代码如下：

```
<a href="deleteLiuyan.action?deleteLiuyan.id=<s:property value="#Liuyan.
id"/>">删除</a>
```

修改为带 onClick 事件的超链接，代码如下：

```
<a href="deleteLiuyan.action?deleteLiuyan.id=<s:property value="#Liuyan.
id"/>"
    onClick=" if(confirm('确定删除该信息吗？'))
                    return true;
                else
                    return false;
                "删除</a>
```

即增加超链接的 onClick 属性，代码如下：

```
onClick=" if(confirm('确定删除该信息吗？'))
            return true;
        else
            return false; "
```

假定删除留言列表中编号为 11 的留言，当单击"删除"超链接时，如图 4.71 所示。

留言编号	留言用户姓名	留言日期	留言标题	留言内容		
3	王得	17-4-5	杭州地铁5号线3	2019年开通3	修改	删除
4	王得	17-4-10	杭州市区城中村改造	2020完成	修改	删除
10	张良	17-2-22	杭州亚运会	2020年召开	修改	删除
11	张良	17-8-9	太空快递	2017发射太空快递车	修改	删除

图 4.71　单击“删除”超链接

将首先弹出如下对话框，如图 4.72 所示。

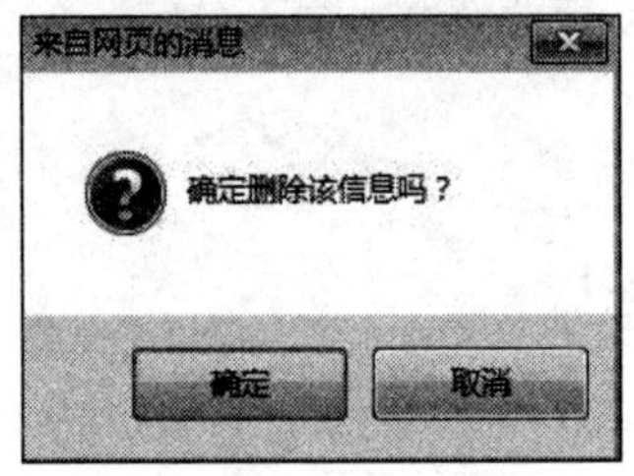

图 4.72　弹出对话框

当用户单击“确定”按钮后，将执行 href 中的跳转地址 deleteLiuyan.action。如果单击“取消”按钮，则直接关闭该对话框，并且不执行 href 中的跳转地址。

正常删除后，将显示页面，如图 4.73 所示。

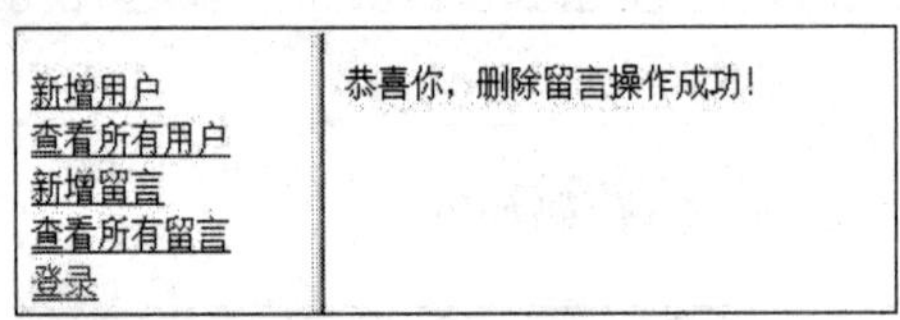

图 4.73　显示页面

至此，完成 left.jsp 左边的 4 个超链接功能。请读者自行完成最后一个超链接“登录”的功能，该超链接将实现对数据库中 user 表的验证操作。

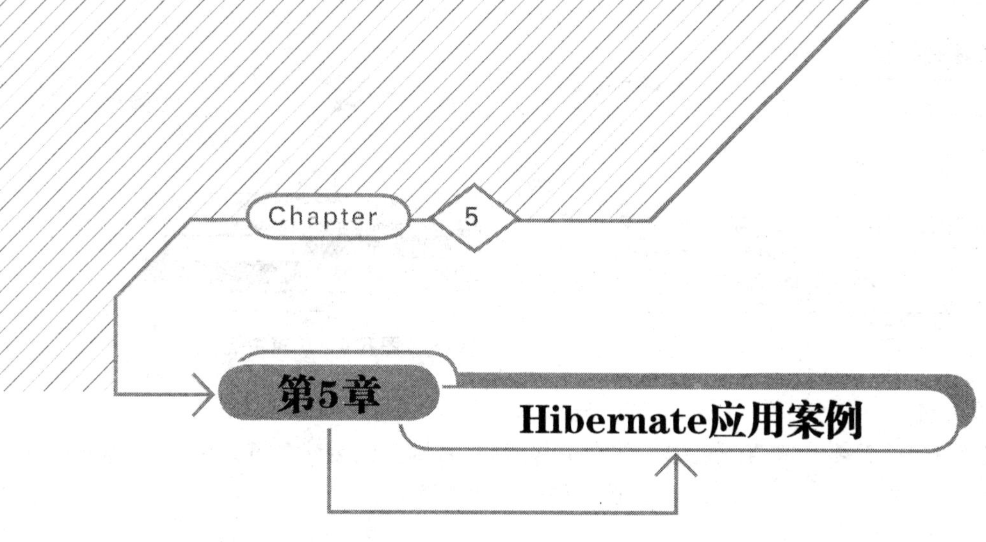

第5章 Hibernate应用案例

5.1 案例 1——多对一和一对多关联

多对一和一对多关联是互逆的两种关系，可通过设立两张表的外键关系，同时实现多对一和一对多关联。

5.1.1 工程框架搭建

1. 新建数据库和表

新建数据库 RelationTest，然后新建 person 表和 room 表。

1）person 表

person 表字段如图 5.1 所示，主键设置如图 5.2 所示。

SKY-20160123UKM....Test - dbo.person

列名	数据类型	允许 Null 值
id	int	☐
name	varchar(50)	☑
room_id	int	☑

图 5.1 person 表

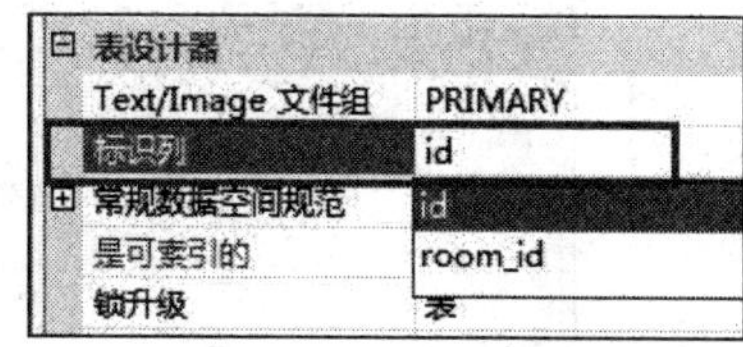

图 5.2 设置主键

注意：id 字段是主键，而且必须是标识列（即自增型）。标识列必须在保存表之前就设置好，一旦保存表后，就不能再做设置标识列的操作。

2）room 表

room 表字段如图 5.3 所示，主键设置如图 5.4 所示。

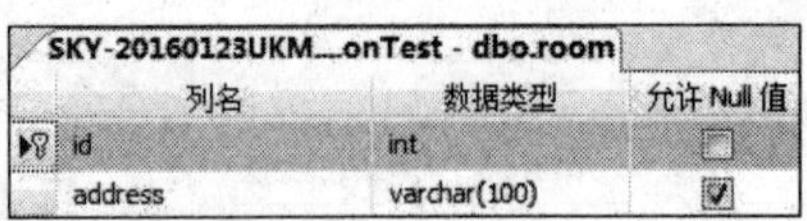

图 5.3　room 表

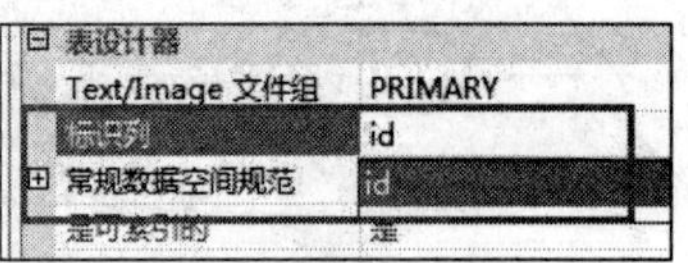

图 5.4　设置主键

2. 设置外键

在设置外键前,必须将这两张表中的数据全部删除,否则无法创建外键。在 SQL Server 2008 中必须在外键表中才能建外键,所以必须首先打开外键表。

打开外键表 person,如图 5.5 所示。

单击"关系"按钮,如图 5.6 所示。

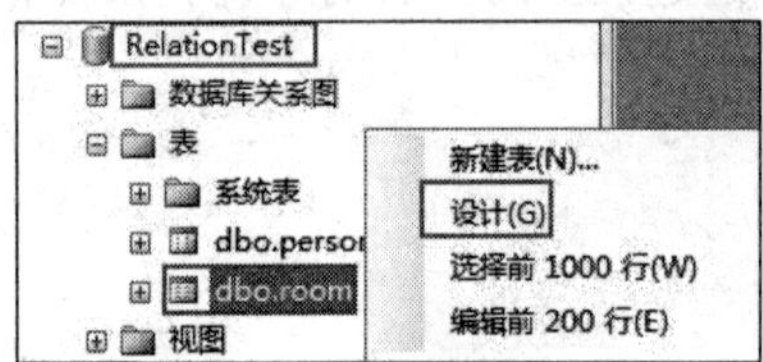

图 5.5　打开外键表 person

图 5.6　单击"关系"按钮

单击"添加"按钮,如图 5.7 所示。

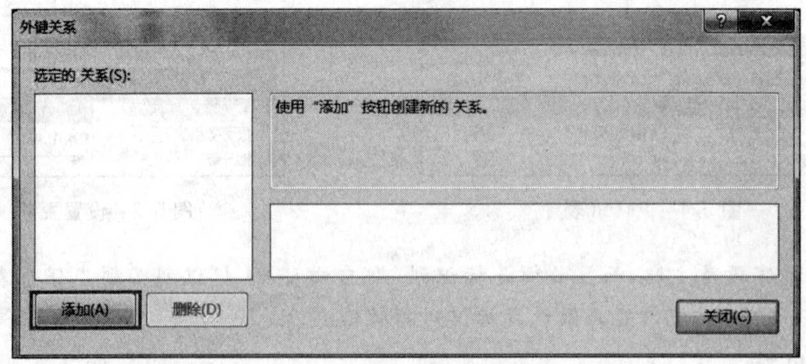

图 5.7　单击"添加"按钮

单击“表和列规范”项的按钮,如图 5.8 所示。

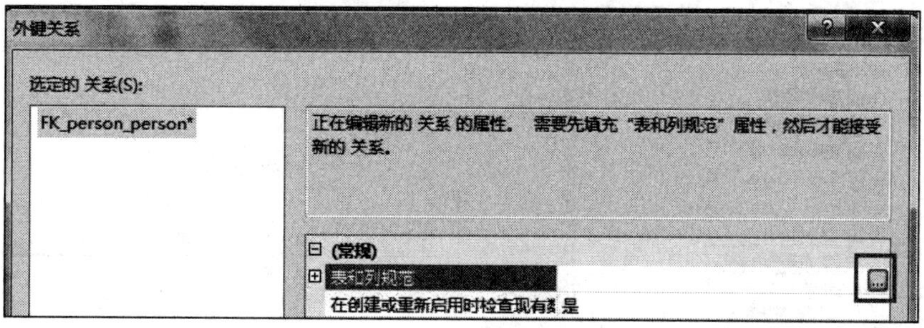

图 5.8 单击“表和列规范”项的按钮

选择主键表 room 和主键表的外键列 id,再选择外键表 person 的外键列 room_id,如图 5.9 所示。

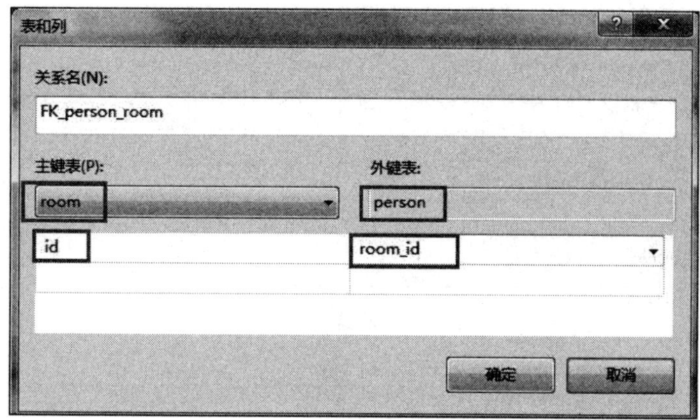

图 5.9 设置主键和外键

注意:主键表通常都是简单表,即字段少的表,而外键表是复杂表,即字段多的表,主键表是被引用的对象。在一对多的关系中,多方是外键表,而且包含一个外键字段。

打开数据库关系图,新建一个数据库关系图,可以看到两张表之间存在一个外键关系 FK_person_room,如图 5.10 所示。

3. 新建 Java 工程

工程名为 MulToOne,如图 5.11 所示。

新建 lib 目录,如图 5.12 所示。

复制 sqljdbc4.jar 包到 lib 目录下,并添加该 jar 包的引用,如图 5.13 所示。

打开 Db Browser 视图,然后新建一个连接,选择 Microsoft SQL Server 2005 模板,然后修改 Connection URL,单击 Add JARs 按钮,选择 Microsoft SQL Server 的驱动连接 jar 包所在的位置,如图 5.14 所示。

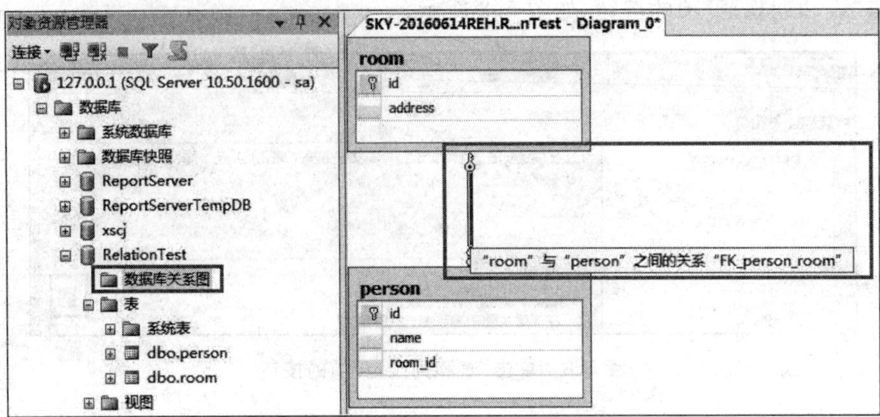

图 5.10　数据库关系图

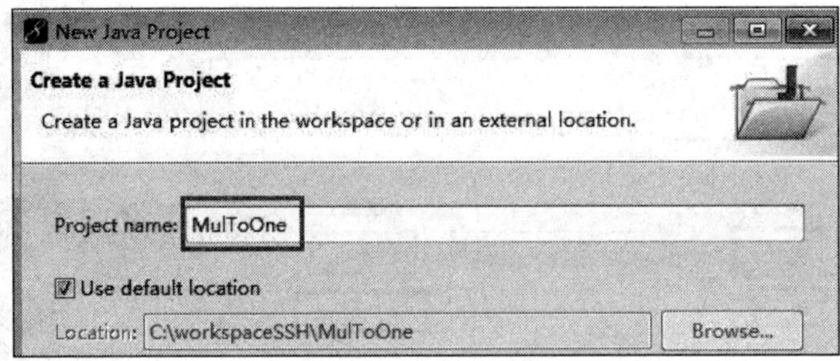

图 5.11　新建 Java 工程

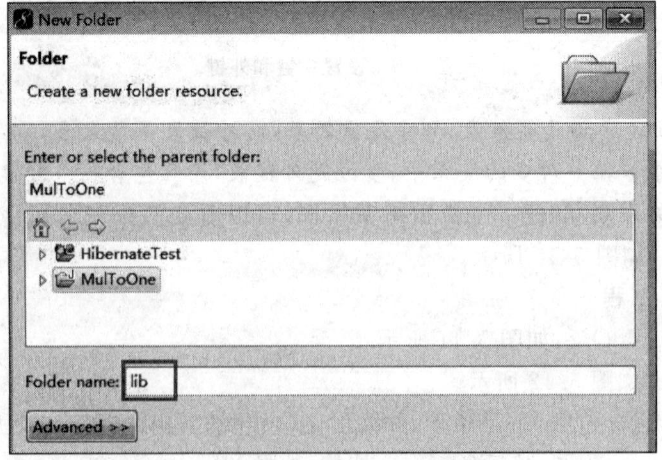

图 5.12　新建 lib 目录

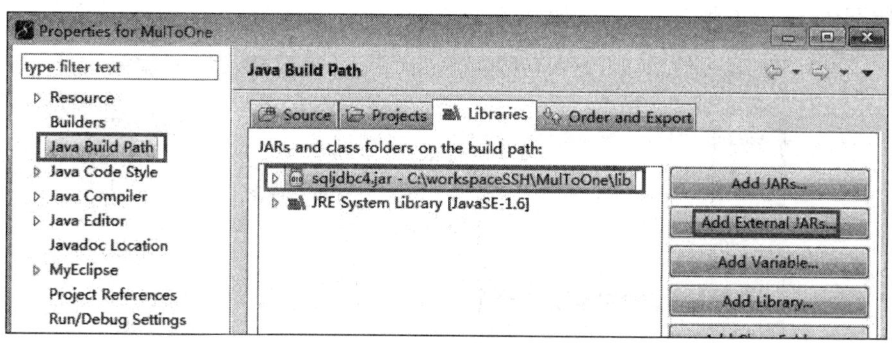

图 5.13 添加 sqljdbc4.jar 包的引用

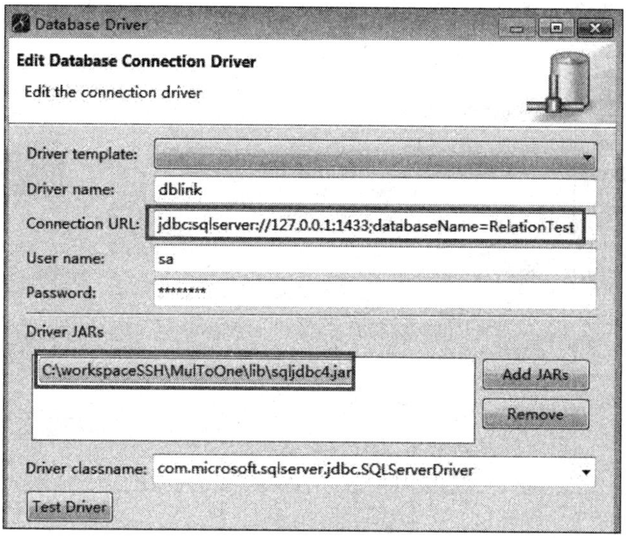

图 5.14 新建数据库连接

4. 添加 Hibernate 支持

右键单击工程，添加 Hibernate Capabilities 功能支持，如图 5.15 所示。

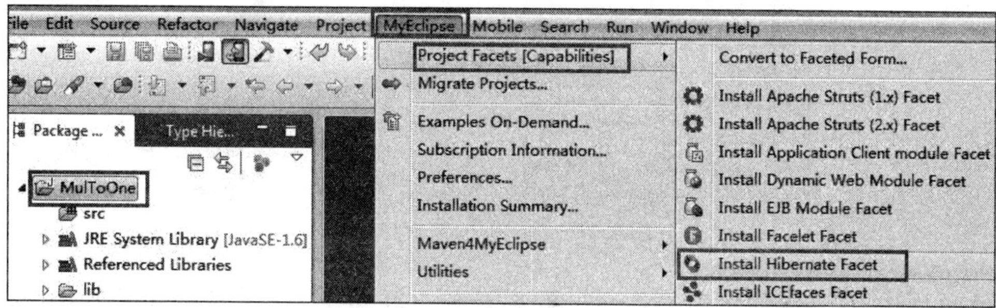

图 5.15 添加 Hibernate 支持

选择 Hibernate 的版本为 3.2，如图 5.16 所示。

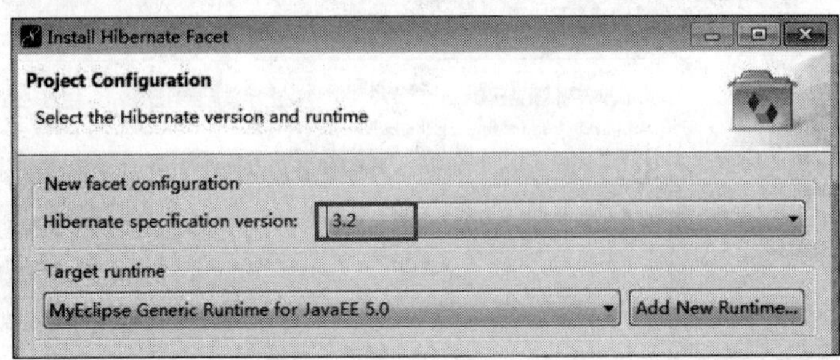

图 5.16 选择 Hibernate 的版本

单击 Java package 后的 New 按钮，新建一个包，并在该包下，自动生成类 HibernateSessionFactory 类，如图 5.17 所示。

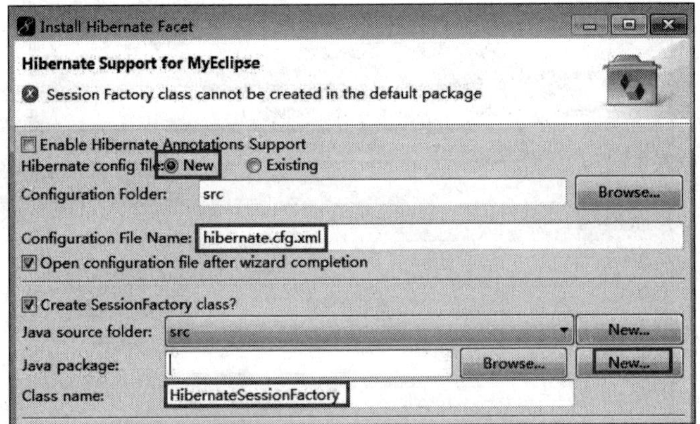

图 5.17 生成 HibernateSessionFactory 类

输入新的包名 org.util，如图 5.18 所示。

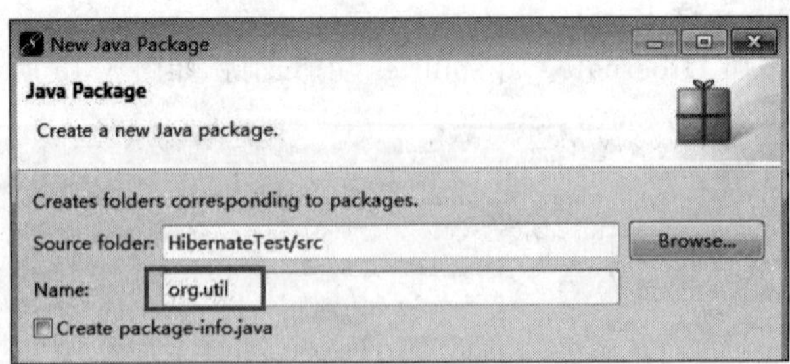

图 5.18 输入新的包 org.util

此时，可以看到新的包名 org.util，并在该包下新建 HibernateSessionFactory 类，如图 5.19 所示。

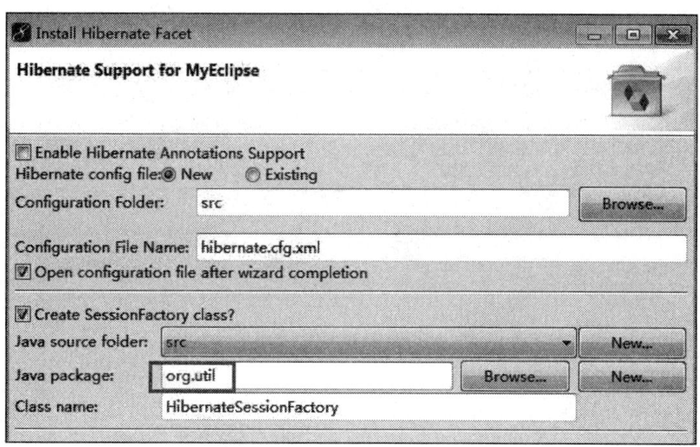

图 5.19 新建 HibernateSessionFactory 类

选择刚才建好的 dblink，如图 5.20 所示。

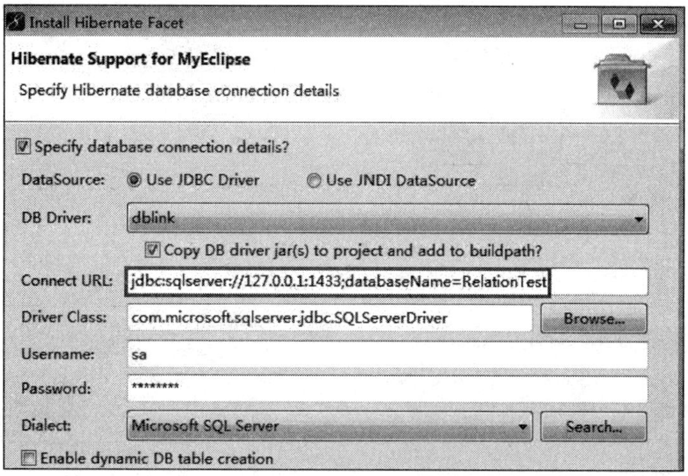

图 5.20 选择 dblink

选择使用 MyEclipse 自带的 Hibernate 库包，如图 5.21 所示。

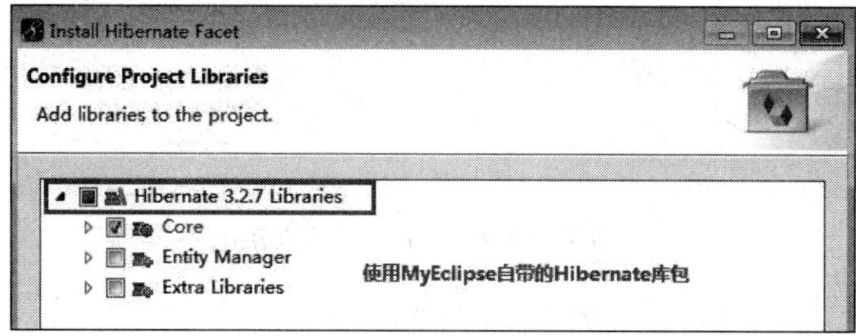

图 5.21 选择自带的 Hibernate 库包

不要选择 MyEclipse 自带的 sqljdbc4.jar，如图 5.22 所示。

图 5.22　不选择自带的 sqljdbc4.jar

5.1.2　实体类创建

1. 反向工程 room 表

反向工程 room 表，room 表是主键表，将生成 Room 类和 Room.hbm.xml 文件。

单击 Java src folder 边的 Browse 按钮，选择工程下的 src 文件夹，如图 5.23 所示。

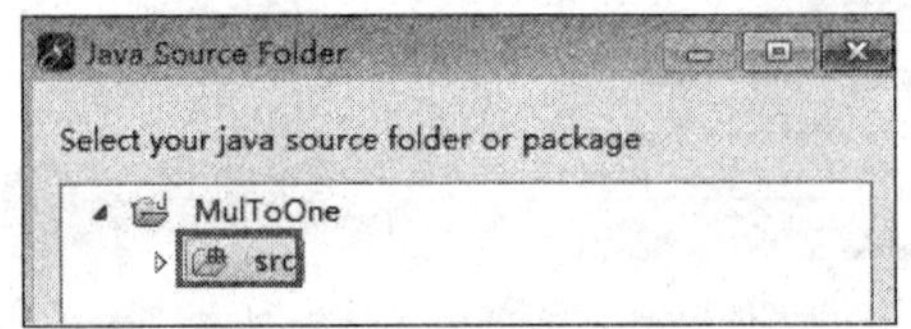

图 5.23　选择 src 文件夹

此时，对话框中其他选项被激活，如图 5.24 所示。

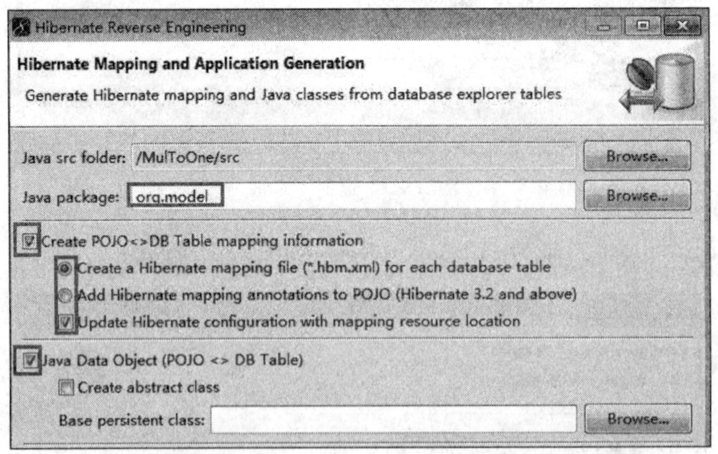

图 5.24　新建包，选择正确的选项

选择主键生成方式为 native，如图 5.25 所示。

此时，工程中将会有 3 个地方发生变化。

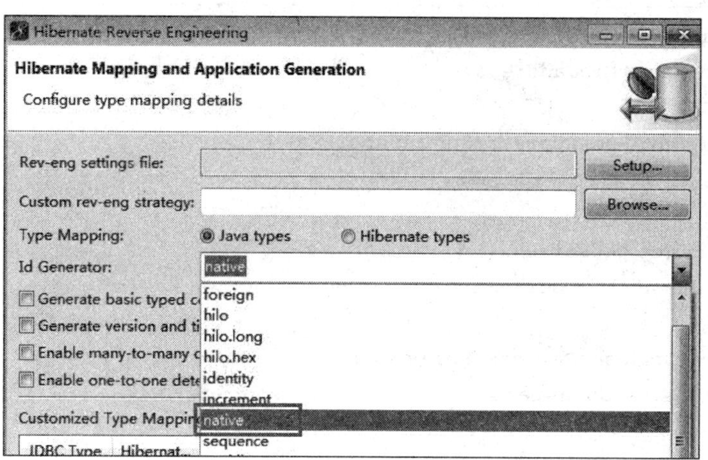

图 5.25 选择主键生成方式

1) Room 类

Room 类中增加了 persons 这个集合属性,Room.java 代码如下:

```
package org.model;
import java.util.HashSet;
import java.util.Set;
public class Room implements java.io.Serializable {
    private Integer id;
    private String address;
//一个房间对应多个人,采用外键方式将自动增加该字段,在 room 表中是没有这个字段的
    private Set persons=new HashSet(0);
    public Room() {
    }
    public Room(String address) {
        this.address=address;
    }
    public Room(String address, Set persons) {
        this.address=address;
        this.persons=persons;
    }
    public Integer getId() {
        return this.id;
    }
    public void setId(Integer id) {
        this.id=id;
    }
```

```
    public String getAddress() {
        return this.address;
    }
    public void setAddress(String address) {
        this.address=address;
    }
    public Set getPersons() {
        return this.persons;
    }
    public void setPersons(Set persons) {
        this.persons=persons;
    }
}
```

2) Room.hbm.xml

在 Room.hbm.xml 中增加了 persons 这个 Set 集合属性的描述，即自动建立了一对多关联 one-to-many。一对多关联必定是一个集合 set 属性。

room 表只有两个字段，如图 5.26 所示。

SKY-20160123UKM...onTest - dbo.room

	列名	数据类型	允许 Null 值
🔑	id	int	☐
	address	varchar(100)	☑

图 5.26　room 表(主键表，“一”方)

但由于增加了外键，将新增一个 person 对象的 set 属性 persons。person 表有 3 个字段，但由于增加了外键，外键列 room_id 变成主键表对象 room 属性。

Room.hbm.xml 代码如下所示：

```
<?xml version="1.0" encoding="utf-8"?>
<hibernate-mapping>
    <class name="org.model.Room" table="room" schema="dbo" catalog="xscj">
        <id name="id" type="java.lang.Integer">
            <column name="id" />
            <generator class="native" />
        </id>
        <property name="address" type="java.lang.String">
            <column name="address" length="100" not-null="true" />
        </property>
        <!--该 persons 字段 Room 类中的一个集合 Set 属性,注意: 由于它是集合对象,不
            能用 property,必须用 set 属性-->
        <set name="persons" inverse="true">
            <key>
                <!--person 字段对应外键表(Person 表)中的外键字段(room_id)-->
```

```
            <column name="room_id" />
        </key>
        <!--增加一个一对多 one-to-many 属性,用于指定外键类 org.model.Person-->
        <one-to-many class="org.model.Person" />
    </set>
  </class>
</hibernate-mapping>
```

3）hibernate.cfg.xml

在 hibernate.cfg.xml 中新增了映射文件说明，代码如下所示：

```
<?xml version='1.0' encoding='UTF-8'?>
<hibernate-configuration>
    <session-factory>
        <property name="dialect">
            org.hibernate.dialect.SQLServerDialect
        </property>
        <property name="connection.url">
            jdbc:SQLServer://127.0.0.1:1433;databaseName=RelationTest
        </property>
        <property name="connection.username">sa</property>
        <property name="connection.password">zhijiang</property>
        <property name="connection.driver_class">
            com.microsoft.SQLServer.jdbc.SQLServerDriver
        </property>
        <property name="myeclipse.connection.profile">dblink</property>
        <mapping resource="org/model/Room.hbm.xml" />
    </session-factory>
</hibernate-configuration>
```

2. 反向工程 person 表

反向工程 person 表，person 表是外键表，将生成 Person 类和 Person.hbm.xml 文件。此时，工程中将会有 3 个地方发生变化。

1）Person 类

person 表有一个外键字段 room_id，如图 5.27 所示。

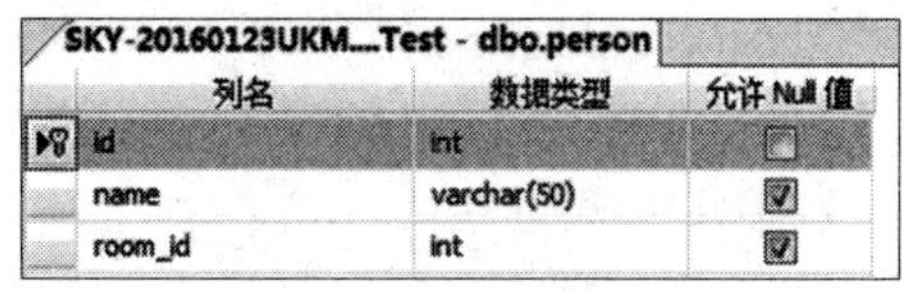
SKY-20160123UKM....Test - dbo.person

列名	数据类型	允许 Null 值
id	int	☐
name	varchar(50)	☑
room_id	int	☑

图 5.27　person 表（外键表，“多”方）

Person 类中将根据外键 room_id 字段，增加 Room 这个主键表属性。由于 room 字段在 Person 表中并不存在，该字段用于指定主键表 room。Hibernate 将 Person 表中的外键字段 room_id 改成了主键表类 Room。

Person. java 代码如下：

```
package org.model;
public class Person implements java.io.Serializable {
    private Integer id;
    private String name;
    private Room room;    //将原先 person 表中的 room_id 字段改成了主键表 POJO 对象
    public Person() {
    }
    public Person(String name) {
        this.name=name;
    }
    public Person(Room room, String name) {
        this.room=room;
        this.name=name;
    }
    public Integer getId() {
        return this.id;
    }
    public void setId(Integer id) {
        this.id=id;
    }
    public Room getRoom() {
        return this.room;
    }
    public void setRoom(Room room) {
        this.room=room;
    }
    public String getName() {
        return this.name;
    }
    public void setName(String name) {
        this.name=name;
    }
}
```

2）Person. hbm. xml

在 Person. hbm. xml 中增加了 many-to-one 这个属性的描述，代码如下所示：

```
<?xml version="1.0" encoding="utf-8"?>
<hibernate-mapping>
<class name="org.model.Person"table="person" schema="dbo" catalog="xscj">
    <id name="id" type="java.lang.Integer">
        <column name="id" />
        <generator class="native" />
    </id>
    <!--将 Person 类中的 room 属性设置为 many-to-one 属性,设定 class 为主键表类-->
    <many-to-one name="room" class="org.model.Room" fetch="select">
        <!--设定 column 属性为外键字段 room_id,即真正在 person 表中的字段-->
        <column name="room_id" />
    </many-to-one>
    <property name="name" type="java.lang.String">
        <column name="name" length="20" not-null="true" />
    </property>
</class>
</hibernate-mapping>
```

3) hibernate.cfg.xml

在 hibernate.cfg.xml 中新增了映射文件说明,代码如下所示:

```
<mapping resource="org/model/Person.hbm.xml" />
```

5.1.3 工程框架搭建及运行分析

1. 新建 Test 类

在 Test 类中编写 main 方法,代码如下:

```
package test;
import org.hibernate.Session;
import org.hibernate.Transaction;
import org.model.Person;
import org.model.Room;
import org.util.HibernateSessionFactory;
public class Test {
    public static void main(String[] args) {
        Session session=HibernateSessionFactory.getSession();
        Transaction ts=session.beginTransaction();
        //先建主键表对象
```

```
        Room room1=new Room();
        room1.setAddress("杭州");
        //再建外键表对象
        Person person1=new Person();
        person1.setName("李明");
        person1.setRoom(room1);
        //保存外键表对象
        session.save(person1);
        ts.commit();
    }
}
```

2. 错误分析

运行程序后，提示报错，错误代码如下：

```
Exception in thread "main" org.hibernate.TransientObjectException: object
references an unsaved transient instance - save the transient instance before
flushing: org.model.Room
    at org.hibernate.engine.ForeignKeys.getEntityIdentifierIfNotUnsaved
    (ForeignKeys.java:219)
    ...//省略
org.hibernate.event.def.DefaultFlushEventListener.onFlush
(DefaultFlushEventListener.java:26)
    at org.hibernate.impl.SessionImpl.flush(SessionImpl.java:1000)
    at org.hibernate.impl.SessionImpl.managedFlush(SessionImpl.java:338)
    at org.hibernate.transaction.JDBCTransaction.commit(JDBCTransaction.
    java:106)
    at test.Test.main(Test.java:26)
```

这是由于在 main 方法中，执行 session.save(person1)保存 person1 对象时，无法同时保存 room1 对象的内容。

注意：保存 person1 对象意味着对 person 表的行插入，由于 person 表中存在外键 room_id，因此，必须要先在 room 表中插入“杭州”这条记录，这样才有 room_id 可以得到。

因此，必须设定 Person.hbm.xml 中的 room 属性，将 cascade 级联值设为 all，这样当保存 person1 对象时可以对 person 表实现行插入，同时也可以对 person 表实现行插入。

3. 设置主动方 Person 的级联属性

级联是指当主动方对象(person1) 执行操作(save)时，被关联对象(被动方 room1) 是否同步执行同一操作。例如，当主动方对象(person1)调用 save、update 等方法时，对被关联对象(room1)是否也调用 save、update 等方法。

下面修改主动方对象 person1 对应的 hbm 文件(Person. hbm. xml),打开 Person. hbm. xml 中的 room 属性,将 cascade 级联值设为 all。cascade 属性设置为 all,表示当保存 person 对象时,将级联保存人员所住的 room 对象。操作过程如图 5.28 所示。

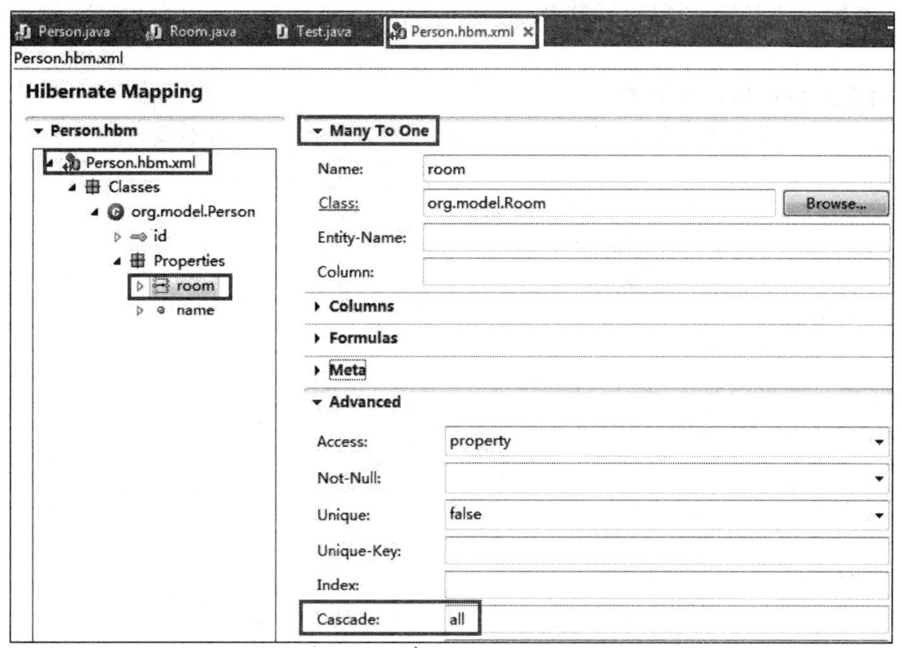

图 5.28 设置主动方(Person)的级联属性

设置了 cascade 属性后,当保存 person 对象时,将首先保存 room 表,即在 room 表中插入"杭州"这条记录后,才能在 person 表中插入"李明"这条记录,因为插入"李明"这条记录时需要有 room_id 值提供,这个值是由 room 表的 id 值提供的。

4. 运行验证

再次运行程序后,能够在保存 person1 对象的时候,同时把 room1 对象也保存到数据库中,如图 5.29 所示。

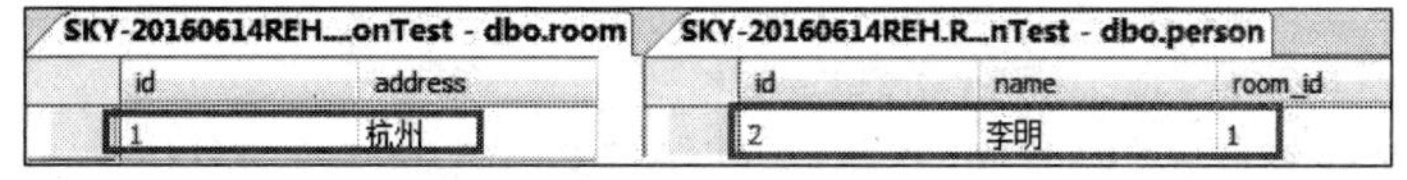

图 5.29 运行结果

5. 删除主键表和外键表记录

在 SQL Server 中删除刚才新插入的 person 表和 room 表记录。一定要先删除 person 表中的所有记录后,才能删除 room 表中的记录。

这是由于 person 表中的每一行都有 room_id 外键字段,这个字段是连接 room 表中的 id 字段,如果先删除 room 表中的行记录,将违法外键约束规则,因此,不允许先删除主键表的行记录。

5.1.4 主动方对象交换测试

通过实施主动方对象测试(即执行 session. save 的对象),可以查看级联关系的不对称性特征。

1. 设定主动方 Person 对象

新建一个 Room 对象,新建两个 Person 对象,然后保存 Person 对象,代码如下:

```
public static void main(String[] args) {
    Session session=HibernateSessionFactory.getSession();
    Transaction ts=session.beginTransaction();
    Room room1=newRoom();
    room1.setAddress("杭州");
    Person person1=newPerson();
    person1.setName("李明");
    person1.setRoom(room1);
    Person person2=newPerson();
    person2.setName("王强");
    person2.setRoom(room1);
    session.save(person1);
    session.save(person2);
    ts.commit();
}
```

程序运行后,能同时保存两个 person,并保存一个 room。在 SQL Server 中删除刚才新插入的 person 表和 room 表记录。

2. 设置主动方 room 对象

新建一个 Room 对象,新建两个 Person 对象,并将两个 Person 对象放入集合 Set 中,并调用 setPersons 设置 Room 的 persons 属性,然后保存 Room 对象,代码如下所示:

```
public static void main(String[] args) {
    Session session=HibernateSessionFactory.getSession();
    Transaction ts=session.beginTransaction();
    Room room1=newRoom();
    room1.setAddress("杭州");
    Person person1=newPerson();
    person1.setName("李明");
    person1.setRoom(room1);
    Person person2=newPerson();
```

```
    person2.setName("王强");
    person2.setRoom(room1);
    Set persons=newHashSet(0);
    persons.add(person1);
    persons.add(person2);
    //给主键表设置集合属性 persons
    room1.setPersons(persons);
    session.save(room1);
    ts.commit();
}
```

运行程序，查看数据库，发现只保存了 room 对象，并没有把两个 person 对象保存进去。

注意：这是由于级联关系是不对称的，即当主动方对象由 person 改为 room 后，必须设定主动方对象 room 的 hbm 文件，即 Room. hbm. xml 中的 persons 属性，将 cascade 级联值设为 all。

3. 设置主动方(Room)的级联属性

修改 Room. hbm. xml 中的 persons 属性，将 cascade 级联值设为 all，如图 5. 30 所示。

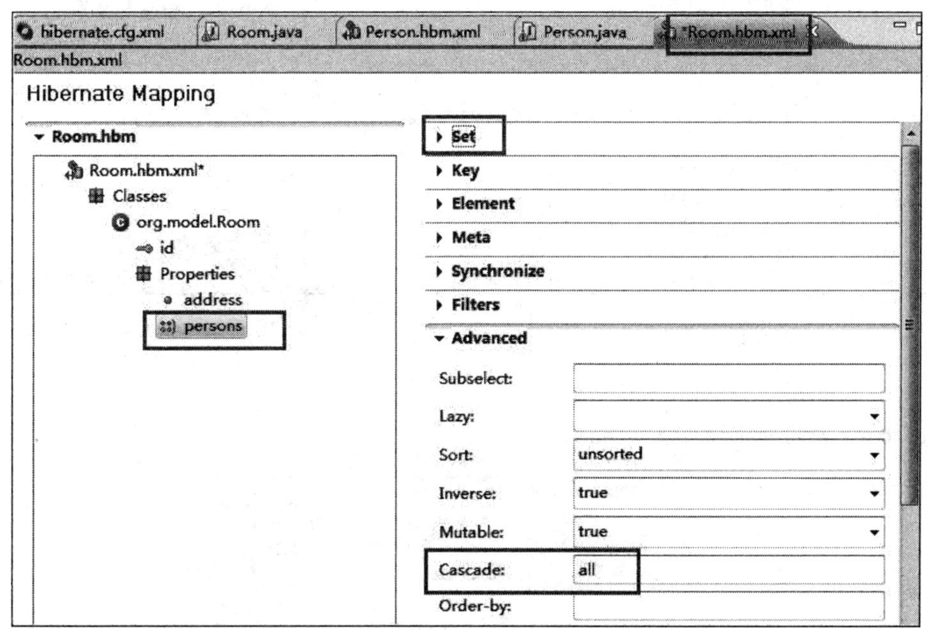

图 5.30 设置主动方(Room)的级联属性

再次运行程序后，查看 SQL Server 数据库，可以发现能保存一个 room，并同时保存两个 person。

5.2　案例2——多对多关联

多对多关系在关系数据库中不能直接实现，必须依赖一张连接表。多对多关联可以分成两个多对多单向关联。

5.2.1　工程框架搭建

1. 新建数据库和表

新建数据库 xskc，然后建三张表 student、course 和 stu_cour。

1）student 表

student 表的列字段如图 5.31 所示，标识列字段如图 5.32 所示。

SKY-20160614REH.xskc - dbo.student

	列名	数据类型	允许 Null 值
🔑	id	int	☐
	snumber	varchar(50)	☑
	sname	varchar(50)	☑
	sage	int	☑

图 5.31　student 表

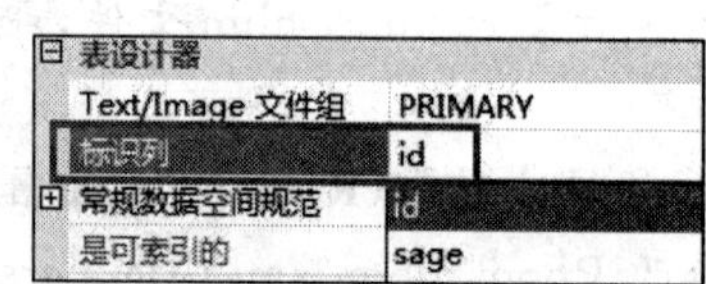

图 5.32　设置标识列

2）course 表

course 表的列字段如图 5.33 所示，标识列字段如图 5.34 所示。

SKY-20160614REH.xskc - dbo.course

	列名	数据类型	允许 Null 值
🔑	id	int	☐
	cnumber	varchar(50)	☑
	cname	varchar(50)	☑

图 5.33　course 表

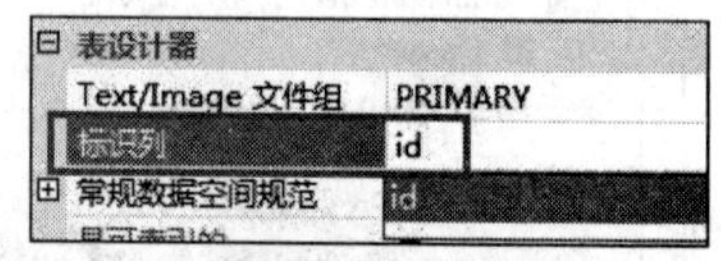

图 5.34　设置标识列

3）stu_cour 表

stu_cour 表的列字段如图 5.35 所示。

SKY-20160614REH.xskc - dbo.stu_cour

	列名	数据类型	允许 Null 值
🔑	sid	int	☐
🔑	cid	int	☐

图 5.35　stu_cour 表

stu_cour 表是双主键，设置步骤为：打开 stu_cour 表，首先选择 sid 行，然后按 Shift 键，再选择 cid 行，然后单击“主键”按钮。

注意：stu_cour 表中的两个主键是不需要设置自增的，连接表中的双主键不会自增。

2. 新建 Java 工程

工程名为 MultoMul,新建 lib 目录,复制 sqljdbc4. jar 包到 lib 目录下,并添加该 jar 包的引用。打开 Db Browser 视图,然后新建一个连接 dblink,选择 Microsoft SQL Server 2005 模板,然后修改 Connection URL,单击 Add JARs 按钮,选择 sqljdbc4. jar 包所在的位置,如图 5.36 所示。

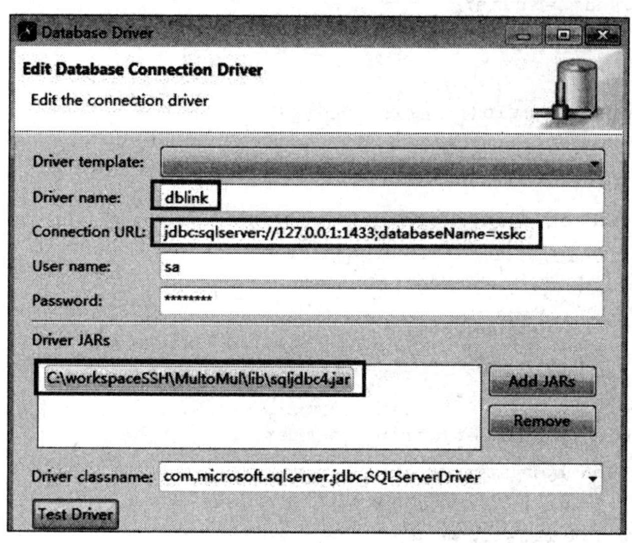

图 5.36　编辑 dblink

3. 添加 Hibernate 支持

右键单击工程,添加 Hibernate Capabilities 功能支持,选择 Hibernate 的版本为 3. 2,单击 Java package 中的 New 按钮,新建一个包 org. util,并在该包下,自动生成 HibernateSessionFactory 类,选择刚才建好的 dblink,选择使用 MyEclipse 自带的 Hibernate 库包。

5.2.2　实体类创建

1. 反向工程 student 表

生成 Student 类和 Student. hbm. xml 文件,Student 类代码如下:

```
package org.model;
public class Student implements java.io.Serializable {
    private Integer id;
    private String snumber;
    private String sname;
    private Integer sage;
    public Student() {
    }
```

```
    public Student(String snumber) {
        this.snumber=snumber;
    }
    public Student(String snumber, String sname, Integer sage) {
        this.snumber=snumber;
        this.sname=sname;
        this.sage=sage;
    }
    public Integer getId() {
        return this.id;
    }
    public void setId(Integer id) {
        this.id=id;
    }
    public String getSnumber() {
        return this.snumber;
    }
    public void setSnumber(String snumber) {
        this.snumber=snumber;
    }
    public String getSname() {
        return this.sname;
    }
    public void setSname(String sname) {
        this.sname=sname;
    }
    public Integer getSage() {
        return this.sage;
    }
    public void setSage(Integer sage) {
        this.sage=sage;
    }
}
```

Student.hbm.xml 代码如下：

```
<?xml version="1.0" encoding="utf-8"?>
<hibernate-mapping>
    <class name="org.model.Student" table="student" schema="dbo" catalog=
    "xscj">
```

```
        <id name="id" type="java.lang.Integer">
            <column name="id" />
            <generator class="native" />
        </id>
        <property name="snumber" type="java.lang.String">
            <column name="snumber" length="50" not-null="true" />
        </property>
        <property name="sname" type="java.lang.String">
            <column name="sname" length="50" />
        </property>
        <property name="sage" type="java.lang.Integer">
            <column name="sage" />
        </property>
    </class>
</hibernate-mapping>
```

2. 反向工程 course 表

生成 Course 类和 Course. hbm. xml 文件，Course 类代码如下：

```
package org.model;
public class Course implements java.io.Serializable {
    private Integer id;
    private String cnumber;
    private String cname;
    public Course() {
    }
    public Course(String cnumber, String cname) {
        this.cnumber=cnumber;
        this.cname=cname;
    }
    public Integer getId() {
        return this.id;
    }
    public void setId(Integer id) {
        this.id=id;
    }
    public String getCnumber() {
        return this.cnumber;
    }
```

```
    public void setCnumber(String cnumber) {
        this.cnumber=cnumber;
    }
    public String getCname() {
        return this.cname;
    }
    public void setCname(String cname) {
        this.cname=cname;
    }
}
```

Course. hbm. xml 代码如下：

```
<?xml version="1.0" encoding="utf-8"?>
<hibernate-mapping>
    <class name="org.model.Course" table="course" schema="dbo" catalog=
    "xscj">
        <id name="id" type="java.lang.Integer">
            <column name="id" />
            <generator class="native" />
        </id>
        <property name="cnumber" type="java.lang.String">
            <column name="cnumber" length="50" />
        </property>
        <property name="cname" type="java.lang.String">
            <column name="cname" length="50" />
        </property>
    </class>
</hibernate-mapping>
```

注意：不要给连接表 stu_cour 做反向工程。

5.2.3 Student 类的多对多关联属性设置

1. 添加 Student 类的 courses 集合属性

在 Student. java 中添加集合属性(手工添加多对多的关联属性)，代码如下：

```
//添加一个课程集合属性 courses,表示一个学生可以有多个课程,即课程集合
private Set courses=new HashSet(0);
public Set getCourses() {   return courses;   }
public void setCourses(Set courses) {   this.courses=courses;   }
```

2. courses 属性设置

修改 student. hbm. xml 文件，增加 courses 属性的说明。

1）新增 Set 属性

新增 Set 属性，如图 5.37 所示。

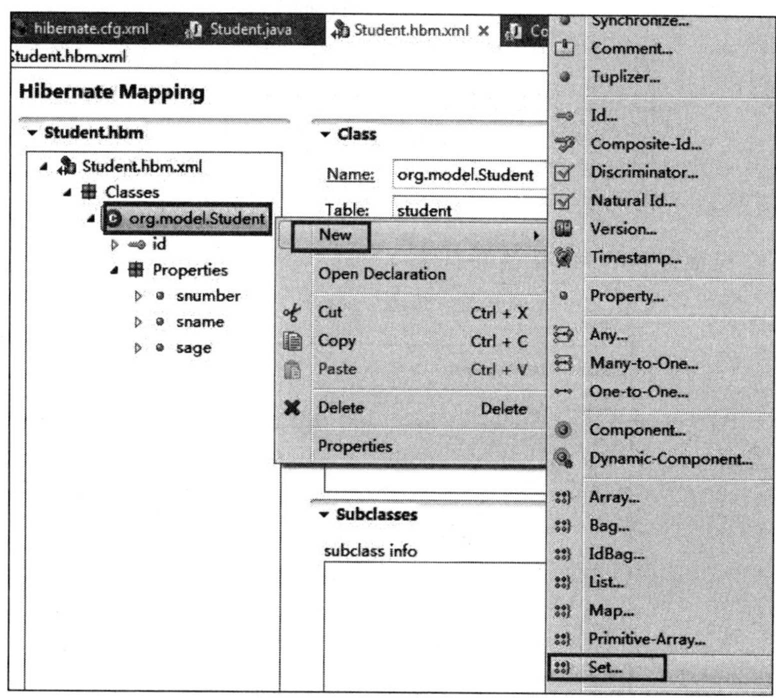

图 5.37 新增 Set 属性

2）设置集合属性

设置集合属性 courses，如图 5.38 所示。

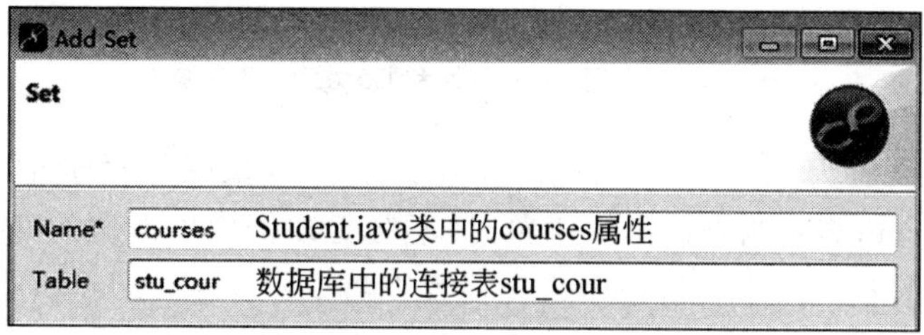

图 5.38 设置 Set 属性对应的 Table 值（连接表名）

3）设置主动方 Student 类的 Key Column 属性

单击 courses 属性，在 Key→Column 中输入主动方 Student 类在连接表 stu_cour 中的主键 sid，如图 5.39 所示。

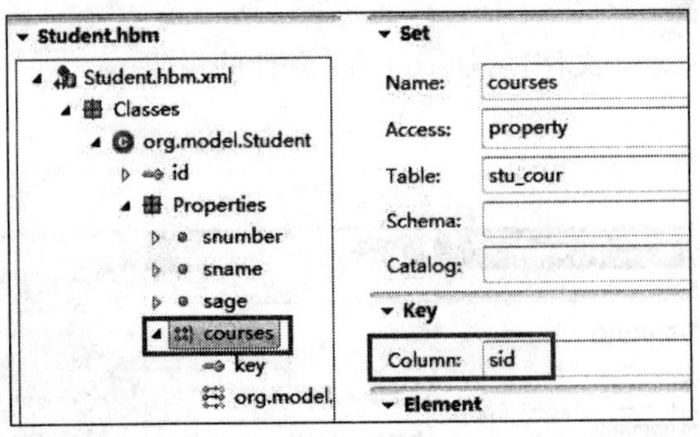

图 5.39　设置主动方 Student 类的 Key→Column 属性

4) 设置 Lazy 属性和 Cascade 级联属性

设置 Lazy 属性和 Cascade 级联属性，如图 5.40 所示。

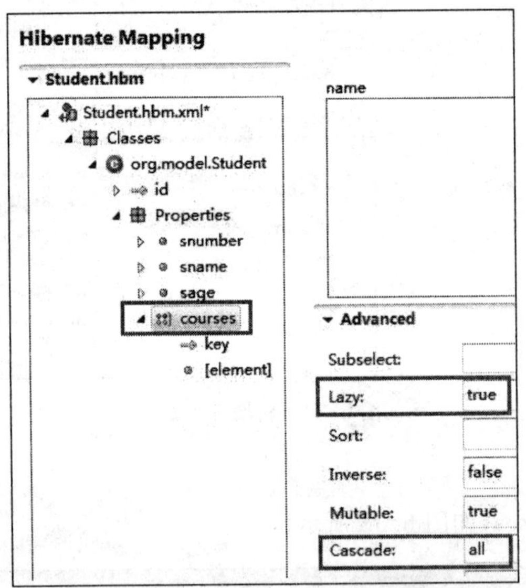

图 5.40　设置 Lazy 属性和 Cascade 级联属性

cascade 属性设置为 all，表示当保存学生对象时，将级联保存学生所选的课程对象。lazy 属性设置为 true，表示当查询学生对象时，不会立即把学生所选的课程对象查询出来，这样可以节省时间，提高效率。但很多情况需要设置 lazy 属性为 false，也就是说当查询某个学生时，需要立即把这个学生所选的课程查询出来，并赋值给 Student 类的 courses 属性。

5) 设置 Many-to-Many 属性

可以看到目前 courses 属性中的 element 是空的，下面将用 Many-to-Many 来替换，如图 5.41 所示。

执行 element 替换操作，如图 5.42 所示。

```
<set name="courses" table="stu_cour" cascade="all" lazy="true">
 <key column="sid"/>
 <element type=""/>   用many-to-many来替换element
</set>
```

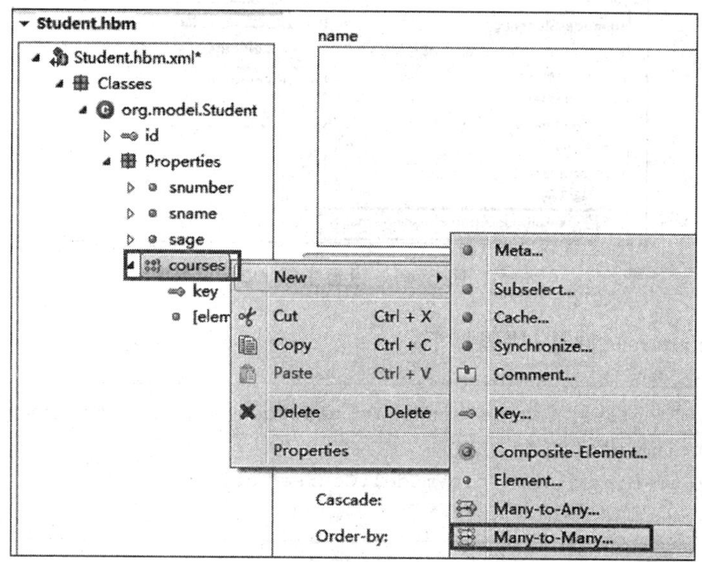

图 5.41　设置 Many-to-Many 属性

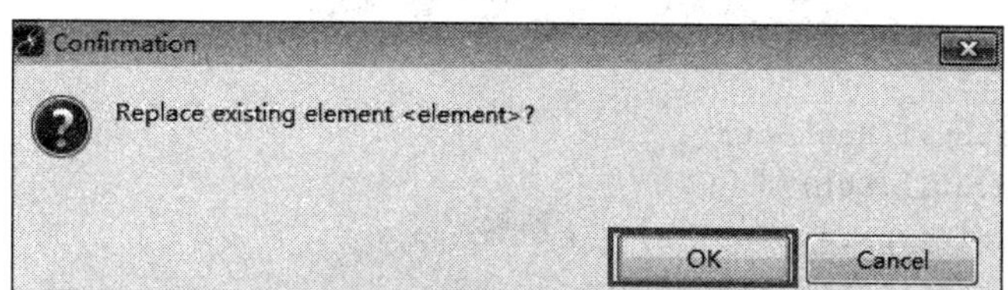

图 5.42　单击 OK 按钮，替换 element 属性

设置被动方的类名为 org. model. Course，如图 5.43 所示。

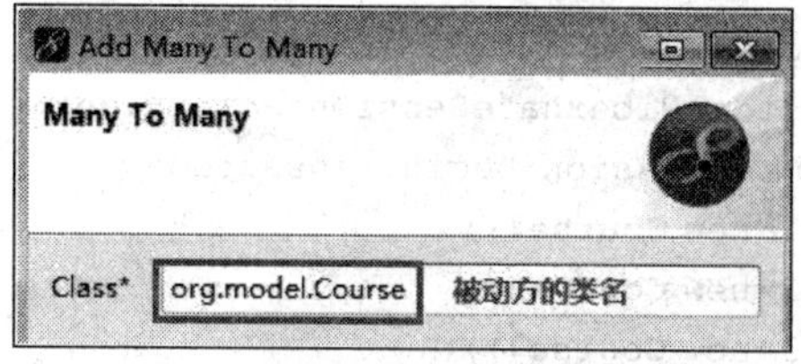

图 5.43　设置被动方的类名

设置被动方 Course 类在连接表 stu_cour 中的主键 cid，如图 5.44 所示。

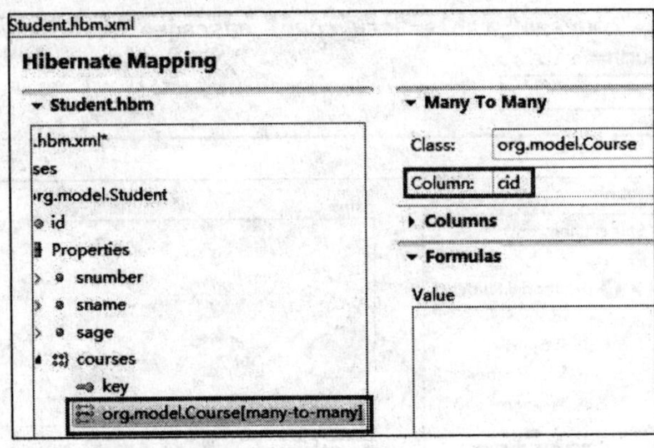

图 5.44　设置主键 cid

最终生成的 courses 属性,代码如下：

```
<set name="courses" table="stu_cour" cascade="all" lazy="true">
    <key column="sid" />
    <many-to-many class="org.model.Course" column="cid" />
</set>
```

3. 新建 Test 类

新建 Test 类,编写 main 方法,代码如下：

```
package test;
import java.util.HashSet;
import java.util.Set;
import org.hibernate.Session;
import org.hibernate.Transaction;
import org.model.Course;
import org.model.Student;
import org.util.HibernateSessionFactory;
public class Test {
    public static void main(String[] args) {
        Session session=HibernateSessionFactory.getSession();
        Transaction ts=session.beginTransaction();
        Course cour1=new Course();
        Course cour2=new Course();
        Course cour3=new Course();
        cour1.setCname("计算机基础");
        cour1.setCnumber("101");
        cour2.setCname("数据库原理");
        cour2.setCnumber("102");
```

```
        cour3.setCname("计算机原理");
        cour3.setCnumber("103");
        Set courses=new HashSet(0);
        courses.add(cour1);
        courses.add(cour2);
        courses.add(cour3);
        //新建主动方对象
        Student stu=new Student();
        stu.setSnumber("081101");
        stu.setSname("李芳");
        stu.setSage(21);
        stu.setCourses(courses);
        session.save(stu);
        ts.commit();
    }
}
```

4. 运行验证

设置 show_sql 属性和 format_sql 属性为 true，如图 5.45 所示。

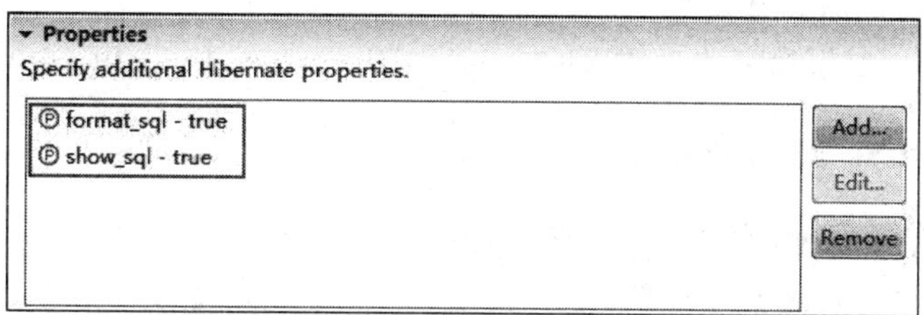

图 5.45 增加 show_sql 属性和 format_sql 属性

运行程序，可以在 Console 中看到 Hibernate 后台执行的 SQL 语句，总共有 7 条语句，也就是给 3 张表插入了 7 条记录，如图 5.46 所示。

```
Problems  Tasks  Web Browser  Console ✕  Servers  Project Migration  DB Browser
<terminated> Test (1) [Java Application] C:\MyEclipse Professional 2014\binary\com.sun.java.jdk7.win32.x86_64_1.7.0.u45\bin\javaw.exe (2016年3月5日 上午10:4
log4j:WARN No appenders could be found for logger (org.hibernate.cfg.En
log4j:WARN Please initialize the log4j system properly.
Hibernate: insert into xskc.dbo.student (snumber, sname, sage) values (
Hibernate: insert into xskc.dbo.course (cnumber, cname) values (?, ?)
Hibernate: insert into xskc.dbo.course (cnumber, cname) values (?, ?)
Hibernate: insert into xskc.dbo.course (cnumber, cname) values (?, ?)
Hibernate: insert into stu_cour (sid, cid) values (?, ?)
Hibernate: insert into stu_cour (sid, cid) values (?, ?)
Hibernate: insert into stu_cour (sid, cid) values (?, ?)
```

图 5.46 运行结果

可以发现,运行程序后,就能够在保存 student 对象的时候,同时把 3 个 course 对象也保存到数据库中。此外,连接表中保存了 student 和 course 表的关联关系,即 sid=1 的学生,选了 cid=1,2,3 这 3 门课。运行结果如图 5.47 所示。

SKY-20160614REH.xskc - dbo.student

id	snumber	sname	sage
1	081101	李芳	21

SKY-20160614REH.xskc - dbo.course

id	cnumber	cname
1	101	计算机基础
2	102	数据库原理
3	103	计算机原理

SKY-20160614REH.xskc - dbo.stu_cour

sid	cid
1	1
1	2
1	3

图 5.47　运行后的数据库

注意:通过 student 和 stu_cour 的 many-to-many 设置,当保存学生(1 号学生)时,把 3 个课程(1、2、3 号课程)信息也保存了。从连接表 stu_cour 可以看出,1 号学生选了 3 个课程(1、2、3 号课程)。

5. 恢复 3 张表的原始数据

在 SQL Server 中删除刚才新插入的 student 表、course 表和 stu_cour 表记录。

5.2.4　Course 类的多对多关联属性设置

为了实现保存课程时,能同时保存学生,需要对课程类进行修改。

注意:此时,课程是主动方对象。

1. 添加 Course 类的 stus 集合属性

在 Course.java 中添加集合属性,代码如下:

```
//添加一个学生集合属性 stus,表示一个课程可以有多个学生,即学生集合
    private Set stus=new HashSet(0);
    public Set getStus() {return stus;}
    public void setStus(Set stus) {this.stus=stus;}
```

2. stus 属性的设置

修改 course.hbm.xml 文件,增加 stus 属性的说明。

1) 新增 Set 属性

新增 Set 属性,如图 5.48 所示。

2) 设置 Set 属性

设置 Set 属性 stus,如图 5.49 所示。

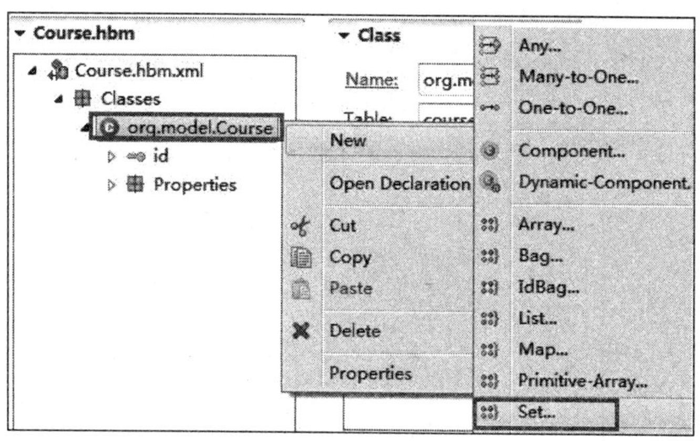

图 5.48 新增 Set 属性

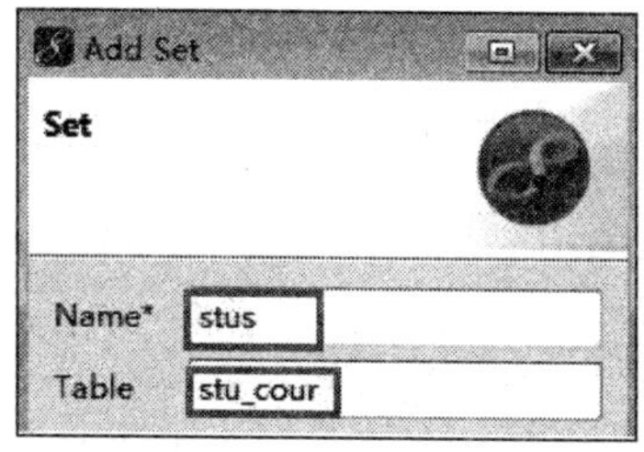

图 5.49 设置 Set 属性

3）设置主动方 Course 类的 Key→Column 属性

单击 stus 属性，在 Key→Column 中输入主动方 Course 类在连接表 stu_cour 中的主键 cid，如图 5.50 所示。

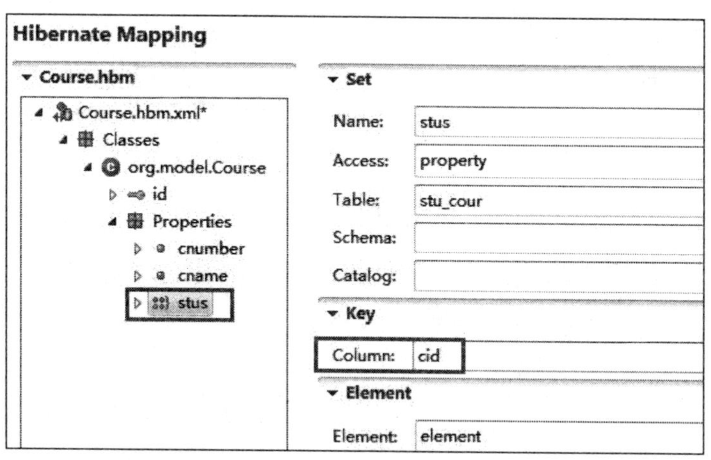

图 5.50 设置 Key→Column 属性

4）设置 Lazy 和 Cascade 属性

设置 Lazy 属性为 true，Cascade 属性为 all，如图 5.51 所示。

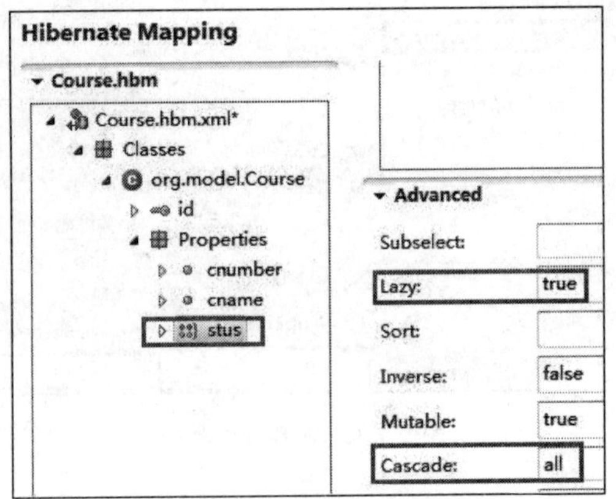

图 5.51　设置 Lazy 和 Cascade 属性

5）添加 Many-to-Many 属性

添加 Many-to-Many 属性，如图 5.52 所示。

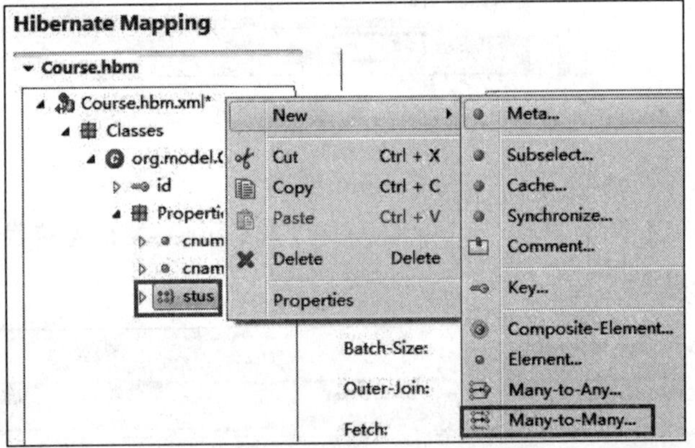

图 5.52　添加 Many-to-Many 属性

执行 element 替换操作，如图 5.53 所示。

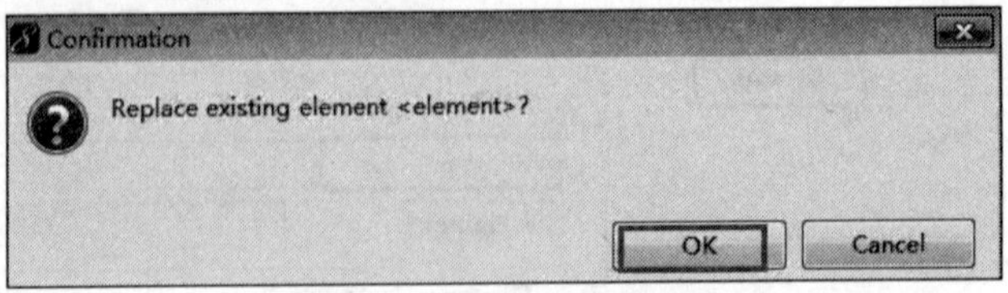

图 5.53　单击 OK 按钮

设置被动方的类名为 org. model. Student，如图 5.54 所示。

图 5.54 设置被动方的类名

设置被动方 Student 类在连接表 stu_cour 中的主键 sid，如图 5.55 所示。

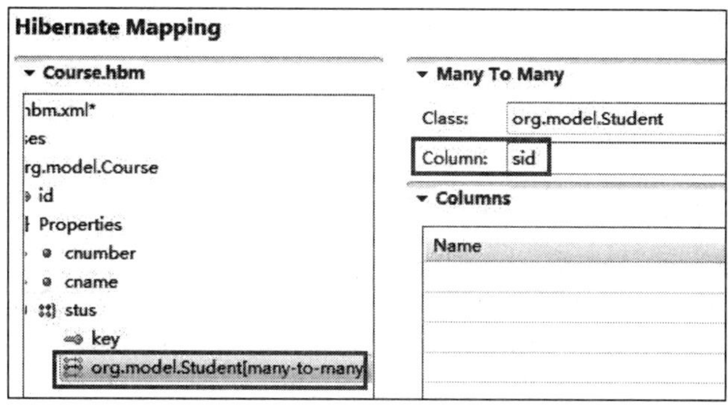

图 5.55 设置主键 sid

最终生成的 stus 属性，代码如下：

```
<set name="stus" table="stu_cour" cascade="all" lazy="true">
    <key column="cid" />
    <many-to-many class="org.model.Student" column="sid" />
</set>
```

3. 新建 Test1 类

新建 Test1 类，编写 main 方法，代码如下：

```
package test;
import java.util.HashSet;
import java.util.Set;
import org.hibernate.Session;
import org.hibernate.Transaction;
import org.model.Course;
import org.model.Student;
import org.util.HibernateSessionFactory;
public class Test1 {
```

```
    public static void main(String[] args) {
        Session session=HibernateSessionFactory.getSession();
        Transaction ts=session.beginTransaction();
        //新建 3 个被动方 Student 对象
        Student stu1=new Student();
        Student stu2=new Student();
        Student stu3=new Student();
        stu1.setSnumber("081104");
        stu1.setSname("高原易");
        stu1.setSage(21);
        stu2.setSnumber("081102");
        stu2.setSname("王皓");
        stu2.setSage(22);
        stu3.setSnumber("081103");
        stu3.setSname("张建");
        stu3.setSage(23);
        //新建一个主动方 Course 对象
        Course cour1=new Course();
        cour1.setCname("java 程序设计");
        cour1.setCnumber("104");
        //设置主动方 Course 对象的 Set 集合属性
        Set stus=new HashSet(0);
        stus.add(stu1);
        stus.add(stu2);
        stus.add(stu3);
        cour1.setStus(stus);
        //保存主动方课程对象 cour1
        session.save(cour1);
        ts.commit();
    }
}
```

4. 运行验证

运行程序后,正确地插入了相关数据,如图 5.56～图 5.58 所示。

SKY-20160614REH.xskc - dbo.student

id	snumber	sname	sage
1	081101	李芳	21
2	081101	李芳	21
3	081103	张建	23
4	081104	高原易	21
5	081102	王皓	22

图 5.56　xskc 表 1

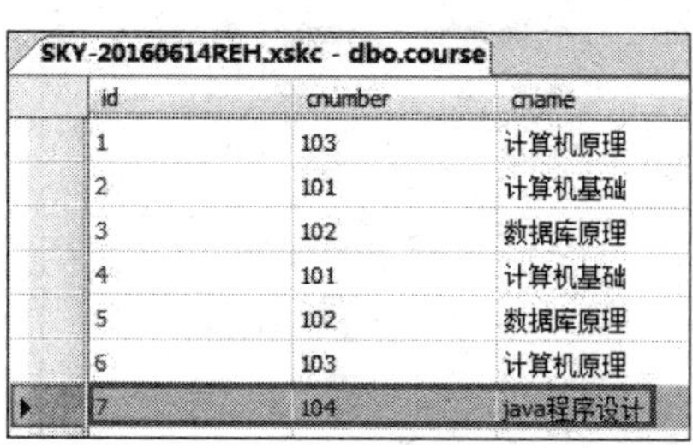

SKY-20160614REH.xskc - dbo.course

id	cnumber	cname
1	103	计算机原理
2	101	计算机基础
3	102	数据库原理
4	101	计算机基础
5	102	数据库原理
6	103	计算机原理
7	104	java程序设计

图 5.57 xskc 表 2

SKY-20160614REH.xskc - dbo.stu_cour

sid	cid
1	1
1	2
1	3
2	4
2	5
2	6
3	7
4	7
5	7

图 5.58 xskc 表 3

通过 course 和 stu_cour 的 many-to-many 设置，这样保存课程(7 号课程)时，把 3 个学生(3、4、5 号学生)信息也保存了。

从连接表 stu_cour 可以看出，7 号课程被 3 个学生(3、4、5 号学生)选择了。

可以看到，连接表的功能是实现双外键的功能，即 stu_cour. sid＝student. id 且 stu_cour. cid＝course. id。

5.3 案例 3——一对一关联

5.3.1 基于主键的一对一的关系映射

1. 新建数据库和表

本案例采用 MySQL 数据库。新建 MySQL 数据库，数据库名为 OneToOnePrimary，且支持中文，如图 5.59 所示。

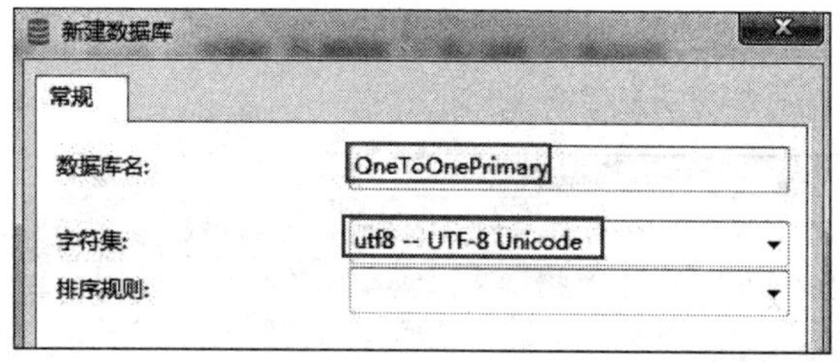

图 5.59 新建 MySQL 数据库

新建 person 表和 idcard 表。

1) person 表

person 表的字段设置如图 5.60 所示。

注意：id 字段是主键，而且是标识列(即自增型)。

2) idcard 表

idcard 表的字段设置如图 5.61 所示。

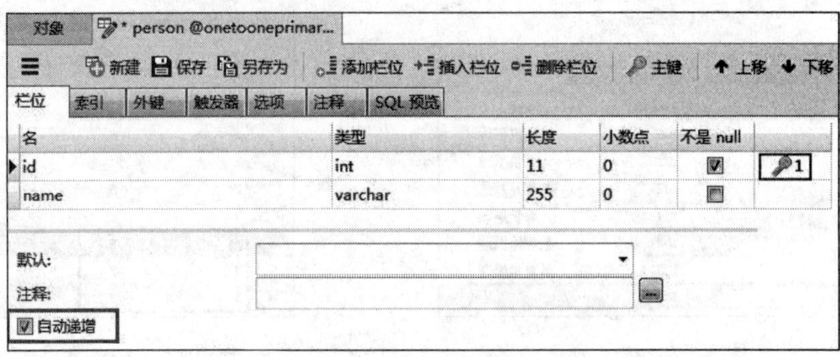

图 5.60 person 表

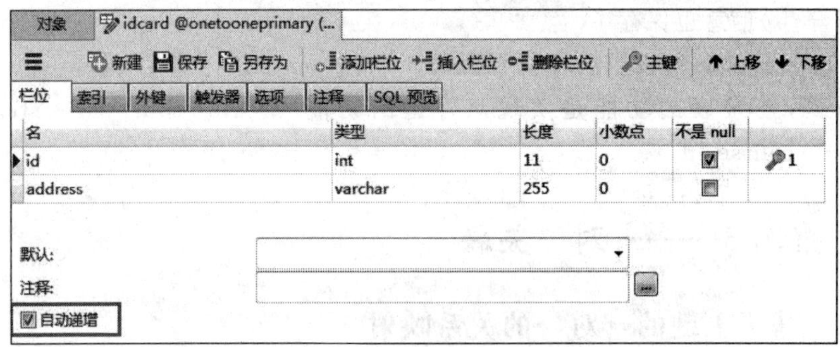

图 5.61 idcard 表

注意：id 字段是主键，而且是标识列(即自增型)。

2. 设置外键

1) 打开外键表 idcard

打开外键表 idcard，如图 5.62 所示。

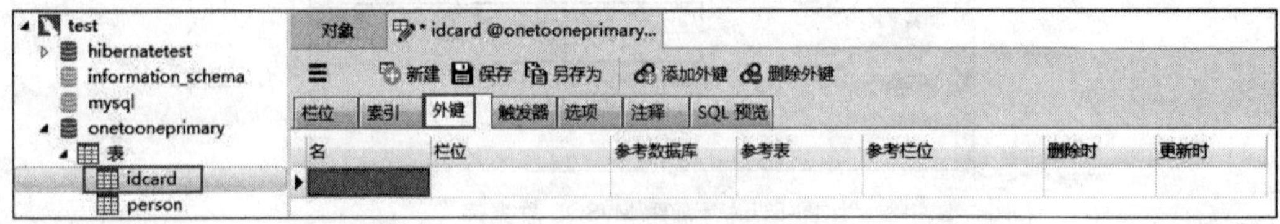

图 5.62 单击“外键”按钮

2) 设置外键

在“栏位”列选择外键列 id，“参考数据库”选择当前数据库 onetooneprimary，“参考表”选择主键表 person，“参考栏位”选择主键表中的列 id，如图 5.63 所示。

3) 保存

保存最终生成的外键，如图 5.64 所示。

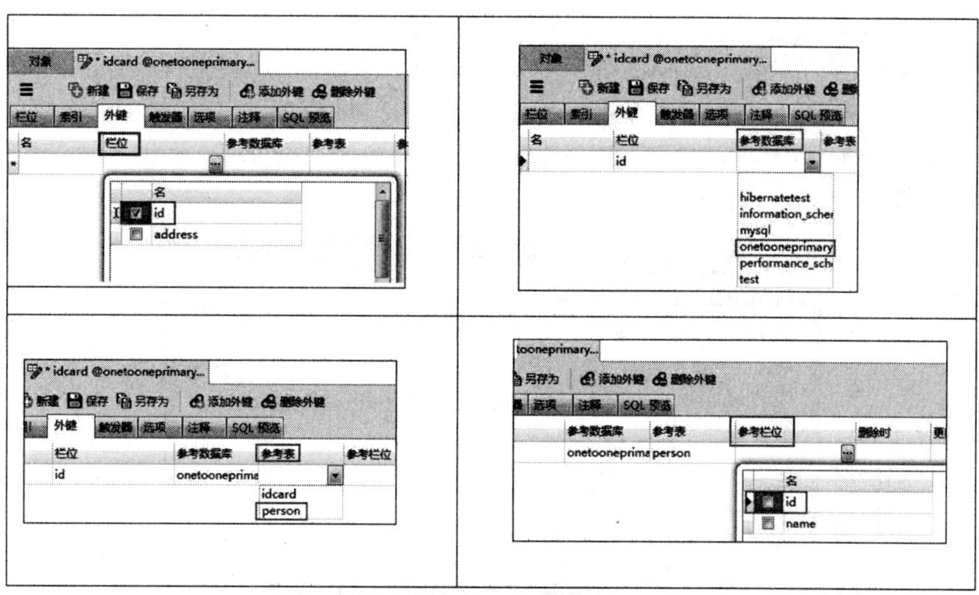

图 5.63　设置外键

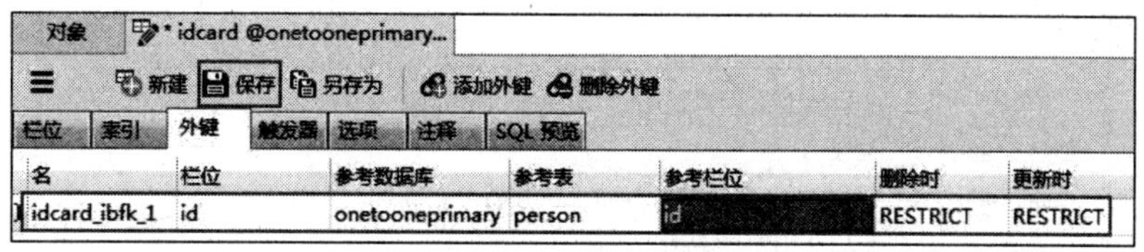

图 5.64　最终生成的外键

4）查看外键关系

单击右下角的“ER 图表”按钮，可以看到两张表之间存在一个外键关系，如图 5.65 所示。

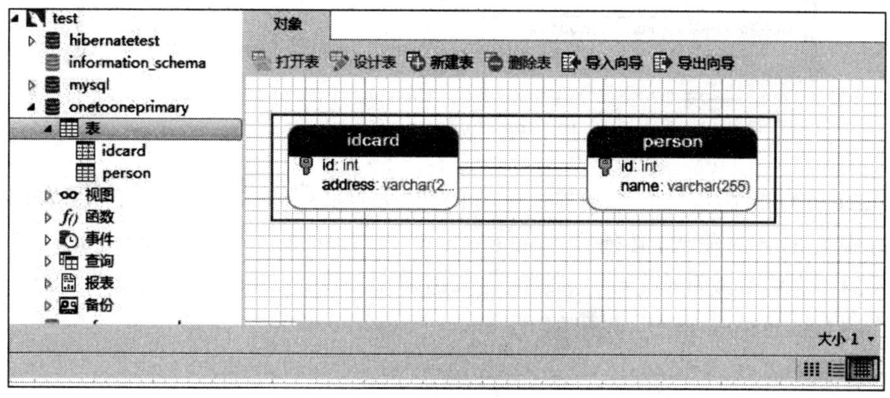

图 5.65　ER 图表

3. 新建 Java 工程

工程名为 OneToOnePrimaryKey，新建 lib 目录，然后复制 mysql-connector-java-5.0.8.jar 包到 lib 目录下，并添加该 jar 包的引用。打开 Db Browser 视图，然后新建一个连接，选择 MySQLConnector/J 模板，然后修改 Connection URL，单击 Add JARs 按钮，选择 MySQL 的驱动连接 jar 包所在的位置，如图 5.66 所示。

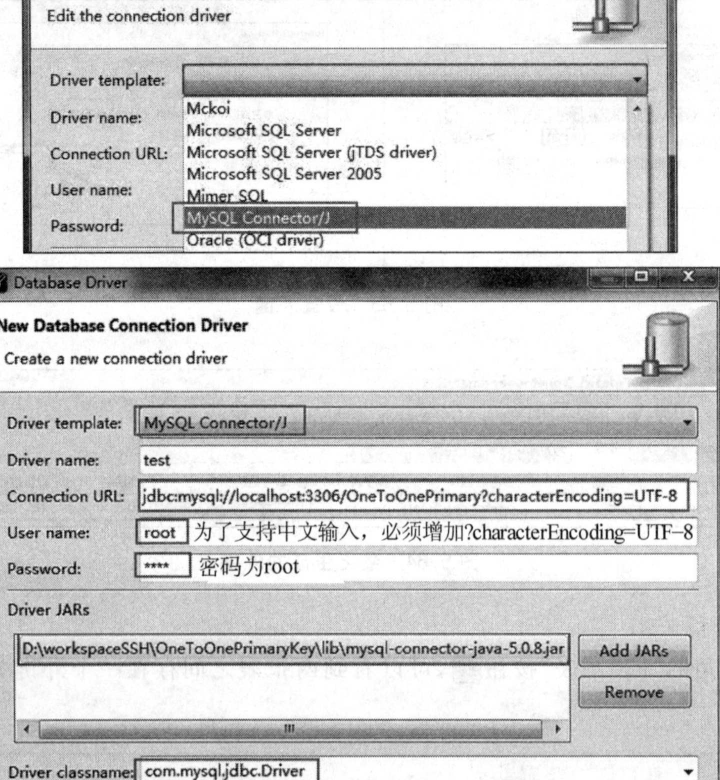

图 5.66　新建数据库连接

Connection URL 指定数据库的连接地址：jdbc:mysql://localhost:3306/OneToOnePrimary。为了支持中文记录的输入，必须在 Connection URL 后增加"?characterEncoding=UTF-8"，否则插入的中文将变成乱码，无法正确地在数据库中保存。

最终的 Connection URL，代码如下：

```
jdbc:mysql://localhost:3306/OneToOnePrimary?characterEncoding=UTF-8
```

4. 添加 Hibernate 支持

右键单击工程,添加 Hibernate Capabilities 功能支持,选择 Hibernate 的版本为 3.2。然后新建一个包 org.util,并在该包下,自动生成 HibernateSessionFactory 类。选择刚才建好的 dblink,并使用 MyEclipse 自带的 Hibernate 库包,如图 5.67 所示。

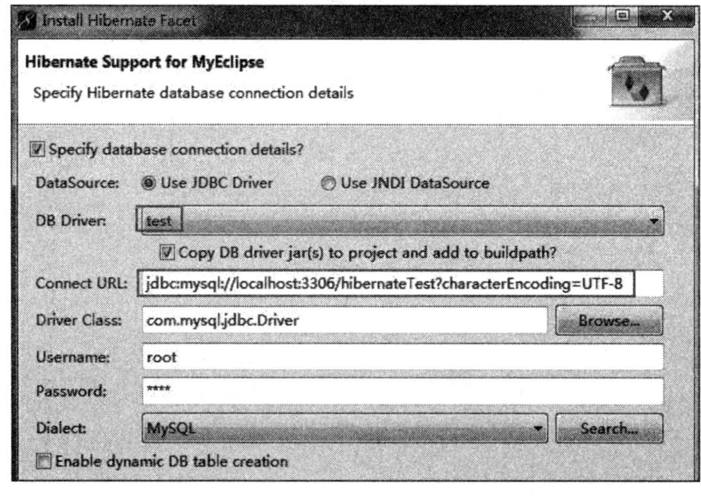

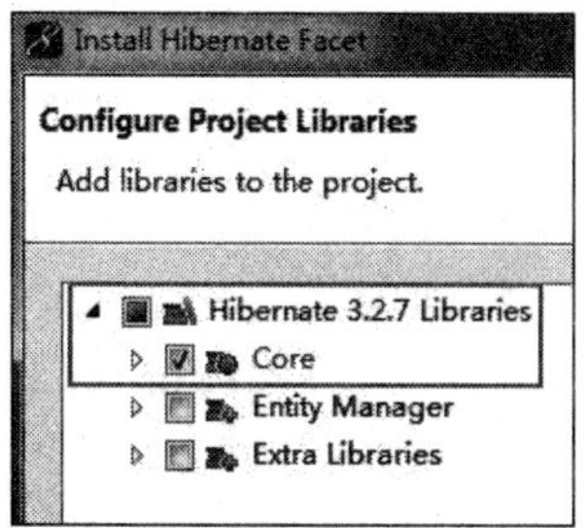

图 5.67 添加 Hibernate 支持

5. 反向工程主键表 person

新建反向工程文件生成目录为 org.model,选择主键生成方式为 native,生成 Person 类和 Person.hbm.xml 文件,如图 5.68 所示。

1) 增加 idcards 集合属性

Person 类中增加了 idcards 这个集合属性,代码如下:

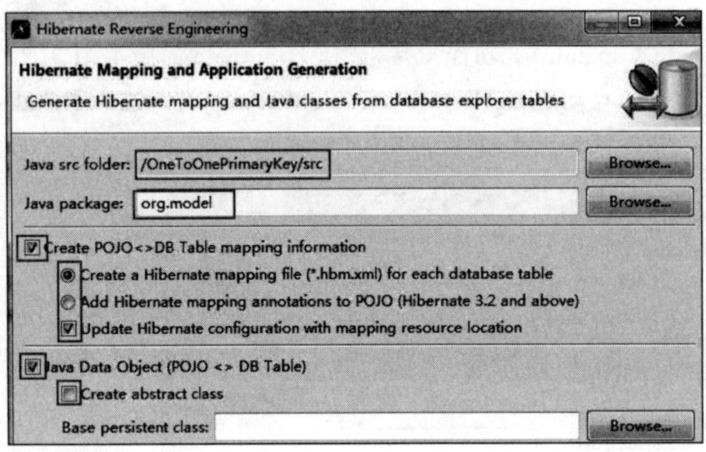

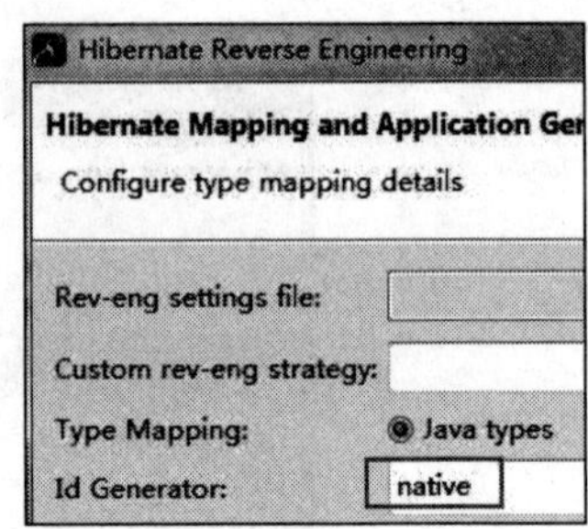

图 5.68　反向工程 person 表

```
package org.model;
import java.util.HashSet;
import java.util.Set;
public class Person implements java.io.Serializable {
    private Integer id;
    private String name;
    private Set idcards=new HashSet(0);
    public Person() {
    }
    public Person(String name, Set idcards) {
        this.name=name;
        this.idcards=idcards;
    }
    public Integer getId() {
        return this.id;
    }
    public void setId(Integer id) {
        this.id=id;
    }
    public String getName() {
        return this.name;
    }
    public void setName(String name) {
        this.name=name;
    }
```

```
    public Set getIdcards() {
        return this.idcards;
    }
    public void setIdcards(Set idcards) {
        this.idcards=idcards;
    }
}
```

2) 增加 idcards 集合属性描述

在 Person. hbm. xml 中增加了 idcards 这个集合属性的描述,代码如下:

```
<?xml version="1.0" encoding="utf-8"?>
<!DOCTYPE hibernate-mapping PUBLIC "-//Hibernate/Hibernate Mapping DTD 3.0//EN"
"http://hibernate.sourceforge.net/hibernate-mapping-3.0.dtd">
<hibernate-mapping>
    <class name="org.model.Person" table="person" catalog="onetooneprimary">
        <id name="id" type="java.lang.Integer">
            <column name="id" />
            <generator class="native" />
        </id>
        <property name="name" type="java.lang.String">
            <column name="name" />
        </property>
        <set name="idcards" inverse="true">
            <key>
                <column name="id" not-null="true" unique="true" />
            </key>
            <one-to-many class="org.model.Idcard" />
        </set>
    </class>
</hibernate-mapping>
```

3) 新增映射文件说明

在 hibernate. cfg. xml 中新增了映射文件说明,代码如下:

```
<?xml version='1.0' encoding='UTF-8'?>
    <session-factory>
        <property name="dialect">
            org.hibernate.dialect.MySQLDialect
        </property>
```

```
        <property name="connection.url">
            jdbc:mysql://localhost:3306/onetooneprimary?characterEncoding=
            UTF-8
        </property>
        <property name="connection.username">root</property>
        <property name="connection.password">root</property>
        <property name="connection.driver_class">
            com.mysql.jdbc.Driver
        </property>
        <property name="myeclipse.connection.profile">test</property>
        <mapping resource="org/model/Person.hbm.xml" />
    </session-factory>
</hibernate-configuration>
```

6. 反向工程外键表 idcard 表

反向工程外键表 idcard 表，生成 Idcard 类和 Idcard. hbm. xml 文件。

1）增加 Person 主键表属性

Idcard 类中增加了 Person 这个主键表属性，代码如下：

```
package org.model;
public class Idcard implements java.io.Serializable {
    private Integer id;
    private Person person;
    private String address;
    public Idcard() {
    }
    public Idcard(Person person) {
        this.person=person;
    }
    public Idcard(Person person, String address) {
        this.person=person;
        this.address=address;
    }
    public Integer getId() {
        return this.id;
    }
    public void setId(Integer id) {
        this.id=id;
    }
    public Person getPerson() {
```

```
        return this.person;
    }
    public void setPerson(Person person) {
        this.person=person;
    }
    public String getAddress() {
        return this.address;
    }
    public void setAddress(String address) {
        this.address=address;
    }
}
```

2）增加 many-to-one 属性描述

在 Idcard. hbm. xml 中增加了 many-to-one 这个属性的描述，代码如下：

```
<?xml version="1.0" encoding="utf-8"?>
<hibernate-mapping>
    <class name="org.model.Idcard" table="idcard" catalog="onetooneprimary">
        <id name="id" type="java.lang.Integer">
            <column name="id" />
            <generator class="native" />
        </id>
        <many-to-one name="person" class="org.model.Person" update="false"
        insert="false" fetch="select">
            <column name="id" not-null="true" unique="true" />
        </many-to-one>
        <property name="address" type="java.lang.String">
            <column name="address" />
        </property>
    </class>
</hibernate-mapping>
```

3）新增映射文件说明

在 hibernate. cfg. xml 中新增了映射文件说明，代码如下：

```
<mapping resource="org/model/Idcard.hbm.xml" />
```

7. 修改"一对多"关联属性为"一对一"关联属性

1）修改 Person 类

由于本案例中关联关系是"一对一"，因此需要将主键表 Person 类中的集合属性(Set idcards)改为 Idcard 对象属性(Idcard idcard)，同时修改构造函数，代码如下：

```
package org.model;
public class Person implements java.io.Serializable {
    private Integer id;
    private String name;
    private Idcard idcard;
    public Person() {
    }
    public Person(String name, Idcard idcard) {
        this.name=name;
        this.idcard=idcard;
    }
    public Integer getId() {
        return this.id;
    }
    public void setId(Integer id) {
        this.id=id;
    }
    public String getName() {
        return this.name;
    }
    public void setName(String name) {
        this.name=name;
    }
    public Idcard getIdcard() {
        return idcard;
    }
    public void setIdcard(Idcard idcard) {
        this.idcard=idcard;
    }
}
```

2）修改 Person. hbm. xml 文件

将原有属性 set，代码如下：

```
<set name="idcards" inverse="true">
    <key>
```

```
        <column name="id" not-null="true" unique="true" />
    </key>
    <one-to-many class="org.model.Idcard" />
</set>
```

改成属性 one-to-one,代码如下:

```
<one-to-one name="idcard" class="org.model.Idcard" cascade="all"/>
```

3) 修改 Idcard 类

由于"一对多"中的"一"方已经满足"一对一",所以 Idcard.java 不需要修改。

4) 修改 Idcard.hbm.xml 文件

(1) 修改 person 属性。

将属性 many-to-one,代码如下:

```
<many-to-one name="person" class="org.model.Person" update="false" insert=
"false" fetch="select">
    <column name="id" not-null="true" unique="true" />
</many-to-one>
```

改成属性 one-to-one,代码如下:

```
<one-to-one name="person" class="org.model.Person" constrained="true">
</one-to-one>
```

注意: constainted 为 true,则会先增加关联表 person,然后增加本表 idcard。删除的时候反之。

(2) 修改<id>元素属性。

将原有属性 id,代码如下:

```
<id name="id" type="java.lang.Integer">
    <column name="id" />
    <generator class="native" />
</id>
```

改成含有 foreign 特征的属性 id,代码如下:

```
<id name="id" column="id">
    <generator class="foreign">
```

```
        <!--指定引用关联实体的属性名 -->
        <param name="property">person</param>
    </generator>
</id>
```

注意：基于主键关联时，<id>元素的主键生成类<generator class>是 foreign，表明根据关联类的主键来生成本表主键。<generator>元素的<param name="property">值为<one-to-one name="person">中定义的 person 属性。

8. 新建 Test 类

新建 Test 类，编写 main 方法，代码如下：

```
package test;
import org.hibernate.Session;
import org.hibernate.Transaction;
import org.model.Idcard;
import org.model.Person;
import org.util.HibernateSessionFactory;
public class Test {
    public static void main(String[] args) {
        Session session=HibernateSessionFactory.getSession();
        Transaction ts=session.beginTransaction();
        //1. 建主键表对象
        Person person1=new Person();
        person1.setName("李明");
        //2. 建外键表对象
        Idcard idcard1=new Idcard();
        idcard1.setAddress("浙江杭州");
        //3. 相互设置主键表和外键表的引用对象
        idcard1.setPerson(person1);
        person1.setIdcard(idcard1);
        //4. 保存主键表或外键表对象
        session.save(person1);
        session.save(idcard1);
        ts.commit();
    }
}
```

9. 运行工程

可以在数据库中生成如下记录，如图 5.69 所示。

id	name
1	李明
2	张亮

id	person_id	address
1	1	浙江杭州
2	2	浙江绍兴

图 5.69 运行工程后的数据库

5.3.2 基于外键的一对一的关系映射

1. 新建数据库和表

新建 MySQL 数据库，数据库名为 OneToOneForeign，且支持中文，如图 5.70 所示。

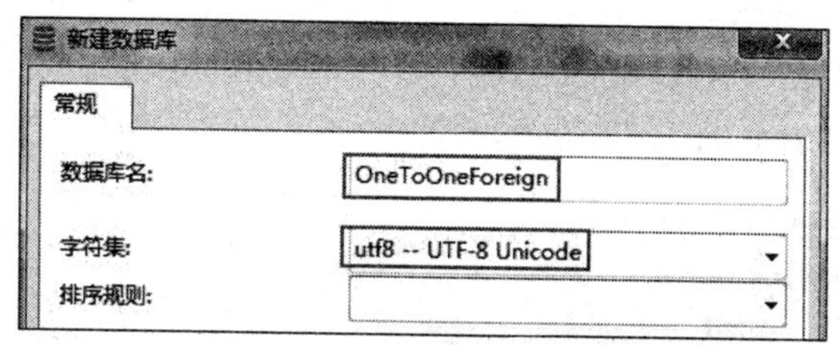

图 5.70 新建数据库和表

新建 person 表和 idcard 表。

1) person 表

person 表的字段设置如图 5.71 所示。

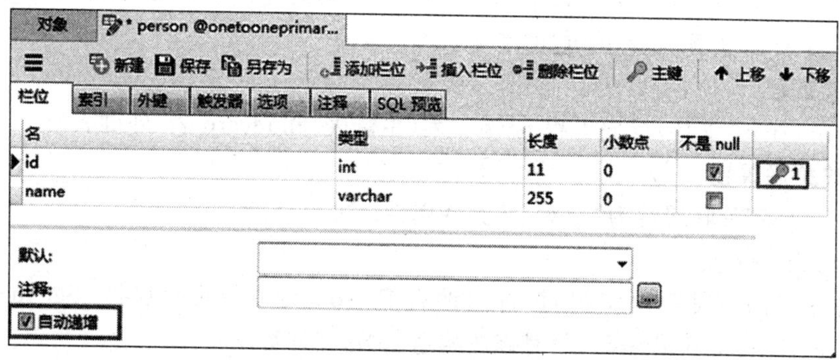

名	类型	长度	小数点	不是 null	
id	int	11	0	☑	🔑1
name	varchar	255	0	☐	

图 5.71 person 表

注意：id 字段是主键，而且是标识列（即自增型）。

2) idcard 表

idcard 表的字段设置如图 5.72 所示。

注意：id 字段是主键，而且是标识列（即自增型），person_id 字段是外键。

2. 设置外键

打开外键表 idcard，在“栏位”列选择外键列 person_id，“参考数据库”选择当前数据库

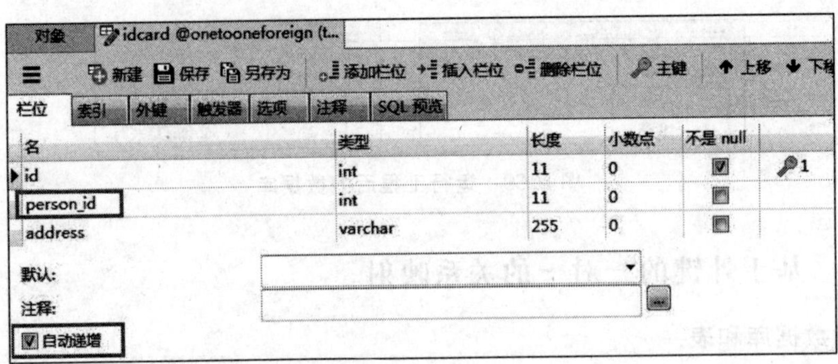

图 5.72　idcard 表

onetooneforeign,“参考表”选择主键表 person,“参考栏位”选择主键表中的列 id。单击“保存”按钮,最终生成的外键如图 5.73 所示。

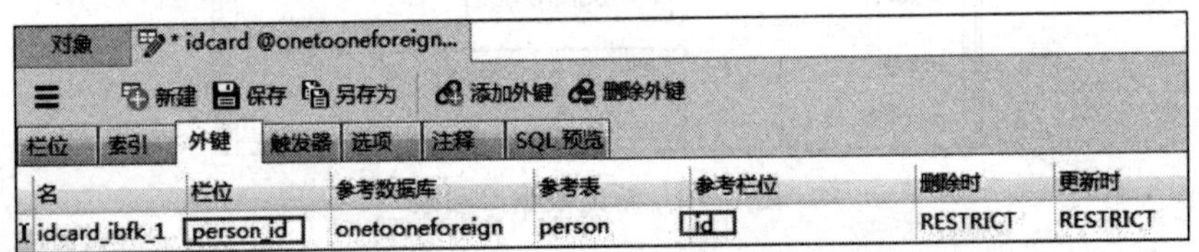

图 5.73　设置外键

3. 新建 Java 工程

工程名为 OneToOneForeignKey,新建 lib 目录,然后复制 mysql-connector-java-5.0.8.jar 包到 lib 目录下,并添加该 jar 包的引用。

4. 反向工程

添加 Hibernate 支持,反向工程 person 表(主键表)和 idcard 表(外键表)。

5. 修改关联属性

修改“一对多”关联属性为“一对一”关联属性。

1) 修改 Person 类

和基于主键的一对一程序相同,将主键表 Person 类中的集合属性(Set idcards)改为 Idcard 对象属性(Idcard idcard),同时修改构造函数,代码如下:

```
package org.model;
public class Person implements java.io.Serializable {
    private Integer id;
    private String name;
    private Idcard idcard;
    public Person() {
    }
```

```
    public Person(String name, Idcard idcard) {
        this.name=name;
        this.idcard=idcard;
    }
    public Integer getId() {
        return this.id;
    }
    public void setId(Integer id) {
        this.id=id;
    }
    public String getName() {
        return this.name;
    }
    public void setName(String name) {
        this.name=name;
    }
    public Idcard getIdcard() {
        return idcard;
    }
    public void setIdcard(Idcard idcard) {
        this.idcard=idcard;
    }
}
```

2）修改 Person. hbm. xml 文件

将原有属性 set，代码如下：

```
<set name="idcards" inverse="true">
    <key>
        <column name="id" not-null="true" unique="true" />
    </key>
    <one-to-many class="org.model.Idcard" />
</set>
```

改成属性 one-to-one，代码如下：

```
<one-to-one name="idcard" class="org.model.Idcard" property-ref="person">
```

注意：<one-to-one>元素中的 property-ref 属性表明对方映射（Idcard. hmb. xml）中外键列对应的属性名 person，也就是 Idcard 类下的 person 属性名。

3）保持 Idcard 类不变

由于“一对多”中的“一”方已经满足“一对一”，所以 Idcard.java 不需要修改。

4）保持 Idcard.hbm.xml 文件不变

由于“一对多”中的“一”方已经满足“一对一”，所以 Idcard.hbm.xml 不需要修改。

6. 新建 Test 类

和基于主键的一对一程序相同。

7. 运行工程

可以在数据库中生成如下记录，如图 5.74 所示。

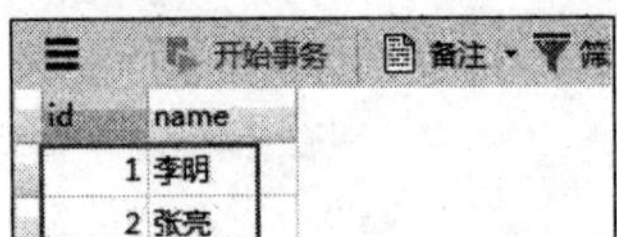

id	name
1	李明
2	张亮

id	person_id	address
1	1	浙江杭州
2	2	浙江绍兴

图 5.74　运行工程后的数据库

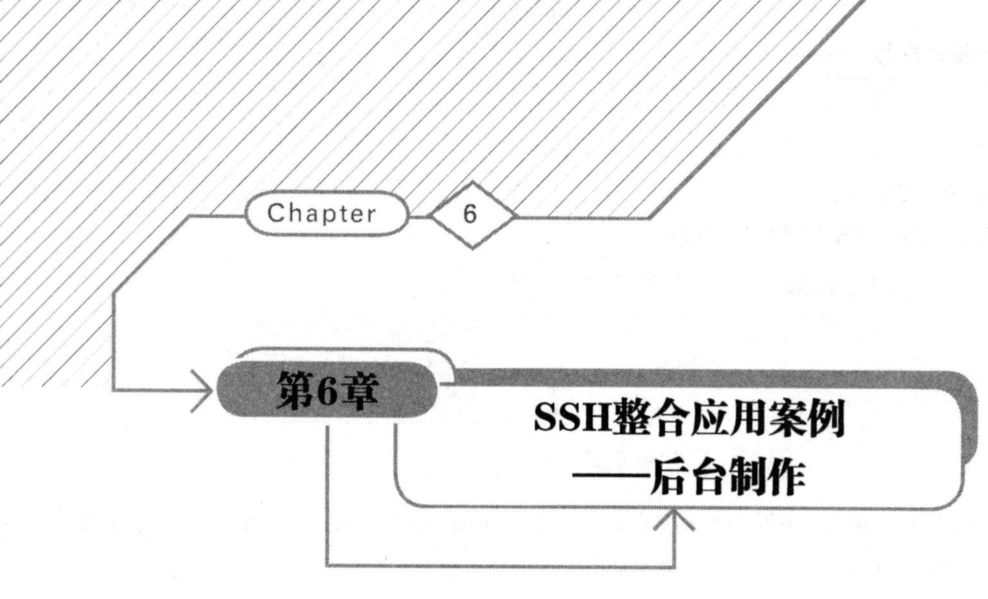

Chapter 6 第6章 SSH整合应用案例——后台制作

6.1 新建数据库及表

1. 新建数据库和数据库表并设置主键

新建数据库 xsxkFZL，新建 5 张数据库表，每张表需要设置主键。

1) 学生表 XSB

学生表 XSB 的字段如图 6.1 所示。

其中，XH 是学号（主键），XM 是姓名，XB 是性别，CSSJ 是出生时间，ZY_ID 是专业编号，ZXF 是总学分，BZ 是备注，ZP 是照片。

2) 课程表 KCB

课程表 KCB 的字段如图 6.2 所示。

SKY-20160614REH.xsxkFZL - dbo.XSB

列名	数据类型	允许 Null 值
XH	varchar(50)	☐
XM	varchar(50)	☑
XB	bit	☑
CSSJ	datetime	☑
ZY_ID	int	☑
ZXF	int	☑
BZ	varchar(500)	☑
ZP	image	☑

图 6.1 XSB 表

SKY-20160614REH.xsxkFZL - dbo.KCB

列名	数据类型	允许 Null 值
KCH	varchar(50)	☐
KCM	varchar(50)	☑
KXXQ	smallint	☑
XS	int	☑
XF	int	☑

图 6.2 KCB 表

其中，KCH 是课程号（主键），KCM 是课程名，KXXQ 是开学学期，XS 是学时，XF 是学分。

3）专业表 ZYB

专业表 ZYB 的字段如图 6.3 所示。

SKY-20160614REH.xsxkFZL - dbo.ZYB

	列名	数据类型	允许 Null 值
🔑	ID	int	☐
	ZYM	varchar(50)	☑
	RS	int	☑
	FDY	varchar(50)	☑

⊟ 表设计器	
Text/Image 文件	PRIMARY
标识列	ID
⊞ 常规数据空间规范	PRIMARY

图 6.3　ZYB 表

其中，ID 是专业编号（主键，且为标识列，即自增字段），ZYM 是专业名，RS 是专业总人数，FDY 是辅导员姓名。

4）登录表 DLB

登录表 DLB 的字段如图 6.4 所示。

SKY-20160614REH.xsxkFZL - dbo.DLB

	列名	数据类型	允许 Null 值
🔑	ID	int	☐
	XH	varchar(50)	☑
	KL	varchar(50)	☑

⊟ 表设计器	
Text/Image 文件	PRIMARY
标识列	ID
⊞ 常规数据空间规范	PRIMARY

图 6.4　DLB 表

其中，ID 是登录编号（主键，且为标识列，即自增字段），XH 是学号，KL 是口令。

5）连接表 XS_KCB

连接表 XS_KCB 的字段如图 6.5 所示。

SKY-20160614REH.xsxkFZL - dbo.XS_KCB

	列名	数据类型	允许 Null 值
🔑	XH	varchar(50)	☐
🔑	KCH	varchar(50)	☐

图 6.5　XS_KCB 表

其中，XH 是学号，KCH 是课程号。XH 和 KCH 都是主键，因此，该连接表是双主键表。

2. 增加记录

在 ZYB 和 XSB 表中增加两个学生信息，并在 DLB 表中增加这两个学生的登录信息，如图 6.6～图 6.8 所示。

注意：必须先添加 ZYB 表，再添加 XSB 表，因为 XSB 表中的 ZY_ID 字段要依赖 ZYB 表。在 SQL Server 中，XB 字段（bit 类型）不能是 0 或 1，必须是 True 或 False。

SKY-20160614REH.xsxkFZL - dbo.ZYB

ID	ZYM	RS	FDY
1	软件工程	70	李玲美
2	通信工程	70	刘文程

图 6.6　在 ZYB 表中增加两个专业信息

SKY-20160614REH.xsxkFZL - dbo.XSB　SKY-20160614REH.xsxkFZL - dbo.ZYB

XH	XM	XB	CSSJ	ZY_ID	ZXF	BZ	ZP
20160101	苏小明	True	1987-01-01 00:00:00.000	1	180	班长	NULL
20160102	程笑鸥	False	1988-03-02 00:00:00.000	2	180	团支书	NULL

图 6.7　在 XSB 表中增加两个学生信息

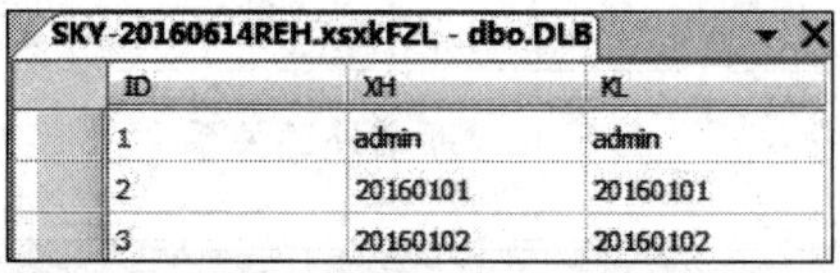

SKY-20160614REH.xsxkFZL - dbo.DLB

ID	XH	KL
1	admin	admin
2	20160101	20160101
3	20160102	20160102

图 6.8　在 DLB 表中增加两个登录信息

在 KCB 表中增加两门课程信息，如图 6.9 所示。

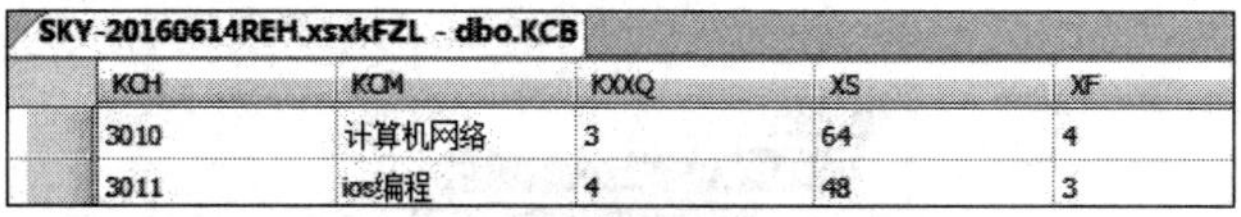

SKY-20160614REH.xsxkFZL - dbo.KCB

KCH	KCM	KXXQ	XS	XF
3010	计算机网络	3	64	4
3011	ios编程	4	48	3

图 6.9　在 KCB 表中增加两门课程信息

在 XS_KCB 表中增加两条同学的选修课程信息，如图 6.10 所示。

其中，20160101 学生选了两门课(3010 和 3011)，20160102 学生选了一门课(3011)。

3. 设置外键

因为学生表和专业表是多对一关系，所以需要设置一个外键。

注意：*XSB 表是外键表，该表的 ZY_ID 字段是外键，ZYB 表是主键表。*

打开外键表 XSB，如图 6.11 所示。

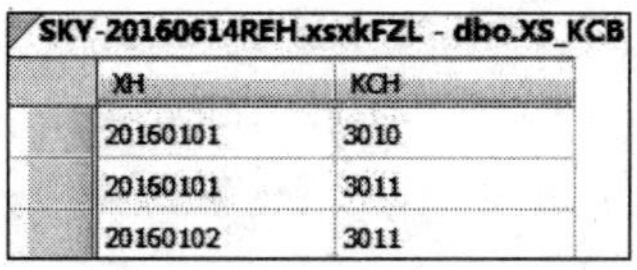

SKY-20160614REH.xsxkFZL - dbo.XS_KCB

XH	KCH
20160101	3010
20160101	3011
20160102	3011

图 6.10　在 XS_KCB 表中增加学生选修课程信息

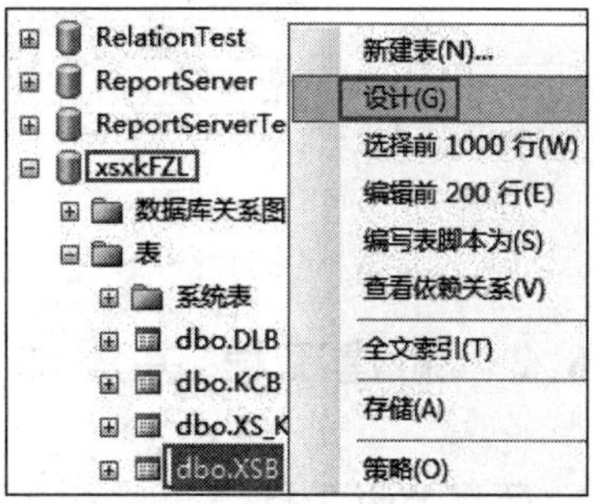

RelationTest
ReportServer
ReportServerTe
xsxkFZL
数据库关系图
表
系统表
dbo.DLB
dbo.KCB
dbo.XS_K
dbo.XSB

新建表(N)...
设计(G)
选择前 1000 行(W)
编辑前 200 行(E)
编写表脚本为(S)
查看依赖关系(V)
全文索引(T)
存储(A)
策略(O)

图 6.11　打开外键表 XSB

单击“关系”按钮，再单击“添加”按钮，如图 6.12 所示。

单击“表和列规范”项的按钮，如图 6.13 所示。

选择主键表 ZYB 和主键表的外键列 ID，再选择外键表 XSB 的外键列 ZY_ID，如图 6.14 所示。

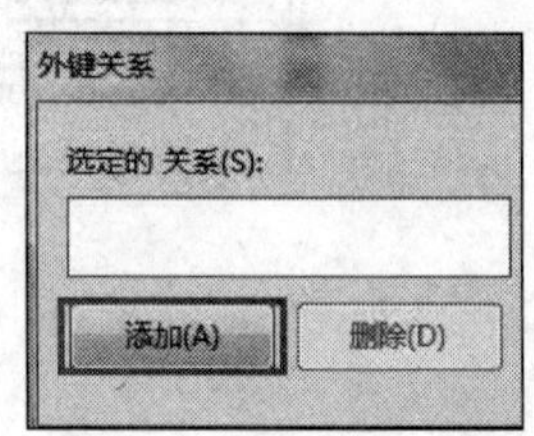

图 6.12 新增外键关系

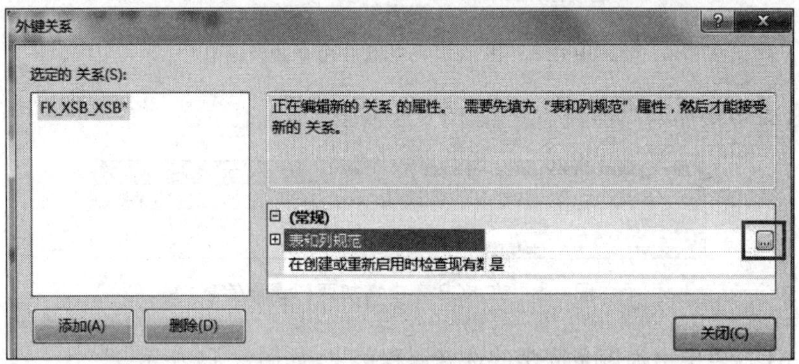

图 6.13 单击"表和列规范"项的按钮

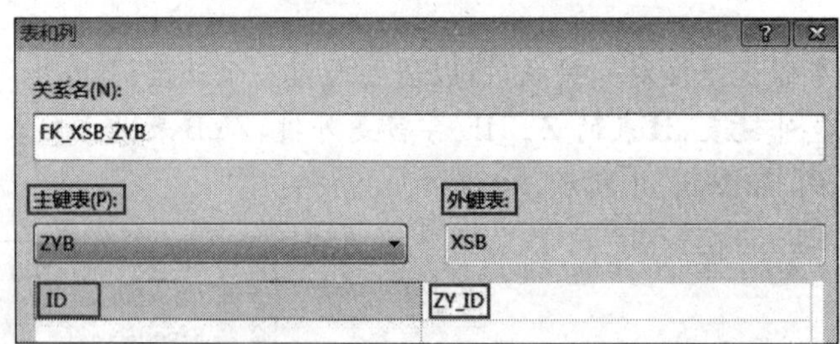

图 6.14 设置主键和外键

6.2 新建工程，并添加 SSH 支持

1. 新建 Web 工程

工程名为 StudentFZL，选择 Java EE 5-Web 2.5，如图 6.15 所示。

2. 添加 SSH 库包

将 SSH 库包 ssh.rar 解压缩，将 lib 文件夹中所有的 jar 包粘贴到 WebRoot→WEB-INF→lib 目录下，此时，MyEclipse 将自动生成 Web App Libraries 库包引用，如图 6.16 和图 6.17 所示。

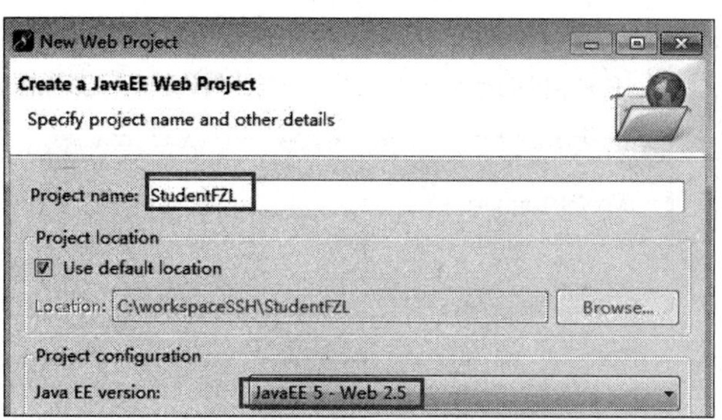

图 6.15　新建 Web 工程

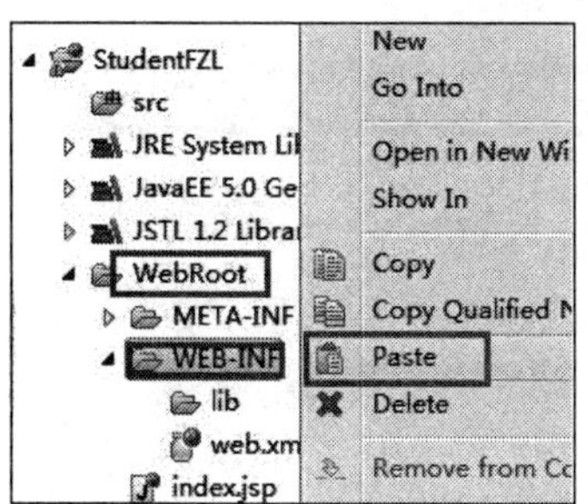

图 6.16　在 WebRoot→WEB-INF→lib 下粘贴 jar 包

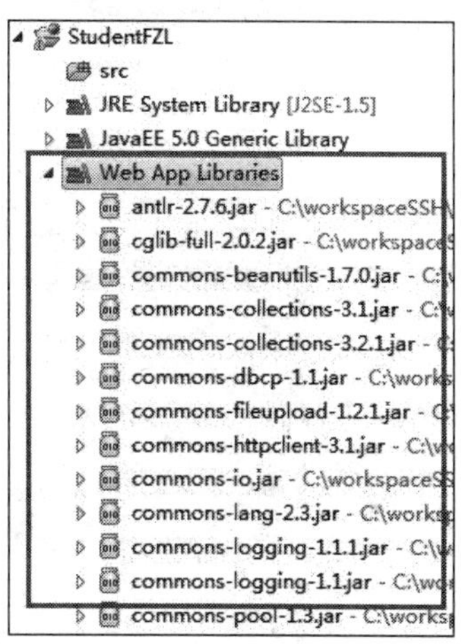

图 6.17　jar 包引用

注意：只要在 Web App Libraries 中引用的 jar 包，都会被 MyEclipse 上传到 Tomcat 部署工程中。

3. 添加 Spring 支持

选中工程，添加 Spring 支持，如图 6.18 所示。

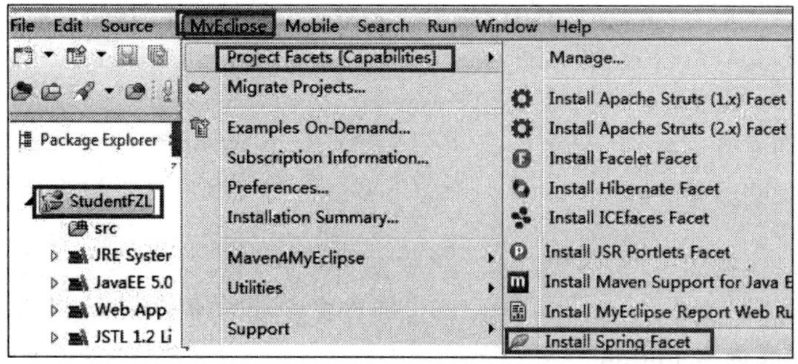

图 6.18　添加 Spring 支持

选择 Spring 的版本为 2.5，Type 为 Disable Library Configuration，即不使用 MyEclipse 2014 自带的 Spring 库包，并取消勾选 Spring-Web 和 AOP 选项，如图 6.19 所示。

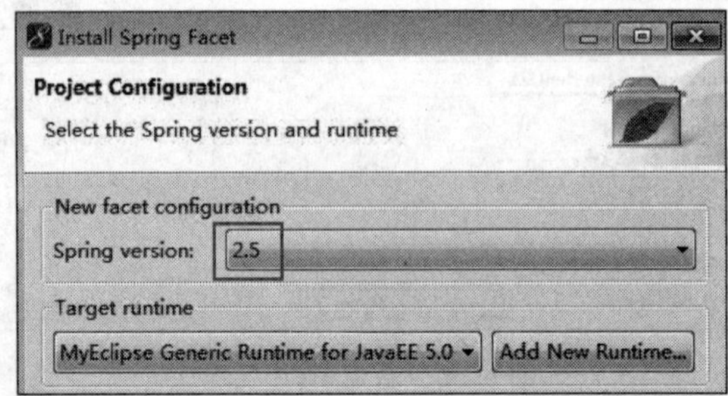

图 6.19 Spring 的配置选项

此时，将在 src 目录下新增 Spring 框架的配置文件 applicationContext.xml，代码如下：

```
<?xml version="1.0" encoding="UTF-8"?>
<beans
    xmlns="http://www.springframework.org/schema/beans"
    xmlns:xsi="http://www.w3.org/2001/XMLSchema-instance"
    xmlns:p="http://www.springframework.org/schema/p"
    xsi:schemaLocation="http://www.springframework.org/schema/beans
    http://www.springframework.org/schema/beans/spring-beans-2.5.xsd">
</beans>
```

注意：配置文件 applicationContext.xml 将负责管理所有的 bean 对象。

4. 添加数据库连接 dblink

在 DB Browser 视图中添加数据库连接 dblink，如图 6.20 所示。

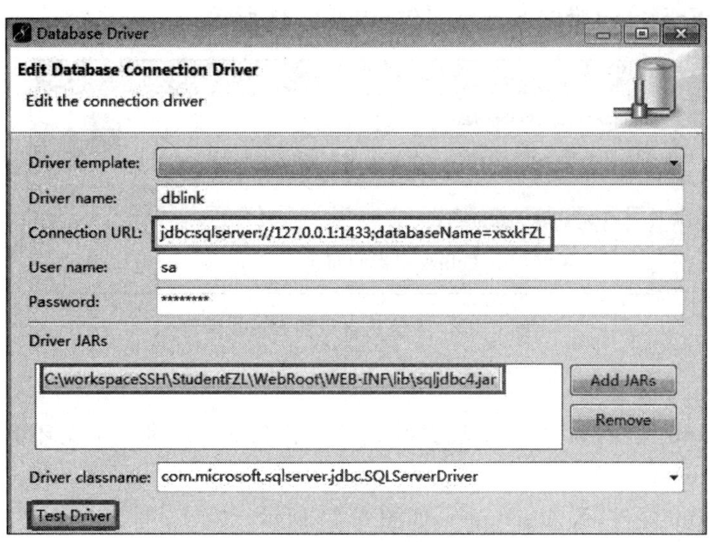

图 6.20　新建数据库连接

5. 添加 Struts2 支持

选中工程，添加 Struts2 支持，如图 6.21 所示。

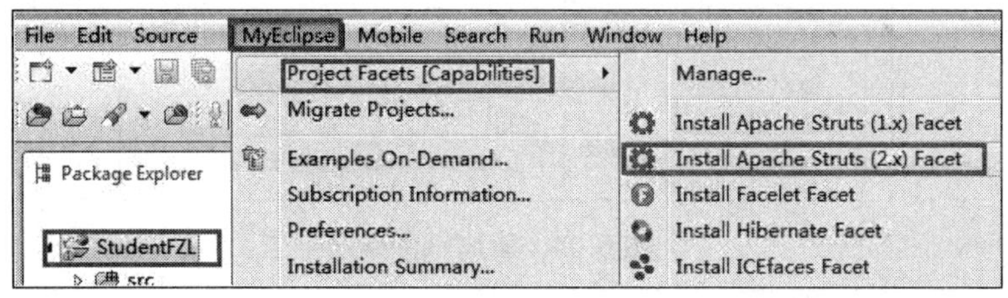

图 6.21　添加 Struts 支持

选择 2.1 版本，对所有的网页进行 Struts 过滤处理，如图 6.22 所示。

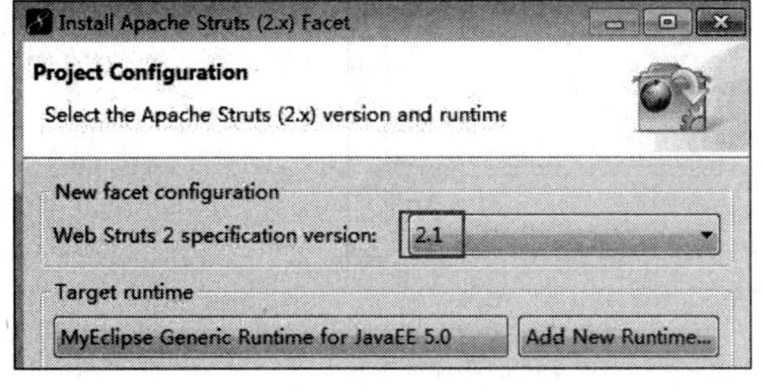

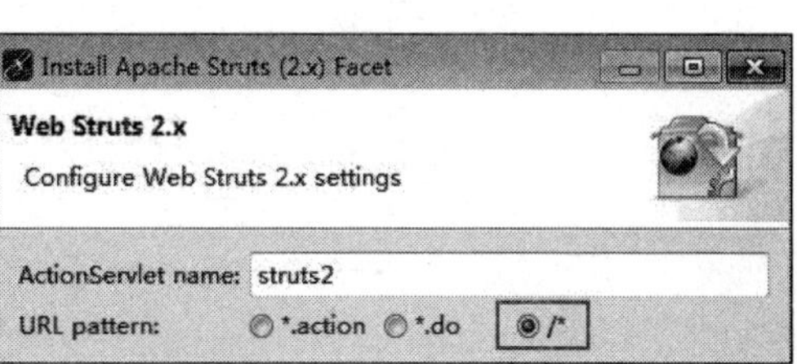

图 6.22　选择 2.1 版本和 Struts 过滤处理

不使用 MyEclipse 自带的 Struts 库包，如图 6.23 所示。

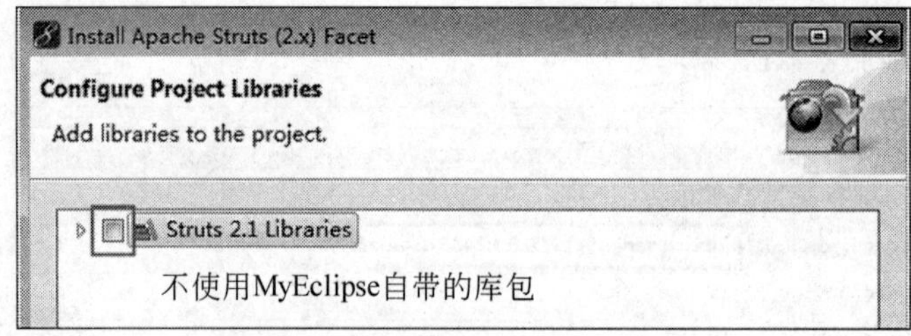

图 6.23　不使用自带的 Struts 库包

6. 修改 web.xml 文件

修改 web.xml 文件，为 Web 工程提供 Spring 框架的监听和上下文环境支持。

1）添加 listener

打开 web.xml 文件，添加 listener，如图 6.24 所示。

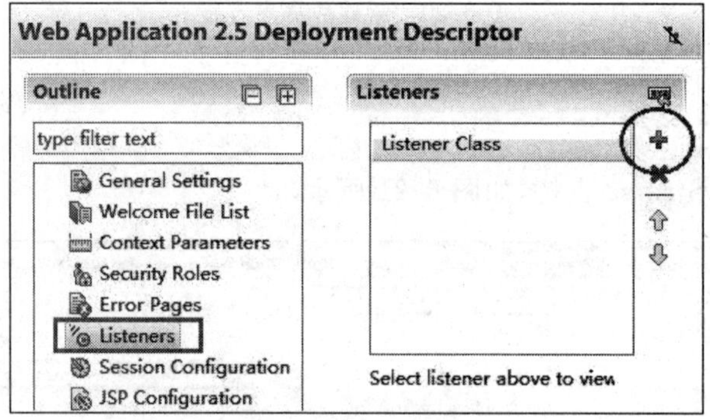

图 6.24　添加 listener

添加 Listener Class，如图 6.25 所示。

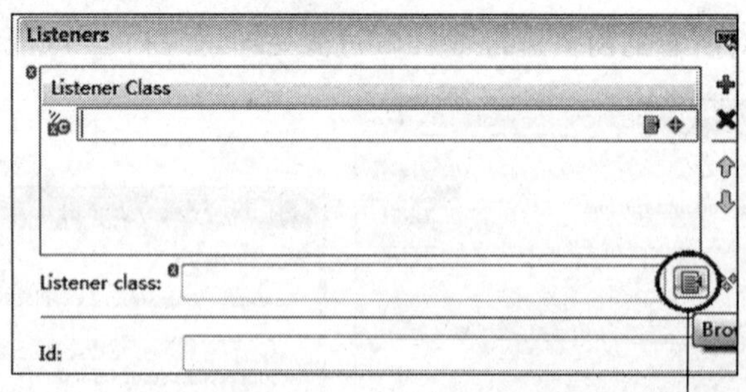

图 6.25　添加 Listener Class

选择 ContextLoaderListener 类，如图 6.26 所示。

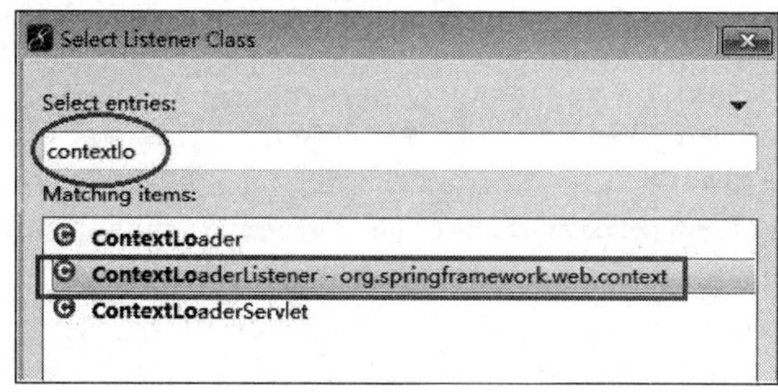

图 6.26　添加监听类

2）添加 Context Parameters

添加 Context Parameters，如图 6.27 所示。

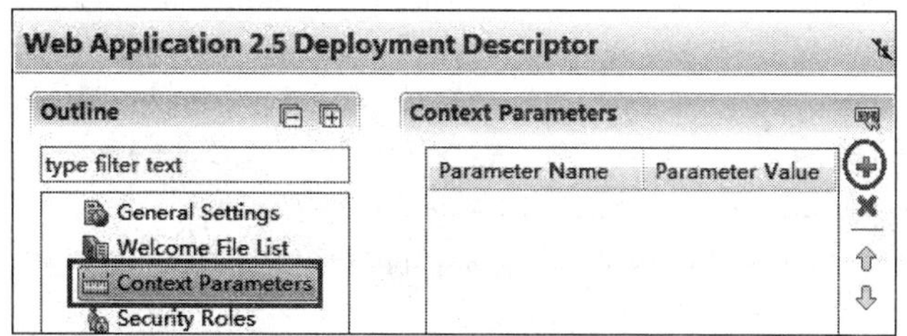

图 6.27　添加 Context-Parameters

参数名为 contextConfigLocation，参数值为/WEB-INF/classes/applicationContext.xml，如图 6.28 所示。

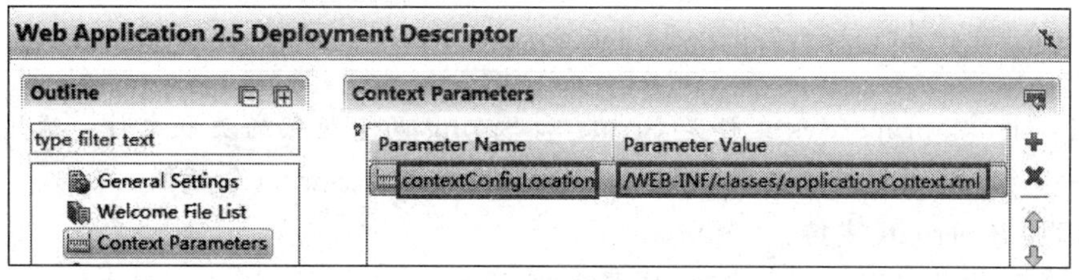

图 6.28　设置参数属性

最终的 web.xml 代码如下：

```
<?xml version="1.0" encoding="UTF-8"?>
<web-app version="2.5" xmlns="http://java.sun.com/xml/ns/javaee"
    xmlns:xsi="http://www.w3.org/2001/XMLSchema-instance"
    xsi:schemaLocation="http://java.sun.com/xml/ns/javaee
    http://java.sun.com/xml/ns/javaee/web-app_2_5.xsd">
    <welcome-file-list>
```

```
        <welcome-file>index.jsp</welcome-file>
    </welcome-file-list>
    <filter>
        <filter-name>struts2</filter-name>
        <filter-class>
    org.apache.struts2.dispatcher.ng.filter.StrutsPrepareAndExecuteFilter
    </filter-class>
    </filter>
    <filter-mapping>
        <filter-name>struts2</filter-name>
        <url-pattern>/*</url-pattern>
    </filter-mapping>
    <listener>
        <listener-class>org.springframework.web.context.
        ContextLoaderListener</listener-class>
    </listener>
    <context-param>
        <param-name>contextConfigLocation</param-name>
        <param-value>/WEB-INF/classes/applicationContext.xml</param-value>
    </context-param>
</web-app>
```

7. 新建 struts.properties 文件

在 src 文件夹下新建 struts.properties 文件，并在该文件中添加如下代码：

```
struts.objectFactory=spring
```

注意：struts.properties 文件是 Struts 和 Spring 两个框架的关联文件。通过该文件，Struts 将作为 Spring 的一个组件，所有的 Struts 对象都由 Spring 管理。

8. 添加 Hibernate 支持

选中工程，添加 Hibernate 支持，如图 6.29 所示。

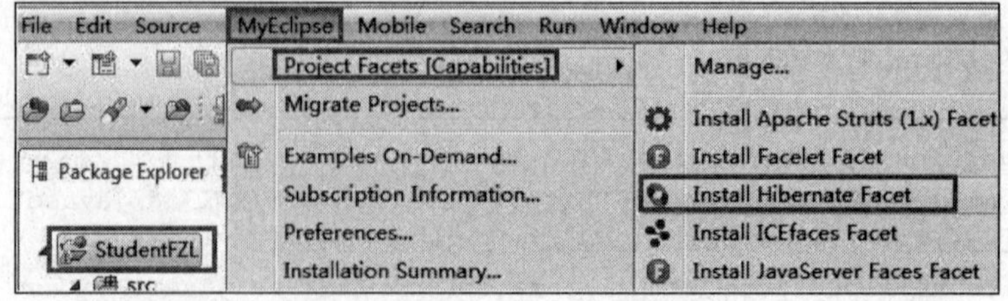

图 6.29 添加 Hibernate 支持

选择 3.2 版本，利用 Spring 生成 SessionFactory 类对象，不用自己生成 SessionFactory 类，如图 6.30 所示。

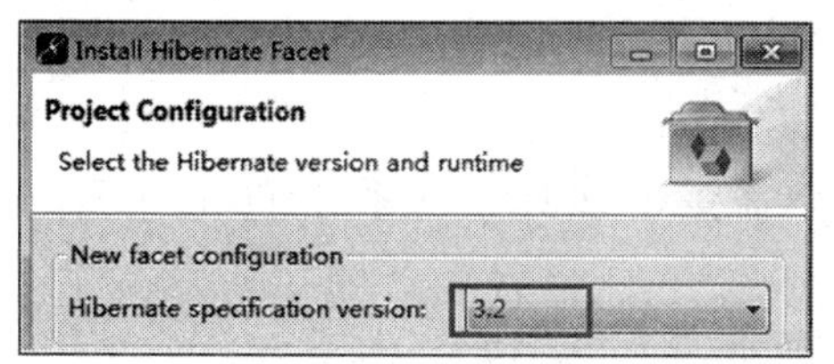

图 6.30 利用 Spring 生成 SessionFactory 类对象

选择 dblink 连接，如图 6.31 所示。

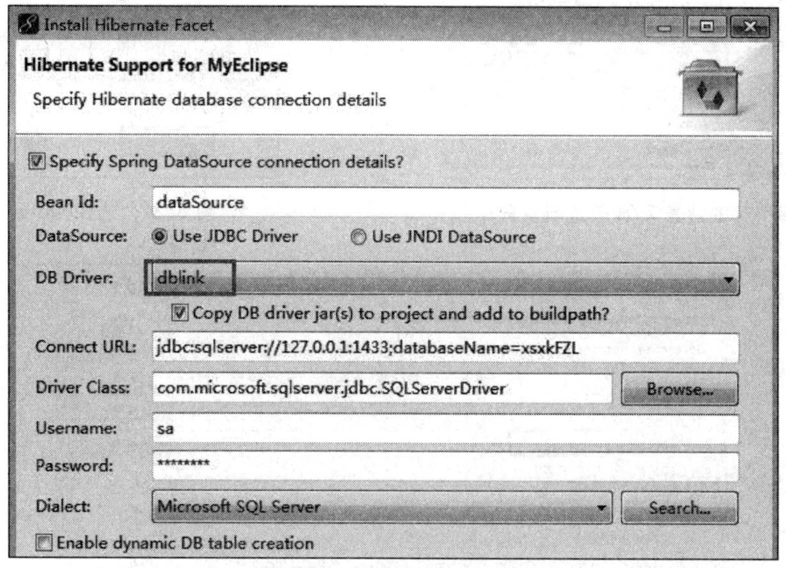

图 6.31 选择 dblink

不使用 MyEclipse 自带的库包，如图 6.32 所示。

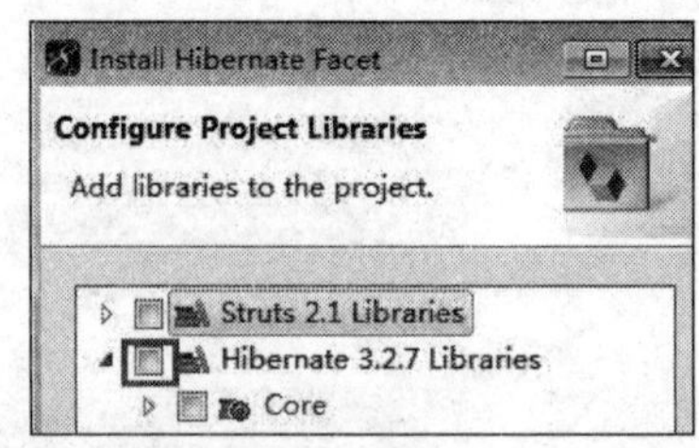

图 6.32　不使用 MyEclipse 自带的库包

6.3　反向工程，生成 POJO 对象

6.3.1　“多对一”关系的反向工程

学生表 XSB 和专业表 ZYB 之间存在“多对一”关系，需要对“多对一”关系进行反向工程。

1. 对主键表 ZYB 表进行反向工程

选中主键表 ZYB，对其进行反向工程，如图 6.33 所示。

单击 Java src folder 边的 Browse 按钮，选择 StudentFZL 的 src 目录，然后在 Java package 处输入“org.model”，然后勾选相关的选项，如图 6.34 和图 6.35 所示。

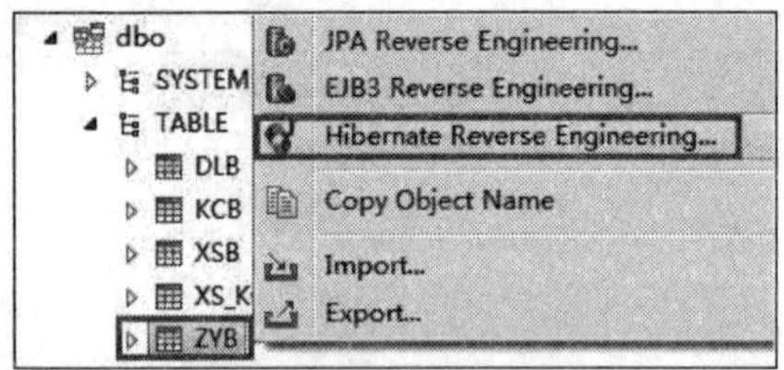

图 6.33　对主键表 ZYB 表进行反向工程

图 6.34　选择 src 目录

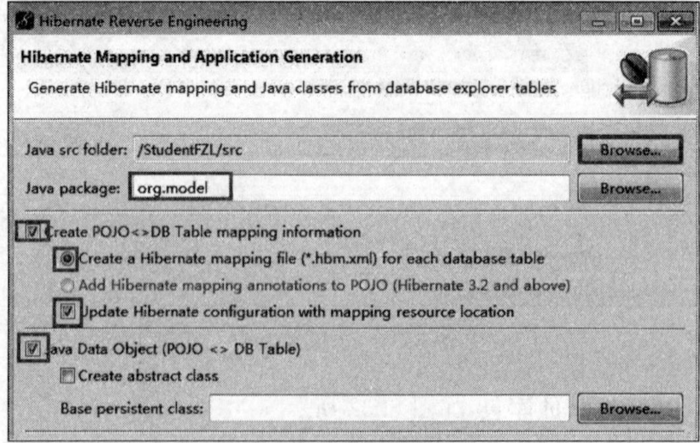

图 6.35　设置反向配置

注意：一定要确保 Java src folder 中的目录是 StudentFZL 工程的 src 目录。如果不是，要重新单击 Browse 按钮，选择 StudentFZL 工程的 src 目录。

由于 ZYB 表的主键是自增的，所以选择 id 生成方式(ID Generator)为 native，如图 6.36 所示。

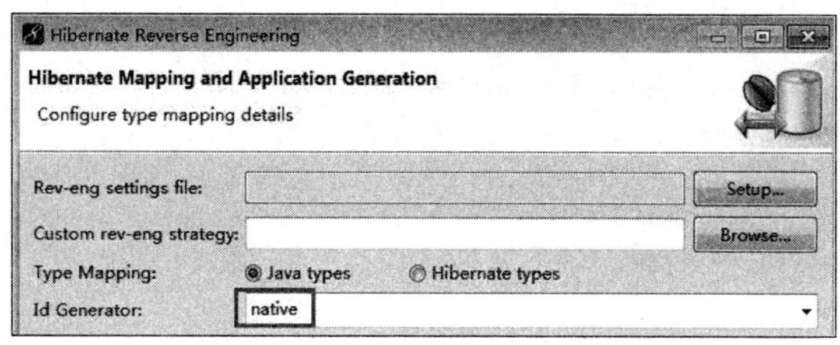

图 6.36 id 生成方式(ID Generator)为 native

此时，工程中将会有 3 个地方发生变化。

1) Zyb.java

生成 Zyb 这个 POJO 对象，Zyb.java 代码如下：

```
package org.model;
import java.util.HashSet;
import java.util.Set;
public class Zyb implements java.io.Serializable {
    private Integer id;
    private String zym;
    private Integer rs;
    private String fdy;
    //由于在 Zyb 表中设置了外键，所以自动生成一个 set 属性 xsbs
    private Set xsbs=new HashSet(0);
    public Zyb() {
    }
    public Zyb(String zym, Integer rs, String fdy, Set xsbs) {
        this.zym=zym;
        this.rs=rs;
        this.fdy=fdy;
        this.xsbs=xsbs;
    }
    public Integer getId() {
        return this.id;
    }
```

```
    public void setId(Integer id) {
        this.id=id;
    }
    public String getZym() {
        return this.zym;
    }
    public void setZym(String zym) {
        this.zym=zym;
    }
    public Integer getRs() {
        return this.rs;
    }
    public void setRs(Integer rs) {
        this.rs=rs;
    }
    public String getFdy() {
        return this.fdy;
    }
    public void setFdy(String fdy) {
        this.fdy=fdy;
    }
    public Set getXsbs() {
        return this.xsbs;
    }
    public void setXsbs(Set xsbs) {
        this.xsbs=xsbs;
    }
}
```

2) Zyb.hbm.xml

生成 Zyb.hbm.xml,代码如下:

```
<?xml version="1.0" encoding="utf-8"?>
<hibernate-mapping>
    <class name="org.model.Zyb" table="ZYB" schema="dbo" catalog="xsxkFZL">
        <id name="id" type="java.lang.Integer">
            <column name="ID" />
            <generator class="native" />
        </id>
        <property name="zym" type="java.lang.String">
```

```
            <column name="ZYM" length="12" />
        </property>
        <property name="rs" type="java.lang.Integer">
            <column name="RS" />
        </property>
        <property name="fdy" type="java.lang.String">
            <column name="FDY" length="8" />
        </property>
        <!--注意：这个 set 属性 xsbs 就是 Zyb.java 中的属性 private Set xsbs;-->
        <set name="xsbs" inverse="true">
            <key>
                <column name="ZY_ID" not-null="true" />
            </key>
            <one-to-many class="org.model.Xsb" />
        </set>
    </class>
</hibernate-mapping>
```

注意：可以发现有一个<one-to-many>的节，表示有一个“一对多”的关联，ZYB表是主键表。

3) applicationContext.xml

在applicationContext.xml文件中，增加了两个bean对象，以及增加了ZYB表反向工程后的hbm文件说明，代码如下：

```
<?xml version="1.0" encoding="UTF-8"?>
<beans xmlns="http://www.springframework.org/schema/beans"
    xmlns:xsi="http://www.w3.org/2001/XMLSchema-instance"
    xmlns:p="http://www.springframework.org/schema/p"
    xsi:schemaLocation="http://www.springframework.org/schema/beans
    http://www.springframework.org/schema/beans/spring-beans-2.5.xsd">
    <bean id="dataSource" class="org.apache.commons.dbcp.BasicDataSource">
        <property name="url"
            value="jdbc:sqlserver://127.0.0.1:1433;databaseName=xsxkFZL">
        </property>
        <property name="username" value="sa"></property>
        <property name="password" value="zhijiang"></property>
    </bean>
    <bean id="sessionFactory"
        class="org.springframework.orm.hibernate3.LocalSessionFactoryBean">
```

```
        <property name="dataSource">
            <ref bean="dataSource" />
        </property>
        <property name="hibernateProperties">
            <props>
                <prop key="hibernate.dialect">
                    org.hibernate.dialect.SQLServerDialect
                </prop>
            </props>
        </property>
        <property name="mappingResources">
            <list>
                <value>org/model/Zyb.hbm.xml</value>
            </list>
        </property>
    </bean>
</beans>
```

在该文件中,可以发现 Spring 框架创建了以下两个 bean 对象。

(1) BasicDataSource 类的 bean 对象 dataSource。

Spring 框架创建一个 bean 对象＜bean id＝"dataSource"＞,通过它整合了对 Hibernate 的数据源配置,如 url、username 和 password 等属性。

(2) LocalSessionFactoryBean 类的 bean 对象 sessionFactory。

Spring 框架创建一个 bean 对象＜bean id＝"sessionFactory"＞,通过它整合了对 Hibernate 的 SessionFactory 的配置,无须再通过 hibernate.cfg.xml 对 SessionFactory 进行设定。

对于第二个 bean 对象 sessionFactory 而言,有下面几点需要注意。

(1) 将 LocalSessionFactoryBean 类配置在 Spring 中的好处是当项目中需要多个不同的 SessionFactory 时所带来的便利。例如,在程序中对多个不同数据库进行操作,则需要分别建立不同的 DataSource 和 SessionFactory,这样在 DAO 操作代码中需要判断该用哪个 SessionFactory。

如果借助 Spring 的 SessionFactory 对象配置,则可以让 DAO 脱离具体 SessionFactory,也就是说,DAO 层完全可以不用关心具体数据源。

(2) sessionFactory 的 dataSource 属性(它是 LocalSessionFactoryBean 类的一个属性)将引用前面定义的 bean 对象＜bean id＝"dataSource"＞。

(3) sessionFactory 的 hibernateProperties 属性(它是 LocalSessionFactoryBean 类的一个属性)则容纳了所有 Hibernate 属性配置,如设置 hibernate.show_sql、hibernate.format_sql 等属性。代码如下:

```
<property name="hibernateProperties">
    <props>
        <prop key="hibernate.dialect">
            org.hibernate.dialect.SQLServerDialect
        </prop>
        <prop key="hibernate.show_sql">
            true
        </prop>
        <prop key="hibernate.format_sql">
            true
        </prop>
    </props>
</property>
```

(4) sessionFactory 的 mappingResources 属性(它是 LocalSessionFactoryBean 类的一个属性)包含所有映射文件的路径。每当新反向工程一个表,都会在 mappingResources 属性的 list 中增加反向表的 hbm 文件,list 节点下可配置多个映射文件,容纳了所有的映射文件路径,由此减少对 *.hbm.xml 文件的管理。

增加了 hibernateProperties 属性后的最终的 applicationContext.xml 代码如下:

```
<?xml version="1.0" encoding="UTF-8"?>
<beans xmlns="http://www.springframework.org/schema/beans"
    xmlns:xsi="http://www.w3.org/2001/XMLSchema-instance"
    xmlns:p="http://www.springframework.org/schema/p"
    xsi:schemaLocation="http://www.springframework.org/schema/beans
    http://www.springframework.org/schema/beans/spring-beans-2.5.xsd">
    <bean id="dataSource" class="org.apache.commons.dbcp.BasicDataSource">
        <property name="url"
            value="jdbc:sqlserver://127.0.0.1:1433;databaseName=xsxkFZL">
        </property>
        <property name="username" value="sa"></property>
        <property name="password" value="zhijiang"></property>
    </bean>
    <bean id="sessionFactory"
        class="org.springframework.orm.hibernate3.LocalSessionFactoryBean">
        <property name="dataSource">
            <ref bean="dataSource" />
        </property>
            <property name="hibernateProperties">
```

```
                <props>
                    <prop key="hibernate.dialect">
                        org.hibernate.dialect.SQLServerDialect
                    </prop>
                    <prop key="hibernate.show_sql">
                        true
                    </prop>
                    <prop key="hibernate.format_sql">
                        true
                    </prop>
                </props>
            </property>
            <property name="mappingResources">
                <list>
                    <value>org/model/Zyb.hbm.xml</value>
                </list>
            </property>
        </bean>
    </beans>
```

2. 对外键表 XSB 表进行反向工程

由于 XSB 表的主键是非自增的，所以选择 id 生成方式（Id Generator）为 assigned，如图 6.37 所示。

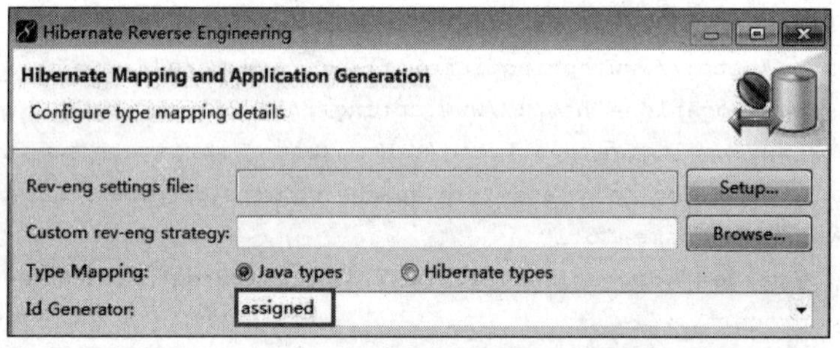

图 6.37　对外键表 XSB 表反向工程

单击 OK 按钮覆盖配置文件，主要就是 applicationContext. xml 文件，如图 6.38 所示。

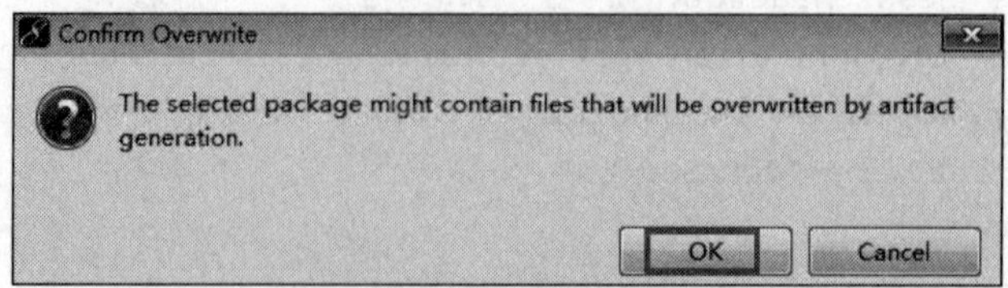

图 6.38　覆盖配置文件

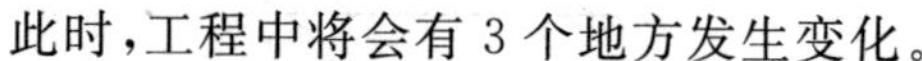

此时，工程中将会有 3 个地方发生变化。

1）Xsb.java

生成 Xsb 这个 POJO 对象，Xsb.java 代码如下：

```
package org.model;
import java.sql.Timestamp;
public class Xsb implements java.io.Serializable {
    private String xh;
    //Hibernate 反向工程后自动将原有表中的 ZY_ID 字段,改成了主键表对象 Zyb
    private Zyb zyb;
    private String xm;
    private Boolean xb;
    private Timestamp cssj;
    private Integer zxf;
    private String bz;
    private String zp;
    public Xsb() {
    }
    public Xsb(String xh, Zyb zyb, String xm, Boolean xb) {
        this.xh=xh;
        this.zyb=zyb;
        this.xm=xm;
        this.xb=xb;
    }
    public Xsb(String xh, Zyb zyb, String xm, Boolean xb, Timestamp cssj,
            Integer zxf, String bz, String zp) {
        this.xh=xh;
        this.zyb=zyb;
        this.xm=xm;
        this.xb=xb;
        this.cssj=cssj;
        this.zxf=zxf;
        this.bz=bz;
        this.zp=zp;
    }
    public String getXh() {
        return this.xh;
    }
    public void setXh(String xh) {
        this.xh=xh;
    }
```

```
    public Zyb getZyb() {
        return this.zyb;
    }
    public void setZyb(Zyb zyb) {
        this.zyb=zyb;
    }
    public String getXm() {
        return this.xm;
    }
    public void setXm(String xm) {
        this.xm=xm;
    }
    public Boolean getXb() {
        return this.xb;
    }
    public void setXb(Boolean xb) {
        this.xb=xb;
    }
    public Timestamp getCssj() {
        return this.cssj;
    }
    public void setCssj(Timestamp cssj) {
        this.cssj=cssj;
    }
    public Integer getZxf() {
        return this.zxf;
    }
    public void setZxf(Integer zxf) {
        this.zxf=zxf;
    }
    public String getBz() {
        return this.bz;
    }
    public void setBz(String bz) {
        this.bz=bz;
    }
    public String getZp() {
        return this.zp;
    }
    public void setZp(String zp) {
        this.zp=zp;
    }
}
```

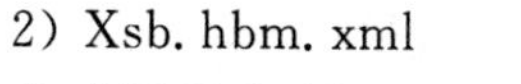

2）Xsb. hbm. xml

生成了 Xsb. hbm. xml，代码如下：

```
<?xml version="1.0" encoding="utf-8"?>
<!DOCTYPE hibernate-mapping PUBLIC "-//Hibernate/Hibernate Mapping DTD 3.0//EN"
"http://hibernate.sourceforge.net/hibernate-mapping-3.0.dtd">
<hibernate-mapping>
    <class name="org.model.Xsb" table="XSB" schema="dbo" catalog="xsxkFZL">
        <id name="xh" type="java.lang.String">
            <column name="XH" length="6" />
            <generator class="assigned" />
        </id>
    <!--注意：这个 many-to-one 属性 zyb 是 Xsb.java 中定义的属性 private Zyb zyb;-->
        <many-to-one name="zyb" class="org.model.Zyb" fetch="select">
            <column name="ZY_ID" not-null="true" />
        </many-to-one>
        <property name="xm" type="java.lang.String">
            <column name="XM" length="8" not-null="true" />
        </property>
        <property name="xb" type="java.lang.Boolean">
            <column name="XB" not-null="true" />
        </property>
        <property name="cssj" type="java.sql.Timestamp">
            <column name="CSSJ" length="23" />
        </property>
        <property name="zxf" type="java.lang.Integer">
            <column name="ZXF" />
        </property>
        <property name="bz" type="java.lang.String">
            <column name="BZ" length="500" />
        </property>
        <property name="zp" type="java.lang.String">
            <column name="ZP" />
        </property>
    </class>
</hibernate-mapping>
```

注意：可以发现有一个＜many-to-one＞节，表示有一个“多对一”的关联，XSB 表是外键表。

3）applicationContext. xml

在 applicationContext. xml 中的 sessionFactory 这个 bean 对象的 mappingResources 属

性的 list 中增加 XSB 表的 hbm 文件路径，代码如下：

```
<property name="mappingResources">
    <list>
        <value>org/model/Zyb.hbm.xml</value>
        <value>org/model/Xsb.hbm.xml</value>
    </list>
</property>
```

由于反向工程生成的 XSB 对象的 xb、cssj 和 zp 属性不容易操作，所以需要手工修改这些字段的类型名，同时修改 Xsb. hbm. xml 中对应属性的类型名，代码如下：

```
//手工修改下面三个属性的类型
private Byte xb;
private Date cssj;  //import java.util.Date
private byte[] zp;
//同时修改这三个属性的 getter 和 setter 函数,以及构造函数
public Byte getXb() {
    return this.xb;
}
public void setXb(Byte xb) {
    this.xb=xb;
}
public Date getCssj() {
    return this.cssj;
}
public void setCssj(Date cssj) {
    this.cssj=cssj;
}
public byte[] getZp() {
    return this.zp;
}
public void setZp(byte[] zp) {
    this.zp=zp;
}
public Xsb() {
}
public Xsb(String xh, Zyb zyb, String xm, Byte xb) {
    this.xh=xh;
    this.zyb=zyb;
```

```
    this.xm=xm;
    this.xb=xb;
}
public Xsb(String xh, Zyb zyb, String xm, Byte xb, Date cssj, Integer zxf,
        String bz, byte[] zp) {
    this.xh=xh;
    this.zyb=zyb;
    this.xm=xm;
    this.xb=xb;
    this.cssj=cssj;
    this.zxf=zxf;
    this.bz=bz;
    this.zp=zp;
}
```

修改 Xsb. hbm. xml 中这 3 个属性对应的说明，将原有代码：

```
<property name="xb" type="java.lang.Boolean">
    <column name="XB" not-null="true" />
</property>
<property name="cssj" type="java.sql.Timestamp">
    <column name="CSSJ" length="23" />
</property>
<property name="zp" type="java.lang.String">
    <column name="ZP" />
</property>
```

修改为新的代码：

```
<property name="xb"type="java.lang.Byte">
    <column name="XB" not-null="true" />
</property>
<property name="cssj" type="java.util.Date">
    <column name="CSSJ" length="23" />
</property>
<property name="zp">
    <column name="ZP" />
</property>
```

其中，zp 属性由于要采用特殊的照片读取操作，因此不需要进行数据库表列和 POJO 对象属性的映射，因此将 type 属性删除，并且 byte[]是基本类型，也没有必要写 type。

6.3.2 “多对多”关系的反向工程

学生表 XSB 和课程表 KCB 之间存在“多对多”关系，需要对“多对多”关系进行反向工程。

1. 对 XSB 表进行多对多单向关联

XSB 表是单向关联的主动方。由于已经执行 XSB 的反向工程，所以只需直接修改 Xsb.java 和 Xsb.hbm.xml 文件即可。

1）添加集合属性 kcs

在 Xsb.java 文件的最后添加集合属性 kcs，代码如下：

```
//添加一个课程集合属性 kcs,表示一个学生可以有多个课程,即课程集合
private Set kcs=new HashSet(0);
public Set getKcs() {
    return kcs;
}
public void setKcs(Set kcs) {
    this.kcs=kcs;
}
```

2）修改 Xsb.hbm.xml 文件

修改 Xsb.hbm.xml 文件，增加 kcs 属性的说明。

（1）添加 Set 属性。

添加 Set 属性，如图 6.39 所示。

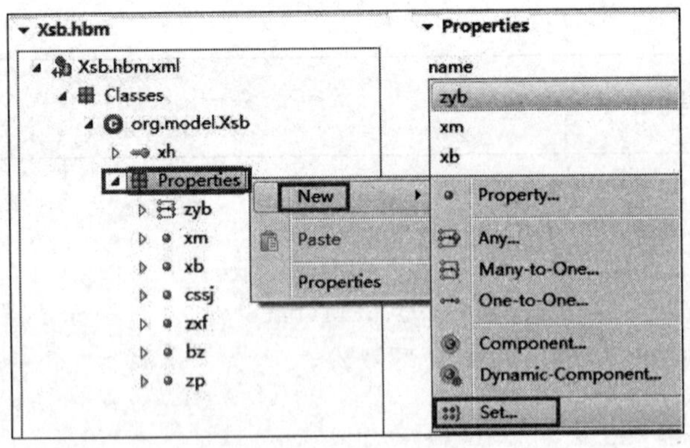

图 6.39 添加 Set 属性

（2）设置 Set 属性。

Name 为在 Xsb.java 中新增的属性 kcs，Table 为多对多的连接表 XS_KCB，如图 6.40 所示。

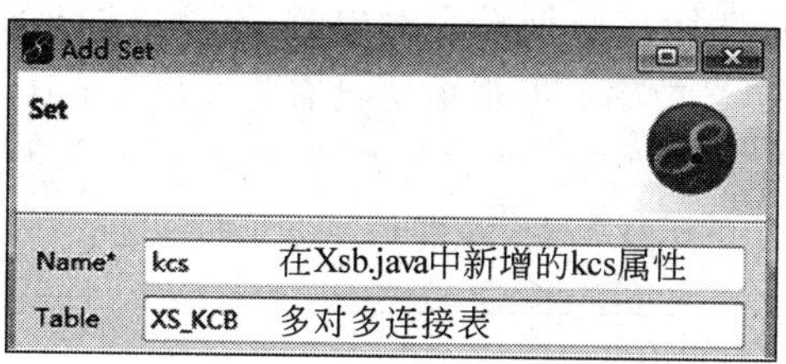

图 6.40 设置 Set 属性

(3) 设置主动方 Xsb 类的 Key→Column 属性。

单击 kcs 属性,在 Key→Column 中输入主动方 Xsb 类在连接表 XS_KCB 中的主键 XH,如图 6.41 所示。

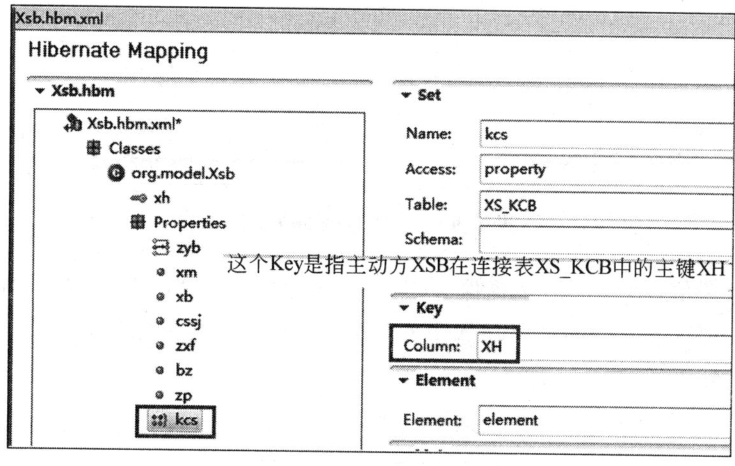

图 6.41 设置 Key→Column 属性

(4) 设置 Lazy 属性和 Cascade 属性。

设置 Lazy 属性为 true,如图 6.42 所示。

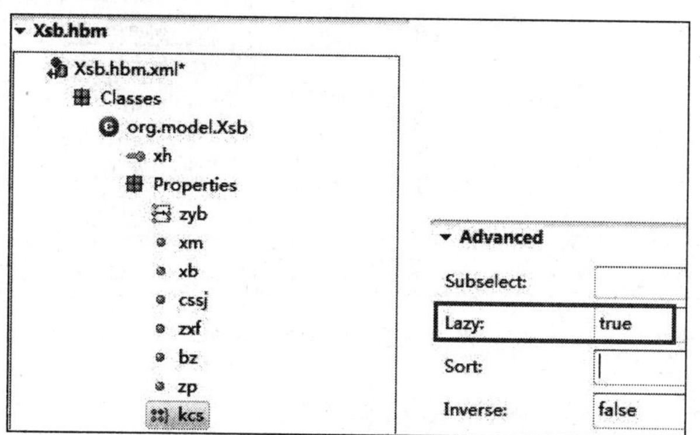

图 6.42 设置 Lazy 属性

Lazy 属性设置为,true 表示当查询学生对象时,不会立即把学生所选的课程对象查询出来,这样可以节省时间,提高效率。但很多情况需要设置为 false,也就是说,当查询某个学生时,需要立即把这个学生所选的课程查询出来,并赋值给 Xsb 类的 kcs 属性。

设置 Cascade 属性为 all,如图 6.43 所示。

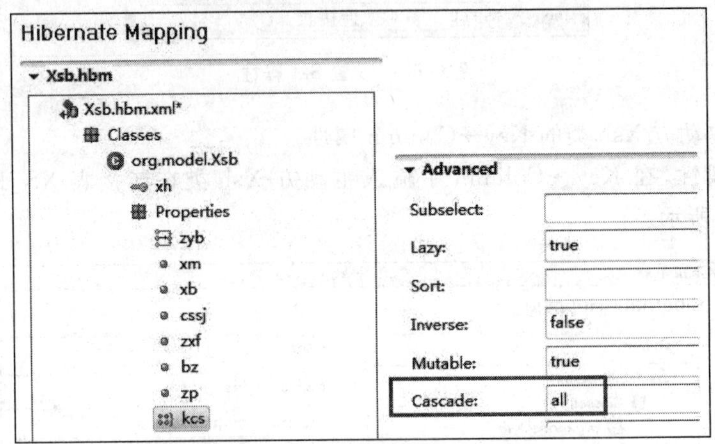

图 6.43　设置 Cascade 属性

Cascade 级联值设为 all,表示当保存 Xsb 对象时可以对 XSB 表实现行插入,同时也可以对 KCB 表实现行插入。即当保存 Xsb 对象时,将级联保存学生所选的课程 Kcb 对象。

(5) 设置 Many-to-Many 属性。

设置 Many-to-Many 属性,如图 6.44 所示。

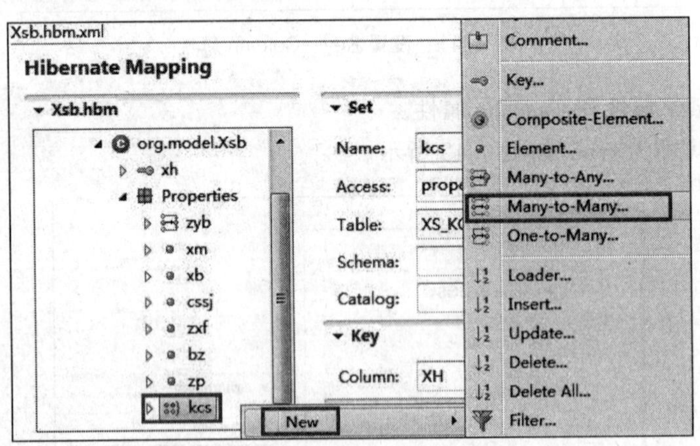

图 6.44　设置 Many-to-Many 属性

设置被动方的类名为 org.model.Kcb,如图 6.45 所示。

设置被动方 org.model.Kcb 类在连接表 XS_KCB 中的主键 KCH,如图 6.46 所示。

图 6.45　设置被动方类名

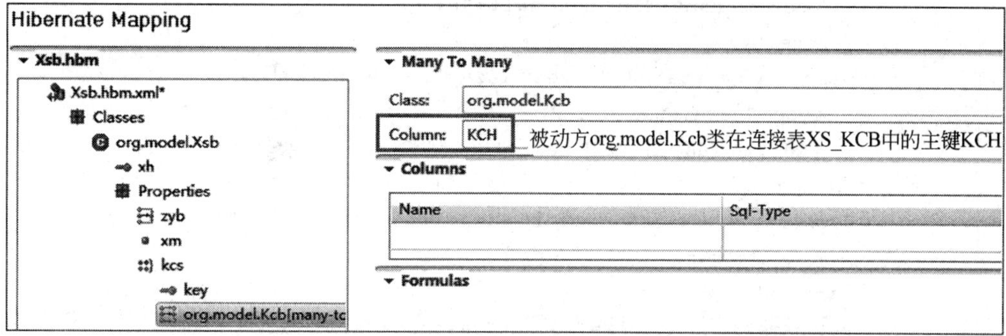

图 6.46　设置主键 KCH

最终生成的 Xsb. hbm. xml 文件，代码如下：

```
<?xml version="1.0" encoding="utf-8"?>
<!DOCTYPE hibernate-mapping PUBLIC "-//Hibernate/Hibernate Mapping DTD 3.0//EN"
"http://hibernate.sourceforge.net/hibernate-mapping-3.0.dtd">
<hibernate-mapping>
    <class name="org.model.Xsb" schema="dbo" table="XSB"catalog="xsxkFZL">
        <id name="xh" type="java.lang.String">
            <column length="10" name="XH" />
            <generator class="assigned" />
        </id>
        <many-to-one name="zyb"class="org.model.Zyb" fetch="select">
            <column name="ZY_ID" />
        </many-to-one>
        <property generated="never" lazy="false" name="xm"
            type="java.lang.String">
            <column length="10" name="XM" />
        </property>
        <property generated="never" lazy="false" name="zxf"
            type="java.lang.Integer">
            <column name="ZXF" />
```

```
        </property>
        <property generated="never" lazy="false" name="bz"
            type="java.lang.String">
            <column length="500" name="BZ" />
        </property>
        <property generated="never" lazy="false" name="xb"
            type="java.lang.Byte">
            <column name="XB" not-null="true" />
        </property>
        <property generated="never" lazy="false" name="cssj"
            type="java.util.Date">
            <column length="23" name="CSSJ" />
        </property>
        <property generated="never" lazy="false" name="zp">
            <column name="ZP" />
        </property>
        <set name="kcs" table="XS_KCB"cascade="all" lazy="true">
            <key column="XH" />
            <many-to-many class="org.model.Kcb" column="KCH" />
        </set>
    </class>
</hibernate-mapping>
```

注意：可以发现有一个<many-to-many>节，表示有一个多对多的关联，XSB表是多对多中的主键表，XS_KCB是多对多中的外键表。还可以发现有一个<many-to-one>节，表示有一个多对一的关联，XSB表是外键表。

2. 对KCB表进行多对多单向关联

KCB表是单向关联的主动方。由于没有执行KCB的反向工程，所以应首先反向工程KCB表。KCB表的主键生成方式是assigned(手工指派)。

1) Kcb.java

生成Kcb这个POJO对象，Kcb.java代码如下：

```
package org.model;
public class Kcb implements java.io.Serializable {
    private String kch;
    private String kcm;
    private Short kxxq;
    private Integer xs;
    private Integer xf;
```

```
    public Kcb() {
    }
    public Kcb(String kch) {
        this.kch=kch;
    }
    public Kcb(String kch, String kcm, Short kxxq, Integer xs, Integer xf) {
        this.kch=kch;
        this.kcm=kcm;
        this.kxxq=kxxq;
        this.xs=xs;
        this.xf=xf;
    }
    public String getKch() {
        return this.kch;
    }
    public void setKch(String kch) {
        this.kch=kch;
    }
    public String getKcm() {
        return this.kcm;
    }
    public void setKcm(String kcm) {
        this.kcm=kcm;
    }
    public Short getKxxq() {
        return this.kxxq;
    }
    public void setKxxq(Short kxxq) {
        this.kxxq=kxxq;
    }
    public Integer getXs() {
        return this.xs;
    }
    public void setXs(Integer xs) {
        this.xs=xs;
    }
    public Integer getXf() {
        return this.xf;
    }
    public void setXf(Integer xf) {
        this.xf=xf;
    }
}
```

2）Kcb. hbm. xml

生成 Kcb. hbm. xml,代码如下：

```
<?xml version="1.0" encoding="utf-8"?>
<!DOCTYPE hibernate-mapping PUBLIC "-//Hibernate/Hibernate Mapping DTD 3.0//EN"
"http://hibernate.sourceforge.net/hibernate-mapping-3.0.dtd">
<hibernate-mapping>
    <class name="org.model.Kcb" table="KCB" schema="dbo" catalog="xsxkFZL">
        <id name="kch" type="java.lang.String">
            <column name="KCH" length="10" />
            <generator class="assigned" />
        </id>
        <property name="kcm" type="java.lang.String">
            <column name="KCM" length="10" />
        </property>
        <property name="kxxq" type="java.lang.Short">
            <column name="KXXQ" />
        </property>
        <property name="xs" type="java.lang.Integer">
            <column name="XS" />
        </property>
        <property name="xf" type="java.lang.Integer">
            <column name="XF" />
        </property>
    </class>
</hibernate-mapping>
```

3）添加集合属性 xss

在 Kcb. java 文件的最后添加集合属性 xss,代码如下：

```
//添加一个学生集合属性 xss,表示一个课程可以有多个学生,即学生集合
private Set xss=new HashSet(0);
public Set getXss() {
    return xss;
}
public void setXss(Set xss) {
    this.xss=xss;
}
```

4）修改 Kcb.hbm.xml 文件

修改 Kcb.hbm.xml 文件，增加 xss 属性的说明。

(1) 添加 Set 属性。

添加 Set 属性，如图 6.47 所示。

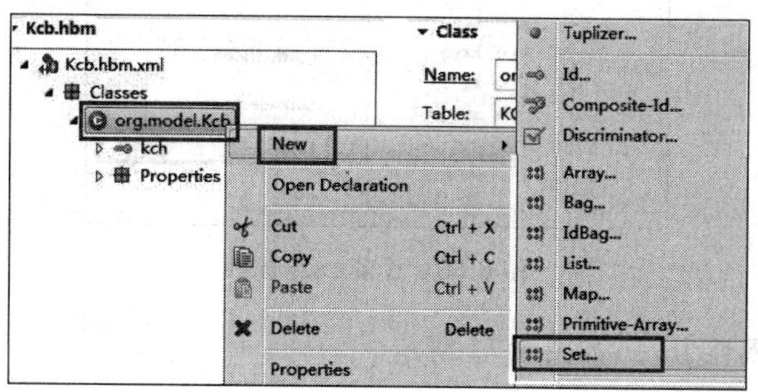

图 6.47 添加 Set 属性

(2) 设置 Set 属性，Name 为在 Kcb.java 中新增的属性 xss，Table 为多对多的连接表 XS_KCB，如图 6.48 所示。

(3) 设置主动方 Kcb 类的 Key→Column 属性。

单击 xss 属性，在 Key→Column 中输入主动方 Kcb 类在连接表 XS_KCB 中的主键 KCH，如图 6.49 所示。

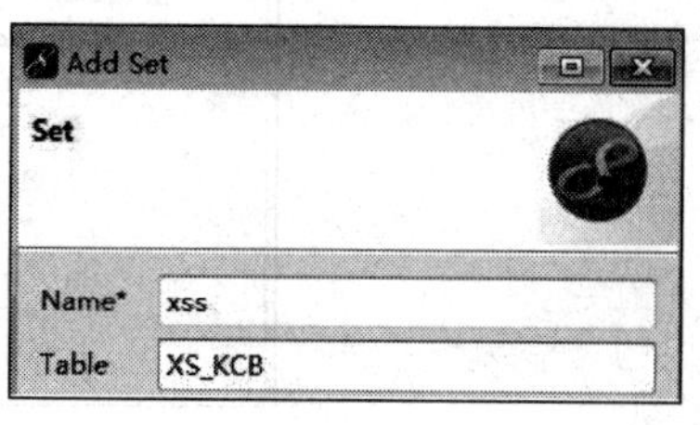

图 6.48 设置 Set 属性

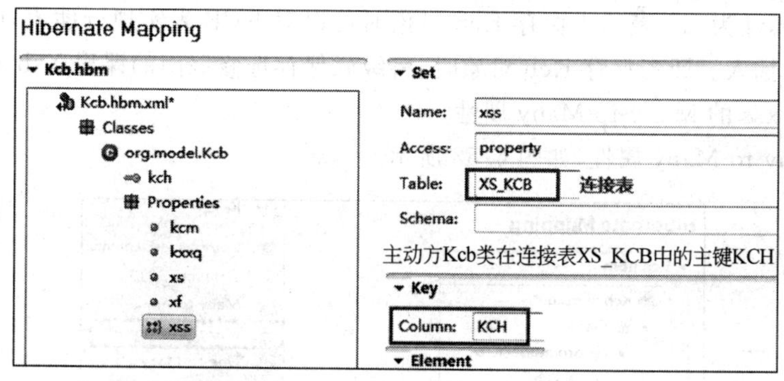

图 6.49 设置 Key→Column 属性

(4) 设置 Lazy 属性和 Cascade 属性。

设置 Lazy 属性为 true，如图 6.50 所示。

Lazy 属性设置为 true，表示当查询课程对象时，不会立即把选修这门课程的学生对象查询出来，这样可以节省时间，提高效率。但很多情况需要设置为 false，也就是说，当查询某门课程时，需要立即把选修这门课程的学生查询出来，并赋值给 Kcb 类的 xss 属性。

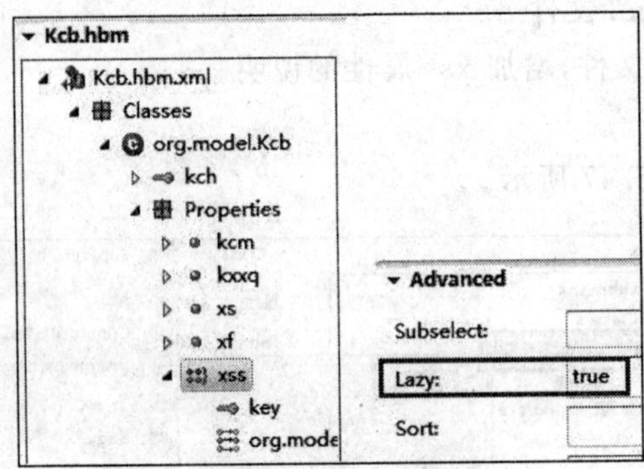

图 6.50　设置 Lazy 属性

设置 Cascade 属性为 all，如图 6.51 所示。

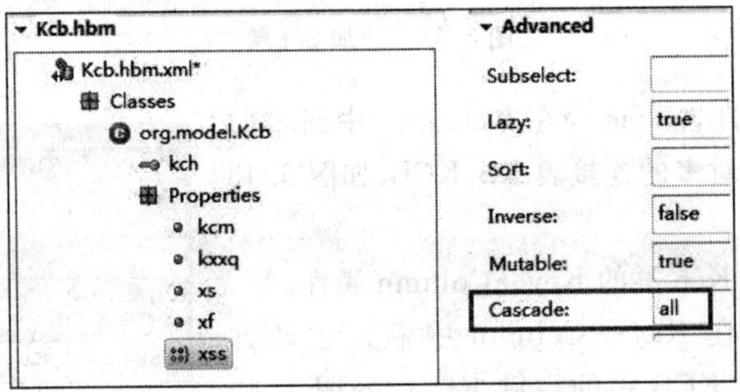

图 6.51　设置 Cascade 属性

Cascade 属性为 all，表示当保存 Kcb 对象时可以对 KCB 表实现行插入，同时也可以对 XSB 表实现行插入。即当保存 Kcb 对象时，将级联保存选修该门的课程 Xsb 对象。

(5) 新建 xss 的 Many-to-Many 属性。

设置 Many-to-Many 属性，如图 6.52 所示。

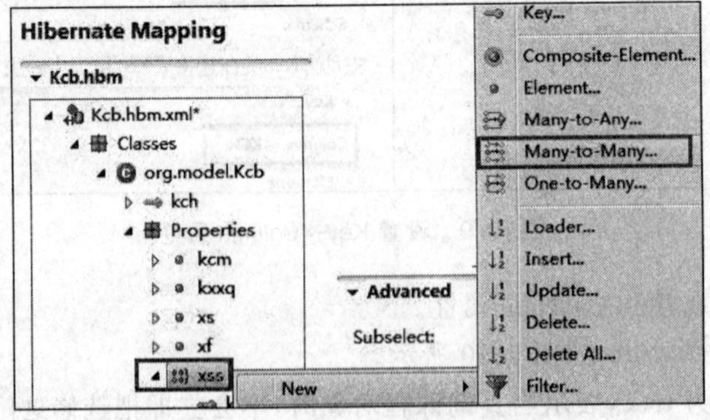

图 6.52　新建 Many-to-Many 属性

设置被动方的类名为 org. model. Xsb，如图 6.53 所示。

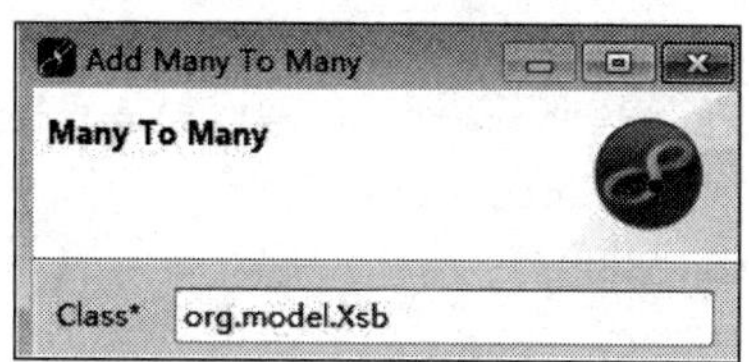

图 6.53　设置被动方类名

设置被动方 org. model. Xsb 类在连接表 XS_KCB 中的主键 XH，如图 6.54 所示。

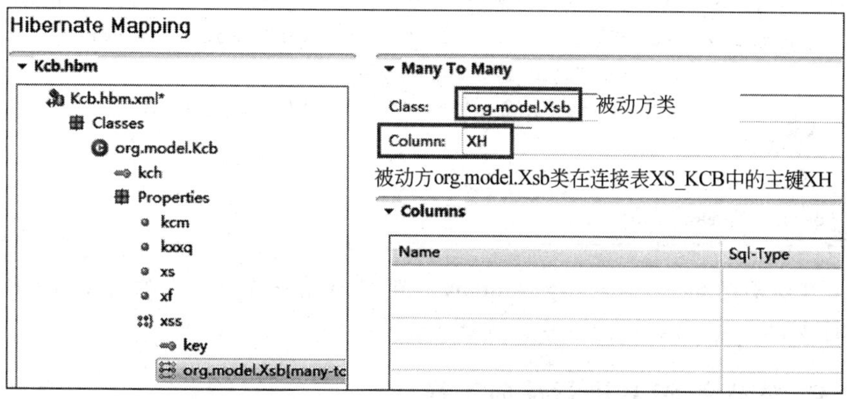

图 6.54　设置主键 XH

最终生成的 Xsb. hbm. xml 文件，代码如下：

```
<?xml version="1.0" encoding="utf-8"?>
<!DOCTYPE hibernate-mapping PUBLIC "-//Hibernate/Hibernate Mapping DTD 3.0//EN"
    "http://hibernate.sourceforge.net/hibernate-mapping-3.0.dtd">
<hibernate-mapping>
    <class name="org.model.Kcb" table="KCB"schema="dbo"catalog="xsxkFZL">
        <id name="kch" type="java.lang.String">
            <column length="10" name="KCH" />
            <generator class="assigned" />
        </id>
        <property generated="never" lazy="false" name="kcm"
            type="java.lang.String">
            <column length="10" name="KCM" />
        </property>
        <property generated="never" lazy="false" name="kxxq"
            type="java.lang.Short">
```

```
            <column name="KXXQ" />
        </property>
        <property generated="never" lazy="false" name="xs"
            type="java.lang.Integer">
            <column name="XS" />
        </property>
        <property generated="never" lazy="false" name="xf"
            type="java.lang.Integer">
            <column name="XF" />
        </property>
        <set cascade="all" lazy="true" name="xss" table="XS_KCB">
            <key column="KCH" />
            <many-to-many class="org.model.Xsb" column="XH" />
        </set>
    </class>
</hibernate-mapping>
```

注意：可以发现有一个＜many-to-many＞节，表示有一个多对多的关联，KCB表是多对多中的主键表，XS_KCB是多对多中的外键表。

6.3.3 登录表DLB进行反向工程

反向工程DLB，主键生成方式是native(自增标识字段)。

1. 生成Dlb对象

生成Dlb这个POJO对象，Dlb.java代码如下：

```
package org.model;
public class Dlb implements java.io.Serializable {
    private Integer id;
    private String xh;
    private String kl;
    public Dlb(String xh, String kl) {
        this.xh=xh;
        this.kl=kl;
    }
    public Integer getId() {
        return this.id;
    }
    public void setId(Integer id) {
        this.id=id;
    }
```

```
    public String getXh() {
        return this.xh;
    }
    public void setXh(String xh) {
        this.xh=xh;
    }
    public String getKl() {
        return this.kl;
    }
    public void setKl(String kl) {
        this.kl=kl;
    }
}
```

2. Dlb 配置文件

生成 Dlb.hbm.xml,代码如下:

```
<?xml version="1.0" encoding="utf-8"?>
<!DOCTYPE hibernate-mapping PUBLIC "-//Hibernate/Hibernate Mapping DTD 3.0//EN"
"http://hibernate.sourceforge.net/hibernate-mapping-3.0.dtd">
<hibernate-mapping>
    <class name="org.model.Dlb" table="DLB" schema="dbo" catalog="xsxkFZL">
        <id name="id" type="java.lang.Integer">
            <column name="ID" />
            <generator class="native" />
        </id>
        <property name="xh" type="java.lang.String">
            <column name="XH" length="10" />
        </property>
        <property name="kl" type="java.lang.String">
            <column name="KL" length="10" />
        </property>
    </class>
</hibernate-mapping>
```

6.3.4 反向工程后的 applicationContext.xml

由于 XS_KCB 是连接表,因此是不能反向工程的。

反向工程 4 张表后,生成的 applicationContext.xml,代码如下:

```
<?xml version="1.0" encoding="UTF-8"?>
<beans xmlns="http://www.springframework.org/schema/beans"
    xmlns:xsi="http://www.w3.org/2001/XMLSchema-instance"
    xmlns:p="http://www.springframework.org/schema/p"
    xsi:schemaLocation="http://www.springframework.org/schema/beans
    http://www.springframework.org/schema/beans/spring-beans-2.5.xsd">
    <bean id="dataSource" class="org.apache.commons.dbcp.BasicDataSource">
        <property name="url"
            value="jdbc:sqlserver://127.0.0.1:1433;databaseName=xsxkFZL">
        </property>
        <property name="username" value="sa"></property>
        <property name="password" value="zhijiang"></property>
    </bean>
    <bean id="sessionFactory"
        class="org.springframework.orm.hibernate3.LocalSessionFactoryBean">
        <property name="dataSource">
            <ref bean="dataSource" />
        </property>
        <property name="hibernateProperties">
            <props>
                <prop key="hibernate.dialect">
                    org.hibernate.dialect.SQLServerDialect
                </prop>
                <prop key="hibernate.show_sql">
                    true
                </prop>
                <prop key="hibernate.format_sql">
                    true
                </prop>
            </props>
        </property>
        <property name="mappingResources">
            <list>
                <value>org/model/Zyb.hbm.xml</value>
                <value>org/model/Xsb.hbm.xml</value>
                <value>org/model/Kcb.hbm.xml</value>
                <value>org/model/Dlb.hbm.xml</value>
            </list>
        </property>
    </bean>
</beans>
```

6.4　新建 POJO 对象的 DAO 接口和实现类

新建 POJO 对象的数据访问层 DAO 接口和实现类，实现 POJO 对象的底层数据库访问操作。

6.4.1　DlDao 接口和 DlDaoImp 类

新建 POJO 对象(Dlb 类)的数据访问层 DAO 接口(DlDao)和实现类(DlDaoImp)。

1. 新建 DlDao 接口

设置包名为 org. dao，接口名为 DlDao，如图 6.55 所示。

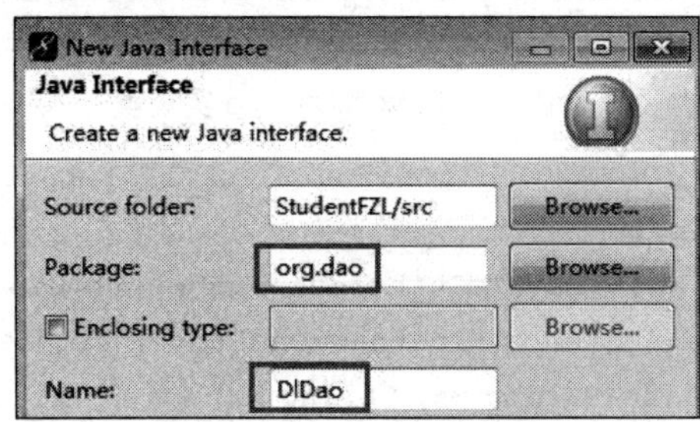

图 6.55　新建 DlDao 接口

DlDao. java 代码如下：

```
package org.dao;
import org.model.Dlb;
public interface DlDao {
    //根据学号和密码查询
    public Dlb validate(String xh, String kl);
}
```

2. 新建 DlDaoImp 实现类

选择父类为 HibernateDaoSupport，该类可以简化 Hibernate 的数据库编程，如图 6.56 所示。

注意：要从 HibernateDaoSupport 类派生，这样可以方便地使用 Hibernate 工具。

DlDaoImp. java 代码如下：

```
package org.dao.imp;
import java.util.List;
import org.dao.DlDao;
```

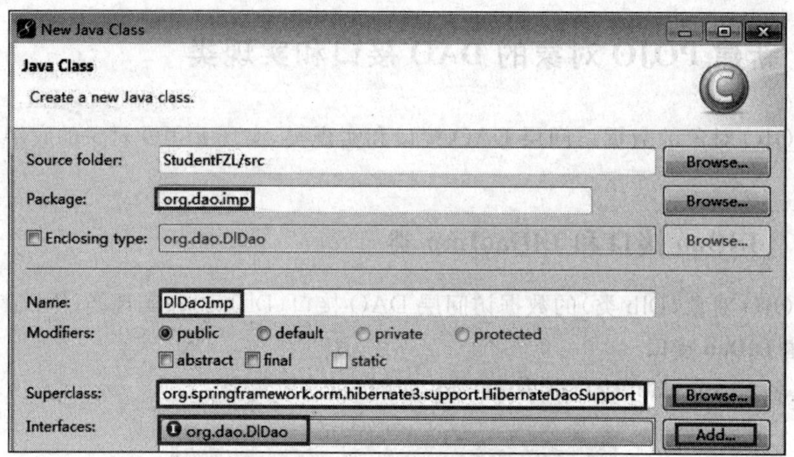

图 6.56　新建 DlDaoImp 实现类

```
import org.model.Dlb;
import org.springframework.orm.hibernate3.support.HibernateDaoSupport;
public class DlDaoImp extends HibernateDaoSupport implements DlDao {
    public Dlb validate(String xh, String kl) {
        String strs[]={xh, kl};
        List list=this.getHibernateTemplate().find("from org.model.Dlb
        where xh=? and kl=?", strs);
        if(list.size()>0)
            return (Dlb)list.get(0);
        else
            return null;
    }
}
```

6.4.2　XsDao 接口和 XsDaoImp 类

新建 POJO 对象(Xsb 类)的数据访问层 DAO 接口(XsDao)和实现类(XsDaoImp)。

1. 新建 XsDao 接口

XsDao.java 代码如下：

```
package org.dao;
import org.model.Xsb;
public interface XsDao {
    //根据学号查询某个学生的信息
```

```
    public Xsb getOneXs(String xh);
    //修改学生信息
    public void update(Xsb xs);
}
```

2. 新建 XsDaoImp 实现类

XsDaoImp.java 代码如下：

```
package org.dao.imp;
import java.util.List;
import org.dao.XsDao;
import org.model.Xsb;
import org.springframework.orm.hibernate3.support.HibernateDaoSupport;
public class XsDaoImp extends HibernateDaoSupport implements XsDao {
    public Xsb getOneXs(String xh) {
        List list=getHibernateTemplate().find("from Xsb where xh=?", xh);
        if(list.size()>0)
            return (Xsb)list.get(0);
        else
            return null;
    }
    public void update(Xsb xs) {
        getHibernateTemplate().update(xs);
    }
}
```

6.4.3 ZyDao 接口和 ZyDaoImp 类

新建 POJO 对象(Zyb 类)的数据访问层 DAO 接口(ZyDao)和实现类(ZyDaoImp)。

1. 新建 ZyDao 接口

ZyDao.java 代码如下：

```
package org.dao;
import java.util.List;
import org.model.Zyb;
public interface ZyDao {
    //根据编号查询某个专业信息
    public Zyb getOneZy(Integer zyId);
    //查询所有专业信息
    public List getAll();
}
```

2. 新建 ZyDaoImp 实现类

ZyDaoImp.java 代码如下：

```
package org.dao.imp;
import java.util.List;
import org.dao.ZyDao;
import org.model.Xsb;
import org.model.Zyb;
import org.springframework.orm.hibernate3.support.HibernateDaoSupport;
public class ZyDaoImp extends HibernateDaoSupport implements ZyDao {
    public List getAll() {
        List list=getHibernateTemplate().find("from Zyb");
        return list;
    }
    public Zyb getOneZy(Integer zyId) {
        List list=getHibernateTemplate().find("from Zyb where id=?", zyId);
        if(list.size()>0)
            return (Zyb)list.get(0);
        else
            return null;
    }
}
```

6.4.4 KcDao 接口和 KcDaoImp 类

新建 POJO 对象(Kcb 类)的数据访问层 DAO 接口(KcDao)和实现类(KcDaoImp)。

1. 新建 KcDao 接口

KcDao.java 代码如下：

```
package org.dao;
import java.util.List;
import org.model.Kcb;
public interface KcDao {
    //根据编号查询某个课程信息
    public Kcb getOneKc(String kch);
    //查询所有课程信息
    public List getAll();
}
```

2. 新建 KcDaoImp 实现类

KcDaoImp.java 代码如下：

```
package org.dao.imp;
import java.util.List;
import org.dao.KcDao;
import org.model.Kcb;
import org.model.Zyb;
import org.springframework.orm.hibernate3.support.HibernateDaoSupport;
public class KcDaoImp extends HibernateDaoSupport implements KcDao {
    public List getAll() {
        List list=getHibernateTemplate().find("from Kcb order by kch");
        return list;
    }
    public Kcb getOneKc(String kch) {
        List list=getHibernateTemplate().find("from Kcb where kch=?", kch);
        if(list.size()>0)
            return (Kcb)list.get(0);
        else
            return null;
    }
}
```

6.4.5　测试 DlDao 接口和 DlDaoImp 类

由于要获取 Dlb 这个 POJO 对象，因此将生成 DlDaoImp 对象。但这里不需要用 new 方式生成对象，而是采用 Spring 的对象容器自动分配方式，即由 Spring 框架负责生成和销毁对象，程序员只需要从 Spring 的容器中申请分配就可以，这样就不需要自己来 new 对象了。

1. 打开 applicationContext.xml 文件的 Overview 标签页

将原有 bean id：sessionFactory，如图 6.57 所示。

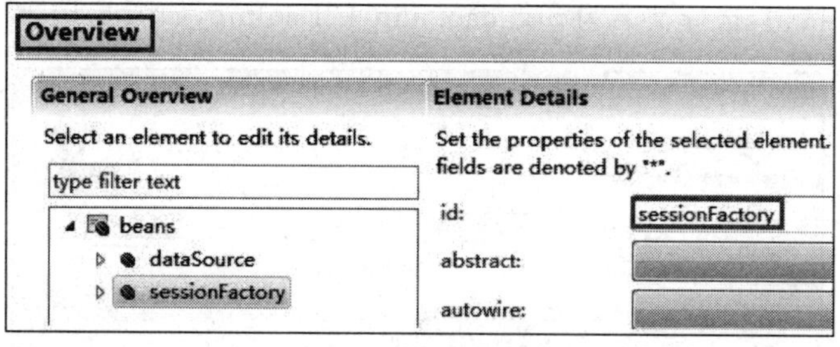

图 6.57　Overview 标签页中的 sessionFactory

改为新的 bean id：mysessionFactory，如图 6.58 所示。

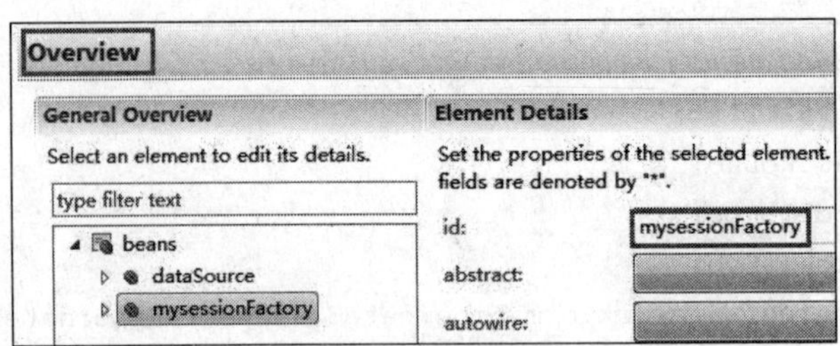

图 6.58　Overview 标签页中的 mysessionFactory

2. 在 applicationContext. xml 中定义一个 DlDaoImp 对象

1）新增一个 bean

新增一个 bean，如图 6.59 所示。

可以看到，目前有两个 bean 对象，分别是 dataSource 和 mysessionFactory。

2）设置 bean 的 id 属性

设置 bean 的 id 属性为 dlDaoImp，如图 6.60 所示。

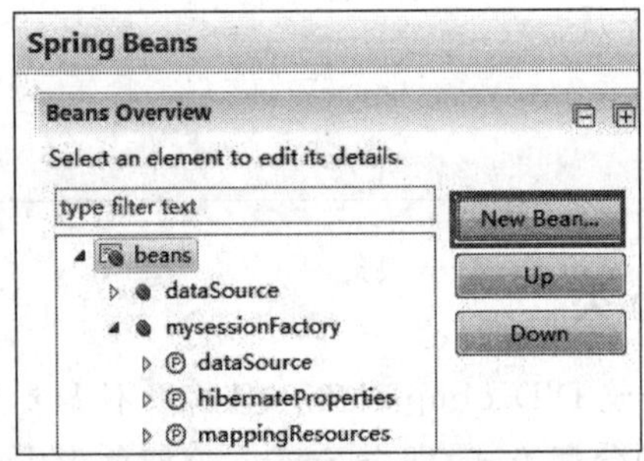

图 6.59　新增一个 bean

图 6.60　添加 bean 的 id 属性

注意：在 Spring 中定义一个 bean 对象 dlDaoImp，类似于执行代码 DlDao dlDaoImp= new DlDaoImp()。

3）添加 bean 的 class 属性

单击 Browse 按钮，选择类名为 org. dao. imp. DlDaoImp，如图 6.61 所示。

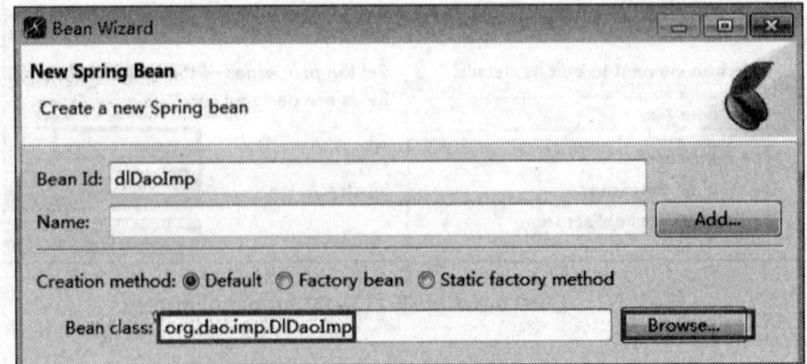

图 6.61　添加 bean 的 class 属性

4）添加 bean 的 property 属性

添加 bean 的 property 属性，如图 6.62 所示。

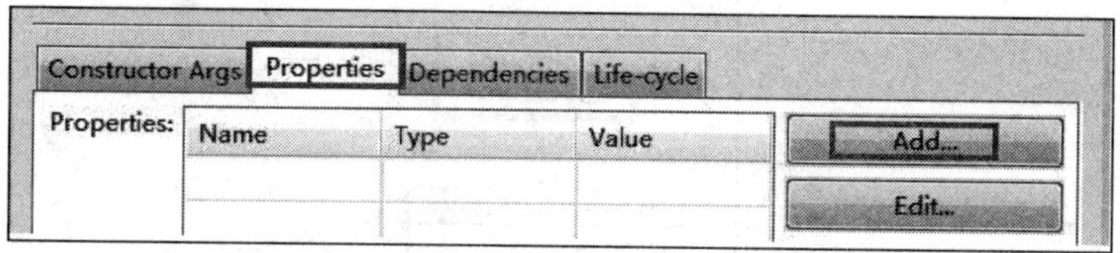

图 6.62 添加 bean 的 property 属性

单击 Add 按钮，弹出属性对话框，如图 6.63 所示，设置如下内容。

(1) Name 为 sessionFactory。该属性是父类 HibernateDaoSupport 中的属性，该属性涉及数据源操作，所以必须设置。

(2) Spring type 为 ref。ref 即引用类型。

(3) Property format 为 Element。

(4) Reference type 为 Bean。

(5) Reference 引用名为 mysessionFactory。

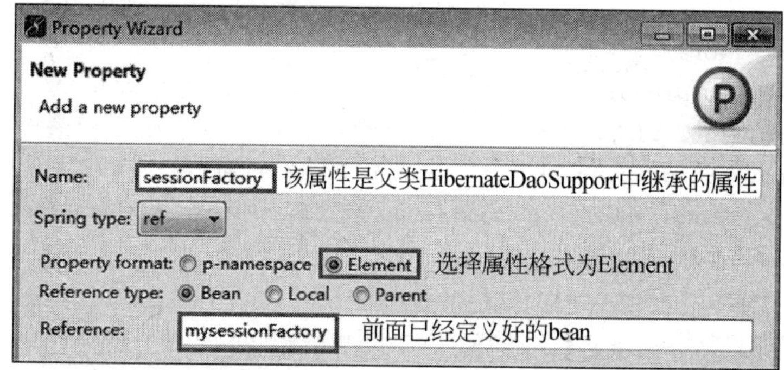

图 6.63 设置 bean 的 property 属性

注意：Spring 中设置一个 bean 对象 dlDaoImp 的属性 sessionFactory，类似于执行代码 dlDaoImp. sessionFactory=mysessionFactory。

删除一些默认添加没用的属性，代码如下：

```
<bean id="dlDaoImp" class="org.dao.imp.DlDaoImp">
    <property name="sessionFactory">
        <ref bean="mysessionFactory" />
    </property>
</bean>
```

其中，sessionFactory 是属性名，ref 表示引用，mysessionFactory 是引用对象名。

在 Beans Graph 中可以看到这些对象之间的引用关系，如图 6.64 所示。

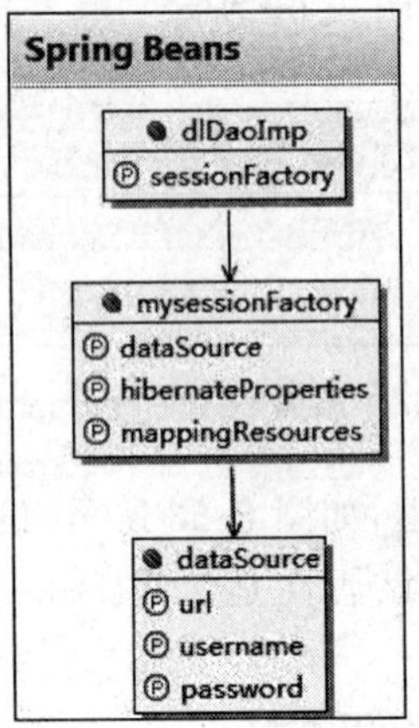

图 6.64　对象之间的引用关系

3. 新建 TestDlDao 类

新建 TestDlDao 类，编写 main 方法如下：

```
package org.work;
import org.dao.DlDao;
import org.model.Dlb;
import org.springframework.context.ApplicationContext;
import org.springframework.context.support.ClassPathXmlApplicationContext;
public class TestDlDao{
    public static void main(String[] args) {
        ApplicationContext context=newClassPathXmlApplicationContext
                                    ("applicationContext.xml");
        DlDao dlDao= (DlDao) context.getBean("dlDaoImp");
        Dlb user=dlDao.validate("admin","admin");
        if(user !=null){
            System.out.println("存在该用户,该用户的 id 是"+user.getId());
        }else{
            System.out.println("没有该用户");
        }
    }
}
```

运行工程，结果如图 6.65 所示。

利用 Spring 框架就不再需要 new DlDaoImp 对象了，代码如下：

```
Problems  Tasks  Web Browser  Console ×  Servers  Project Migration  DB Browser
<terminated> TestDlDao [Java Application] D:\MyEclipse2014\binary\com.sun.java.jdk7.win32.x86_64_1.7.0.u45\bin\javaw.ex
log4j:WARN No appenders could be found for logger (org.
log4j:WARN Please initialize the log4j system properly.
Hibernate:
    select
        dlb0_.ID as ID4_,
        dlb0_.XH as XH4_,
        dlb0_.KL as KL4_
    from
        xsxkFZL.dbo.DLB dlb0_
    where
        dlb0_.XH=?
        and dlb0_.KL=?
存在该用户，该用户的id是1
```

图 6.65　运行结果

```
DlDaoImp dlDaoImp=new DlDaoImp();
```

而且 Spring 也不允许由程序员自己 new 对象，必须通过 Spring 获取对象。

从 Spring 获取对象的步骤如下。

(1) 利用 ClassPathXmlApplicationContext 读取 Spring 的配置文件 applicationContext.xml。

注意：*ClassPathXmlApplicationContext 类默认读取的目录是 WEB-INF/classes，而不是在工程项目的目录。*

(2) 在 applicationContext.xml 中定义一个 bean 对象。

(3) 利用 context.getBean("dlDaoImp")申请得到对象。

扩展练习题

题目 1　请测试 XsDao 接口中的方法 getOneXs。

(1) 新增 xsDaoImp 对象。

在 applicationContext.xml 中新增 xsDaoImp 对象，代码如下：

```
<bean id="xsDaoImp" class="org.dao.imp.XsDaoImp">
    <property name="sessionFactory">
        <ref bean="mysessionFactory" />
    </property>
</bean>
```

(2) 编写 TestXsDao 类。

编写 TestXsDao 类,代码如下:

```
XsDao xsDao= (XsDao)context.getBean("xsDaoImp");
Xsbxs=xsDao.getOneXs ("20160101");
if(xs !=null){
    System.out.println("存在该学生,该学生的学号是"+xs.getXh());
}else{
    System.out.println("没有该学生");
}
```

题目 2 请测试 ZyDao 接口中的方法 getOneZy。

题目 3 请测试 KcDao 接口中的方法 getOneKc。

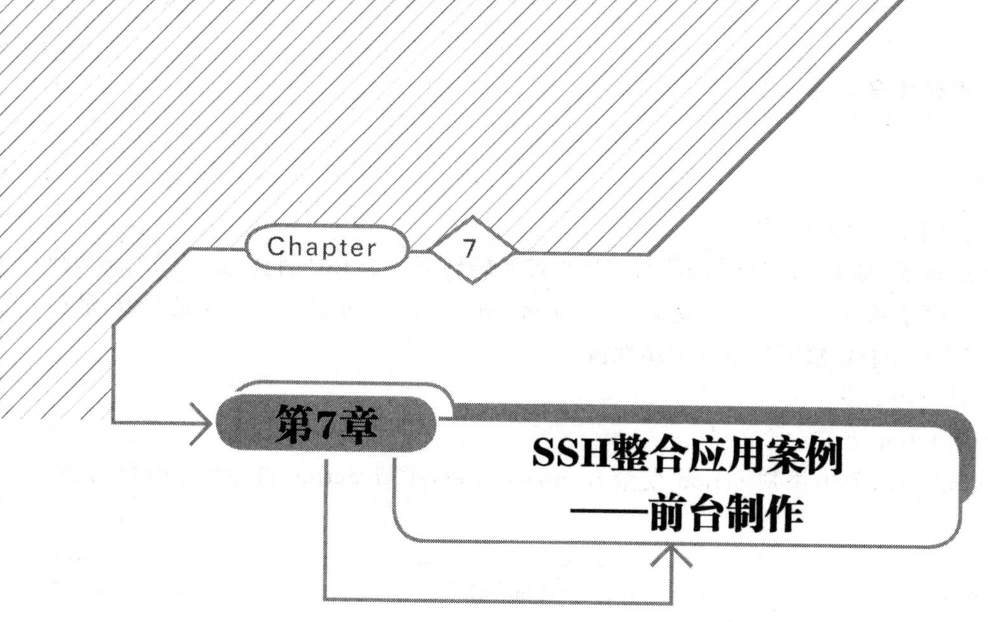

Chapter
7
第7章
SSH整合应用案例
——前台制作

在第 6 章中完成了 SSH 整合应用中的后台制作，实现了利用 Hibernate 对数据库的 DAO 访问操作。本章将介绍 SSH 整合应用中的前台制作，即利用 Struts2 实现前台页面操作，并对后台进行数据访问和显示。

7.1 Struts 的 Action 配置及 JSP 页面制作

7.1.1 网页中变量传递的两种方法

网页中变量传递有两种方法：action 变量方法和 session 变量方法。

1. action 变量方法

action 变量方法通过网页和 action 类之间传递变量，具体包含两种情况：从网页的控件中读值和向网页上的控件打印值。

1）从网页的控件中读值

如果某个 JSP 网页（如 login.jsp）提交后，执行到 action 类（如 LoginAction），则可以在 action 类中添加一个 action 变量（如变量 loginJsp_dlb），当页面提交时，Struts2 框架会自动把所有网页控件（如<input type="text" name="loginJsp_dlb.xh">和<input type="password" name="loginJsp_dlb.kl">）中用户输入到控件中的值通过 setter 方法赋值给 action 变量中的所有属性（如 loginJsp_dlb.xh 和 loginJsp_dlb.kl），这样就可以在 action 类中直接通过 getter 方法获取 action 变量的属性值，代码如下：

```
Dlb user=dlDao.validate(loginJsp_dlb.getXh(), loginJsp_dlb.getKl());
```

2）向网页上的控件打印值

如果 action 类（如 LoginAction）执行完后直接跳转到下一个 JSP 网页（如 main.jsp），则可以在 action 类中添加一个 action 变量（如变量 mainJsp_user），并给 action 变量赋值，最后在 main.jsp 网页中打印输出该变量的属性值。

具体操作过程如下。

(1) 新增 action 变量。

在 LoginAction 类中添加 action 变量 mainJsp_user，生成 getter 和 setter 函数，代码如下：

```
//新增一个 action 变量 mainJsp_user,这个变量会在后面的 main.jsp 页面中使用
private Dlb mainJsp_user;
public Dlb getMainJsp_user() {
    return mainJsp_user;
}
public void setMainJsp_user(Dlb mainJspUser) {
    mainJsp_user=mainJspUser;
}
```

(2) 修改 execute 方法。

在 LoginAction 类中修改 execute 方法，给 action 变量赋值，代码如下：

```
public String execute() throws Exception {
    …
    Dlb user=dlDao.validate(loginJsp_dlb.getXh(), loginJsp_dlb.getKl());
    if(user !=null){
        mainJsp_user=user;
        return "success";
    }else{
        return "error";
    }
}
```

(3) 在网页中打印输出该变量的属性值。

在 main.jsp 中增加 s:property 控件，设置控件的 value 属性为 action 变量 mainJsp_user 的成员属性 xh，代码如下：

```
<%@page language="java" import="java.util.*" pageEncoding="utf-8"%>
<%@taglib uri="/struts-tags" prefix="s"%>
<!DOCTYPE HTML PUBLIC "-//W3C//DTD HTML 4.01 Transitional//EN">
```

```
<html>
    <head></head>
    <body bgcolor="#D9DFBB">
    欢迎<s:property value="mainJsp_user.xh"/>登录成功
    </body>
</html>
```

2. session 变量方法

session 变量方法和 action 变量方法不同，该方法可以跨 action 类调用，即多个 action 类之间的变量传递。

举例如下：如果 action 类(如 LoginAction)执行完后直接跳转到下一个 JSP 网页(如 main.jsp)，但在该网页中不使用 action 中的变量(如变量 dlUser)，而是在后续的其他 action 类(如 XsAction)中要访问该变量 dlUser，则必须将变量 dlUser 采用 put 方式存入 session 中，并在 XsAction 类中从 session 中采用 get 方式取出。

具体操作过程如下。

(1) 在 session 中存入对象。

在 LoginAction 类中放入 session 中，代码如下：

```
Map session=ActionContext.getContext().getSession();
session.put("dlUser", user);
```

(2) 在 session 中取出对象。

在 XsAction 类中从 session 中取出，代码如下：

```
Map session=ActionContext.getContext().getSession();
Dlb dlUser=(Dlb)session.get("dlUser");
```

7.1.2　实现登录功能

思路：添加 login.action，并重载 LoginAction 类的 execute 方法。

在 struts.xml 中添加 action 配置(login)，然后在 LoginAction 类中添加相应方法(如果没有指定方法，则执行 execute 方法)，最后新建失败跳转页面 login.jsp 和成功跳转页面 main.jsp。

1. 添加 action 配置 login

添加一个新的 action 配置 login，对应的 struts.xml 代码如下：

```
<?xml version="1.0" encoding="UTF-8" ?>
<!DOCTYPE struts PUBLIC "-//Apache Software Foundation//DTD Struts Configuration
2.1//EN""http://struts.apache.org/dtds/struts-2.1.dtd">
```

```
<struts>
    <package name="default" extends="struts-default">
        <action name="login" class="org.action.LoginAction">
            <result name="success">/main.jsp</result>
            <result name="error">/login.jsp</result>
        </action>
    </package>
</struts>
```

2. 新建 action 类

新建 action 类，包名为 org. action，类名为 LoginAction，父类为 ActionSupport，如图 7. 1 所示。

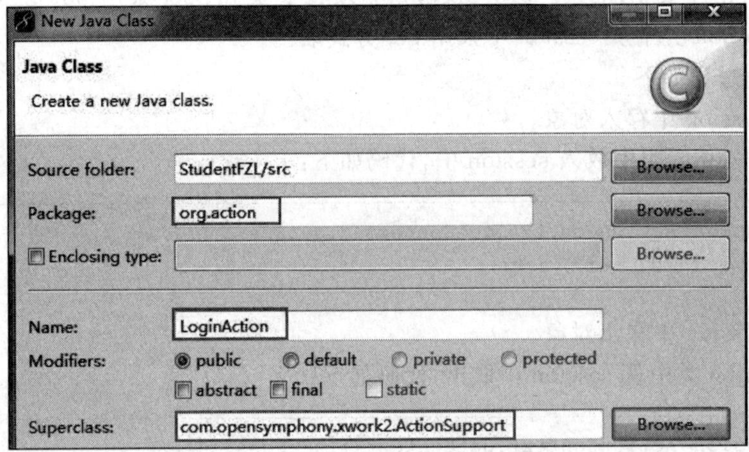

图 7.1 新建 action 类

在该类中新增一个 action 变量 loginJsp_dlb，这个 action 变量会在后面的 login. jsp 页面中使用，并生成该变量的 getter 和 setter 函数，代码如下：

```
package org.action;
import org.model.Dlb;
import com.opensymphony.xwork2.ActionSupport;
public class LoginAction extends ActionSupport {
    //新增一个 action 变量 loginJsp_dlb，这个变量会在后面的 login.jsp 页面中使用
    private Dlb loginJsp_dlb;
    public Dlb getLoginJsp_dlb() {
        return loginJsp_dlb;
    }
```

```
    public void setLoginJsp_dlb(Dlb loginJspDlb) {
        loginJsp_dlb=loginJspDlb;
    }
}
```

3. 新建 login. jsp

新建 login. jsp,然后添加下面若干控件。

1) 添加 s:form 控件

设置 action 和 method 属性,如图 7.2 所示。

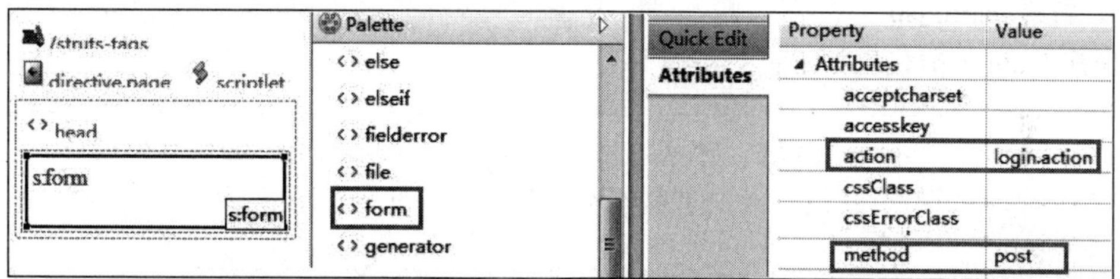

图 7.2 添加 s:form 控件

2) 添加表格控件

创建一个 3 行 2 列的表格,添加两个<s:textfield>标签控件:学号和密码。

生成的 login. jsp,代码如下:

```
<%@page language="java" import="java.util.*" pageEncoding="utf-8"%>
<%@taglib uri="/struts-tags" prefix="s"%>
<!DOCTYPE HTML PUBLIC "-//W3C//DTD HTML 4.01 Transitional//EN">
<html>
<head></head>
<body>
    <s:form action="login.action" method="post">
        <tableborder="1">
            <tr>
                <td>学号:</td>
                <td><input type="text" name="loginJsp_dlb.xh">
            </tr>
            <tr>
                <td>密码:</td>
                <td><input type="password" name="loginJsp_dlb.kl">
            </tr>
            <tr>
                <td><input type="submit" value="登录"></td>
```

```
                <td><input type="reset" value="重置"></td>
            </tr>
        </table>
    </s:form>
</body>
</html>
```

注意：两个 input 控件的 name 属性(loginJsp_dlb. xh 和 loginJsp_dlb. kl)是 LoginAction 中定义的变量loginJsp_dlb 的属性。

4. 新建 main. jsp

新建 main. jsp，代码如下：

```
<%@page language="java" import="java.util. * " pageEncoding="utf-8"%>
<!DOCTYPE HTML PUBLIC "-//W3C//DTD HTML 4.01 Transitional//EN">
<html>
    <head>
    </head>
    <body>
        登录成功!
    </body>
</html>
```

5. 在 LoginAction 类中添加 execute 方法

由于在 struts. xml 中，login 的 action 配置中没有添加 method 属性，即＜action name＝"login" class＝"org. action. LoginAction"＞，因此 login. jsp 默认提交后在 LoginAction 中的方法为 execute 方法。在 LoginAction 类中添加 execute 方法，如图 7.3 所示。

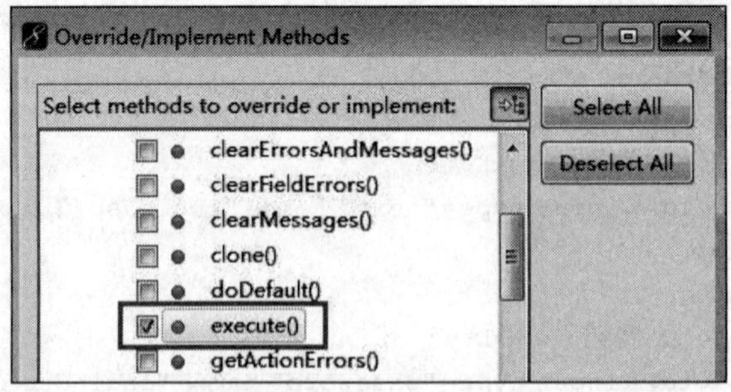

图 7.3　添加 execute 方法

LoginAction 类将生成 execute 方法，代码如下：

```
public String execute() throws Exception {
        return super.execute();
}
```

6. 重载 execute 方法

在 execute 方法中，将验证学号和密码，并将生成验证通过的 Dlb 对象。

由于要获取 Dlb 这个 POJO 对象，因此将生成 DlDaoImp 对象。但这里不需要用 new 方式生成对象，而是采用 Spring 的对象容器自动分配方式，即由 Spring 框架负责生成和销毁对象，程序员只需要从 Spring 的容器中申请分配就可以，这样就不需要自己来生成对象了。

1）新增 bean 对象

在 applicationContext. xml 中新增一个 DlDaoImp 类的对象 dlDaoImp，由于第 6 章在测试 DlDao 接口时，已经新增了 dlDaoImp 这个 bean 对象，因此忽略此步骤。

2）修改 execute 方法

修改 execute 方法，代码如下：

```
public String execute() throws Exception {
    ApplicationContext context=new ClassPathXmlApplicationContext
                              ("applicationContext.xml");
    DlDao dlDao=(DlDao)context.getBean("dlDaoImp");
    Dlb user=dlDao.validate(loginJsp_dlb.getXh(), loginJsp_dlb.getKl());
    if(user !=null){
        //此处将设置 action 变量和 session 变量
        return"success";
    }else{
        return"error";
    }
}
```

利用 Spring 框架就不再需要 new DlDaoImp 对象了，只需从 Spring 获取对象。首先利用 ClassPathXmlApplicationContext 去读取 Spring 的配置文件 applicationContext. xml，然后利用 context. getBean("dlDaoImp")申请得到对象。

扩展练习题

题目 1 如何在 main. jsp 中显示登录的用户名？

(1) 新增 action 变量 mainJsp_user。

在 LoginAction 类中新增一个 action 变量 mainJsp_user，代码如下：

```
//新增一个 action 变量 mainJsp_user,这个变量会在后面的 main.jsp 页面中使用
private Dlb mainJsp_user;
public Dlb getMainJsp_user() {
    return mainJsp_user;
}
public void setMainJsp_user(Dlb mainJspUser) {
    mainJsp_user=mainJspUser;
}
```

(2) mainJsp_user 赋值。

在返回 success 之前,给 action 变量 mainJsp_user 赋值,代码如下：

```
public String execute() throws Exception {
    ApplicationContext context=new ClassPathXmlApplicationContext
                            ("applicationContext.xml");
    DlDao dlDao=(DlDao)context.getBean("dlDaoImp");
    Dlb user=dlDao.validate(loginJsp_dlb.getXh(), loginJsp_dlb.getKl());
    if(user !=null){
          mainJsp_user=user;
        return"success";
    }else{
        return"error";
    }
}
```

(3) 添加<s:property>标签控件。

修改 main.jsp,添加<s:property>标签控件,设置控件的 value 属性为 action 变量 mainJsp_user 的成员属性 xh,如图 7.4 所示。

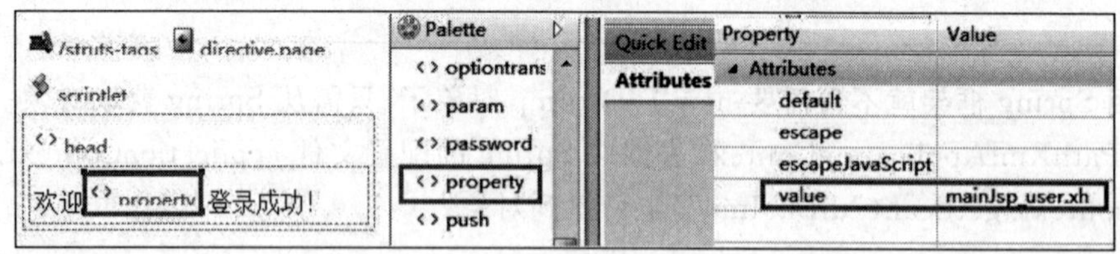

图 7.4　修改 main.jsp

生成的 main.jsp,代码如下：

```
<%@page language="java" import="java.util.*" pageEncoding="utf-8"%>
<%@taglib uri="/struts-tags" prefix="s"%>
```

```
<!DOCTYPE HTML PUBLIC "-//W3C//DTD HTML 4.01 Transitional//EN">
<html>
    <head></head>
    <body>
        欢迎<s:property value="mainJsp_user.xh"/>登录成功!
    </body>
</html>
```

运行程序,输入正确的学号和密码,如图 7.5 所示。

单击“登录”按钮,显示 main.jsp,如图 7.6 所示。

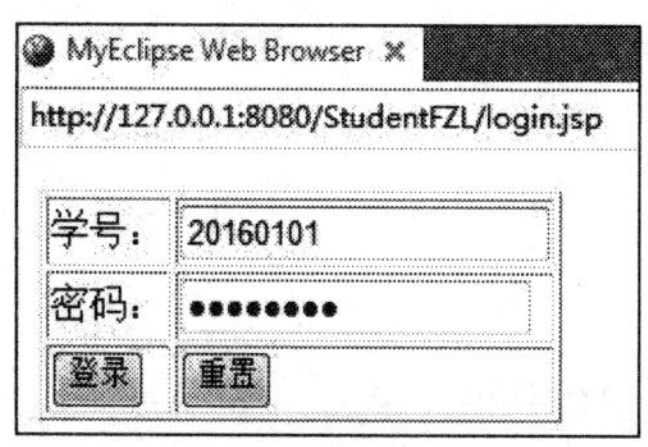

图 7.5 运行结果

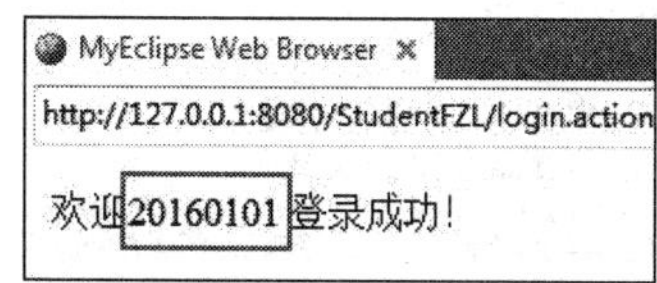

图 7.6 运行结果

题目 2 如何将登录用户对象保存到 session 中去,并再从 session 中读取它?

应用场景:当登录成功后,如果想查看已登录学生的详细信息(即获取 Xsb 对象),这时候将要到另一个 action 类(如 XsAction 类)中去获取学生 Xsb 对象,而要获取学生对象之前,需要得到已登录的 xh 信息,这个信息是包含在已登录的 Dlb 对象中的,因此需要把 Dlb 对象传递给 XsAction 类,这就涉及跨 action 的变量传递,即通过 session 进行变量传递。

(1) 新建待保存的对象。

在返回 success 之前,在 session 中新建一个待保存的哈希对象 dlUser(键名),然后把登录用户对象 user(键值)放置到 dlUser 中:

```
public String execute() throws Exception {
    ApplicationContext context=new ClassPathXmlApplicationContext
                                    ("applicationContext.xml");
    DlDao dlDao= (DlDao)context.getBean("dlDaoImp");
    Dlb user=dlDao.validate(loginJsp_dlb.getXh(), loginJsp_dlb.getKl());
    if(user !=null){
        mainJsp_user=user;
        //将登录用户对象放置到 JSP 的 session 对象中
        Map session=ActionContext.getContext().getSession();
        session.put("dlUser", user);
        return"success";
```

```
    }else{
        return"error";
    }
}
```

(2) 获取保存对象。

在其他 action 类中,可以从 session 中获取保存对象。

新建 XsAction 类,并重载构造函数,在该方法中通过 session 获取哈希对象 dlUser,并读取它的属性,代码如下:

```
package org.action;
import java.util.Map;
import org.dao.XsDao;
import org.model.Dlb;
import org.model.Xsb;
import org.springframework.context.ApplicationContext;
import org.springframework.context.support.ClassPathXmlApplicationContext;
import com.opensymphony.xwork2.ActionContext;
import com.opensymphony.xwork2.ActionSupport;
public class XsAction extends ActionSupport {
    //新增 XsDao 和 Dlb 对象,只在构造函数中使用,不做页面变量的显示,
    //因此不需要生成 getter 和 setter
    private XsDao xsDao;
    private Dlb user;
    //新增一个 action 变量,这个变量会在后面的 xsInfo.jsp 页面中使用
    private Xsb xsInfoJsp_xs;
    public Xsb getXsInfoJsp_xs() {
        return xsInfoJsp_xs;
    }
    public void setXsInfoJsp_xs(Xsb xsInfoJspXs) {
        xsInfoJsp_xs=xsInfoJspXs;
    }
    public XsAction() {
        //首先从 JSP 的 session 中获得在 LoginAction 中 put 的登录用户对象 dlUser
        Map session=ActionContext.getContext().getSession();
        user=(Dlb) session.get("dlUser");
        /*然后利用 dlUser 的用户名信息,去查询学生对象,并将该对象赋值给
        * xsInfoJsp_xs 变量,在 xsInfo.jsp 页面可以直接读取该变量属性,进行显示*/
        ApplicationContext context=new ClassPathXmlApplicationContext(
                                    "applicationContext.xml");
```

```
        xsDao=(XsDao) context.getBean("xsDaoImp");
    }
    public String execute() throws Exception {
        xsInfoJsp_xs=xsDao.getOneXs(user.getXh());
        return "success";
    }
}
```

(3) 新建 action。

在 struts.xml 中新建一个 action：sessionTest，代码如下：

```
<action name="sessionTest" class="org.action.XsAction">
    <result name="success">/xsInfo.jsp</result>
</action>
```

(4) 新建 test.jsp。

新建 test.jsp，代码如下：

```
<%@page language="java" import="java.util.*" pageEncoding="utf-8"%>
<!DOCTYPE HTML PUBLIC "-//W3C//DTD HTML 4.01 Transitional//EN">
<html>
    <head></head>
    <body>
        <a href="sessionTest.action">测试 session 变量</a>
    </body>
</html>
```

(5) 新建 xsInfo.jsp。

创建 2 行 2 列表格，然后增加两个<s:property>标签控件，设置控件的 value 属性为 action 变量 xsInfoJsp_xs 的成员属性 xh 和 xm，代码如下：

```
<%@page language="java" import="java.util.*" pageEncoding="utf-8"%>
<%@taglib uri="/struts-tags" prefix="s"%>
<!DOCTYPE HTML PUBLIC "-//W3C//DTD HTML 4.01 Transitional//EN">
<html>
    <head></head>
    <body>
        <table border="1">
            <tr>
                <td>学号：</td>
```

```
            <td><s:property value="xsInfoJsp_xs.xh"/></td>
        </tr>
        <tr>
            <td>姓名:</td>
            <td><s:property value="xsInfoJsp_xs.xm"/></td>
        </tr>
    </table>
  </body>
</html>
```

注意：两个 s:property 控件的 value 属性(xsInfoJsp_xs. xh 和 xsInfoJsp_xs. xm)是 XAction 中定义的变量 xsInfoJsp_xs 的属性。

(6) 运行工程。

首先,在网址中执行 login. jsp,进行登录,如图 7.7 所示。

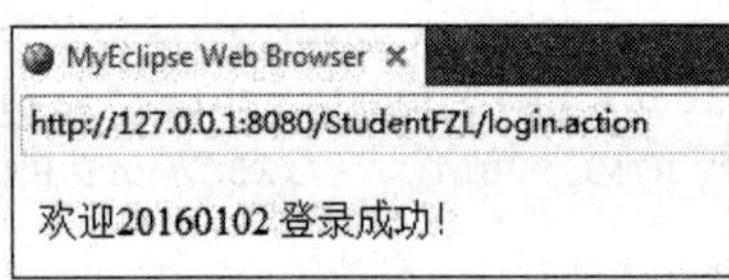

图 7.7 登录结果

注意：不能用 admin 登录,admin 不是学生,在 Xsb 表中是没有记录的。

然后,在网址中执行 test. jsp,如图 7.8 所示。

最后,单击"测试 session 变量"超链接,可以显示登录用户 20160102 的学生信息,如图 7.9 所示。

图 7.8 运行结果

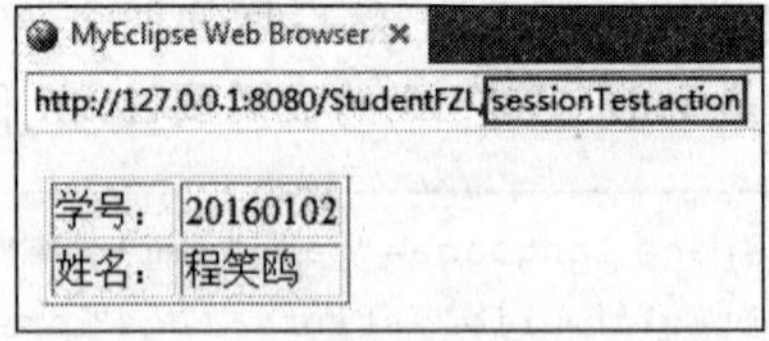

图 7.9 查看 session 变量结果

也可以不通过网页,直接调用 action 来查看运行结果。执行下面两个网址:

http://127.0.0.1:8080/StudentFZL/sessionTest. action

http://127.0.0.1:8080/StudentFZL/sessionTest

可以显示如图 7.9 所示的运行结果。

7.1.3　新建网站布局网页

在 WebRoot 下新建 head.jsp,left.jsp,right.jsp,main.jsp。

1. 新建 head.jsp

新建 head.jsp,代码如下:

```
<%@page language="java"import="java.util.* " pageEncoding="utf-8"%>
<!DOCTYPE HTML PUBLIC "-//W3C//DTD HTML 4.01 Transitional//EN">
<html>
    <head></head>
    <body bgcolor="#D9DFBB">
        欢迎使用学生选课信息管理系统
    </body>
</html>
```

2. 新建 left.jsp

新建 left.jsp,然后生成 4 行 1 列的表格,并选中所有文字,添加链接和目标属性,设置超链接<a href>属性,代码如下:

```
<%@page language="java"import="java.util.* " pageEncoding="utf-8"%>
<%@taglib uri="/struts-tags" prefix="s"%>
<!DOCTYPE HTML PUBLIC "-//W3C//DTD HTML 4.01 Transitional//EN">
<html>
    <head></head>
    <body bgcolor="#D9DFBB">
    <table width="200" border="0">
        <tr>
            <td><a href="xsInfo.action" target="right">查询个人信息</a></td>
        </tr>
        <tr>
            <td><a href="updateXsInfo.action" target="right">修改个人信息
            </a></td>
        </tr>
        <tr>
            <td><a href="getXsKcs.action" target="right">个人选课情况</a>
            </td>
        </tr>
        <tr>
            <td><a href="getAllKc.action" target="right">所有课程信息</a>
            </td>
```

```
        </tr>
    </table>
    </body>
</html>
```

注意：target 属性 right 是下面 main. jsp 中框架＜frame src＝"right. jsp" name＝"right"＞的名字，这样就可以使得每次单击超链接后，弹出的页面都落在 right 这个框架上。

3. 新建 right. jsp

新建 right. jsp，代码如下：

```
<!DOCTYPE HTML PUBLIC "-//W3C//DTD HTML 4.01 Transitional//EN">
<html>
    <head></head>
    <body bgcolor="#D9DFBB">
    </body>
</html>
```

4. 新增一个框架集 frameset

修改 main. jsp，新增一个框架集 frameset，代码如下：

```
<!DOCTYPE HTML PUBLIC "-//W3C//DTD HTML 4.01 Transitional//EN">
<html>
    <head></head>
    <frameset rows="30%, * " border="1">
        <frame src="head.jsp">
        <frameset cols="15%, * ">
            <frame src="left.jsp">
            <frame src="right.jsp" name="right">
        </frameset>
    </frameset>
</html>
```

7.1.4 实现"查询个人信息"超链接的功能

思路：添加 xsInfo. action，并重载 XsAction 类的 execute 方法。

left. jsp 中的第一个超链接是 xsInfo. action，下面就开始添加 xsInfo. action，并重载 XsAction 类的 execute 方法。

1. 添加 action 配置 xsInfo

添加一个新的 action 配置 xsInfo，对应的 struts. xml 代码如下：

```
<action name="xsInfo" class="org.action.XsAction">
    <result name="success">/xsInfo.jsp</result>
</action>
```

2. 修改 xsInfo.jsp

(1) 新增性别的<s:if>和<s:else>标签,并设置 test 值 xsInfoJsp_xs.xb==1。

(2) 新增专业的<s:property>标签,并设置 value 值 xsInfoJsp_xs.zyb.zym。

注意:由于 Xsb 类包含外键列属性,因此 zym 是外键列 zyb 类的属性。需要首先获得 Xsb 对象的 zyb 属性,然后再由 zyb 对象得到 zym 属性。

(3) 新增出生时间的<s:date>标签,设置 name="xsInfoJsp_xs.cssj",format="yyyy-MM-dd"。

(4) 新增总学分的<s:property>标签,并设置 value 值为 xsInfoJsp_xs.zxf。

(5) 新增备注的<s:property>标签,并设置 value 值为 xsInfoJsp_xs.bz。

(6) 新增照片的<s:property>标签,并设置 value 值为 xsInfoJsp_xs.zp。

修改后的 xsInfo.jsp 页面,代码如下:

```
<%@page language="java"import="java.util.* " pageEncoding="utf-8"%>
<%@taglib uri="/struts-tags" prefix="s"%>
<!DOCTYPE HTML PUBLIC "-//W3C//DTD HTML 4.01 Transitional//EN">
<html>
    <head></head>
    <body bgcolor="#D9DFBB">
        <table width="400" border="1">
            <tr>
                <td>学号:</td>
                <td width="290"><s:property value="xsInfoJsp_xs.xh" />
                </td>
            </tr>
            <tr>
                <td>姓名:</td>
                <td><s:property value="xsInfoJsp_xs.xm" /></td>
            </tr>
            <tr>
                <td>性别:</td>
                <td>
                    <s:if test="xsInfoJsp_xs.xb==1">男</s:if>
                    <s:else>女</s:else>
                </td>
            </tr>
            <tr>
```

```
            <td>专业：</td>
            <td><s:property value="xsInfoJsp_xs.zyb.zym" /></td>
        </tr>
        <tr>
            <td>出生时间：</td>
            <td><s:date name="xsInfoJsp_xs.cssj" format="yyyy-MM-dd" />
            </td>
        </tr>
        <tr>
            <td>总学分：</td>
            <td><s:property value="xsInfoJsp_xs.zxf" /></td>
        </tr>
        <tr>
            <td>备注：</td>
            <td><s:property value="xsInfoJsp_xs.bz" /></td>
        </tr>
        <tr>
            <td>照片</td>
            <td><s:property value="xsInfoJsp_xs.zp" /></td>
        </tr>
      </table>
   </body>
</html>
```

注意：s:property 控件的 value 属性(xsInfoJsp_xs. xh、xsInfoJsp_xs. xm 等 6 个)，s:if 控件的 test 属性(xsInfoJsp_xs. xb)，s:date 控件的 name 属性(xsInfoJsp_xs. cssj)都是 XsAction 中定义的变量 xsInfoJsp_xs 的属性。

运行程序，单击“查询个人信息”，如图 7.10 所示。

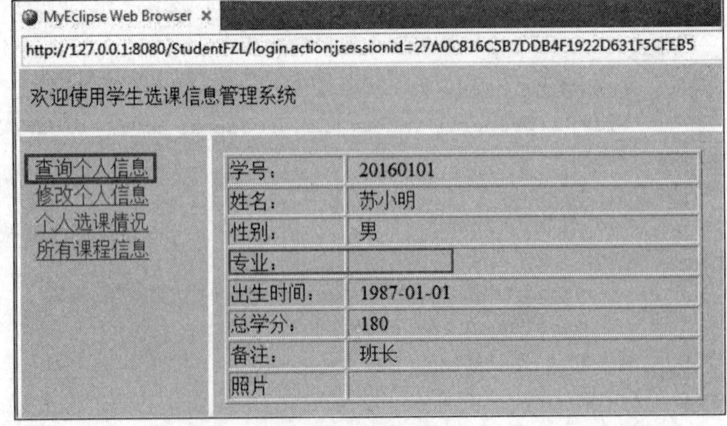

图 7.10　运行结果

可以发现,专业字段显示值为空白。这是由于 Xsb. hbm. xml 中 zyb 属性的 lazy 属性默认值是 true,代码如下：

```
<many-to-one name="zyb" class="org.model.Zyb" fetch="select">
    <column name="ZY_ID" not-null="true" />
</many-to-one>
```

因此,在查询 XSB 表时,不会立即查询外键表 ZYB,因此,zyb 属性是 null 的,从而导致专业字段显示值为空白。

此时,需要将 zyb 的 lazy 属性设置为 false,即勤快模式。这样当查询某一个 Xsb 对象的时候,能够立即根据外键 zy_id 查询外键表,并将外键表对象 Zyb 赋值给 Xsb 对象的 zyb 属性,代码如下：

```
<many-to-one name="zyb" class="org.model.Zyb" fetch="select"lazy="false">
    <column name="ZY_ID" not-null="true" />
</many-to-one>
```

再次运行程序,单击“查询个人信息”,效果显示正常,可以看到专业信息,如图 7.11 所示。

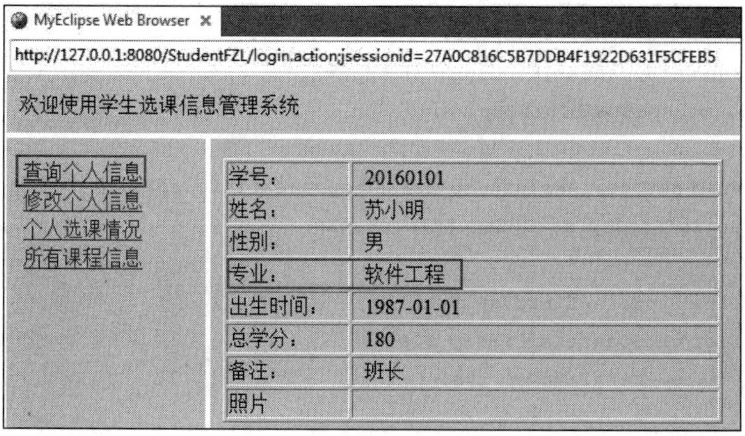

图 7.11　运行结果

7.1.5　实现“修改个人信息”超链接的功能

思路：添加 updateXsInfo. action,并新增 XsAction 类的 updateXsInfo 方法。

left. jsp 中的第二个超链接是 updateXsInfo. action,下面就开始添加 updateXsInfo. action,并新增 XsAction 类的 updateXsInfo 方法。

1. 添加 action 配置 updateXsInfo

添加一个新的 action 配置 updateXsInfo，对应的 struts. xml 代码如下：

```
<action name="updateXsInfo" class="org.action.XsAction" method="updateXsInfo">
    <result name="success">/updateXsInfo.jsp</result>
</action>
```

注意：增加 method 属性为 updateXsInfo，这样当执行 updateXsInfo. action 时，将不再执行 org. action. XsAction 类默认的 execute 方法，而是执行 updateXsInfo 方法。

2. 新增两个 action 变量

（1）新增 action 变量 updateXsInfoJsp_xs。

这个 action 变量会在后面的 updateXsInfo. jsp 页面中使用。updateXsInfoJsp_xs 变量表示：updateXsInfo. jsp 页面中要使用的学生对象 xs，简记成 updateXsInfoJsp_xs。

（2）新增 action 变量 updateXsInfoJsp_zys。

这个 action 变量会在后面的 updateXsInfo. jsp 页面中显示专业下拉框列表时使用。updateXsInfoJsp_zys 变量表示：updateXsInfo. jsp 页面中要使用的专业集合对象 zys，简记成 updateXsInfoJsp_ zys。

修改后的 XsAction 类，代码如下：

```
private Xsb updateXsInfoJsp_xs;
public Xsb getUpdateXsInfoJsp_xs() {
      return updateXsInfoJsp_xs;
}
public void setUpdateXsInfoJsp_xs(Xsb updateXsInfoJspXs) {
    updateXsInfoJsp_xs=updateXsInfoJspXs;
}
private List updateXsInfoJsp_zys;
public List getUpdateXsInfoJsp_zys() {
    return updateXsInfoJsp_zys;
}
public void setUpdateXsInfoJsp_zys(List updateXsInfoJspZys) {
    updateXsInfoJsp_zys=updateXsInfoJspZys;
}
```

3. 新增 updateXsInfo 方法

在返回 success 之前，设置 updateXsInfoJsp_xs 的值，以供 updateXsInfo. jsp 显示学生的所有属性信息，同时设置 updateXsInfoJsp_zys 的值，以供 updateXsInfo. jsp 在下拉列表框中显示所有专业信息。

(1) 新增 ZyDao 对象 zyDao。

新增 ZyDao 对象 zyDao,代码如下:

```
private ZyDao zyDao;
```

(2) 新增 zyDaoImp 对象说明。

在 Spring 配置文件 applicationContext.xml 中添加 zyDaoImp 对象的说明,代码如下:

```
<bean id="zyDaoImp" class="org.dao.imp.ZyDaoImp">
    <property name="sessionFactory">
        <ref bean="mysessionFactory" />
    </property>
</bean>
```

(3) 获取 zyDao 对象。

在构造函数中增加获取 zyDao 对象,代码如下:

```
public XsAction() {
    …
    xsDao=(XsDao) context.getBean("xsDaoImp");
    //从 Spring 容器中获取 zyDaoImp 对象,然后查询专业对象
    zyDao=(ZyDao) context.getBean("zyDaoImp");
}
```

(4) 新增 updateXsInfo 方法。

新增 updateXsInfo 方法,代码如下:

```
public String updateXsInfo() throws Exception {
    updateXsInfoJsp_xs=xsDao.getOneXs(user.getXh());
    //查询专业表,并将专业集合对象赋值给 updateXsInfoJsp_zys 变量
    updateXsInfoJsp_zys=zyDao.getAll();
    return"success";
}
```

此时,可以在 updateXsInfo()方法的第一句代码处插入断点,然后启动调试模式,并查看 updateXsInfoJsp_xs 变量和 updateXsInfoJsp_zys 变量的值,以判断提交给 updateXsInfo.jsp 的待显示对象是否正确,如图 7.12 和图 7.13 所示。

从图中可以看出,updateXsInfoJsp_xs 变量和 updateXsInfoJsp_zys 变量都不为空值,说明程序正常。

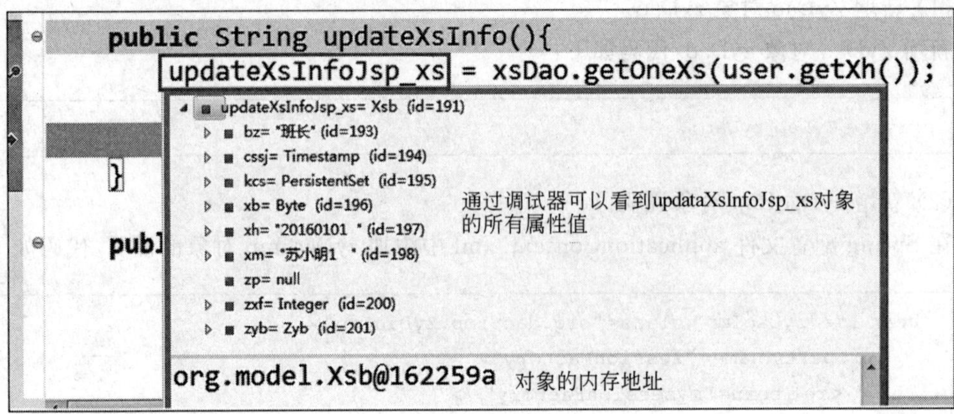

图 7.12　插入断点并调试运行 1

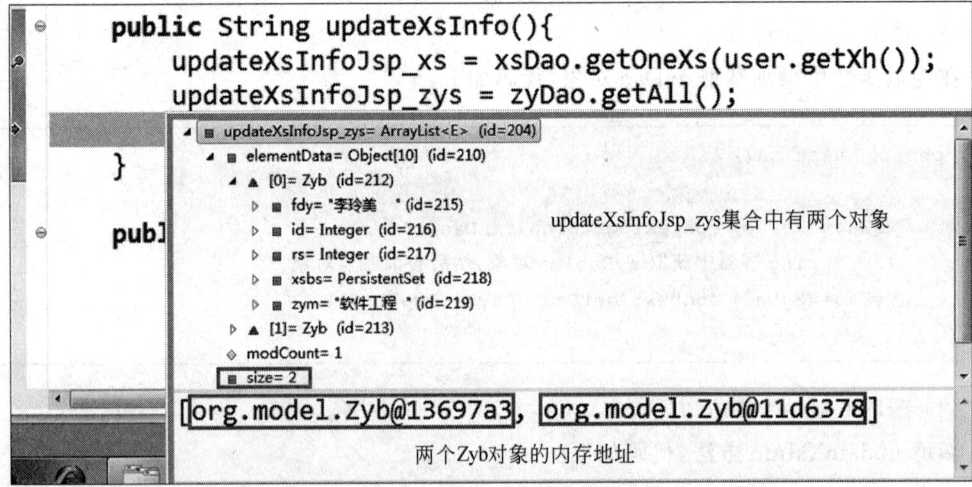

图 7.13　插入断点并调试运行 2

4. 新建 updateXsInfo. jsp

1）生成 updateXsInfo. jsp

复制 xsinfo. jsp，并重命名为 updateXsInfo. jsp。

2）增加<s:form>表单控件

在<table></table>前后增加 s:form 表单控件。

```
<s:form action="updateXs.action" method="post">
    <table>…</table>
</s:form>
```

3）修改学号控件

将学号只读控件<s:property>改为可编辑控件<input>，原始代码如下：

```
<td><s:property value="xsInfoJsp_xs.xh"/></td>
```

改为如下代码：

```
<td><input type="text" name="updateActionXs.xh"
    value="<s:property value="updateXsInfoJsp_xs.xh"/>"/></td>
```

修改后代码中包含两个控件 input 和 s:property 控件，这两个控件的属性如下。

(1) input 控件的 name 属性：updateActionXs. xh。

表单提交后将执行 updateXs. action，Struts2 框架将把 updateActionXs 变量传递给 XsAction 类，且 updateActionXs 变量将包含多个属性（如 xh、xm、xb、cssj、bz、zxf 和 zp 等属性），这些属性都是由对应的控件负责供给值。

(2) s:property 控件的 value 属性：updateXsInfoJsp_xs. xh。

value 是显示值，用于显示 updateXsInfoJsp_xs 变量中的 xh 属性值。

不需要重新启动工程，只需单击“修改个人信息”，立即可以看到学号字段已经有值，如图 7.14 所示。

图 7.14　显示学号信息

查看网页源文件，观察学号输入框控件的源码，如图 7.15 所示。

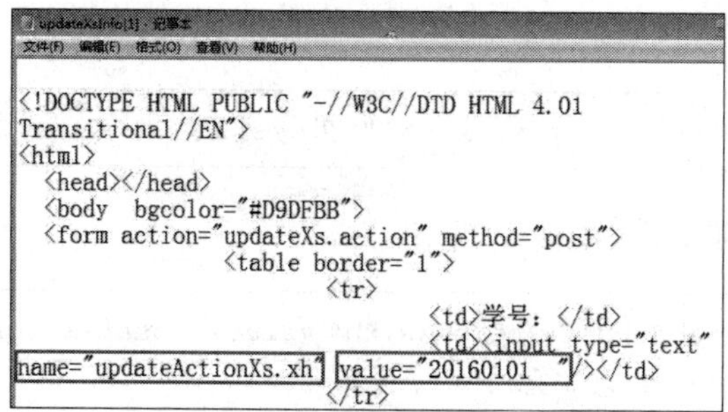

```
<!DOCTYPE HTML PUBLIC "-//W3C//DTD HTML 4.01
Transitional//EN">
<html>
  <head></head>
  <body  bgcolor="#D9DFBB">
  <form action="updateXs.action" method="post">
               <table border="1">
                       <tr>
                               <td>学号: </td>
                               <td><input type="text"
name="updateActionXs.xh" value="20160101  "/></td>
                       </tr>
```

图 7.15　网页源文件

可以发现学号输入框的信息,两个属性分别如下。

(1) name: updateActionXs. xh。

(2) value: 20160101。

即已经由 Tomcat 把<s:property value="updateXsInfoJsp_xs. xh"/>内容读取出来了。

4) 修改姓名控件

将姓名只读控件<s:property>改为可编辑控件<input>,原始代码如下:

```
<td><s:property value="xsInfoJsp_xs.xm"/></td>
```

改为如下代码:

```
<td><input type="text" name="updateActionXs.xm"
        value="<s:property value="updateXsInfoJsp_xs.xm"/>"/></td>
```

5) 修改性别控件

将性别控件改为 Struts 控件<s:radio>,如图 7.16 所示。

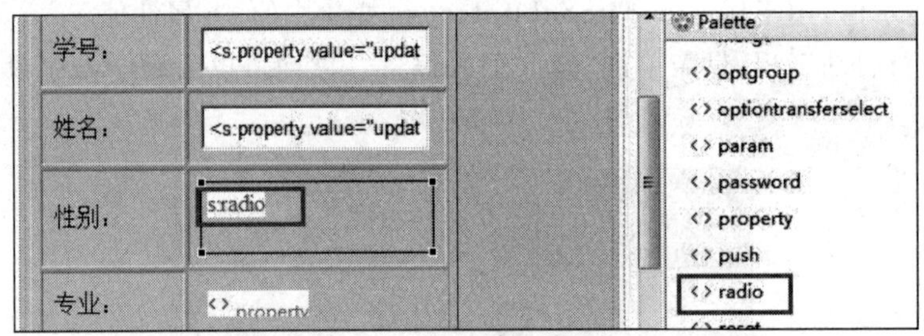

图 7.16 将性别控件改为 Struts 控件<s:radio>

设置<s:radio>控件的三个属性。

(1) list 属性: #{1:'男',0:'女'}。

(2) value 属性: updateXsInfoJsp_xs. xb。

(3) name 属性: updateActionXs. xb。

将原始<s:if>控件,代码如下:

```
<td><s:if test="xsInfoJsp_xs.xb==1">男</s:if><s:else>女</s:else></td>
```

改为<s:radio>控件,如下代码:

```
<td><s:radio name="updateActionXs.xb" value="updateXsInfoJsp_xs.xb"
      list="#{1:'男',0:'女'}"></s:radio></td>
```

不需要重新启动工程，只需单击“修改个人信息”，立即可以看到性别字段已经有圆形按钮可以显示了，如图 7.17 所示。

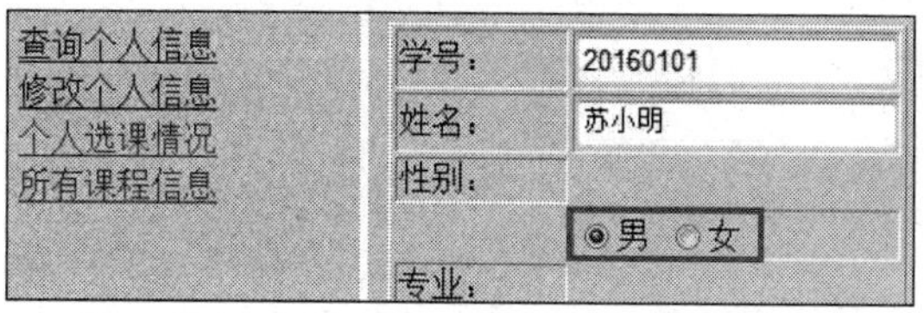

图 7.17　运行结果

但是，性别字段的界面排版混乱，需要设置<s:form>的 theme 属性为 simple，代码如下：

```
<s:form action="updateXs.action" method="post"theme="simple">
```

设置完毕后，再次运行可以发现性别字段的界面排版正常了。

6）修改专业控件

将专业只读控件<s:property>改为 select 控件。

(1) 生成 select 控件。

生成只包含一个选项 option 的 select 控件，代码如下：

```
<select name="updateActionXs.zyb.id">
    <option value="专业编号">专业名</option>
</select>
```

(2) 新增<s:iterator>迭代器控件。

新增<s:iterator>迭代器控件，然后调整</s:iterator>的位置，将<option>和</option>对围起来，循环生成若干个<option>和</option>对。

<s:iterator>控件的两个属性设置如下。

① value 属性：updateXsInfoJsp_zys。

② id 属性：zy。

id 属性是游标变量，是集合中的某一项，用来给每一项<option>控件操作。利用 id 属性，可以把 value 属性中的 updateXsInfoJsp_zys 集合值迭代显示出来。

<s:iterator>中的迭代项<option>，需要设置以下两个属性。

① value 属性：<s:property value='#zy.id'/>。

② 显示值：<s:property value='#zy.zym'/>。

注意：由于同一行中有多个双引号，会引起歧义，所以一定要把双引号改成单引号。

生成后的<select>控件，代码如下：

```
<select name="updateActionXs.zyb.id">
    <s:iterator value="updateXsInfoJsp_zys" id="zy">
        <option value="<s:property value='#zy.id'/>">
            <s:property value='#zy.zym'/>
        </option>
    </s:iterator>
</select>
```

修改后的代码中包含两个控件 select 和 s:iterator,这两个控件的属性如下。

① select 控件的 name 属性：updateActionXs. zyb. id。

表单提交后将执行 updateXs. action,Struts 框架将把 updateActionXs. zyb 变量传递给 XsAction 类,且 updateActionXs. zyb 变量仅包含一个属性(id 属性,这个属性是由 select 控件负责供给值),而其他属性全部为空(如 zym、rs、fdy 等)。

② s:iterator 控件的 value 属性：updateXsInfoJsp_zys。

updateXsInfoJsp_zys 是一个集合变量。

③ s:iterator 控件的 id 属性：zy。

zy 是循环游标,用于迭代显示。每次迭代时,将 # zy. id 作为 option 项的实际值,将 # zy. zym 作为 option 项的显示值。

不需要重新启动工程,只需单击“修改个人信息”,立即可以看到专业字段已经有下拉列表框可以显示,如图 7.18 所示。

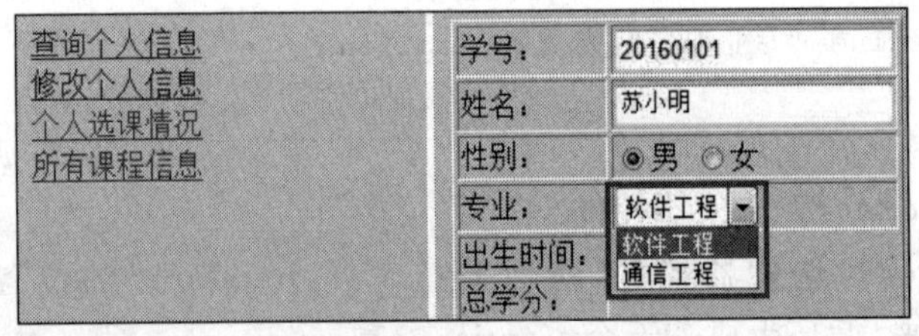

图 7.18　运行工程

7) 修改出生时间控件

将出生时间只读控件<s:date>,代码如下:

```
<td><s:date format="yyyy-MM-dd" name="xsInfoJsp_xs.cssj"/></td>
```

改成 input 控件,代码如下:

```
<td><input type="text" name="updateActionXs.cssj"
    value="<s:date format="yyyy-MM-dd" name="updateXsInfoJsp_xs.cssj"/>"/>
</td>
```

不需要重新启动工程，只需单击“修改个人信息”，立即可以看到出生时间字段已经有值可以显示，如图 7.19 所示。

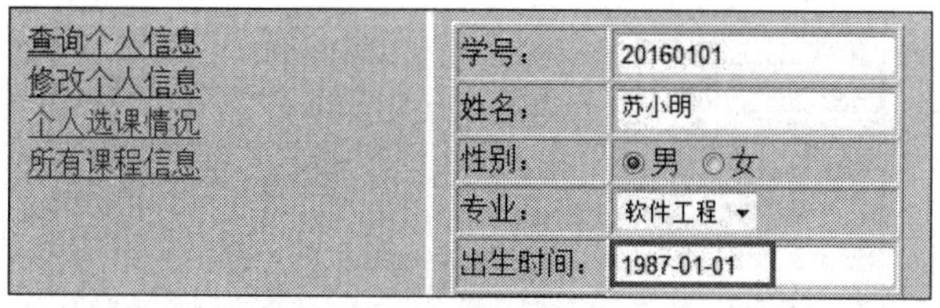

图 7.19　显示出生时间结果

8）修改总学分控件

将总学分只读控件<s:date>，代码如下：

```
<td><s:property value="xsInfoJsp_xs.zxf"/></td>
```

改成 input 控件，代码如下：

```
<td><input type="text" name="updateActionXs.zxf"
        value="<s:property value="updateXsInfoJsp_xs.zxf"/>"/></td>
```

不需要重新启动工程，只需单击“修改个人信息”，立即可以看到总学分字段已经有值可以显示，如图 7.20 所示。

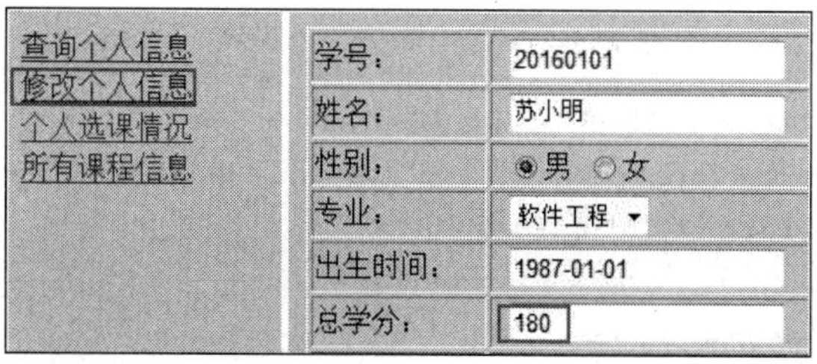

图 7.20　显示总学分结果

9）修改备注控件

将备注只读控件<s:date>，代码如下：

```
<td><s:property value="xsInfoJsp_xs.bz"/></td>
```

改成 input 控件，代码如下：

```
<td><input type="text" name="updateActionXs.bz"
        value="<s:property value="updateXsInfoJsp_xs.bz"/>"/></td>
```

不需要重新启动工程，只需单击“修改个人信息”，立即可以看到备注字段已经有值可以显示，如图 7.21 所示。

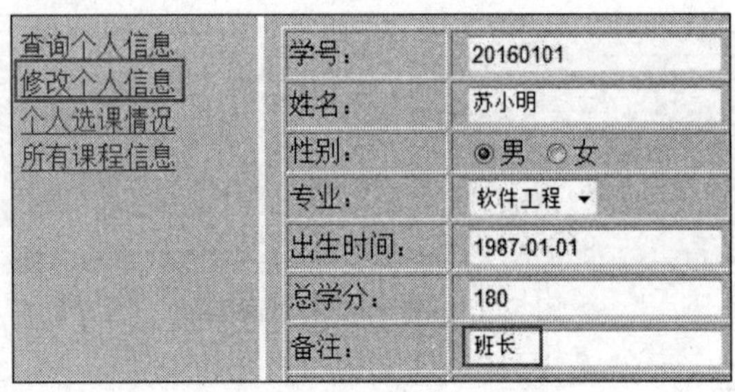

图 7.21　显示备注信息

10）设置“提交”按钮为“修改”按钮

设置“提交”按钮的显示值 value 为“修改”，代码如下：

```
<input type="submit" value="修改">
```

最终的 updateXsInfo.jsp，代码如下：

```
<%@ page language="java" import="java.util.*" pageEncoding="utf-8"%>
<%@ taglib uri="/struts-tags" prefix="s"%>
<!DOCTYPE HTML PUBLIC "-//W3C//DTD HTML 4.01 Transitional//EN">
<html>
<head></head>
<body bgcolor="#D9DFBB">
    <s:form action="updateXs.action" method="post" theme="simple">
        <table width="400" border="1">
            <tr>
                <td>学号：</td>
                <td width="290">
                <input type="text"name="updateActionXs.xh"
                    value="<s:property value="updateXsInfoJsp_xs.xh"/>" />
                </td>
            </tr>
            <tr>
                <td>姓名：</td>
                <td>
                    <input type="text" name="updateActionXs.xm"
                        value="<s:property value="updateXsInfoJsp_xs.xm"/>" />
                </td>
```

```
        </tr>
        <tr>
            <td>性别：</td>
            <td>
                <s:radio name="updateActionXs.xb"
                    value="updateXsInfoJsp_xs.xb" list="#{1:'男',0:
                    '女'}"></s:radio>
            </td>
        </tr>
        <tr>
            <td>专业：</td>
            <td>
                <select name="updateActionXs.zyb.id">
                    <s:iterator value="updateXsInfoJsp_zys" id="zy">
                        <option value="<s:property value='#zy.id'/>">
                            <s:property value='#zy.zym' />
                        </option>
                    </s:iterator>
                </select>
            </td>
        </tr>
        <tr>
            <td>出生时间：</td>
            <td>
                <input type="text" name="updateActionXs.cssj"value="
                <s:dateformat="yyyy-MM-dd" name="updateXsInfoJsp_xs.
                cssj"/>" />
            </td>
        </tr>
        <tr>
            <td>总学分：</td>
            <td>
                <input type="text" name="updateActionXs.zxf"
                    value="<s:property value="updateXsInfoJsp_xs.zxf"/>" />
            </td>
        </tr>
        <tr>
            <td>备注：</td>
```

```
                <td>
                    <input type="text" name="updateActionXs.bz"
                        value="<s:property value="updateXsInfoJsp_xs.bz"/>" />
                </td>
            </tr>
            <tr>
                <td>照片</td>
                <td><s:property value="xsInfoJsp_xs.zp" />    </td>
            </tr>
        </table>
        <input type="submit" value="修改">
    </s:form>
</body>
</html>
```

7.1.6 实现"修改"提交按钮的功能

思路：添加 updateXs. action，并新增 XsAction 类的 updateXs 方法。

在 struts. xml 中添加一个 action：updateXs，然后在 XsAction 类中添加 updateXs 方法，最后新建跳转页面 updateXs _success. jsp。

1. 添加 action 配置 updateXs

添加一个新的 action 配置：updateXs，对应的 struts. xml 代码如下：

```
<action name="updateXs" class="org.action.XsAction"method="updateXs">
    <result name="success">/updateXs_success.jsp</result>
</action>
```

注意：*增加 method 属性为 updateXs，这样当执行 updateXs. action 时，将不再执行 org. action. XsAction 类默认的 execute 方法，而是执行 updateXs 方法。*

2. 新增一个 action 变量

新增一个 action 变量 updateActionXs，该变量在单击"修改"按钮后使用，用于将表单中所有 Xs 对象相关控件上的值作为该变量所有属性的值（如 updateActionXs. xh、updateActionXs. xm、updateActionXs. xb、updateActionXs. zyb. id、updateActionXs. cssj、updateActionXs. zxf、updateActionXs. bz 等），然后由 updateActionXs 统一传递到 XsAction 类中。updateActionXs 变量表示：updateXs. action 中要使用的 Xs 学生对象，简记成 updateActionXs。

修改后的 XsAction 类，代码如下：

```
private Xsb updateActionXs;
public Xsb getUpdateActionXs() {
    return updateActionXs;
}
public void setUpdateActionXs(Xsb updateActionXs) {
    this.updateActionXs=updateActionXs;
}
```

3. 新增 updateXs 方法

新增 updateXs 方法,代码如下:

```
public String updateXs(){
    //根据 xh 值,从数据库中查询该 Xsb 对象 updateXs
    Xsb updateXs=xsDao.getOneXs(user.getXh());
    //然后将网页端 updateActionXs 的各个新属性值赋值给 updateXs 的各个属性
    updateXs.setXm(updateActionXs.getXm());
    updateXs.setXb(updateActionXs.getXb());
    updateXs.setCssj(updateActionXs.getCssj());
    updateXs.setZxf(updateActionXs.getZxf());
    updateXs.setBz(updateActionXs.getBz());
    updateXs.setZyb(updateActionXs.getZyb());
    xsDao.update(updateXs);
    return "success";
}
```

4. 新建 updateXs_success.jsp

新建 updateXs_success.jsp,代码如下:

```
<%@page language="java" import="java.util.*" pageEncoding="utf-8"%>
<html>
    <head></head>
    <body bgcolor="#D9DFBB">
    修改学生信息成功!
    </body>
</html>
```

5. 运行程序

单击“修改”按钮后,将显示修改成功,单击“查询个人信息”可以看到新修改的信息,如图 7.22 和图 7.23 所示。

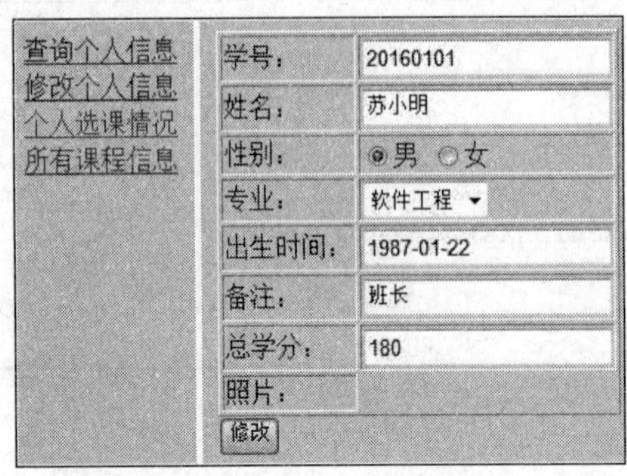

图 7.22　原始个人信息

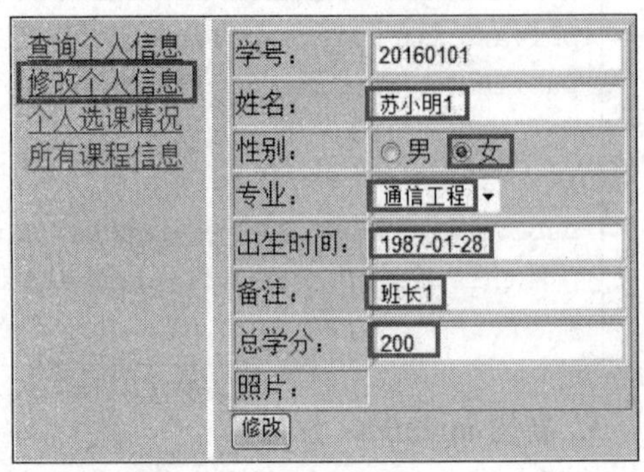

图 7.23　修改个人信息

单击“修改”按钮，将显示“修改学生信息成功”。单击“查询个人信息”，查看修改后的个人信息，如图 7.24 和图 7.25 所示。

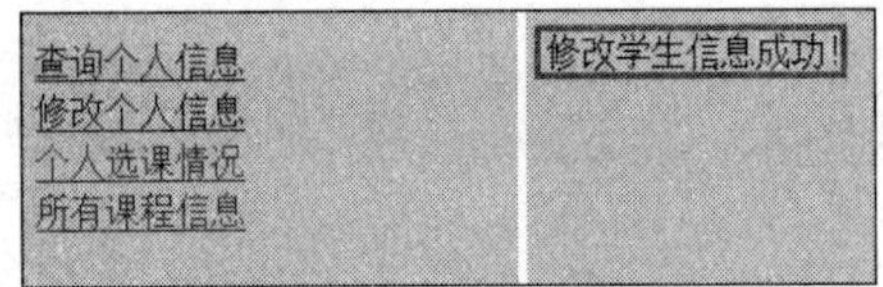

图 7.24　修改成功提示

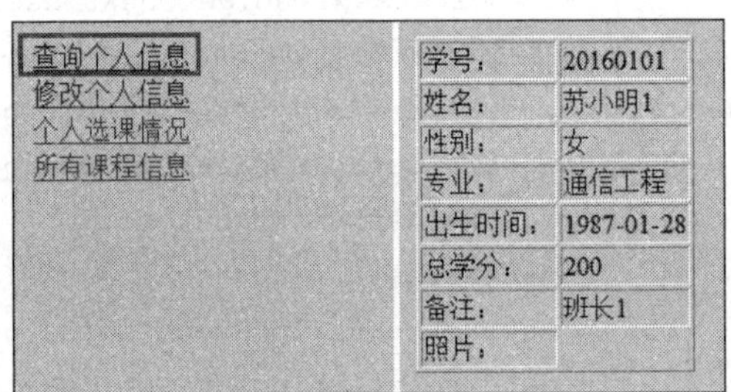

图 7.25　查询个人信息

再次单击“修改个人信息”，“专业”下拉框的值没有定位到新修改的值(仍然是“软件工程”)，需要修改，如图 7.26 所示。

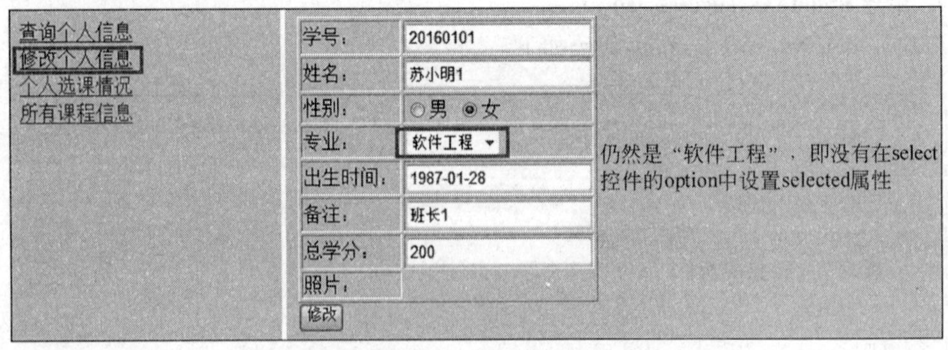

图 7.26　“专业”下拉框显示结果错误

在<option>中增加 selected 属性，并根据 updateXsInfoJsp_xs. zyb. id 的值进行判断，即如果游标值等于 updateXsInfoJsp_xs. zyb. id，则将该 option 作为已选中项，其他的 option

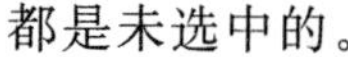

都是未选中的。

selected 属性设置规则如下：

(1) 如果 #zy.id==updateXsInfoJsp_xs.zyb.id，则添加 selected 属性：selected='selected'。

(2) 如果 #zy.id!=updateXsInfoJsp_xs.zyb.id，则不添加 selected 属性。

最终的 updateXsInfo.jsp，代码如下：

```
<select name="updateActionXs.zyb.id">
    <s:iterator id="zy" value="updateXsInfoJsp_zys">
        <s:if test="#zy.id==updateXsInfoJsp_xs.zyb.id">
            <option value="<s:property value='#zy.id'/>"selected='selected'>
                <s:property value='#zy.zym'/>
            </option>
        </s:if>
        <s:else>
            <option value="<s:property value='#zy.id'/>">
                <s:property value='#zy.zym'/>
            </option>
        </s:else>
    </s:iterator>
</select>
```

不需要重新启动工程，只需单击“修改个人信息”，将专业修改为“通信工程”，如图 7.27 所示。

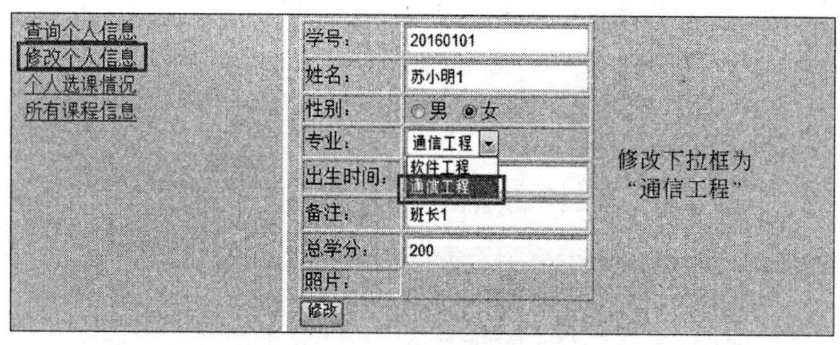

图 7.27 修改专业

单击“修改”按钮，再次单击“修改个人信息”，可以看到“专业”下拉框的值定位到新修改的值(通信工程)，如图 7.28 所示。

此时，可以在 updateXs()方法的第一句代码处插入断点，然后启动调试模式，并查看 updateXs 变量和 updateActionXs 变量的值，以判断存储到数据库中的 zyb 对象是否正确，

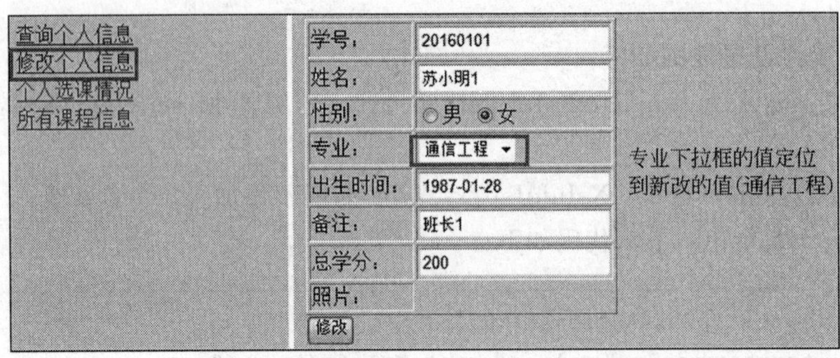

图 7.28 正常显示新修改的下拉列表框值

如图 7.29 和图 7.30 所示。

```
public String updateXs(){
    // 根据xh值，从数据库中查询该Xsb对象updateXs
    Xsb updateXs = xsDao.getOneXs(user.getXh());
    // 然
    upda
    upda
    upda
    upda
    upda
    upda
    xsDa
    retu
}
```

```
updateXs= Xsb (id=109)
  bz= "班长" (id=113)
  cssj= Timestamp (id=117)
  kcs= PersistentSet (id=121)
  xb= Byte (id=125)
  xh= "20160101  " (id=132)
  xm= "苏小明    " (id=133)
  zp= null
  zxf= Integer (id=135)
  zyb= Zyb (id=137)
    fdy= "刘文程    " (id=139)
    id= Integer (id=140)
    rs= Integer (id=141)
    xsbs= PersistentSet (id=142)
    zym= "通信工程  " (id=143)
org.model.Xsb@5b18fda6
```

图 7.29 插入断点，查看 updateXs 变量的值

```
public String updateXs(){
    // 根据xh值，从数据库中查询该Xsb对象updateXs
    Xsb updateXs = xsDao.getOneXs(user.getX
    // 然后将网页端updateActionXs的各个新属性值赋值
    updateXs.setXm(updateActionXs.getXm());
    updateXs.setXb(updateActionXs.getXb());
    updateXs.setCssj(updateActionXs.getCssj
    updateXs.setZxf(updateActionXs.getZxf()
    updateXs.setBz(updateActionXs.getBz());
    updateXs.setZyb(updateActionXs.getZyb()
    xsDao.update(updateXs);
    return "success";
}
```

```
updateActionXs= Xsb (id=148)
  bz= "班长" (id=150)
  cssj= Date (id=151)
  kcs= HashSet<E> (id=152)
  xb= Byte (id=154)
  xh= "20160101  " (id=156)
  xm= "苏小明    " (id=158)
  zp= null
  zxf= Integer (id=159)
  zyb= Zyb (id=162)
    fdy= null
    id= Integer (id=163)
      value= 2
    rs= null
    xsbs= HashSet<E> (id=164)
    zym= null
org.model.Xsb@3cbd7cd0
```

图 7.30 插入断点，查看 updateActionXs 变量的值

通过调试器,可以看到两个变量的取值情况。

(1) updateXs 变量:通过 xsDao 查询数据库得到,因此 zyb 属性是有值的。

(2) updateActionXs 变量:通过 updateXsInfo. jsp 的<select name="updateActionXs. zyb. id">标签传入,且 updateActionXs. zyb 对象中只有 id 属性赋值,而其他属性都没有赋值。因此调试器中看到 updateActionXs 变量中的 zyb 属性,只有 id 值为 2,其他属性都是 null。

继续单步执行,当执行到 updateXs. setZyb(updateActionXs. getZyb());语句时,updateAction Xs. getZyb()的对象只有 id 属性有值,其他属性都是 null。因此执行该语句后,updateXs 对象的 zyb 对象也只有 id 属性有值,其他属性都是 null。

注意:由于修改学生信息表时,只修改专业编号,即 XSB 表只保存 zy_id 值,并不需要修改专业表对象,因此网页端 updateXsInfo. jsp 不需要将所有 zyb 对象的属性都传入赋值给 updateXs 的 zyb 对象。

7.1.7　实现"所有课程信息"超链接的功能

left. jsp 中的第三个超链接是 getAllKc. action,下面就开始添加 getAllKc. action,并新增 XsAction 类的 getAllKc 方法。

1. 添加 action 配置 getAllKc

添加一个新的 action 配置 getAllKc,对应的 struts. xml 代码如下:

```
<action name="getAllKc" class="org.action.XsAction" method="getAllKc">
    <result name="success">/allKc.jsp</result>
</action>
```

2. 新增一个 action 变量

新增一个 action 变量 allKcJsp_kcs,该变量会在后面的 allKc. jsp 页面中使用。allKcJsp_kcs 表示:allKc. jsp 页面中要使用的 Kcb 课程集合对象 kcs,简记成 allKcJsp_kcs。

修改后的 XsAction 类,代码如下:

```
private List allKcJsp_kcs;
public List getAllKcJsp_kcs() {
    return allKcJsp_kcs;
}
public void setAllKcJsp_kcs(List allKcJspKcs) {
    allKcJsp_kcs=allKcJspKcs;
}
```

3. 添加 getAllKc 方法

添加 getAllKc 方法,在返回 success 之前,设置 allKcJsp_kcs 的值,供 allKc. jsp 显示。

1）新增 KcDao 对象 kcDao

新增 KcDao 对象 kcDao，代码如下：

```
private KcDao kcDao;
```

2）新增 kcDaoImp 对象说明

在 Spring 配置文件中新增 kcDaoImp 对象的说明，代码如下：

```
<bean id="kcDaoImp" class="org.dao.imp.KcDaoImp">
    <property name="sessionFactory">
        <ref bean="mysessionFactory" />
    </property>
</bean>
```

3）获取 kcDao 对象

在构造函数中增加获取 kcDao 对象，代码如下：

```
public XsAction() {
    …
    zyDao=(ZyDao) context.getBean("zyDaoImp");
    //从 Spring 容器中获取 kcDaoImp 对象，然后查询课程对象
    kcDao=(KcDao) context.getBean("kcDaoImp");
}
```

4）新增 getAllKc 方法

新增 getAllKc 方法，代码如下：

```
public String getAllKc() throws Exception {
    allKcJsp_kcs=kcDao.getAll();
    return "success";
}
```

此时，可以插入断点，并查看 allKcJsp_kcs 变量的值，以判断提交给 allKc.jsp 的待显示对象是否正确。从调试器上可以看出，allKcJsp_kcs 变量有值，其中，size 属性为 2。

4. 新建 allKc.jsp

1）增加表格控件

利用 Dreamweaver 创建 3 行 6 列的表格，并生成表格，如图 7.31 所示。

2）复制表格源码

将表格的源代码粘回 allKc.jsp 中，代码如下：

图 7.31　生成表格

```
<table width=400 border=1>
    <tr>
        <th>课程号</th>
        <th>课程名</th>
        <th>开学学期</th>
        <th>学时</th>
        <th>学分</th>
        <th>操作</th>
    </tr>
    <tr>
        <td> </td>
        <td> </td>
        <td> </td>
        <td> </td>
        <td> </td>
        <td> </td>
    </tr>
</table>
```

3）添加<s:iterator>控件

添加<s:iterator>控件，使其包围<tr>和</tr>对，从而循环生成若干行。

<s:iterator>控件的两个属性设置如下。

(1) value 属性：allKcJsp_kcs。

(2) id 属性：kc。

<s:iterator>控件代码如下：

```
<s:iterator value="allKcJsp_kcs" id="kc">
    <tr>
        <td> </td>
        <td> </td>
        <td> </td>
        <td> </td>
```

```
        <td> </td>
        <td> </td>
    </tr>
</s:iterator>
```

4）添加课程号控件

给课程号添加<s:property>控件，并设置 value 属性为＃kc. kch，代码如下：

```
<td><s:property value="#kc.kch"/></td>
```

5）添加课程名控件

给课程名添加<s:property>控件，并设置 value 属性为＃kc. kcm，代码如下：

```
<td><s:property value="#kc.kcm"/></td>
```

6）添加开学学期控件

给开学学期添加<s:property>控件，并设置 value 属性为＃kc. kxxq，代码如下：

```
<td><s:property value="#kc.kxxq"/></td>
```

7）添加学时控件

给学时添加<s:property>控件，并设置 value 属性为＃kc. xs，代码如下：

```
<td><s:property value="#kc.xs"/></td>
```

8）添加学分控件

给学分添加<s:property>控件，并设置 value 属性为＃kc. xf，代码如下：

```
<td><s:property value="#kc.xf"/></td>
```

9）添加“选修”超链接

添加“选修”超链接，代码如下：

```
<a href="selectKc.action?selectActionKcb.kch=<s:property value='#kc.kch'/>">
选修</a>
```

超链接的属性设置需要注意以下 4 点。

（1）该超链接是一个 action 链接，需要在 struts. xml 中进行配置。

（2）采用 HTML 的 GET 方式传递 action 变量，action 变量名是 selectActionKcb. kch，

变量值是<s:property value='#kc.kch'/>。与 GET 方式对应的另一种网页传递方式是 HTML 的 POST 方式,即表单方式,采用表单方式可以一次传递 action 变量的很多属性。GET 方式主要用于超链接上的 action 变量传递。

(3) selectActionKcb 是将要在 XsAction 类中定义的一个 GET 型 action 变量,利用该变量可以把用户选中的那行记录的 kch 属性传递给 XsAction 类,同时该 kch 属性的值为 #kc.kch。

(4) 添加<a>标签的 onClick 事件属性,即当用户单击超链接后,将首先弹出一个确认对话框,提醒用户是否进行下一步操作,代码如下:

```
onclick="if(confirm('您确定选修该课程吗? ')) return true;else return false"
```

最终,该超链接代码如下:

```
<a href="selectKc.action?selectActionKcb.kch=<s:property value='#kc.kch'/>"
    onclick=" if(confirm('您确定选修该课程吗? ')) return true;else return
false">选修</a>
```

将该代码加入到最后一个<td></td>中。

最终的 allKc.jsp 页面,代码如下:

```
<%@page language="java" import="java.util.*" pageEncoding="utf-8"%>
<%@taglib uri="/struts-tags" prefix="s"%>
<!DOCTYPE HTML PUBLIC "-//W3C//DTD HTML 4.01 Transitional//EN">
<html>
<head></head>
<body bgcolor="#D9DFBB">
    <table width=400 border=1>
        <tr>
            <th>课程号</th>
            <th>课程名</th>
            <th>开学学期</th>
            <th>学时</th>
            <th>学分</th>
            <th>操作</th>
        </tr>
        <s:iterator value="allKcJsp_kcs" id="kc">
            <tr>
                <td><s:property value="#kc.kch" /></td>
                <td><s:property value="#kc.kcm" /></td>
```

```
                <td><s:property value="#kc.kxxq" /></td>
                <td><s:property value="#kc.xs" /></td>
                <td><s:property value="#kc.xf" /></td>
                <td><ahref="selectKc.action?selectActionKcb.kch=
                        <s:property value='#kc.kch'/>"
                        onclick=" if(confirm('您确定选修该课程吗？'))
                                     return true;
                                   else
                                     return false;">选修</a>
                </td>
            </tr>
        </s:iterator>
    </table>
</body>
</html>
```

5. 运行程序

当单击“所有课程信息”超链接后，可以看到所有课程，如图 7.32 所示。

查询个人信息
修改个人信息
个人选课情况
所有课程信息

课程号	课程名	开学学期	学时	学分	操作
3010	计算机网络	3	64	4	选修
3011	ios编程	4	48	3	选修

图 7.32　单击“所有课程信息”超链接

当光标移到“选修”超链接时，在底部地址栏中可以看到如下信息，如图 7.33 所示。

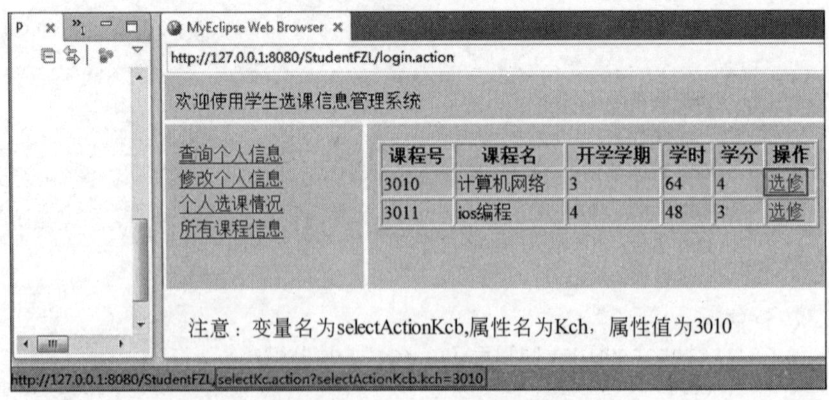

图 7.33　移到“选修”超链接

可以看到底部地址栏中显示的网址请求信息，代码如下：

```
http://127.0.0.1:8080/StudentFZL/selectKc.action?selectActionKcb.kch=3010
```

当单击超链接,将会执行 selectKc. action,同时利用 XsAction 类的 selectActionKcb 变量传递网页中的值,且 selectActionKcb 变量只有一个属性 kch,其他所有属性(如 kcm、kxxq、xs 和 xf 等属性)均为空值。

7.1.8 实现"选修"超链接的功能

思路:添加 selectKc. action,并新增 XsAction 类的 selectKc 方法。

在 struts. xml 中添加一个 action: selectKc,然后在 XsAction 类中添加 selectKc 方法,最后新建跳转页面 selectKc_success. jsp。

1. 添加 action 配置 selectKc

添加一个新的 action 配置: selectKc,对应的 struts. xml 代码如下:

```
<action name="selectKc" class="org.action.XsAction" method="selectKc">
    <result name="success">/selectKc_success.jsp</result>
    <result name="error">/selectKc_fail.jsp</result>
</action>
```

2. 新增一个 action 变量

新增一个 GET 型 action 变量 selectActionKcb,该变量在"选修"超链接的 GET 请求访问中使用,用于将超链接上的 kch 属性值传递到 XsAction 类中。selectActionKcb 变量表示: selectKc. action 超链接中要使用的 Kcb 课程对象,简记成 selectActionKcb。

修改后的 XsAction 类,代码如下:

```
private Kcb selectActionKcb;
public Kcb getSelectActionKcb() {
    return selectActionKcb;
}
public void setSelectActionKcb(Kcb selectActionKcb) {
    this.selectActionKcb=selectActionKcb;
}
```

3. 添加 selectKc 方法

添加 selectKc 方法,代码如下:

```
public String selectKc(){
    Xsb xs=xsDao.getOneXs(user.getXh());
    //获得该学生已选的课程集合
```

```
    Set existedKcs=xs.getKcs();
    //迭代查找集合 existedKcs 中是否存在待选修的课程编号 selectActionKcb.getKch(),
    //如果已存在,则返回 error,跳转到 selectKc_fail.jsp;
    //如果不存在,则将该项加入集合
    Iterator it=existedKcs.iterator();
    while(it.hasNext()){
        //获得当前游标对象
        Kcb kcb=(Kcb) it.next();
        if(kcb.getKch().trim().equals(selectActionKcb.getKch()))
            return "error";
    }
    //根据课程编号获得课程对象
    //赋值前 selectActionKcb 变量只有一个属性 kch 有值,其他所有属性(如 kcm、kxxq、
    //xs 和 xf 等属性)均为空值
    //赋值完成后,selectActionKcb 变量所有属性(如 kch、kcm、kxxq、xs 和 xf 等属性)均
    //有值
    selectActionKcb=kcDao.getOneKc(selectActionKcb.getKch());
    //添加新选修的课程到已选课程集合中
    existedKcs.add(selectActionKcb);
    //设置更新后的课程集合 updatedKcs
    xs.setKcs(existedKcs);
    //执行 update 更新操作,保存到数据库中
    xsDao.update(xs);
    return "success";
}
```

selectKc 方法中用到了 trim 函数,代码如下:

```
if(kcb.getKch().trim().equals(selectActionKcb.getKch()))
```

即在使用 if 语句做判断时,必须要先执行 trim,即将学号左右的空格都删除后,再做是否相等的操作。如果不执行 trim,将会报错。读者可以先将 trim 函数删除,运行程序时,将会报错,请自行调试查看错误。

4. 新建 selectKc_success.jsp

新建 selectKc_success.jsp,代码如下:

```
<%@ page language="java" import="java.util.*" pageEncoding="utf-8"%>
<!DOCTYPE HTML PUBLIC "-//W3C//DTD HTML 4.01 Transitional//EN">
<html>
    <head></head>
```

```
    <body bgcolor="#D9DFBB">
        选修成功!
    </body>
</html>
```

5. 新建 selectKc_fail. jsp

新建 selectKc_fail. jsp,代码如下:

```
<%@ page language="java" import="java.util. * " pageEncoding="utf-8"%>
<!DOCTYPE HTML PUBLIC "-//W3C//DTD HTML 4.01 Transitional//EN">
<html>
    <head></head>
    <body bgcolor="#D9DFBB">
        您已经选修了该课程,请不要重复选修!
    </body>
</html>
```

6. 运行程序

单击"选修"后,报如下错误,如图 7.34 所示。

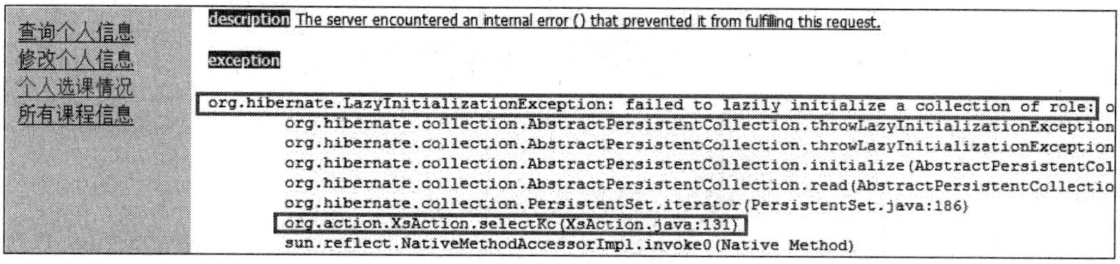

查询个人信息
修改个人信息
个人选课情况
所有课程信息

description The server encountered an internal error () that prevented it from fulfilling this request.

exception

```
org.hibernate.LazyInitializationException: failed to lazily initialize a collection of role: o
        org.hibernate.collection.AbstractPersistentCollection.throwLazyInitializationException
        org.hibernate.collection.AbstractPersistentCollection.throwLazyInitializationException
        org.hibernate.collection.AbstractPersistentCollection.initialize(AbstractPersistentCol
        org.hibernate.collection.AbstractPersistentCollection.read(AbstractPersistentCollectio
        org.hibernate.collection.PersistentSet.iterator(PersistentSet.java:186)
        org.action.XsAction.selectKc(XsAction.java:131)
        sun.reflect.NativeMethodAccessorImpl.invoke0(Native Method)
```

图 7.34 错误结果

错误提示代码如下:

```
org. hibernate. LazyInitializationException: failed to lazily initialize a
collection of role: org.model.Xsb.kcs, no session or session was closed
    org.hibernate.collection.AbstractPersistentCollection.
    throwLazyInitializationException(AbstractPersistentCollection.java:380)
    org.hibernate.collection.AbstractPersistentCollection.
    throwLazyInitializationExceptionIfNotConnected(AbstractPersistentCollection.
    java:372)
    org.hibernate.collection.AbstractPersistentCollection.initialize
    (AbstractPersistentCollection.java:365)
```

```
org.hibernate.collection.AbstractPersistentCollection.
read(AbstractPersistentCollection.java:108)
org.hibernate.collection.PersistentSet.iterator(PersistentSet.java:
186)
org.action.XsAction.selectKc(XsAction.java:145)
sun.reflect.NativeMethodAccessorImpl.invoke0(Native Method)
```

分析错误提示代码，错误原因是没有设置 Xsb 类的 kcs 属性的 lazy＝false。由于默认 lazy 为 true(即懒惰模式)，当执行查询 Xsb xs＝xsDao. getOneXs(user. getXh())时，xs 对象的 kcs 是没有执行查询的，因此 kcs 属性为 null 值。当执行 Set existedKcs＝xs. getKcs() 时，获取 null 对象将导致上面的错误提示。

修改 Xsb. hbm. xml 中的 kcs 属性，代码如下：

```
<set name="kcs" cascade="all"sort="unsorted" table="XS_KCB"lazy="false">
```

在 selectKc() 函数第一行插入断点，然后启动调试模式，查看 existedKcs 变量值，如图 7. 35 所示。

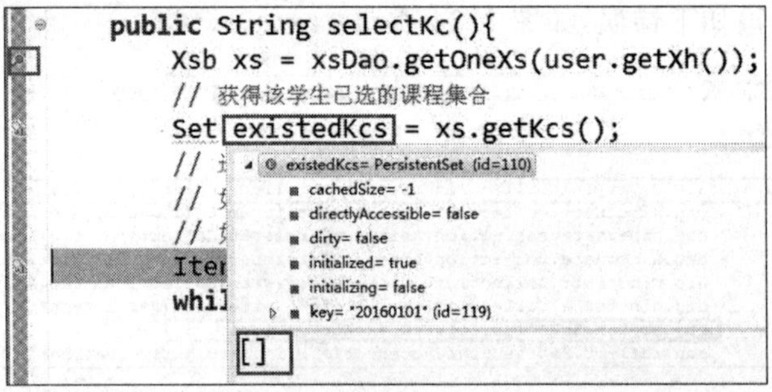

```
public String selectKc(){
    Xsb xs = xsDao.getOneXs(user.getXh());
    // 获得该学生已选的课程集合
    Set existedKcs = xs.getKcs();
```


图 7.35　启动调试模式，查看 existedKcs 变量值

可以看到 existedKcs 值不为 null，而是有值的，且值为[]。

继续 step over，selectActionKcb 变量值如图 7. 36 所示。

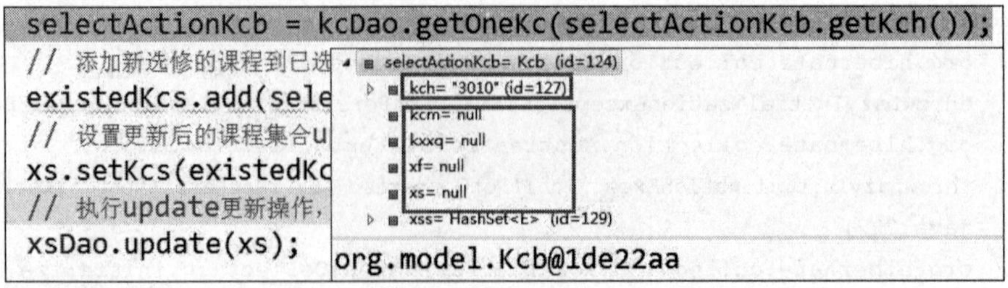

```
selectActionKcb = kcDao.getOneKc(selectActionKcb.getKch());
// 添加新选修的课程到已选
existedKcs.add(sele
// 设置更新后的课程集合u
xs.setKcs(existedKc
// 执行update更新操作,
xsDao.update(xs);
```


图 7.36　继续 step over，查看 existedKcs 变量值

执行完赋值操作后，selectActionKcb 变量值如图 7.37 所示。

selectActionKcb = kcDao.getOneKc(selectActionKcb.getKch());
selectActionKcb= Kcb (id=152)
kch= "3010" (id=154)
kcm= "计算机网络" (id=155)
kxxq= Short (id=156)
xf= Integer (id=157)
xs= Integer (id=159)
xss= PersistentSet (id=160)
org.model.Kcb@ae983e

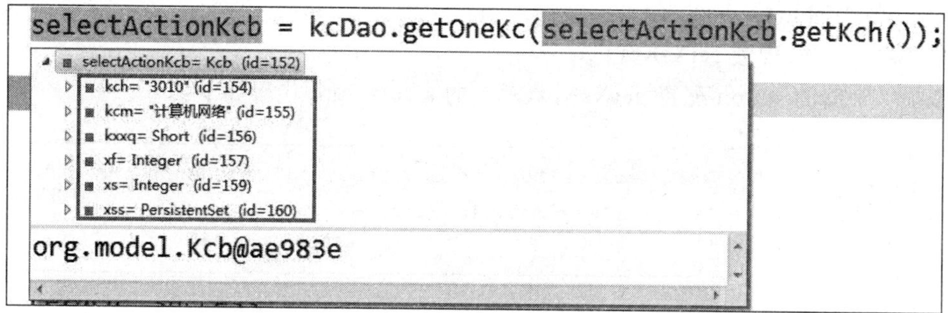

图 7.37 执行完赋值操作后，查看 existedKcs 变量值

继续 step over，观察 existedKcs 变量值，如图 7.38 所示。

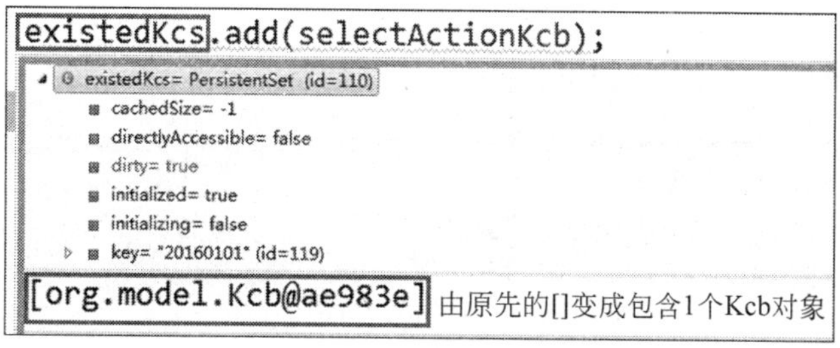

existedKcs.add(selectActionKcb);
existedKcs= PersistentSet (id=110)
cachedSize= -1
directlyAccessible= false
dirty= true
initialized= true
initializing= false
key= "20160101" (id=119)
[org.model.Kcb@ae983e]
由原先的[]变成包含1个Kcb对象

图 7.38 继续 step over，查看 existedKcs 变量值

单击 resume，将显示选修成功，如果已经选修过，则显示选修错误，如图 7.39 和图 7.40 所示。

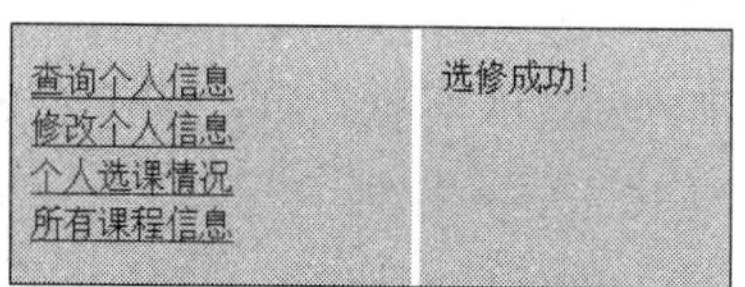

查询个人信息
修改个人信息
个人选课情况
所有课程信息
选修成功!

图 7.39 单击 resume

查询个人信息
修改个人信息
个人选课情况
所有课程信息
您已经选修了该课程，请不要重复选修!

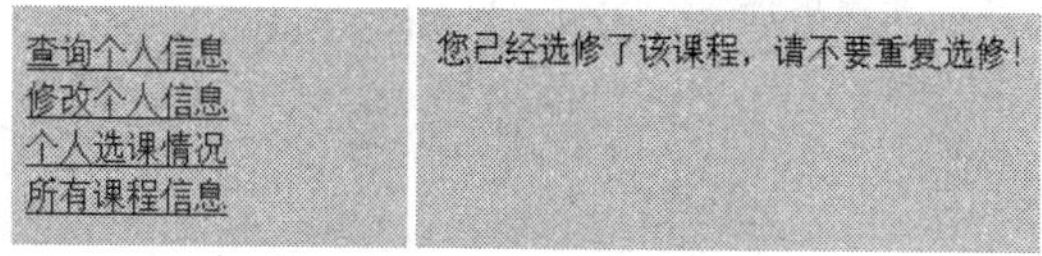

图 7.40 如果已经选修过

7.1.9 实现“个人选课情况”超链接的功能

思路：添加 getXsKcs.action，并新增 XsAction 类的 getXsKcs 方法。

left.jsp 中的第三个超链接是 getXsKcs.action，下面就开始添加 getXsKcs.action，并新增 XsAction 类的 getXsKcs 方法。

1. 添加 action 配置 getXsKcs

添加一个新的 action 配置 getXsKcs，对应的 struts.xml 代码如下：

```
<action name="getXsKcs" class="org.action.XsAction" method="getXsKcs">
    <result name="success">/xsKcs.jsp</result>
</action>
```

2. 新增一个 action 变量

新增一个 action 变量 xsKcsJsp_kcs，该变量会在后面的 xsKcs.jsp 页面中使用。sKcsJsp_kcs 变量表示：xsKcs.jsp 页面中要使用的 Kcb 课程集合对象 kcs，简记成 xsKcsJsp_kcs。

修改后的 XsAction 类，代码如下：

```
private Set xsKcsJsp_kcs;
public Set getXsKcsJsp_kcs() {
    return xsKcsJsp_kcs;
}
public void setXsKcsJsp_kcs(Set xsKcsJspKcs) {
    xsKcsJsp_kcs=xsKcsJspKcs;
}
```

3. 添加 getXsKcs 方法

添加 getXsKcs 方法，在返回 success 之前，设置 xsKcsJsp_kcs 的值，以供 xsKcs.jsp 显示，代码如下：

```
public String getXsKcs(){
    Xsb xs=xsDao.getOneXs(user.getXh());
    //获得该学生已选的课程集合
    xsKcsJsp_kcs=xs.getKcs();
    return "success";
}
```

此时，可以在 getXsKcs()函数的第一句插入断点，并开启调试模式，查看 xsKcsJsp_kcs 变量的值，以判断提交给 xsKcs.jsp 的待显示对象是否正确。

4. 新建 xsKcs.jsp

复制 allKc.jsp，并重命名为 xsKcs.jsp。修改 xsKcs.jsp 的内容，代码如下：

```
<%@ page language="java"import="java.util.* " pageEncoding="utf-8"%>
<%@ taglib uri="/struts-tags" prefix="s"%>
<!DOCTYPE HTML PUBLIC "-//W3C//DTD HTML 4.01 Transitional//EN">
<html>
    <head></head>
    <body bgcolor="#D9DFBB">
    <table width=500 border=1>
        <tr>
            <th>课程号</th>
            <th>课程名</th>
            <th>开学学期</th>
            <th>学时</th>
            <th>学分</th>
            <th>操作</th>
        </tr>
        <s:iterator value="xsKcsJsp_kcs" id="kc">
            <tr>
                <td><s:property value="#kc.kch"/></td>
                <td><s:property value="#kc.kcm"/></td>
                <td><s:property value="#kc.kxxq"/></td>
                <td><s:property value="#kc.xs"/></td>
                <td><s:property value="#kc.xf"/></td>
                <td><a href="deleteKc.action?deleteActionKcb.kch=
                        <s:property value="#kc.kch"/>"
                    onClick="if(confirm('您确定退选该课程吗? '))
                            return true;
                        else
                            return false;
                        ">退选</a></td>
            </tr>
        </s:iterator>
    </table>
    </body>
</html>
```

5. 运行程序

当单击"个人选课情况"超链接后,可以看到 20160101 学生选修的两门课程,如图 7.41 所示。

查询个人信息
修改个人信息
个人选课情况
所有课程信息

课程号	课程名	开学学期	学时	学分	操作
3010	计算机网络	3	64	4	退选
3011	ios编程	4	48	3	退选

图 7.41 运行程序

当光标移到“退选”超链接时，在底部地址栏中可以看到如下信息，如图 7.42 所示。

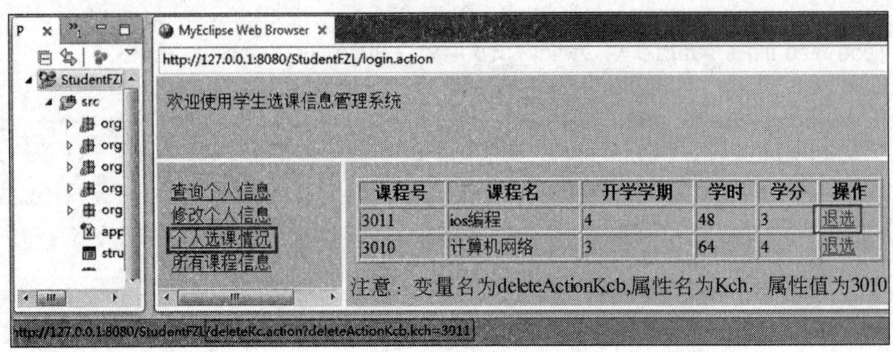

图 7.42 “退选”超链接

可以看到底部地址栏中显示的网址请求信息，代码如下：

```
http://127.0.0.1:8080/StudentFZL/deleteKc.action?deleteActionKcb.kch=3010
```

当单击超链接，将会执行 deleteKc. action，同时把 deleteActionKcb 变量传递给 XsAction 类，且 deleteActionKcb 变量只有一个属性 kch，其他所有属性（如 kcm、kxxq、xs 和 xf 等属性）均为空值。

7.1.10 实现“退选”超链接的功能

思路：在 struts. xml 中添加一个 action：deleteKc，然后在 XsAction 类中添加 deleteKc 方法，最后新建跳转页面 deleteKc_success. jsp。

1. 添加 action 配置 deleteKc

添加一个新的 action 配置 deleteKc，对应的 struts. xml 代码如下：

```
<action name="deleteKc" class="org.action.XsAction" method="deleteKc">
    <result name="success">/deleteKc_success.jsp</result>
</action>
```

2. 新增一个 action 变量

新增一个 GET 型 action 变量 deleteActionKcb，该变量在“退选”超链接中使用，用于将超链接上的 kch 属性值传递到 XsAction 类中。deleteActionKcb 变量表示：deleteKc. action 超链接中要使用的 Kcb 课程对象，简记成 deleteActionKcb。

修改后的 XsAction 类，代码如下：

```
private Kcb deleteActionKcb;
public Kcb getDeleteActionKcb() {
```

```
    return deleteActionKcb;
}
public void setDeleteActionKcb(Kcb deleteActionKcb) {
    this.deleteActionKcb=deleteActionKcb;
}
```

3. 添加 deleteKc 方法

添加 deleteKc 方法，代码如下：

```
public String deleteKc(){
    Xsb xs=xsDao.getOneXs(user.getXh());
    //获得该学生已选的课程集合
    Set updatedKcs=xs.getKcs();
    Iterator iter=updatedKcs.iterator();
    while(iter.hasNext()){
        Kcb kc=(Kcb)iter.next();
        if(kc.getKch().trim().equals(deleteActionKcb.getKch())){
            iter.remove();
        }
    }
    //设置更新后的课程集合 updatedKcs
    xs.setKcs(updatedKcs);
    //执行 update 更新操作,保存到数据库中
    xsDao.update(xs);
    return "success";
}
```

selectKc 方法中用到了 trim 函数，代码如下：

```
if(kcb.getKch().trim().equals(deleteActionKcb.getKch()))
```

即在使用 if 语句做判断时，必须要先执行 trim，即将学号左右的空格都删除后，再做是否相等的操作。如果不执行 trim，将会报错。读者可以先将 trim 函数删除，运行程序时，将会报错，请自行调试查看错误。

4. 新建 deleteKc_success. jsp

新建 deleteKc_success. jsp，代码如下：

```
<%@page language="java" import="java.util.*" pageEncoding="utf-8"%>
<!DOCTYPE HTML PUBLIC "-//W3C//DTD HTML 4.01 Transitional//EN">
```

```
<html>
    <head></head>
    <body bgcolor="#D9DFBB">
        退选成功!
    </body>
</html>
```

5. 运行程序

单击“退选”后，将显示退选成功，如图 7.43 所示。

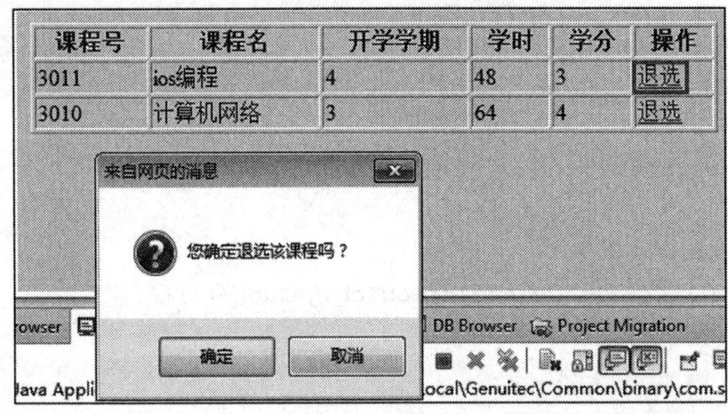

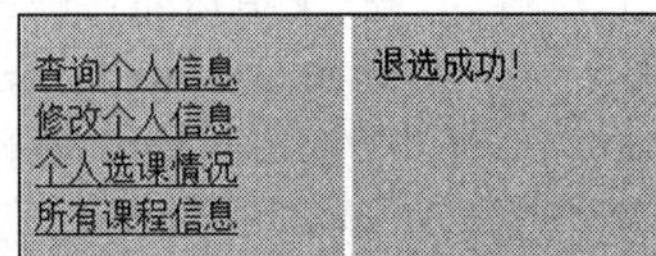

图 7.43 运行程序

7.2 LoginAction 类的 Spring 依赖注入

在第 6 章中已经涉及利用 Spring 进行 dlDaoImp 的 bean 对象获取，即在 Spring 配置文件 applicationContext. xml 中有如下 bean 的配置说明，代码如下：

```
<bean name="dlDaoImp" class="org.dao.imp.DlDaoImp">
    <property name="sessionFactory" ref="sessionFactory"></property>
</bean>
```

在第 6 章的工程中，TestDlDao 类的 main 方法采用这种方式，代码如下：

```
ApplicationContext context=new ClassPathXmlApplicationContext
                              ("applicationContext.xml");
DlDao dlDao=(DlDao)context.getBean("dlDaoImp");
```

即通过读取本地文件的方式，读取 Spring 配置文件 applicationContext. xml，然后再从 bean 容器中获取 dlDaoImp 对象。

下面采用更好的方式，即 Spring 依赖注入的方式。

7.2.1 定义待注入 bean 对象的接口

在 LoginAction 类中定义待注入的 DlDaoImp 这个 bean 对象的接口。在 LoginAction 类中新增 DlDao 接口属性，并生成 getter 和 setter 函数，代码如下：

```
public class LoginAction extends ActionSupport {
    private Dlb loginJsp_dlb;
    private Dlb mainJsp_user;
    private DlDao dlDao;
    public DlDao getDlDao() {
        return dlDao;
    }
    public void setDlDao(DlDao dlDao) {
        this.dlDao=dlDao;
    }
    …
}
```

定义待注入 bean 对象采用接口方式，代码如下：

```
private DlDao dlDao;
```

而不是类的方式，代码如下：

```
private DlDaoImp dlDaoImp);
```

这样做是正确的，而且也是必需的。因为实际在软件企业中编程，很多代码都是已经开发完毕的，这些代码大都被打成 jar 包，且只提供接口文件(DlDao. java)，接口实现文件(DlDaoImp. java)是不会提供的。我们使用的 SSH 库包，都是 jar 包，第三方公司都只提供接口文档，不提供实现源码。

因此，定义待注入 bean 对象时，只需要定义接口变量，当 Spring 在注入的时候，将会把 DlDaoImp 对象 dlDaoImp 赋值给接口变量 dlDao，但接口指向的还是 dlDaoImp 对象。

7.2.2 新增 LoginAction 类的 bean 对象 loginAction

新增 LoginAction 类的 bean 对象 loginAction，并依赖注入 dlDaoImp 对象，即设置 dlDao 属性的引用描述，代码如下：

```
<bean name="loginAction" class="org.action.LoginAction">
    <property name="dlDao" ref="dlDaoImp"></property>
</bean>
```

loginAction 这个 bean 对象的 property 节的两个属性描述如下。

(1) property 节中的 name 属性：dlDao。

变量 dlDao 在 LoginAction 类中定义 private DlDao dlDao，名字必须一样。

(2) property 节中的 ref 属性：dlDaoImp。

ref 表示引用赋值。变量 dlDaoImp 是在 applicationContext. xml 中已经定义的 bean 的 id。代码如下：

```
<bean name="dlDaoImp" class="org.dao.imp.DlDaoImp">
    <property name="sessionFactory" ref="sessionFactory"></property>
</bean>
```

通过 property 节的两个属性，Spring 就把 dlDaoImp 注入给了 dlDao，从而使得 loginAction 这个对象中的 dlDao 属性有值了。

7.2.3 修改 action 对象的获得方式

在 struts. xml 中，修改由 class="org. action. LoginAction"负责生成的 action 对象的获得方式，即将 login 这个 action 中的 class 属性值(org. action. LoginAction)，代码如下：

```
<action name="login" class="org.action.LoginAction">
    <result name="success">/main.jsp</result>
    <result name="error">/login.jsp</result>
</action>
```

修改为 applicationContext. xml 中对应的 bean 对象的 id(loginAction)，代码如下：

```
<action name="login" class="loginAction">
    <result name="success">/main.jsp</result>
    <result name="error">/login.jsp</result>
</action>
```

通过修改 action 对象的获得方式，原先由 class="org. action. LoginAction"负责生成的 action 对象(即处理 form 中 method=login. action 的对象 login. action)都将由 Spring 框架负责提供 bean 对象(即 bean 对象 loginAction)，不再需要 Struts2 框架每次以 neworg. action. LoginAction 类的方式生成 login. action 对象，这样可以大大减少 action 对象的内存

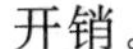

开销。

7.2.4 修改 LoginAction 类中的 action 执行方法

删除 LoginAction 类中 execute 方法中的如下代码：

```
ApplicationContext context=new ClassPathXmlApplicationContext
                                    ("applicationContext.xml");
DlDao dlDao=(DlDao)context.getBean("dlDaoImp");
```

即不需要通过读取本地文件的方式，读取 Spring 配置文件 applicationContext.xml，然后再从 bean 容器中获取 dlDaoImp 对象。而是采用 Spring 依赖注入的方式，直接得到 dlDao。

最终的 LoginAction 类，代码如下：

```
package org.action;
import java.util.Map;
import org.dao.DlDao;
import org.model.Dlb;
import com.opensymphony.xwork2.ActionContext;
import com.opensymphony.xwork2.ActionSupport;
public class LoginAction extends ActionSupport {
    //定义两个 action 变量，生成 getter 和 setter 函数，当执行网页提交时将自动调用
    private Dlb loginJsp_dlb;
    public Dlb getLoginJsp_dlb() {
        return loginJsp_dlb;
    }
    public void setLoginJsp_dlb(Dlb loginJspDlb) {
        loginJsp_dlb=loginJspDlb;
    }
    private Dlb mainJsp_user;
    public Dlb getMainJsp_user() {
        return mainJsp_user;
    }
    public void setMainJsp_user(Dlb mainJspUser) {
        mainJsp_user=mainJspUser;
    }
    //定义一个依赖注入接口属性，要生成 getter 和 setter 函数，当生成 bean 对象
    //loginAction 时将自动调用
    private DlDao dlDao;
```

```
    public DlDao getDlDao() {
        return dlDao;
    }
    public void setDlDao(DlDao dlDao) {
        this.dlDao=dlDao;
    }
    //执行 login.action 时调用 execute 方法
    public String execute() throws Exception {
        Dlb user=dlDao.validate(loginJsp_dlb.getXh(), loginJsp_dlb.getKl());
        if(user !=null) {
            mainJsp_user=user;
            Map session=ActionContext.getContext().getSession();
            session.put("dlUser", user);
            return "success";
        } else {
            return "error";
        }
    }
}
```

7.3 XsAction 类的 Spring 依赖注入

7.3.1 定义待注入 3 个 bean 对象的接口

在 XsAction 类中定义待注入的 xsDaoImp、kcDaoImp 和 zyDaoImp 这 3 个 bean 对象的接口。

删除 XsAction 类中原先定义的 xsDao、kcDao 和 zyDao 接口属性，然后新增 xsDao、kcDao 和 zyDao 接口属性，并生成 getter 和 setter 函数(原先只是定义了 3 个接口属性，并没有生成 3 个 getter 和 3 个 setter 函数，Spring 在依赖注入时，将调用 3 个 setter 函数)，代码如下：

```
private XsDao xsDao;
private KcDao kcDao;
private ZyDao zyDao;
public XsDao getXsDao() {
    return xsDao;
}
public void setXsDao(XsDao xsDao) {
```

```
        this.xsDao=xsDao;
    }
    public KcDao getKcDao() {
        return kcDao;
    }
    public void setKcDao(KcDao kcDao) {
        this.kcDao=kcDao;
    }
    public ZyDao getZyDao() {
        return zyDao;
    }
    public void setZyDao(ZyDao zyDao) {
        this.zyDao=zyDao;
    }
```

注意：定义 xsDao、kcDao 和 zyDao 是接口，而不是类的方式，类似于 dlDao。

7.3.2 新增 XsAction 类的 bean 对象 xsAction

新增 XsAction 类的 bean 对象 xsAction，并依赖注入 xsDaoImp、kcDaoImp 和 zyDaoImp 三个 bean 对象，即设置 xsDao、kcDao 和 zyDao 属性的引用描述，代码如下：

```
<bean name="xsAction" class="org.action.XsAction">
    <property name="xsDao" ref="xsDaoImp"></property>
    <property name="kcDao" ref="kcDaoImp"></property>
    <property name="zyDao" ref="zyDaoImp"></property>
</bean>
```

7.3.3 修改 action 对象的获得方式

在 struts. xml 中，修改由 class="org. action. XsAction"负责生成的 action 对象的获得方式，即将 xsInfo 这个 action 中的 class 属性值(org. action. XsAction)，代码如下：

```
<action name="xsInfo" class="org.action.XsAction">
    <result name="success">/xsInfo.jsp</result>
</action>
<action name="updateXsInfo" class="org.action.XsAction" method="updateXsInfo">
    <result name="success">/updateXsInfo.jsp</result>
</action>
<action name="updateXs" class="org.action.XsAction" method="updateXs">
```

```
    <result name="success">/updateXs_success.jsp</result>
</action>
<action name="getAllKc" class="org.action.XsAction" method="getAllKc">
    <result name="success">/allKc.jsp</result>
</action>
<action name="selectKc" class="org.action.XsAction" method="selectKc">
    <result name="success">/selectKc_success.jsp</result>
    <result name="error">/selectKc_fail.jsp</result>
</action>
<action name="getXsKcs" class="org.action.XsAction" method="getXsKcs">
    <result name="success">/xsKcs.jsp</result>
</action>
<action name="deleteKc" class="org.action.XsAction" method="deleteKc">
    <result name="success">/deleteKc_success.jsp</result>
</action>
```

修改为 applicationContext.xml 中对应的 bean 对象的 id(xsAction),代码如下:

```
<action name="xsInfo" class="xsAction">
    <result name="success">/xsInfo.jsp</result>
</action>
<action name="updateXsInfo" class="xsAction"method="updateXsInfo">
    <result name="success">/updateXsInfo.jsp</result>
</action>
<action name="updateXs" class="xsAction"method="updateXs">
    <result name="success">/updateXs_success.jsp</result>
</action>
<action name="getAllKc" class="xsAction"method="getAllKc">
    <result name="success">/allKc.jsp</result>
</action>
<action name="selectKc" class="xsAction"method="selectKc">
    <result name="success">/selectKc_success.jsp</result>
    <result name="error">/selectKc_fail.jsp</result>
</action>
<action name="getXsKcs" class="xsAction"method="getXsKcs">
    <result name="success">/xsKcs.jsp</result>
</action>
<action name="deleteKc" class="xsAction"method="deleteKc">
    <result name="success">/deleteKc_success.jsp</result>
</action>
```

最终的 struts. xml 配置文件，代码如下：

```
<?xml version="1.0" encoding="UTF-8" ?>
<!DOCTYPE struts PUBLIC "-//Apache Software Foundation//DTD Struts Configuration
2.1//EN" "http://struts.apache.org/dtds/struts-2.1.dtd">
<struts>
    <package name="default" extends="struts-default">
        <action name="login" class="loginAction">
            <result name="success">/main.jsp</result>
            <result name="error">/login.jsp</result>
        </action>
        <action name="sessionTest" class="xsAction">
            <result name="success">/xsInfo.jsp</result>
        </action>
        <action name="xsInfo" class="xsAction">
            <result name="success">/xsInfo.jsp</result>
        </action>
        <action name="updateXsInfo" class="xsAction" method="updateXsInfo">
            <result name="success">/updateXsInfo.jsp</result>
        </action>
        <action name="updateXs" class="xsAction" method="updateXs">
            <result name="success">/updateXs_success.jsp</result>
        </action>
        <action name="getAllKc" class="xsAction" method="getAllKc">
            <result name="success">/allKc.jsp</result>
        </action>
        <action name="selectKc" class="xsAction" method="selectKc">
            <result name="success">/selectKc_success.jsp</result>
            <result name="error">/selectKc_fail.jsp</result>
        </action>
        <action name="getXsKcs" class="xsAction" method="getXsKcs">
            <result name="success">/xsKcs.jsp</result>
        </action>
        <action name="deleteKc" class="xsAction" method="deleteKc">
            <result name="success">/deleteKc_success.jsp</result>
        </action>
    </package>
</struts>
```

最终的 applicationContext. xml 配置文件，代码如下：

```
<?xml version="1.0" encoding="UTF-8"?>
<beans xmlns="http://www.springframework.org/schema/beans"
   xmlns:xsi="http://www.w3.org/2001/XMLSchema-instance"
   xmlns:p="http://www.springframework.org/schema/p"
   xsi:schemaLocation="http://www.springframework.org/schema/beans
   http://www.springframework.org/schema/beans/spring-beans-2.5.xsd">
   <bean id="dataSource" class="org.apache.commons.dbcp.BasicDataSource">
      <property name="url"
         value="jdbc:sqlserver://127.0.0.1:1433;databaseName=xsxkFZL">
      </property>
      <property name="username" value="sa"></property>
      <property name="password" value="zhijiang"></property>
   </bean>
   <bean id="mysessionFactory"
      class="org.springframework.orm.hibernate3.LocalSessionFactoryBean">
      <property name="dataSource">
         <ref bean="dataSource" />
      </property>
      <property name="hibernateProperties">
         <props>
            <prop key="hibernate.dialect">
               org.hibernate.dialect.SQLServerDialect
            </prop>
            <prop key="hibernate.show_sql">
               true
            </prop>
            <prop key="hibernate.format_sql">
               true
            </prop>
         </props>
      </property>
      <property name="mappingResources">
         <list>
            <value>org/model/Zyb.hbm.xml</value>
            <value>org/model/Xsb.hbm.xml</value>
            <value>org/model/Kcb.hbm.xml</value>
            <value>org/model/Dlb.hbm.xml</value>
         </list>
      </property>
   </bean>
```

```
    <bean id="dlDaoImp" class="org.dao.imp.DlDaoImp">
        <property name="sessionFactory">
            <ref bean="mysessionFactory" />
        </property>
    </bean>
    <bean id="xsDaoImp" class="org.dao.imp.XsDaoImp">
        <property name="sessionFactory">
            <ref bean="mysessionFactory" />
        </property>
    </bean>
    <bean id="zyDaoImp" class="org.dao.imp.ZyDaoImp">
        <property name="sessionFactory">
            <ref bean="mysessionFactory" />
        </property>
    </bean>
    <bean id="kcDaoImp" class="org.dao.imp.KcDaoImp">
        <property name="sessionFactory">
            <ref bean="mysessionFactory" />
        </property>
    </bean>
    <bean name="loginAction" class="org.action.LoginAction">
        <property name="dlDao" ref="dlDaoImp"></property>
    </bean>
    <bean name="xsAction" class="org.action.XsAction">
        <property name="xsDao" ref="xsDaoImp"></property>
        <property name="kcDao" ref="kcDaoImp"></property>
        <property name="zyDao" ref="zyDaoImp"></property>
    </bean>
</beans>
```

7.3.4 修改 XsAction 类中的 action 执行方法

删除 XsAction 类构造函数中的如下代码：

```
ApplicationContext context=new ClassPathXmlApplicationContext
                                    ("applicationContext.xml");
XsDao xsDao= (XsDao)context.getBean("xsDaoImp");
KcDao kcDao= (KcDao)context.getBean("kcDaoImp");
ZyDao zyDao= (ZyDao)context.getBean("zyDaoImp");
```

最终的 XsAction 类构造函数代码如下：

```
public XsAction() {
    Map session=ActionContext.getContext().getSession();
    user=(Dlb) session.get("dlUser");
}
```

运行程序，将报如下错误，如图 7.44 所示。

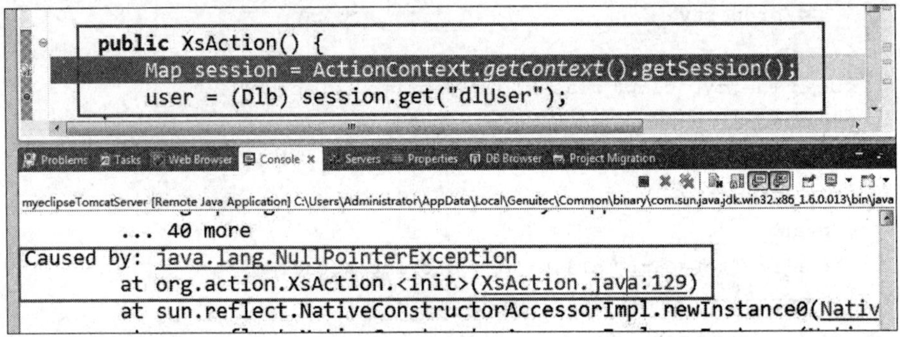

图 7.44　错误结果

错误提示代码如下：

```
严重：Exception sending context initialized event to listener instance of class
org.springframework.web.context.ContextLoaderListener
org.springframework.beans.factory.BeanCreationException: Error creating
bean with name 'xsAction' defined in ServletContext resource [/WEB-INF/
classes/applicationContext.xml]: Instantiation of bean failed; nested exception
is org.springframework.beans.BeanInstantiationException: Could not instantiate
bean class [org.action.XsAction]: Constructor threw exception; nested exception is
java.lang.NullPointerException
    at org.springframework.web.context.ContextLoaderListener.contextInitialized
    (ContextLoaderListener.java:45)
    at org.apache.catalina.core.StandardContext.listenerStart
    (StandardContext.java:3827)
    at org.apache.catalina.core.StandardContext.start(StandardContext.java:
    4334)
Caused by: org.springframework.beans.BeanInstantiationException: Could not
instantiate bean class [org.action.XsAction]: Constructor threw exception;
nested exception is java.lang.NullPointerException
    at org.springframework.beans.BeanUtils.instantiateClass(BeanUtils.java:
    115)
```

```
    ... 40 more
Caused by: java.lang.NullPointerException
    at org.action.XsAction.<init>(XsAction.java:59)
    at sun.reflect.NativeConstructorAccessorImpl.newInstance0(Native Method)
    at sun.reflect.NativeConstructorAccessorImpl.newInstance
    (NativeConstructorAccessorImpl.java:57)
    at sun.reflect.DelegatingConstructorAccessorImpl.newInstance
    (DelegatingConstructorAccessorImpl.java:45)
    at java.lang.reflect.Constructor.newInstance(Constructor.java:526)
    at org.springframework.beans.BeanUtils.instantiateClass(BeanUtils.
    java:100)
    ... 42 more
```

分析错误提示代码，错误代码行在 at org. action. XsAction. <init>(XsAction. java:59)，即 XsAction 类的第 59 行。错误原因是启动 Web 工程时，Spring 将读取 applicationContext. xml，创建 xsAction 对象，但在调用构造函数时，由于 Spring 的上下文环境还没生成，因此不能获得 session 对象。

因此，必须将 XsAction 类构造函数中的两条语句删除，将这两条语句全部放入各自的方法中。

最终的 XsAction 类代码如下：

```
package org.action;
import java.util.Iterator;
import java.util.List;
import java.util.Map;
import java.util.Set;
import org.dao.KcDao;
import org.dao.XsDao;
import org.dao.ZyDao;
import org.model.Dlb;
import org.model.Kcb;
import org.model.Xsb;
import com.opensymphony.xwork2.ActionContext;
import com.opensymphony.xwork2.ActionSupport;
public class XsAction extends ActionSupport {
    //定义 1 个 session 变量 user,注意:不需要生成 getter 和 setter 函数
    private Dlb user;
    //定义 8 个 action 变量,生成 getter 和 setter 函数,当执行网页提交时将自动调用
    private Xsb xsInfoJsp_xs;
```

```
public Xsb getXsInfoJsp_xs() {
    return xsInfoJsp_xs;
}
public void setXsInfoJsp_xs(Xsb xsInfoJspXs) {
    xsInfoJsp_xs=xsInfoJspXs;
}
private Xsb updateXsInfoJsp_xs;
public Xsb getUpdateXsInfoJsp_xs() {
    return updateXsInfoJsp_xs;
}
public void setUpdateXsInfoJsp_xs(Xsb updateXsInfoJspXs) {
    updateXsInfoJsp_xs=updateXsInfoJspXs;
}
private List updateXsInfoJsp_zys;
public List getUpdateXsInfoJsp_zys() {
    return updateXsInfoJsp_zys;
}
public void setUpdateXsInfoJsp_zys(List updateXsInfoJspZys) {
    updateXsInfoJsp_zys=updateXsInfoJspZys;
}
private Xsb updateActionXs;
public Xsb getUpdateActionXs() {
    return updateActionXs;
}
public void setUpdateActionXs(Xsb updateActionXs) {
    this.updateActionXs=updateActionXs;
}
private List allKcJsp_kcs;
public List getAllKcJsp_kcs() {
    return allKcJsp_kcs;
}
public void setAllKcJsp_kcs(List allKcJspKcs) {
    allKcJsp_kcs=allKcJspKcs;
}
private Kcb selectActionKcb;
public Kcb getSelectActionKcb() {
    return selectActionKcb;
}
public void setSelectActionKcb(Kcb selectActionKcb) {
    this.selectActionKcb=selectActionKcb;
}
```

```
private Set xsKcsJsp_kcs;
public Set getXsKcsJsp_kcs() {
    return xsKcsJsp_kcs;
}
public void setXsKcsJsp_kcs(Set xsKcsJspKcs) {
    xsKcsJsp_kcs=xsKcsJspKcs;
}
private Kcb deleteActionKcb;
public Kcb getDeleteActionKcb() {
    return deleteActionKcb;
}
public void setDeleteActionKcb(Kcb deleteActionKcb) {
    this.deleteActionKcb=deleteActionKcb;
}
//定义 3 个依赖注入接口属性,要生成 getter 和 setter 函数,当生成 bean 对象
//xsAction 时将自动调用
private XsDao xsDao;
private KcDao kcDao;
private ZyDao zyDao;
public XsDao getXsDao() {
    return xsDao;
}
public void setXsDao(XsDao xsDao) {
    this.xsDao=xsDao;
}
public KcDao getKcDao() {
    return kcDao;
}
public void setKcDao(KcDao kcDao) {
    this.kcDao=kcDao;
}
public ZyDao getZyDao() {
    return zyDao;
}
public void setZyDao(ZyDao zyDao) {
    this.zyDao=zyDao;
}
//定义 1 个空白的构造函数
public XsAction() {
}
```

```
//执行 sessionTest.action 时调用 execute 方法
public String execute() throws Exception {
    Map session=ActionContext.getContext().getSession();
    user=(Dlb) session.get("dlUser");
    xsInfoJsp_xs=xsDao.getOneXs(user.getXh());
    return "success";
}
//执行 updateXsInfo.action 时调用 updateXsInfo 方法
public String updateXsInfo() throws Exception {
    Map session=ActionContext.getContext().getSession();
    user=(Dlb) session.get("dlUser");
    updateXsInfoJsp_xs=xsDao.getOneXs(user.getXh());
    updateXsInfoJsp_zys=zyDao.getAll();
    return "success";
}
//执行 updateXs.action 时调用 updateXs 方法
public String updateXs() {
    Map session=ActionContext.getContext().getSession();
    user=(Dlb) session.get("dlUser");
    Xsb updateXs=xsDao.getOneXs(user.getXh());
    updateXs.setXm(updateActionXs.getXm());
    updateXs.setXb(updateActionXs.getXb());
    updateXs.setCssj(updateActionXs.getCssj());
    updateXs.setZxf(updateActionXs.getZxf());
    updateXs.setBz(updateActionXs.getBz());
    updateXs.setZyb(updateActionXs.getZyb());
    xsDao.update(updateXs);
    return "success";
}
//执行 getAllKc.action 时调用 getAllKc 方法
public String getAllKc() throws Exception {
    allKcJsp_kcs=kcDao.getAll();
    return "success";
}
//执行 selectKc.action 时调用 selectKc 方法
public String selectKc() {
    Map session=ActionContext.getContext().getSession();
    user=(Dlb) session.get("dlUser");
    Xsb xs=xsDao.getOneXs(user.getXh());
    Set existedKcs=xs.getKcs();
```

```
        Iterator it=existedKcs.iterator();
        while (it.hasNext()) {
            Kcb kcb=(Kcb) it.next();
            if (kcb.getKch().trim().equals(selectActionKcb.getKch()))
                return "error";
        }
        selectActionKcb=kcDao.getOneKc(selectActionKcb.getKch());
        existedKcs.add(selectActionKcb);
        xs.setKcs(existedKcs);
        xsDao.update(xs);
        return "success";
    }
    //执行 getXsKcs.action 时调用 getXsKcs 方法
    public String getXsKcs() {
        Map session=ActionContext.getContext().getSession();
        user=(Dlb) session.get("dlUser");
        Xsb xs=xsDao.getOneXs(user.getXh());
        xsKcsJsp_kcs=xs.getKcs();
        return "success";
    }
    //执行 deleteKc.action 时调用 deleteKc 方法
    public String deleteKc() {
        Map session=ActionContext.getContext().getSession();
        user=(Dlb) session.get("dlUser");
        Xsb xs=xsDao.getOneXs(user.getXh());
        Set updatedKcs=xs.getKcs();
        Iterator iter=updatedKcs.iterator();
        while (iter.hasNext()) {
            Kcb kc=(Kcb) iter.next();
            if (kc.getKch().trim().equals(deleteActionKcb.getKch())) {
                iter.remove();
            }
        }
        xs.setKcs(updatedKcs);
        xsDao.update(xs);
        return "success";
    }
}
```

附录A SQL Server安装

SQL Server 是由 Microsoft 公司开发和推广的关系数据库管理系统，是一个可扩展的、高性能的、为分布式客户机/服务器计算所设计的数据库管理系统，实现了与 Windows 的有机结合，提供了基于事务的企业级信息管理系统方案。SQL Server 2008 是一个重大的产品版本，它推出了许多新的特性和关键的改进，使得它成为至今为止最强大和最全面的 SQL Server 版本。

SQL Server 2008 安装步骤如下。

将 SQLFULL_x64_CHS 安装包解压缩，然后双击 setup. exe 程序，选择“安装”→“全新安装或向现有安装添加功能”，如图 A. 1 所示。

图 A.1　选择“安装”→“全新安装或向现有安装添加功能”

单击“确定”按钮，如图 A. 2 所示。

输入序列号，单击“下一步”按钮，如图 A. 3 所示。

单击“安装”按钮，如图 A. 4 所示。

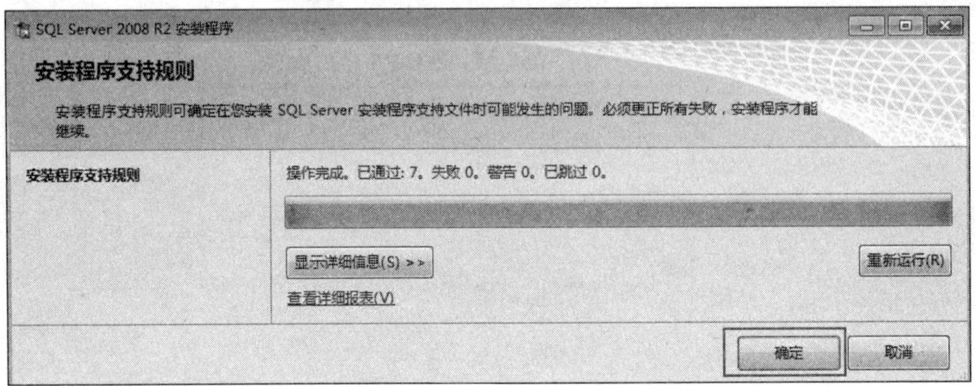

图 A.2 单击“确定”按钮

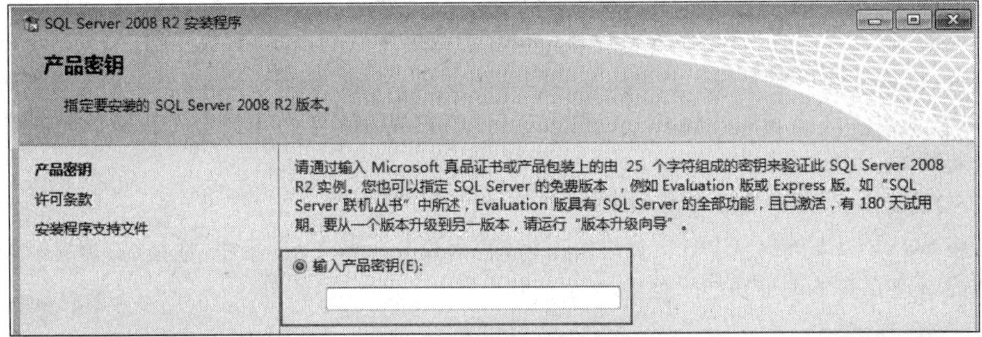

图 A.3 输入序列号

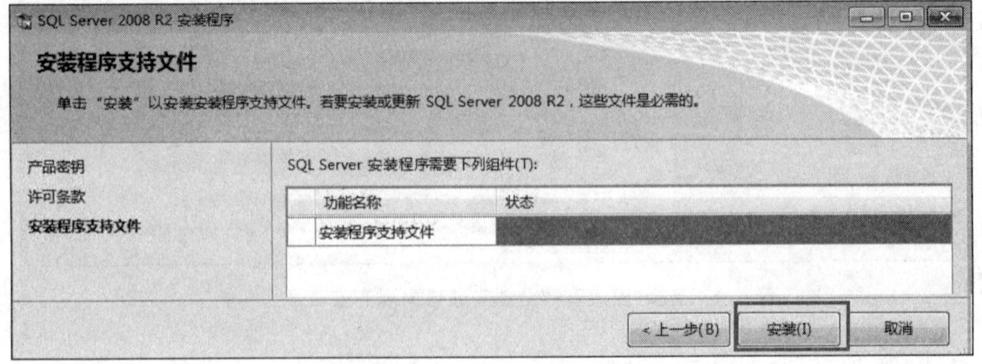

图 A.4 单击“安装”按钮

单击“下一步”按钮，如图 A.5 所示。

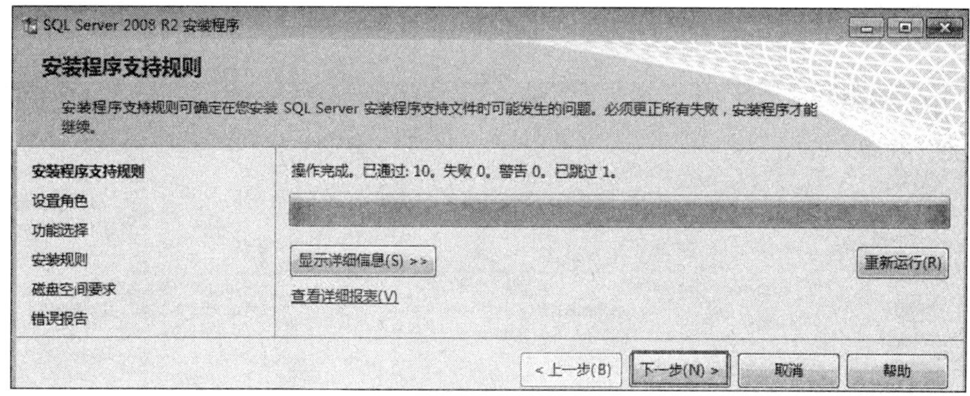

图 A.5 单击“下一步”按钮

单击“下一步”按钮，如图 A.6 所示。

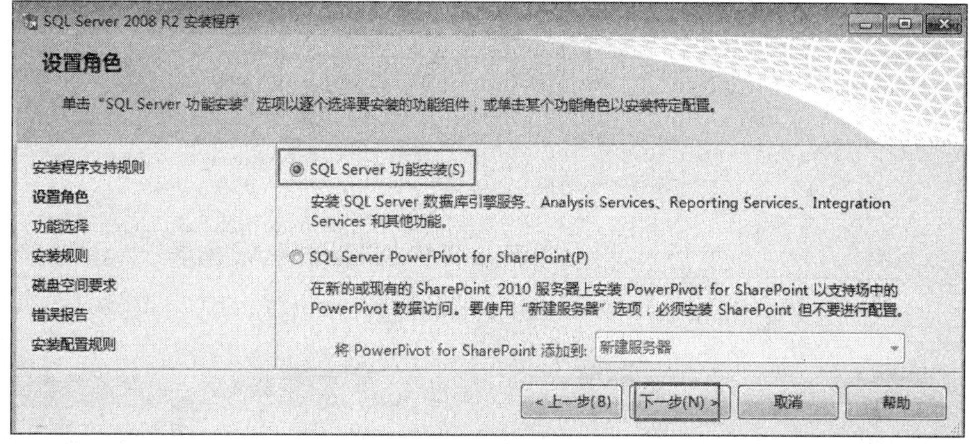

图 A.6 单击“下一步”按钮

单击“全选”按钮，安装所有的组件，如图 A.7 所示。

单击“下一步”按钮，如图 A.8 所示。

单击“下一步”按钮，如图 A.9 所示。

单击“下一步”按钮，如图 A.10 所示。

服务器配置，单击“对所有 SQL Server 服务使用相同的账户”按钮，如图 A.11 所示。

选择 NT AUTHORITY\SYSTEM，如图 A.12 所示。

此时，所有的服务都有账户名，如图 A.13 所示。

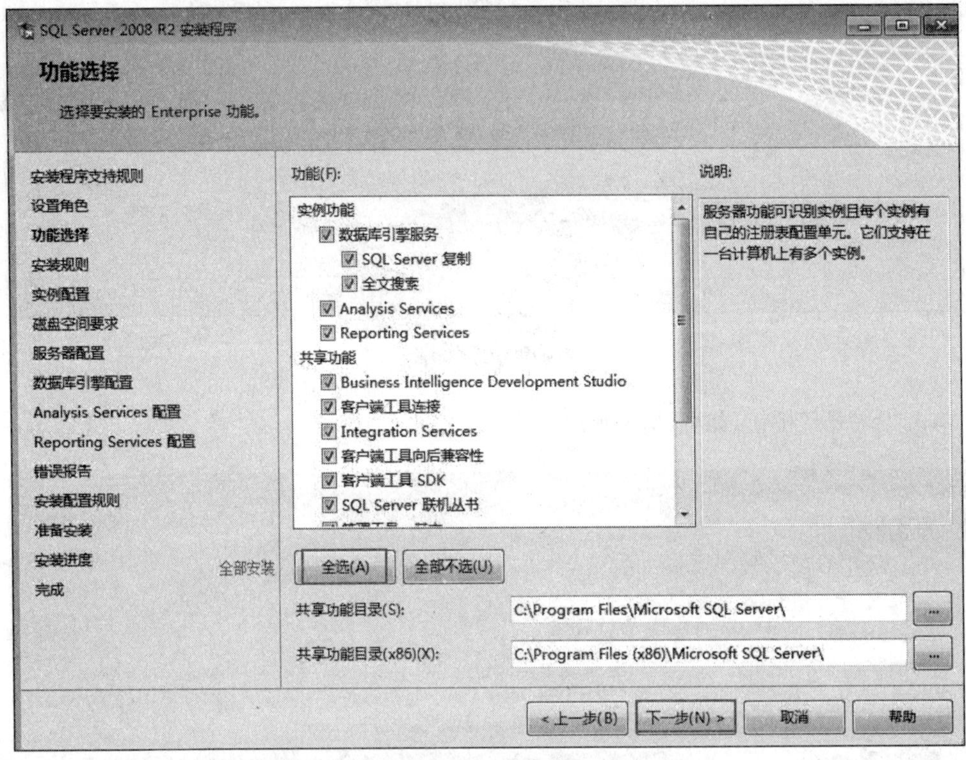

图 A.7　单击“全选”按钮，单击“下一步”按钮

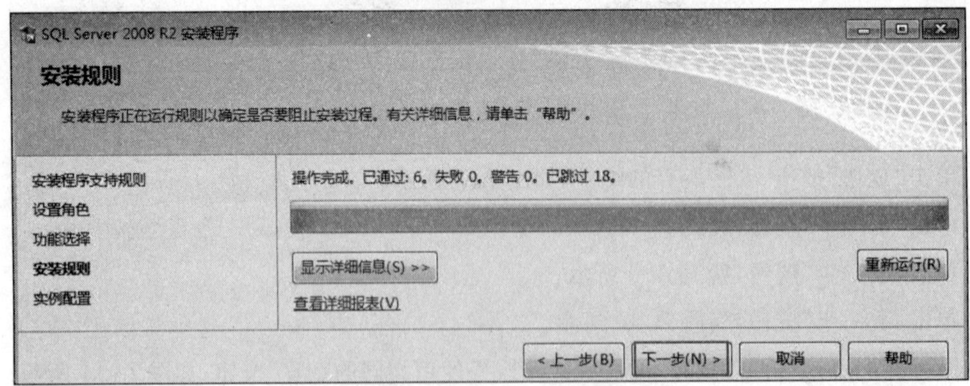

图 A.8　单击“下一步”按钮

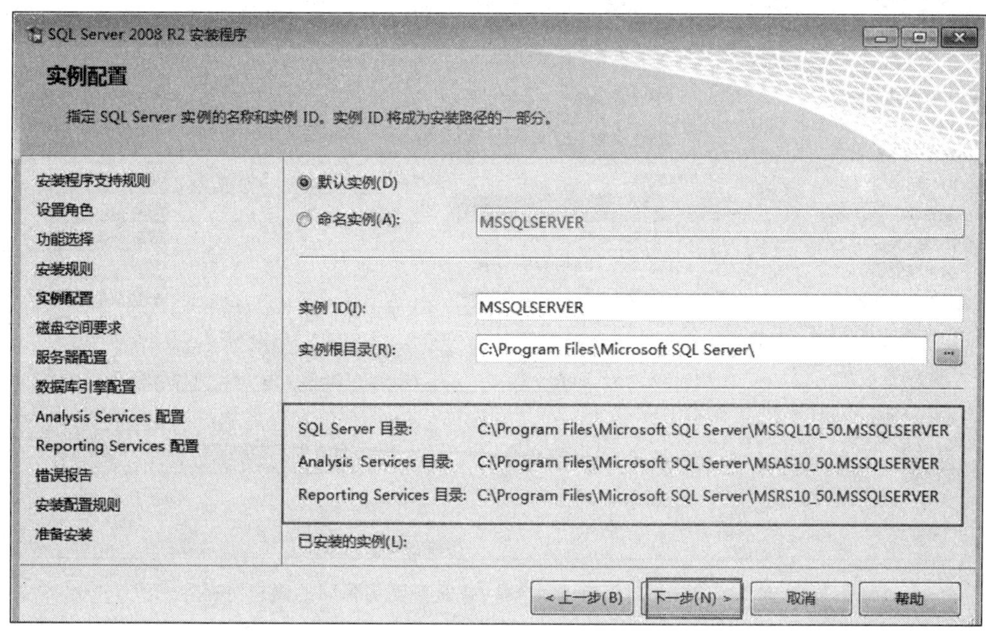

图 A.9　确认实例安装目录，单击“下一步”按钮

图 A.10　确认安装所需磁盘信息，单击“下一步”按钮

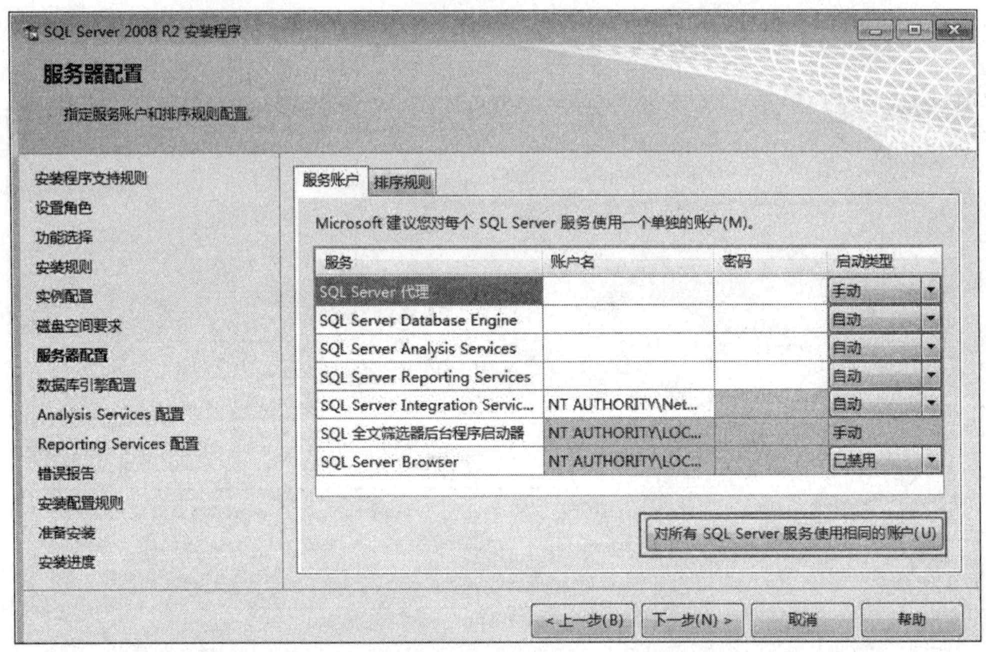

图 A.11　单击“对所有 SQL Server 服务使用相同的账户”按钮

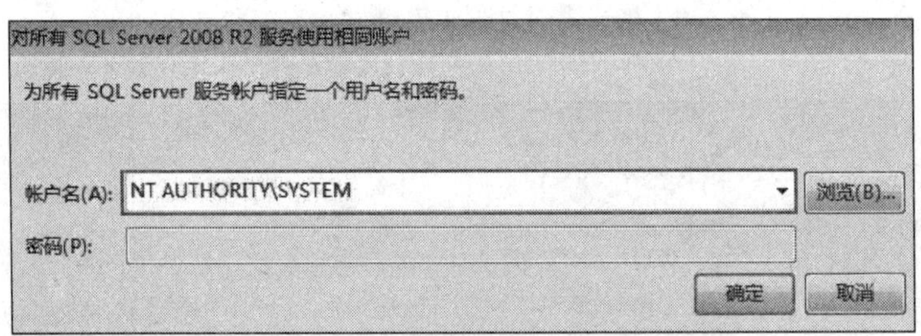

图 A.12　选择 NT AUTHORITY\SYSTEM

数据库引擎配置，该步骤是最容易导致安装失败的地方，如图 A.14 所示。

配置界面中有以下 3 个选项需要设置。

(1) 必须选择身份验证模式为“混合模式”，否则无法利用 MyEclipse 工具进行数据库编程。

(2) 设置 SQL Server 的登录密码，即输入密码框中的内容。

(3) 单击“添加当前用户”按钮，指定 SQL Server 管理员为 Administrator(即本机的管理员)。

单击“添加当前用户”按钮，设置 Analysis Services 组件的账号，如图 A.15 所示。

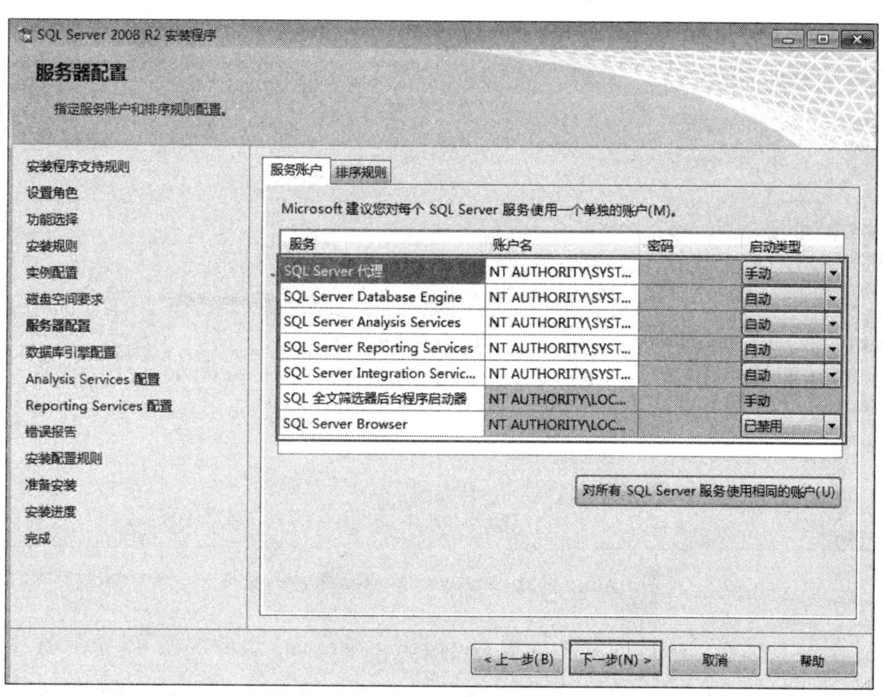

图 A.13　查看服务的账户名

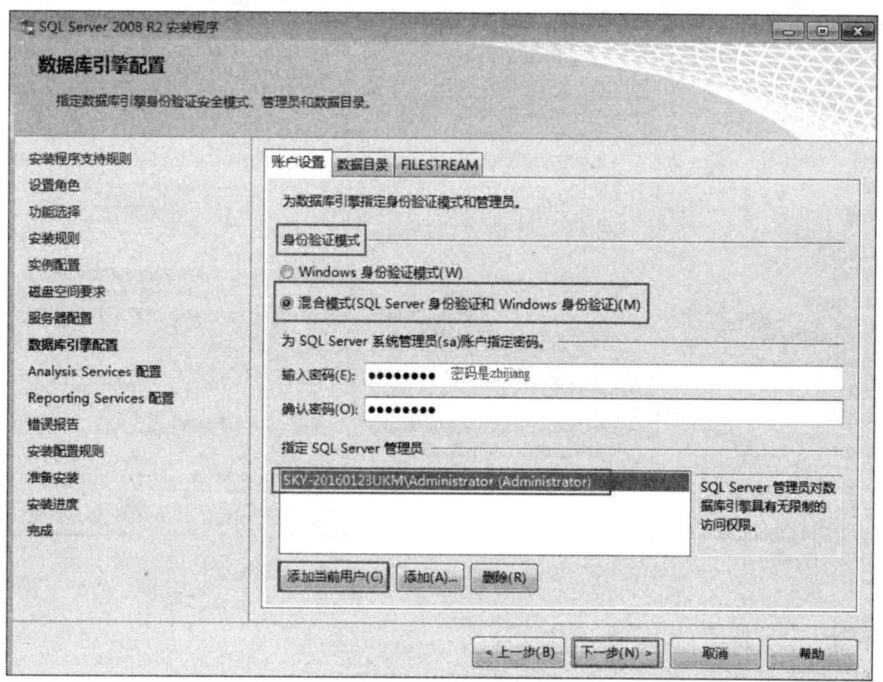

图 A.14　数据库引擎配置

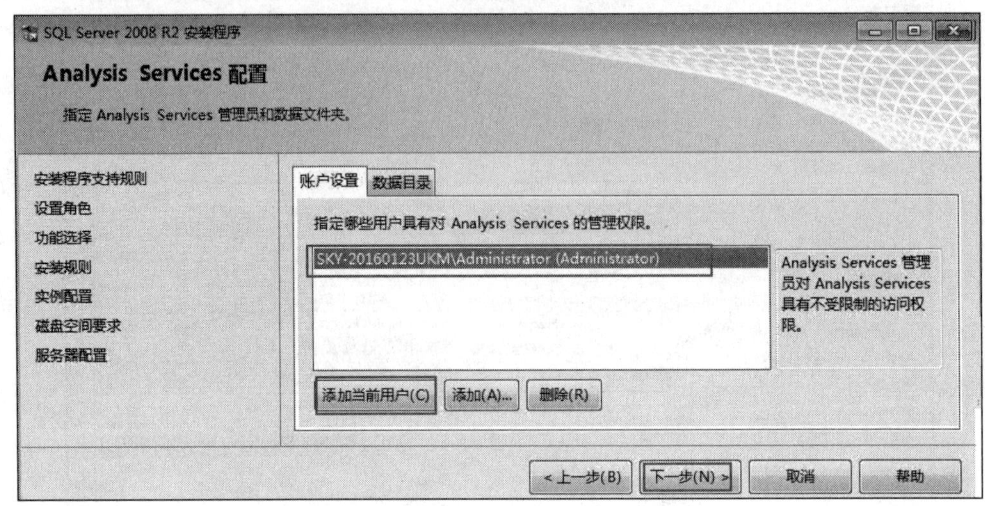

图 A.15　设置 Analysis Services 组件的账号

单击"安装本机模式默认配置",设置 Reporting Services 组件的账号,如图 A.16 所示。

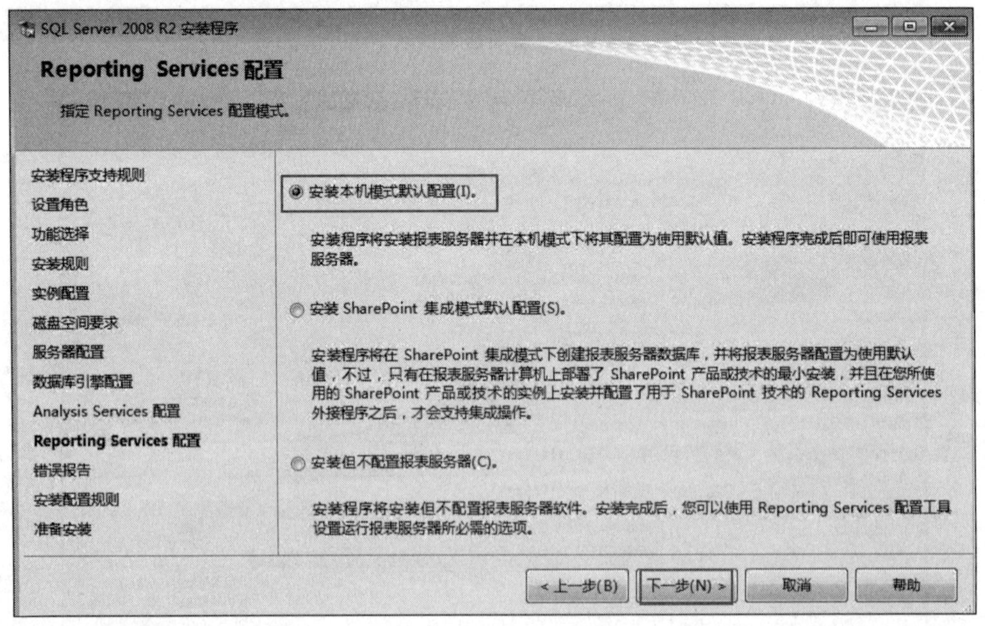

图 A.16　设置 Reporting Services 组件的账号

单击"下一步"按钮,如图 A.17 所示。

确定安装内容配置,准备开始安装,如图 A.18 所示。

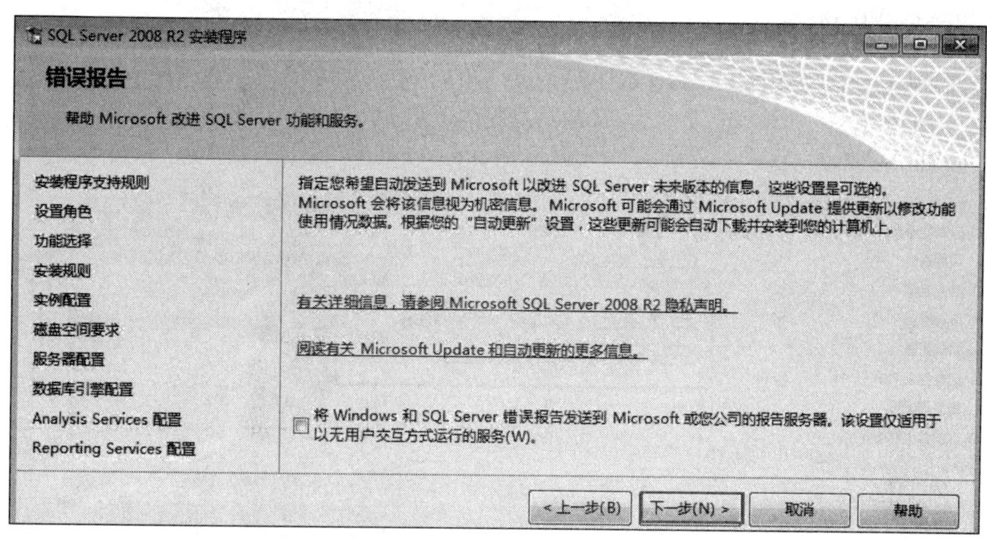

图 A.17 提示错误报告

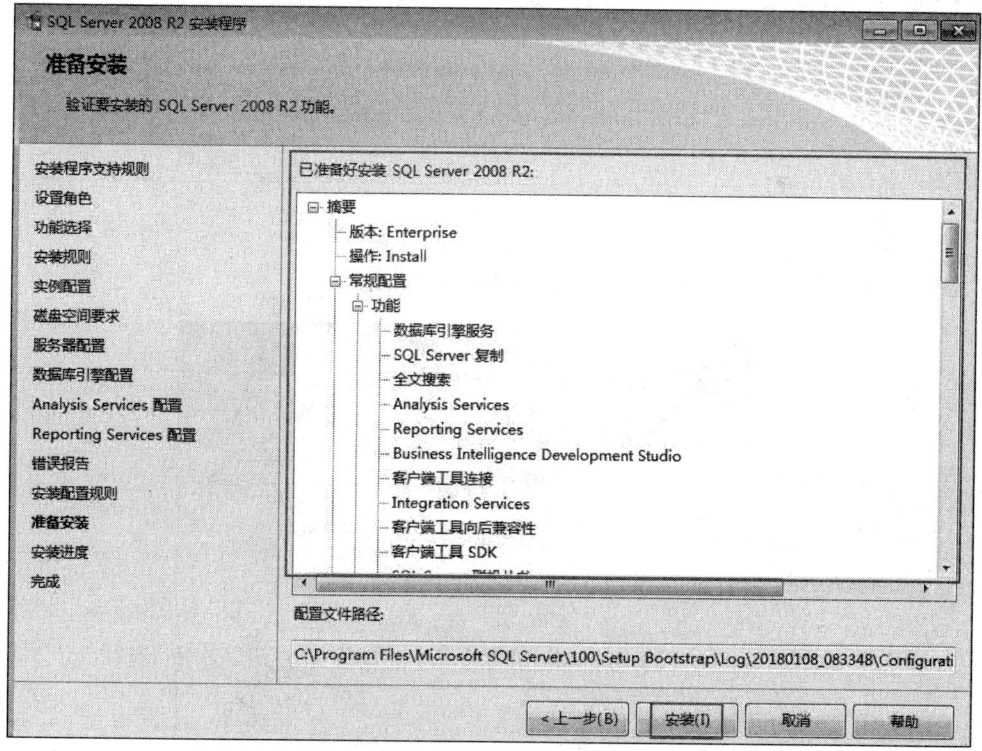

图 A.18 单击"安装"按钮

提示安装成功,重启计算机,如图 A.19 所示。

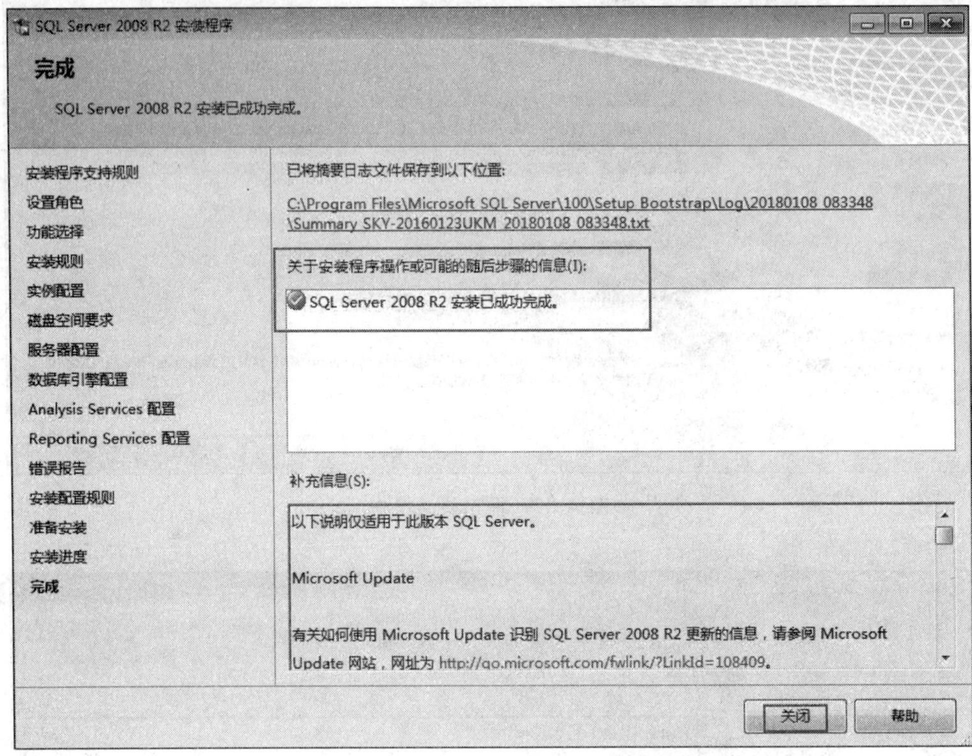

图 A.19　安装完成

运行 SQL Server Management Studio,如图 A.20 所示。

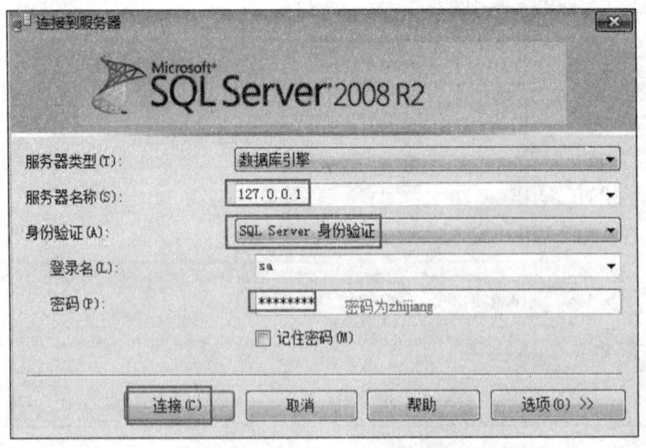

图 A.20　运行 SQL Server Management Studio

登录界面中的 3 个属性设置如下。

(1) 身份验证就是“数据库引擎配置”中设置的身份验证模式(混合模式)。

(2) 密码就是“数据库引擎配置”中设置的密码。

(3) 127.0.0.1 表示本地数据库服务器的 IP 地址。

单击“连接”按钮,就可以打开本地 127.0.0.1 这台计算机的 SQL Server 数据库,如图 A.21 所示。

图 A.21 查看本地 127.0.0.1 这台计算机的 SQL Server 数据库

附录B 绿色版MySQL安装

MySQL 是一个关系数据库管理系统，由瑞典 MySQL AB 公司开发，目前属于 Oracle 旗下产品。MySQL 是目前最流行的关系数据库管理系统之一。

MySQL 使用标准 SQL，分为社区版和商业版，由于其体积小、速度快、总体拥有成本低，尤其是开放源码这一特点，一般中小型网站的开发都选择 MySQL 作为网站数据库。

绿色版 MySQL 安装步骤如下。

1. 解压缩绿色版压缩包

将绿色版压缩包 mysql_5.6.24_winx64.rar 解压缩到 C 盘。绿色版就是直接解压缩，然后通过下面的简单配置就能使用，不需要进行安装的版本。非绿色版，即 Windows Service Installer 则是一个安装版软件，需要进行 Windows 服务注册，配置和管理不方便。

2. 配置环境变量

单击“我的电脑”→“属性”→“高级”→“环境变量”，然后双击选择系统变量中的 PATH，在其后面添加 MySQL 的 bin 文件夹的路径（如：C:\mysql-5.6.24-winx64\bin），注意要有一个“;”，代码如下：

```
PATH=...;C:\mysql-5.6.24-winx64\bin
```

设置界面如图 B.1 所示。

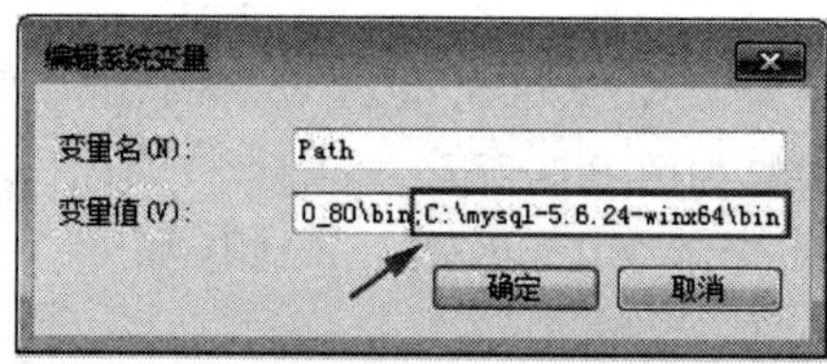

图 B.1 配置环境变量

3. 修改 my-default.ini 文件

修改 C:\mysql-5.6.24-winx64\my-default.ini 文件。

1）修改两个配置项

代码如下：

```
basedir=C:\mysql-5.6.24-winx64
datadir=C:\mysql-5.6.24-winx64\data
```

2）新增一个配置项

代码如下：

```
[WindowsMySQLServer]
Server=C:\mysql-5.6.24-winx64\bin\mysqld.exe
```

修改后的 my-default.ini 文件，如图 B.2 所示。

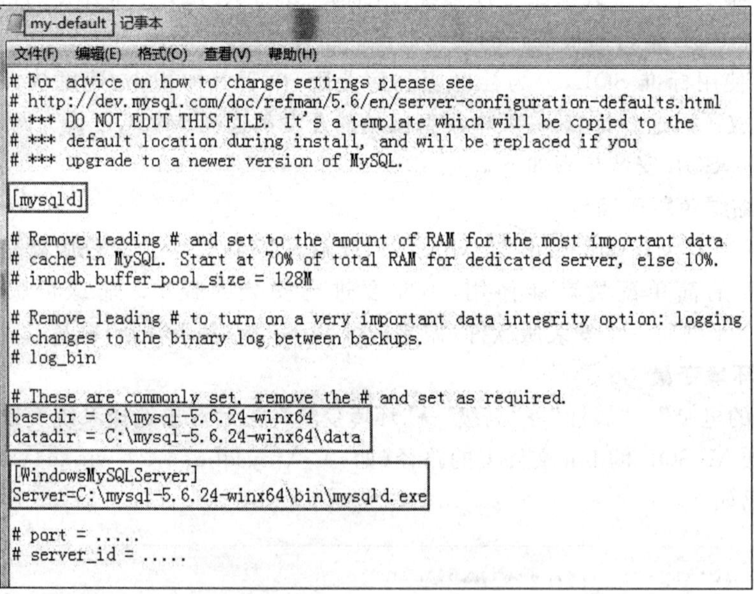


```
# For advice on how to change settings please see
# http://dev.mysql.com/doc/refman/5.6/en/server-configuration-defaults.html
# *** DO NOT EDIT THIS FILE. It's a template which will be copied to the
# *** default location during install, and will be replaced if you
# *** upgrade to a newer version of MySQL.

[mysqld]

# Remove leading # and set to the amount of RAM for the most important data
# cache in MySQL. Start at 70% of total RAM for dedicated server, else 10%.
# innodb_buffer_pool_size = 128M

# Remove leading # to turn on a very important data integrity option: logging
# changes to the binary log between backups.
# log_bin

# These are commonly set, remove the # and set as required.
basedir = C:\mysql-5.6.24-winx64
datadir = C:\mysql-5.6.24-winx64\data

[WindowsMySQLServer]
Server=C:\mysql-5.6.24-winx64\bin\mysqld.exe

# port = .....
# server_id = .....
```

图 B.2　修改后的 my-default.ini 文件

4. 安装 mysqld 进程

在资源管理器中，进入目录 C:\mysql-5.6.24-winx64\bin，然后按住 Shift 键，并右击选择“在此处打开命令窗口”菜单，如图 B.3 所示。

启动命令窗口，然后执行命令：mysqld -install，如图 B.4 所示。

粘贴(P)
粘贴快捷方式(S)
在此处打开命令窗口(W)

图 B.3　准备开启命令窗口

```
C:\mysql-5.6.24-winx64\bin>mysqld -install
The service already exists!
The current server installed: C:\mysql-5.6.24-winx64\bin\mysqld MySQL
```

图 B.4 执行命令 mysqld -install

5. 启动服务

执行命令：net start mysql，如图 B.5 所示。

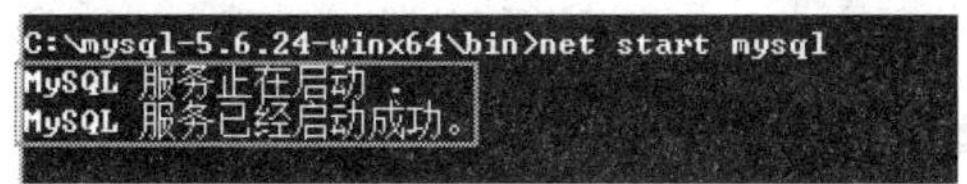

图 B.5 执行命令 net start mysql

6. 查看服务是否启动

打开 Windows 的进程查看器，可以看到 mysqld 进程已启动，如图 B.6 所示。

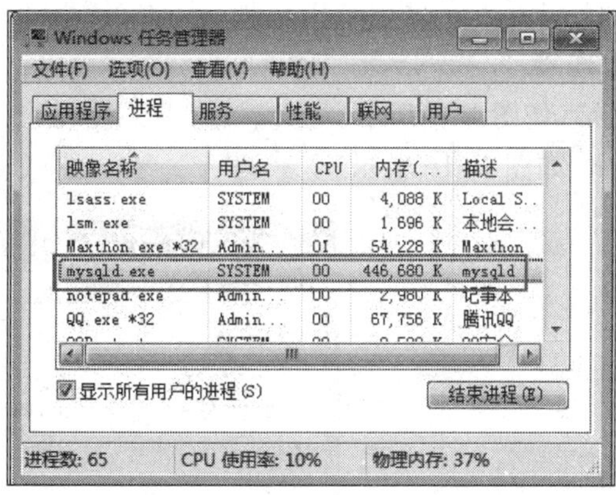

图 B.6 查看 mysqld 进程

7. 登录 MySQL

执行命令：mysql -u root -p，如图 B.7 所示。

```
C:\mysql-5.6.24-winx64\bin>mysql -u root -p
Enter password:              直接按回车，没有密码
Welcome to the MySQL monitor.  Commands end with ; or \g.
Your MySQL connection id is 1
Server version: 5.6.24 MySQL Community Server (GPL)

Copyright (c) 2000, 2015, Oracle and/or its affiliates. All rights reserved.

Oracle is a registered trademark of Oracle Corporation and/or its
affiliates. Other names may be trademarks of their respective
owners.

Type 'help;' or '\h' for help. Type '\c' to clear the current input statement.

mysql>
```

图 B.7 执行命令 mysql -u root -p

8. 安装 MySQL 图形客户端 Navicat

双击 navicat11.1_premium_cs_x64.exe 安装,如图 B.8 所示。

图 B.8　安装 MySQL 图形客户端 Navicat

Navicat 默认安装在 C:\Program Files\PremiumSoft\Navicat Premium 目录下。

9. 在 Navicat 中新建连接

在 Navicat 中新建连接,如图 B.9 所示。

输入连接名,例如 test,如图 B.10 所示。

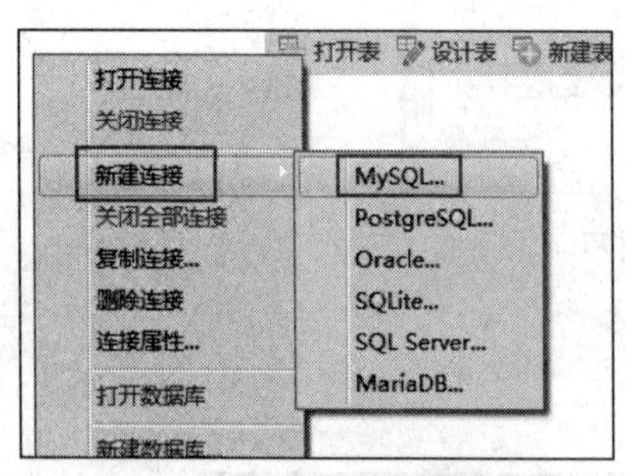

图 B.9　新建连接

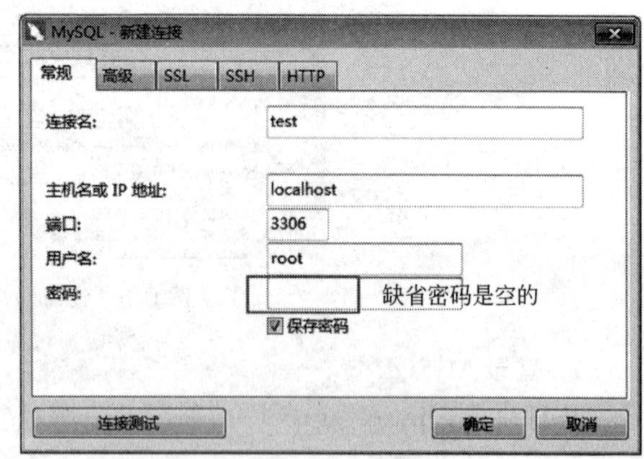

图 B.10　输入连接名

可以看到 test 连接下 MySQL 的默认 4 个数据库,如图 B.11 所示。

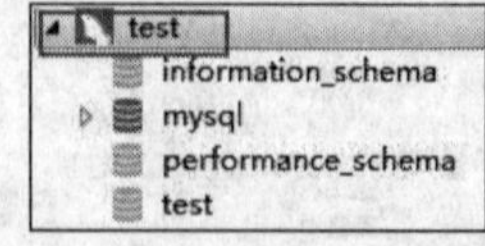

图 B.11　MySQL 的默认 4 个数据库

10. 修改 MySQL 的 root 用户的密码

在 MySQL 环境下执行如下命令：

```
mysql>set password for 'root'@'localhost'=password('root');
```

执行界面如图 B.12 所示。

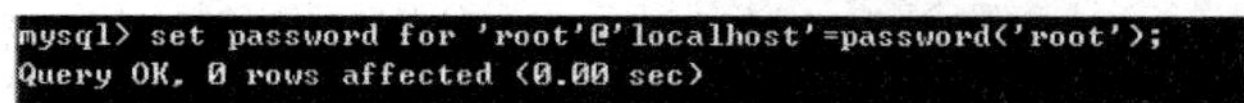

图 B.12　修改 MySQL 的 root 用户的密码

执行完毕后，MySQL 的 root 用户的密码由原先的空修改为 root。

11. 关闭 test 连接

关闭 test 连接，再次双击 test 连接，将提示报错，如图 B.13 所示。

图 B.13　重新连接报错

12. 重新设置"连接属性"

右键单击 test 连接，重新设置"连接属性"，如图 B.14 所示。

输入刚才新设置的密码 root，如图 B.15 所示。

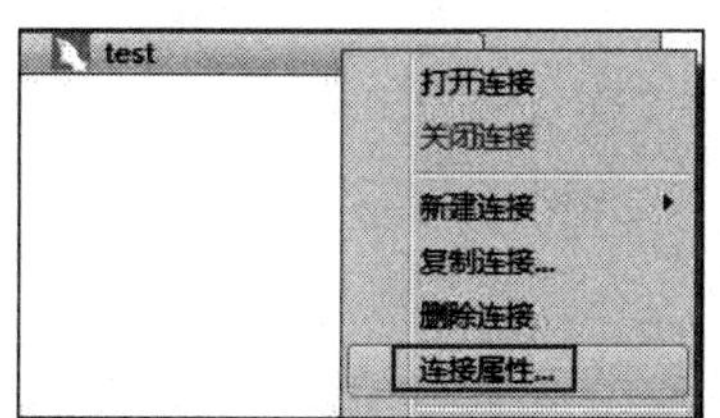

图 B.14　重新设置"连接属性"

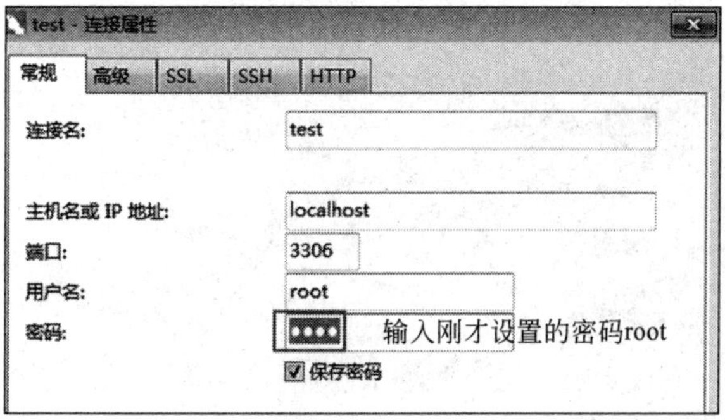

图 B.15　重新输入密码

至此，完成绿色版 MySQL 的安装。

附录C 绿色版Tomcat安装

Tomcat 是 Apache 软件基金会(Apache Software Foundation)的 Jakarta 项目中的一个核心项目。Tomcat 是一个开源的、免费的、用于构建中小型网络应用开发的 Web 服务器。因为 Tomcat 技术先进、性能稳定,而且免费,因而深受 Java 爱好者的喜爱并得到了许多软件开发商的认可,成为目前比较流行的 Web 应用服务器。

Tomcat 服务器是 Apache 服务器的扩展,但它是独立运行的,所以当运行 Tomcat 时,它实际上是作为一个与 Apache 独立的进程单独运行的。Tomcat 服务器属于轻量级应用服务器,在中小型系统和并发访问用户不是很多的场合下被普遍使用,是开发和调试 Java EE 程序的首选。

绿色版 Tomcat 安装步骤如下。

1. 解压缩绿色版压缩包

将绿色版压缩包 apache-tomcat-6.0.32.rar 解压缩到 C 盘。绿色版就是直接解压缩,然后通过下面的简单配置就能使用,不需要进行安装的版本。非绿色版,即 Windows Service Installer 则是一个安装版软件,需要进行 Windows 服务注册,配置和管理不方便。

2. 安装 JDK

双击 jdk-8u162-windows-x64.exe,安装 64 位版本的 JDK1.8。默认安装目录为 C:\Program Files\Java\jdk1.8.0_162。

3. 配置环境变量

单击"我的电脑"→"属性"→"高级"→"环境变量",然后新增系统变量 java_home(也可以大写 JAVA_HOME),变量值为 JDK 文件夹的路径(如 C:\Program Files\Java\jdk1.8.0_162),代码如下:

```
java_home=C:\Program Files\Java\jdk1.8.0_162
```

设置界面如图 C.1 所示。

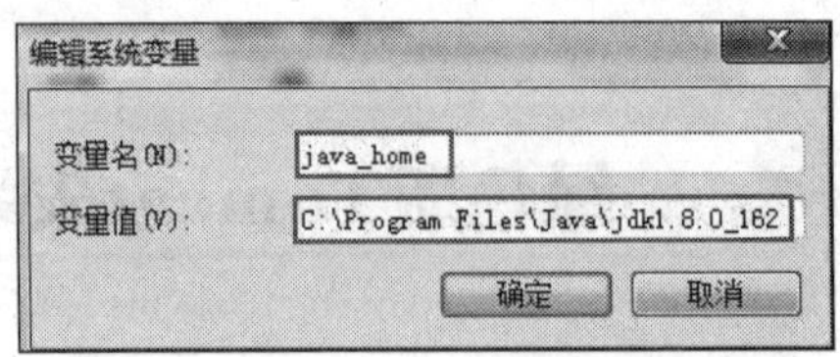

图 C.1　配置环境变量

4. 启动 Tomcat

在资源管理器中,双击文件 C:\apache-tomcat-6.0.32\bin\startup.bat,就可以启动 Tomcat 6,如图 C.2 所示。

```
Tomcat
一月 21, 2018 11:00:28 下午 org.apache.catalina.core.AprLifecycleListener init
信息: The APR based Apache Tomcat Native library which allows optimal performanc
e in production environments was not found on the java.library.path: C:\Program
Files\Java\jdk1.7.0_80\bin;C:\Windows\Sun\Java\bin;C:\Windows\system32;C:\Window
s;C:\Windows\system32;C:\Windows;C:\Windows\System32\Wbem;C:\Windows\System32\Wi
ndowsPowerShell\v1.0\;C:\AndroidSDK\platform-tools;C:\Program Files\Java\jdk1.7.
0_80;C:\mysql-5.6.24-winx64\bin;.
信息: Deploying web application directory ROOT
一月 21, 2018 11:00:30 下午 org.apache.coyote.http11.Http11Protocol start
信息: Starting Coyote HTTP/1.1 on http-8080
一月 21, 2018 11:00:30 下午 org.apache.jk.common.ChannelSocket init
信息: JK: ajp13 listening on /0.0.0.0:8009
一月 21, 2018 11:00:30 下午 org.apache.jk.server.JkMain start
信息: Jk running ID=0 time=0/24  config=null
一月 21, 2018 11:00:30 下午 org.apache.catalina.startup.Catalina start
信息: Server startup in 676 ms
```

图 C.2　配置环境变量

如果 Tomcat 启动正常,将提示 Tomcat 启动所需的时间。

5. 查看 Tomcat 服务器

在浏览器中执行 http://127.0.0.1:8080,如果出现图 C.3,则说明 Tomcat 服务正常。默认 Tomcat 的端口是 8080,必须确保该端口不被占用,否则将无法正常启动 Tomcat。

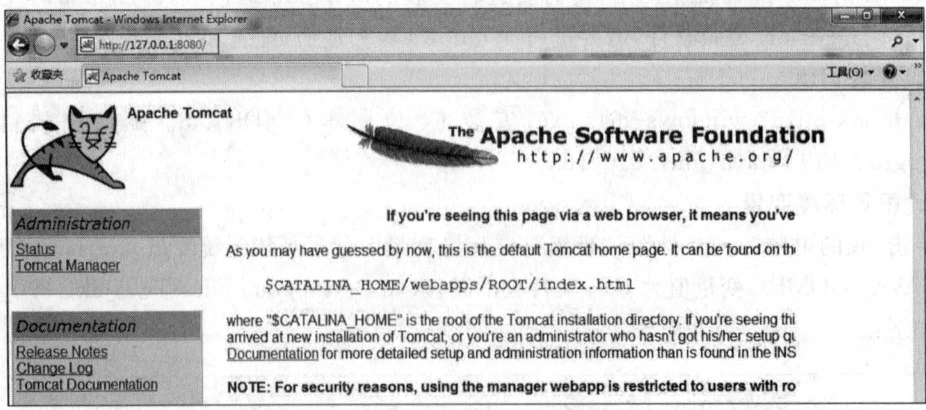

图 C.3　查看 Tomcat 服务器

至此，完成绿色版 Tomcat 的安装。

6. 在 MyEclipse 中使用绿色版 Tomcat

在 Servers 中右键单击 Configure Server Connector，如图 C.4 所示。

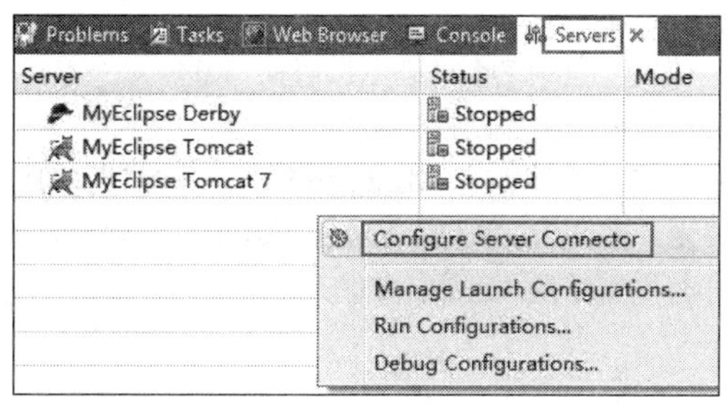

图 C.4 配置服务器

选择 Servers→Tomcat→Tomcat 6.x，单击 Enable 按钮，单击 Browse 按钮，选择绿色版 Tomcat 的解压缩目录作为 Tomcat home 目录，如图 C.5 所示。

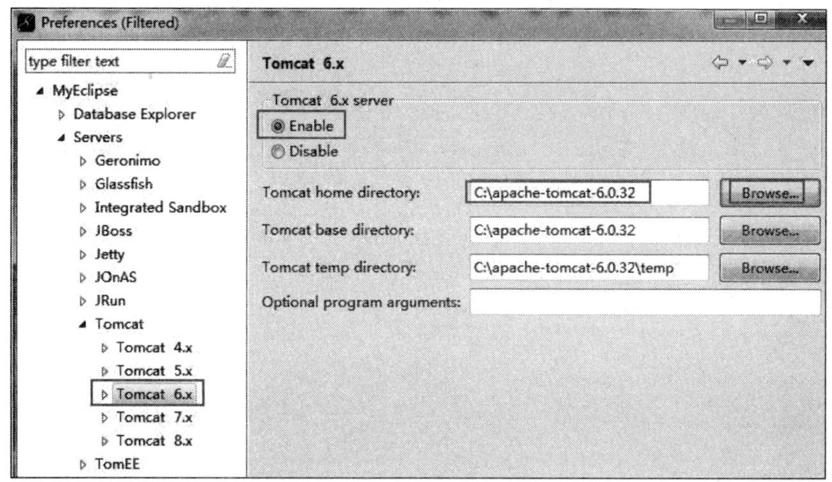

图 C.5 配置服务器

在 Servers 窗口中可以看到新增的 Tomcat 6.x 服务器，如图 C.6 所示。

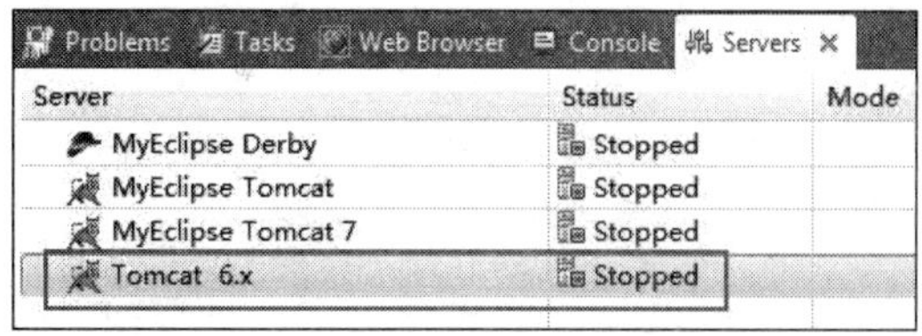

图 C.6 新增加的 Tomcat 服务器

参考文献

[1] 高洪岩. Java EE 核心框架实战. 北京：人民邮电出版社，2014.

[2] 郑阿奇. Java EE 实用教程. 北京：电子工业出版社，2015.

[3] 汪诚波，宋光慧. Java Web 开发技术与实践. 北京：清华大学出版社，2018.

[4] 唐建平. Java Web 应用开发. 北京：清华大学出版社，2014.

[5] 郭克华. Java EE 程序设计与应用开发. 北京：清华大学出版社，2011.